Understanding philosophy of science
James Ladyman

과학철학의 이해

Understanding philosophy of science
James Ladyman

과학철학의 이해

지은이 / 제임스 래디먼
옮긴이 / 박영태
펴낸이 / 강동권
펴낸곳 / ㈜이학사

1판 1쇄 발행 / 2003년 12월 22일
1판 8쇄 발행 / 2025년 7월 1일

등록 / 1996년 2월 2일 (신고번호 제1996 - 000015호)
주소 / 서울시 종로구 율곡로13가길 19-5(연건동 304) 우 03081
전화 / 02-720-4572 · 팩스 / 02-6919-1668
홈페이지 / ehaksa.kr
이메일 / ehaksa1996@gmail.com
인스타그램 / instagram.com/ehaksa_
페이스북 / facebook.com/ehaksa · 엑스 / x.com/ehaksa

한국어판 ⓒ ㈜이학사, 2003, Printed in Seoul, Korea.

ISBN 89-87350-66-5 03130

UNDERSTANDING PHILOSOPHY OF SCIENCE by James Ladyman
ⓒ 2002 Authorized translation from English language edition published by Routledge,
a member of the Taylor & Francis Group.
All rights reserved.

Korean Translation Copyright ⓒ 2003 by Ehak Publishing Co., Ltd.
All rights reserved.

Korean edition is published by arrangement with
Routledge through GUY HONG AGENCY.

이 책의 한국어판 저작권은 ㈜이학사가 가지고 있습니다.
저작권법에 의해 한국 내에서 보호를 받는 저작물이므로 무단 전재와 무단 복제를 금합니다.

* 책값은 뒤표지에 표시되어 있습니다.

Understanding philosophy of science
James Ladyman

과학철학의 이해

제임스 래디먼 지음 · 박영태 옮김

이학사

일러두기

1. 이 책은 James Ladyman, *Understanding philosophy of science* (Routledge, 2002)를 우리말로 옮긴 것이다.
2. 본문에 나오는 외국 인명은 현행 외래어표기법을 따르는 것을 원칙으로 하였으나 표기 원칙이 정해지지 않은 것은 일반적으로 통용되고 있거나 굳어진 표현을 사용하였다.
3. 원서의 지은이가 강조한 부분은 고딕 서체로 표기하였고, 책 뒤에 나오는 주요 용어가 본문에 처음으로 나올 때는 진한 서체로 표기하였다.
4. 본문의 ( )와 인용문에서의 〔 〕는 지은이의 부연 설명이고, 본문의 〔 〕와 인용문에서의 〔* 〕는 옮긴이의 부연 설명이다.
5. 본문에 나오는 각주는 옮긴이가 한 것이다.

오드리 래디먼에게

머리말

　이 책은 과학에 관한 철학적 논의들을 소개하려는 의도에서 쓴 책이다. 철학의 한 분야로서의 과학철학을 연구하고 있는 학생들도 고려했지만 특히 과학철학이라는 과목을 이수하고 있는 학생들을 염두에 두고 썼다. 따라서 나는 철학 일반에 대한 사전 지식이나 과학에 관한 전문 지식에 의존하지 않고서도 이 책의 내용을 이해할 수 있도록 만들려고 노력하였다. 그래서 이 책에서는 가능한 한 수식이나 수학을 사용하지 않으려고 하였다. 이러한 의도 때문에, 흥미 있는 논의라고 할 수 있지만 이 책에서는 소개하지 않은 것들도 있다. 예를 들어 양자역학이 과학철학에 대해 함축하고 있는 의미, 과학적 추론을 모형화하는 데 사용되고 있는 수학적인 확률이론 등은 여기서 다루지 않았다. 그렇다고 이 책이 그저 피상적인 내용들로만 이루어진 단순한 과학철학 소개서에 불과하다고 할 수는 없다. 왜냐하면 이 책에서 나는 대학원 학생들이나 철학 전문가들도 유익하게 참조할 수 있도록 귀납, 미결정성, 과학적 실재론과 같은 주제들에 관한 다양한 논의들을 제공하려고 노력하였기 때문이다. 이 책에서 내가 전반적으로 의도하고 있는 것은 독자들로 하여금 이전에 생각하지도 못한 문제들을 다시 한번 생각하도록 만드는 것이며, 이러한 목적을 위해서 나는 철학적으로 벌어지고 있는 논의들에 대한 나의 생각을 제시하기보다는, 그러한 논의들 가운데 나타나는 여러 가지 철학적 입장들이 가지고 있는 논증의 강도를 독자들이 스스로 평가할 수 있도록 만드는 데 중점을 두었다. 이 책은 그러한 논의가 나타나게 된 물음들에 대한 해답들을 제시하지는 않을 것이다. 독자들이 이 책을 읽으면서 이전에는 그저 평이하게 생각하던 부분에서 어떤 문젯거리가 있다는 것을 느끼게 된다면, 나는 그것으로 만족할 것이다.

나는 과학철학에 대해서 어느 정도 관심을 가지고 있는 일반 독자들과 과학자들도 이 책에 흥미를 가져주기를 바란다. 나는 가능하면 문제들을 명확하고 이해하기 쉽게 만들고, 중요하게 전개되는 논의의 내용들을 일상생활에서 흔히 볼 수 있고 경험할 수 있는 사례들과 과학적인 사례들을 통해서 설명하려고 노력하였다. 그러나 독자들이 이 책을 읽어가다 보면, 제5장에서 전개되는 논의의 내용들은 대부분 현재 활발하게 벌어지고 있는 과학적 실재론에 관한 논쟁들의 배경을 이루고 있는 역사적이고 철학적인 입장들이라는 것을 발견하게 될 것이다. 이 논쟁이 가지고 있는 철학적인 의미와 중요성이 처음부터 선뜻 이해되지 않는 사람들은 끝까지 노력하면서 제5장을 읽어야만 한다. 왜냐하면 제5장에서 논의되고 있는 주제들은 현대 과학의 특성과 본성에 관련된 문제들로서 과학철학의 논의에서 기본적으로 중요한 것들이기 때문이다. 끝으로 역사학자들에게 미리 고백할 것이 하나 있다. 철학과 과학의 역사적인 전개가 가지고 있는 복잡성과 애매성을 공개적으로 언급하면서 이야기를 시작하다 보니, 사료 편찬historiography에 관한 작업들이 내가 이 책을 통해 성취하려고 의도하는 강의 목적들pedagogical aims에 비해서 다소 낮게 평가

되는 듯한 인상을 지울 수 없게 되었다는 점이다.

독자들의 편의를 위해서, 몇 개의 중심 단어를 설명하는 주요 용어 풀이를 이 책의 맨 뒤에 첨부하였으며, 여기에 있는 용어들이 이 책의 본문에 처음 나타날 경우에는 **진한 서체**로 표시하였다.

감사의 말

과학철학을 나에게 가르쳐준 사람들 모두에게 감사드리고 싶다. 그 중에서도 특별히 감사드리고 싶은 사람들은 프랭크스Richard Francks, 프렌치 Steven French, 파피노David Papineau, 서드베리Anthony Sudbery, 반 프라센 Bas van Fraassen이다. 나의 강의를 들은 모든 학생들에게도 감사를 드리고 싶다. 특별히 집필의 초기 단계에서 이 책의 많은 부분에 대해서 의견을 제시해주었던 깁슨Carlton Gibson과 탈보트Nick Talbot에게 감사를 드린다. 헐리Katherine Hawley는 친절하게도 쿤Thomas Kuhn에 대한 자신의 강의 노트를 내가 볼 수 있도록 허락하였는데, 이 강의 노트의 내용들이 많은 도움이 되었다. 콜린스Dawn Collins와 파일Andrew Pyle, 태펜덴Paul Tappenden과 그 밖의 많은 심사 위원들이 나의 원고 전부를 읽고 많은 논평을 해주었는데, 이러한 논평들이 나에게 아주 많은 도움이 되었다. 또한 헨더슨Leah Henderson과 도일Jimmy Doyle에게도 감사를 드리고 싶다. 헨더슨은 마지막 장의 내용들에 대해서 유용한 충고를 해주었으며, 도일은 마지막으로 머리말과 감사의 말을 읽어주었다. 내가 이 책을 쓸 수 있도록 연구 기간을 제공해준 브리스톨 대학의 철학과에 있는 모든 동료 교수들에게도 감사를 드리고 싶다. 또한 연구할 수 있도록 연구 기금을 제공해준 '인문과학 연구위원회Arts and Humanities Research Board'에도 감사드리고 싶다. 루틀리지Routledge의 철학 편집인인 브루스Tony Bruce에게도 감사드리고 싶다. 그는 내가 이 책을 집필하여 출간하도록 격려해 주었다. 그리고 패틴슨Siobhan Pattinson에게도 감사드리고 싶다. 그는 책의 출판 과정과 절차를 모두 안내해주었다. 끝으로 나에게 사랑과 격려를 아끼지 않았던 나의 가족 오드리Audrey와 안젤라Angela Ladyman에게도 감사드린다.

제8장은 S. French and J. Ladyman, "Superconductivity and structure: revisiting the London account"(*Studies in History and Philosophy of Modern Physics*, vol. 28(3), copyright(1997), pp. 363~393)의 논문 내용을 엘세비어 사이언스Elsevier Science의 허락을 받아 재인용한 것들을 포함하고 있다. 또한 J. Ladyman, "What is structural realism?"(*Studies in History and Philosophy of Modern Physics*, vol. 29(3), copyright(1998), pp. 409~424)의 논문 내용을 엘세비어 사이언스의 허락을 받아 재인용하기도 하였다.

제임스 래디먼James Ladyman

옮긴이의 말

오랫동안 과학철학에 관한 강의를 하면서, 매 학기마다 고민했던 문제가 강의 교재에 관한 것이었다. 과학철학에 관한 논의들을 학부생들이 이해하기 쉽도록 일목요연하게 소개하면서 동시에 과학철학에 관한 흥미와 관심을 불러일으킬 수 있는 강의 교재를 원했기 때문이다. 이러한 나의 욕구를 충족시켜줄 만한 과학철학 소개서가 마땅하지 않았기 때문에, 나는 내 나름대로 강의 주제를 구성하고 이에 관한 논문들과 저서들을 소개하는 방식으로 강의를 하였다. 간혹 지루하게 여겨지는 주제에 대해서는 과학사의 사건들을 사례로 제시하여 과학철학적 논의에 대한 학생들의 관심을 불러일으키거나, 또는 우리 대학교의 공동기기센터나 공과대학과 자연과학대학 실험실에 있는 물질 분석기, 투과 전자현미경, 주사 전자현미경, 가이거 계수기, 플라스마 생성기와 인공 다이아몬드 제조기 등과 같은 첨단 과학 실험기기들의 조작을 실제로 견학하는 시간을 갖기도 하였다. 이러한 일들이 과학(기술)에 대한 호기심을 만족시키고 흥미를 불러일으켰을지는 모르지만, 과학철학 강의 내용에 대해서 학생들이 흥미를 가지고 진지하게 생각하면서 듣도록 만들었다고 말할 수는 없는 것 같다. 그 원인은 과학철학에 관한 논의 내용을 일목요연하게 전개시켜가면서 우리 학생들의 철학적 수준에 맞게 설명해주는 강의 교재가 없었기 때문이었다.

이러한 고민을 하고 있었던 나는 2002년 여름에 아마존의 홈페이지를 통해서 우연하게도 래디먼의 책『과학철학의 이해Understanding philosophy of science』(2002년 초판 출간)를 발견하게 되었다. 책의 차례를 보니 과학철학의 논의 내용을 대부분 소개하고 있고, 내용도 내가 생각했던 순서대로 전개되어 있었다. 그래서 이 책을 급히 구하여 작년 연말에 번역 초고를 완성하였는데, 이제 책이 세상에 나오게 되었다.

나는 래디먼이 직접 쓴 머리말과 서문을 반드시 읽어본 다음 본문의 내용을 읽어보라고 권하고 싶다. 왜냐하면 과학철학의 특성이나 과학철학 분야에서 주로 논의하는 내용들을 래디먼이 개괄적으로 설명해주기 때문이다. 이 책을 번역하면서 일반 사람들이 생소하다고 생각할 수 있는 과학 용어나 과학사에 나타난 사건들의 내용은 각주로 처리하여 설명하였다. 또한 과학철학의 논의 내용을 잘 이해할 수 있도록 논의 배경이나 맥락에 관한 해설도 각주에 달았다. 이 책에 나오는 각주의 내용은 모두 내가 만든 것이다. 각주의 내용 중에는 인터넷 검색을 통해 찾은 설명들도 상당히 있다. 새삼 인터넷 검색의 중요성과 편리성을 깨닫게 되었다. 이러한 작업을 한 것은 철학이나 과학에 생소한 독자들도 과학철학에 관해 흥미를 가지도록 만들기 위해서이다.

영어로 된 이 책을 우리글로 옮기면서 가능하면 직역하려고 노력하였으나, 영어와 우리글의 뉘앙스나 사용 배경의 차이로 인하여 문맥상 그 본래적 의미가 전달되기 어려운 경우에는 우리말로 풀어서 번역한 경우도 많다. 영어로 된 원서가 초판이다 보니 잘못된 글자나 문장들이 간혹 보이기도 하였다. 그래도 잘못된 의미 전달이나 엉성한 문장들이 나타나는 것은 전적으로 번역자의 잘못이다. 이 책을 읽어나가면서 잘못된 내용에 대한 독자 여러분들의 많은 지적을 기대한다.

이 책이 세상에 나오기까지 많은 분들이 도움을 주었고 노력과 수고를 아끼지 않았다. 이 책의 내용 중에 나오는 생울타리의 파괴와 새의 감소 관계는 동아대학교 생물학과의 권기정 교수님의 도움으로 설명할 수 있게 되었다. 책의 출간에 대해서는 무엇보다도, 좋은 철학책의 출간이라면 어떤 투자도 아끼지 않는 이학사 사장님에게 감사의 말씀을 전하고 싶다. 이 책의 번역·출간을 처음 제안했을 때 흔쾌히 응해주고 루틀리지Routledge 출판사와 교섭하여 출판권까지 확보해주었기 때문이다. 또한 이 책의 번역 원고를 여러 차례에 걸쳐 꼼꼼하게 교정해준 이학사 편집부에도 감사를 드린다. 이러한 꼼꼼한 교정 덕분에 일반 독자들이 영어식이 아니라 우리말식으로 이 책의 내용을 읽을 수 있게 되었다고 생각한다. 책의 출간 일정이 다소 지연되더라도 독자들이 편히 볼 수 있는 책을 만들기 위해 모든 노력을 아끼지 않는 이학사에 거듭 감사드린다.

2003년 10월 31일
승학산 연구실에서
옮긴이 박영태

차례

머리말	7
감사의 말	11
옮긴이의 말	13
서문	21

제1부 과학적 방법

제1장 귀납과 귀납주의
1. 회의론자의 도전	37
2. 과학혁명	43
3. 귀납의 '새로운 도구'	50
4. (소박한) 귀납주의	68

제2장 귀납의 문제와 귀납주의의 또 다른 문제들
1. 귀납의 문제	75
2. 귀납의 문제에 대한 해결책과 해소책들	90
3. 귀납주의와 과학사	110
4. 이론과 관찰	119
5. 결론들	124

제3장 반증주의

1. 맑시즘과 정신분석에 관한 포퍼의 비판　　　　136
2. 귀납의 문제에 대한 포퍼의 해결책　　　　　　143
3. 발견의 맥락과 정당화의 맥락　　　　　　　　152
4. 듀앙 문제　　　　　　　　　　　　　　　　　156
5. 반증주의의 문제　　　　　　　　　　　　　　163
6. 결론들　　　　　　　　　　　　　　　　　　177

제4장 과학혁명들과 합리성

1. 전통적인 과학관　　　　　　　　　　　　　　184
2. 쿤의 혁명적 과학사　　　　　　　　　　　　　187
3. 패러다임과 정상과학　　　　　　　　　　　　190
4. 코페르니쿠스 혁명　　　　　　　　　　　　　202
5. 이론과 관찰　　　　　　　　　　　　　　　　210
6. 통약 불가능성　　　　　　　　　　　　　　　220
7. 상대주의와 과학에서의 이성의 역할　　　　　226

제2부 과학에 대한 실재론과 반실재론

제5장 과학적 실재론
1. 현상과 실재 　　　　　　　　　　　244
2. 외부 세계에 관한 형이상학 　　　　255
3. 의미론 　　　　　　　　　　　　　269
4. 표준적인 과학적 실재론 　　　　　289
5. 반실재론 　　　　　　　　　　　　291

제6장 미결정성
1. 미결정성 　　　　　　　　　　　　296
2. 구성적 경험론 　　　　　　　　　　332

제7장 설명과 추리
   1. 설명   352
   2. 최선의 설명으로의 추론   370
   3. 상식, 실재론 그리고 구성적 경험론   399

제8장 무엇에 대한 실재론인가?
   1. 이론 변화   407
   2. 다수의 모델들   444
   3. 이상화   452
   4. 구조적 실재론   457

주요 용어 풀이   463
참고 문헌   473
찾아보기   483

서문

여러 가지 면에서 볼 때, 현대는 과거의 다른 시대들과 특별히 다르지 않다. 대부분의 사람들은 먹고살기 위해서 열심히 일을 하고 있지만, 한편 몇몇 사람들은 사치를 누리며 살고 있다. 많은 사람들이 자신들의 의지와는 무관하게 벌어지고 있는 전쟁과 전투 속에서 목숨을 잃고 사라져 간다. 탄생에서 시작하여 자손의 생산, 그리고 죽음으로 끝나게 되는 인생의 순환은 먼 과거의 우리 조상들에게나 현재의 우리들에게나 기본적으로 똑같은 것이다. 그러나 현대의 특징들 가운데 어떤 것은 과거와 비교하여 아주 새로운 것들이다. 예를 들면 나는 수화기를 들어서 지구 반대편에 있는 친척과 대화를 나눌 수 있으며, 그리고 나는 우주에서 찍어 전송된 사진을 보면서 내가 살고 있는 지구가 구球라는 것을 알 수가 있다. 컴퓨터, 텔레비전, 오디오 기기 등에 의해 사람들의 삶의 질은 높아졌으며, 이러한 문명의 이기들이 없는 생활은 이제 상상조차 할 수 없다. 과거 세대들을 사망에 이르게 했던 질병이나 부상들은 현대 의료기술에 의해 치료되고 있다. 그러나 과거에는 전례가 없었지만 현대에 와서 우리들의 생명과 삶을 위협하는 새로운 것들도 많이 생겨났다. 한 예로, 지금 몇몇 나라들이 보유하고 있는 핵무기들은 지구상의 모든 생명을 단번에 휩쓸어 없앨 정도로 그 위용을 자랑하고 있다. 그리고 하늘과 바다는 화학 공장에서 만들어낸 공해 물질로 오염되고 있다.

우리들에게 좋은 영향을 미치든 나쁜 영향을 미치든지 간에, 이러한 기술공학technology[1]은 과학이 없었다면 존재하지 못했을 것이다. 쟁기, 바퀴, 붕대나 칼과 같은 것들을 개발하는 것은 그에 관한 체계적인 이론이 없더라도 가능하겠지만, 그러나 주로 최근의 수백 년 동안에 새로이 나타난 과학이론들과 방법이 아니었다면, 전자 기기들, 우주왕복선, 초정밀 수술, 대량 살상 무기들의 출현은 불가능했을 것이다. 그래서 과학과 기술공학의 산물들은 우리의 삶의 방식과 환경을 구성하는 방식에 아주 큰 영향을 미치고 있다. 만약 여러분이 이러한 문명의 이기들이 미치고 있는 영향에 대해 의문을 갖고 있다면, 전기로 작동하는 전기 제품이나 또는 플라스틱으로 된 생활 도구를 이용하거나 사용하지 않는 현대인의 삶을 상상해보라.

[1] 여기서 말하는 'technology'는 시행착오와 같은 단순한 경험들에 의해 개발되고, 이론이 아닌 어떤 비법과 숙련을 통해서만 전수되는 기술technique과는 구별된다. 기술은 과학이 없이도 인류의 탄생과 함께 존재하였으며 따라서 과학이 없이도 존재한다. 그러나 여기서 래디먼이 말하는 내용은 'technology'에 관한 것으로서, 이 개념은 '기술에 관한 이론 체계로서의 학'이란 의미에서 단순한 경험 축적에 의해 개발되는 기술과 구별되며, 동시에 현대의 자연과학과 마찬가지로 거대한 이론적 지식 체계(자연과학과 밀접한 연관 관계를 가지는 이론 체계)를 가지고 있다는 의미로 사용되고 있다. 이 개념은 동시에 자연과학의 이론과 방법을 이용하여 어떤 제품을 생산하는 것만을 의미하는 '공학engineering'과도 구별된다. 따라서 이러한 의도에서 나는 이 용어를 일단 '기술공학'이라고 번역하였다. 'technology'를 어떤 용어로 번역해야 하는가에 대해서는 과학과 기술의 관계, 기술공학, 공학과 과학의 구별 등에 관한 논의를 통해서 결정되어야 할 것이다.

기술공학에서 차지하고 있는 쓰임새만으로 과학이 중요성을 갖는 것은 아니다. 과학은 다른 사회제도들과 비교해볼 때 사회에서 아주 특별한 권리를 누리고 있다. 많은 사람들이 현대 예술이나 문학은 조롱하면서도 현대 과학을 이해하고 육성해야 할 필요성에는 모두 동의하고 있다. 더 나아가 대부분의 사람들은 언론인이나 법관이나 정치인의 말보다도 과학자의 말을 더 신뢰하는 경향이 있다(과학자들이 많은 내용을 더 이야기하지 않을지라도 그러하다). 옳든지 그르든지 간에 과학은 객관적이고 합리적인 탐구에 있어서 가장 신뢰받는 최고의 형식을 가진 탐구 활동으로 간주되고 있으며, 동시에 과학자들은 증거를 수집하고 해석하면서 이러한 증거를 사용하여 이데올로기나 편견에 치우치지 않고 '과학적으로 입증될 수 있는' 결론에 도달하는 사람으로 널리 인정받고 있다. 재판 법정은 어떤 한 사람의 범죄에 대해서 목사나 소설가의 말에만 의존하여 유죄를 선고하거나 무죄라고 판결하지 않으나, 그 범죄와 관련된 분야에 있는 과학자의 말은 통상적으로 전문적인 증거 자료로 인정하여 대부분 채택하고 있다. 예를 들어 만약 탄도학 전문가가 총알이 어떤 방향으로부터 날아와서 사람을 맞혔다고 말한다면 혹은 병리학자가 여러 사람의 죽음에 원인이 되는 약을 어떤 사람이 가지고 있었다고 말한다면, 보통 그러한 증언들은 사건의 진실을 입증하는 것으로 간주될 것이다. 우리들은 대부분 몸의 상태가 좋지 않을 경우에 의사의 진찰을 받는다. 그리고 만약에 의사가 어떤 약을 처방하거나 치료 방법을 제시한다면, 그러한 처방들이 병세를 호전시키는 데 도움을 줄 것이고, 더 이상 병을 악화시키지 않을 것이라고 우리들은 믿을 것이다. 현대 의학은 '증거에 기반을 둔 것'이며, 따라서 과학적이라고 때때로 주장되기도 한다. 이와 유사하게 만약에 정부가 임명한 과학자들이 어떤 특정 음식이나 화학제품이 인간의 몸에 유해하여 안전하지 않다고 판단한다면, 그 식품이나 물품의 사용과 판매는 금지될 것이다.

공정한 재판, 건강, 안전에 관한 이와 같은 예들은 공학engineering과 건설에서부터 어업과 농사에 이르기까지 다양한 활동들로 쉽게 확대될 수 있다. 따라서 현대 생활의 거의 모든 분야에서 대부분의 사람들은 중요한 결정을 내리기 전에 과학적인 증거들과 과학자들의 견해를 참조하거나 간접적으로라도 의존하려는 경향이 있다. 우리들이 한 개인으로서 과학과 과학자들에 대한 이러한 믿음을 공유하든 그렇지 않든 간에 관계없이, 과학은 우리의 삶에 지대한 영향을 미치고 있는데, 과학에 대한 올바른 이해가 중요한 것은 바로 이런 이유 때문이다. 물론 우리들 대부분은 과학에 대해서는 거의 알지 못한다. 또한 특정 개별 과학들이 너무나 전문화되어 있어서, 어느 한 개인이 어느 하나의 과학 분야의 내용을 모두 속속들이 안다는 것은 불가능하다. 하물며 모든 과학의 전체 내용들에 대해서 속속들이 아는 것이 불가능하다는 것은 말할 필요조차 없다. 이러한 이유 때문에 우리가 과학적인 사고방식을 보다 발전시키고 적용하기 위해서는 많은 개인들 간의 상호 협조와 공동 연구 활동에 의존하는 수밖에 없다. 그러나 다소간 보편적이라고 할 수 있는 과학의 특성들이 있기 때문에, 우리는 과학적 탐구의 최첨단 내용을 많이 알지 못하더라도 철학적으로 연구해나갈 수는 있다.

과학철학이 무엇에 관한 학문인가를 고찰하기 이전에, 철학이 어떤 특정한 무엇을 탐구하는 학문이 아니라는 것을 먼저 말하고 시작하는 것이 약간 도움이 될 것 같다. 고통을 야기하는 실험들을 동물에게 행해도 되는 것인지, 혹은 어떤 치료 행위에 대한 동의를 자의적으로 표시할 수 없는 정신병자에게 그러한 치료를 행하는 것이 도덕적으로 과연 허용될 수 있는지를 묻는 물음들처럼, 물론 과학적 탐구로 인해 제기되는 윤리적으로 중요한 물음들이 있을 수 있다. 마찬가지로 어떠한 연구 활동에는 지원비를 지원하면서 어떤 활동에는 지원하지 않는가에 대해 제기하는 물음처럼 사회적으로, 정치적으로, 경제적으로 중요한 물음들이 있다. 예를 들면 원자력발전소를 건설해야 되는가 아니면 건설하지 말아야 되는가, 혹은 동물과 식물에 대한 유전공학이 윤리적으로 혹은 실천적으로 타당한 것인가를 묻는 물음들은 사회적으로, 정치적으로, 경제적으로 매우 중요한 물음들이다. 과학 정책과 과학 탐구의 윤리에 관한 물음들의 경우에 먼저 과학철학에 의해서 그 물음의 내용이 무엇인가가 명료하게 드러나야 하고 또 사실 과학철학에서 논의하는 주제들을 광범위하게 고려해야만 할지라도, 일단 여기서는 논의하지 않을 것이다. 이와 함께 어떤 특정 과학에 대해서 그 과학이 어떻게 해서 진보하게 되는가에 관한 문제에 대해서도 철학자로서 우리들은 일차적으로 관심을 가지고 있지 않다(비록 때때로 철학적인 사유 내용과 방식이 특정 과학에서의 탐구 활동에 영향을 미치고, 철학적인 탐구가 이론과학과 중첩되기도 하지만 말이다).

세계를 탐구하는 여러 가지 과학 연구 분야가 있는데, 이 연구 분야들이 제기하고 있는 물음들의 유형과 이 물음에 답하려고 노력하는 방식들은 과학철학의 방식들과는 다르다. 예를 들면 특정한 과학 분야들과 이 분야의 이론들의 발전에 관한 물음들은 과학철학자들이 아니라 과학사가들이 제기해야만 하는 물음들이다. 또 한편 "어떤 성격이 훌륭한 과학자를 만드는가?"와 같은 물음은 과학심리학에서 제기하고 답하는 물음이며, "언론이 물리학 이론들의 전달과 평가에서 담당하고 있는 역할은 무엇인가?"와 같은 물음은 과학사회학에서 제기하는 문제이다. 다른 철학적인 물음 일반과 마찬가지로 과학에 대한 철학적 물음들은 세계로 직접 나아가서 정보들을 수집함으로써, 그리고 무엇이 발생했으며 특정 과학적 공동체가 사실상 어떻게 조직되어 있는가를 발견함으로써 대답할 수 있는 문제가 아니다. 철학적 탐구는 그렇게 하기보다는 분석과 논증과 논의에 의해 진행되는 것이다.

역사학, 사회학, 심리학은 그 주제와 방법이 경험적인 것에 기초하고 있어 철학과 구별된다고 규정하게 되면 그 자체로 철학적인 논쟁거리가 될 수 있다. 현대에 와서 대다수의 철학자들은 철학이란 아무런 경험적 내용 없이 공상만 하는 것이라고 간주하는 전통적인 철학 개념을 더 이상 받아들일 수 없다고 생각하면서, 철학을 경험적 탐구 활동이나 과학 자체와 사실상 동일 선상에 있는 연속적인 탐구 활동으로 생각한다(이러한 입장은 **자연주의**naturalism로 알려져 있다). 이러한 견해에 따르면 과학철학에서 제기하고 있는 과학적 방법론과 지식에 관한 물음들은 인간이 어떻게 추리하며 어떻게 믿음들을 형성하는가에 대해서 심리학이나 인지과학이 제기하는 물음들과 동일 선상에 있다. 그러나 우리들이 과학을 철학적으로 반성할 때 제기하게 되는 철학적 물음들에 대한 탐구와 경험적인 형식으로 이루어지는 과학 탐구 사이에 광범위하게 존재하는 차이점들을 평가한다고 해서, 철학과 경험적 형식의 탐구가 절대적으로 구별될 수 있다고 상상할 필요는 없다.

물론 과학이 무엇인가를 우리들이 알고 있지 못하면, 이러한 방식으로 과학철학을 규정하는 것도 아무런 소용이 없다. 그래서 과학철학에서 아마도 가장 근본적으로 중요한 과제는 "과학이란 무엇인가?"라는 물음에 대답하는 것이 될 것이다. 과학으로 인정받을 수 있도록 만드는 특성이 있다고 한다면 그러한 특성에 관한 물음은 매우 중요하며, 많은 철학자들은 과학적이라고 주장하는 믿음이 과연 실제로 과학이라고 할 수 있는지의 여부를 평가하는 데 사용할 수도 있을 이 질문에 대한 해답을 제공하기 위해 노력해왔다. 무엇이 과학이고 무엇이 과학이 아닌가 하는 문제를 소위 **구획 문제**demarcation problem라고 한다. 어떤 사람들은 점성술,

창조론(성경에서 주장하는 바대로 신이 몇천 년 전에[2]) 지구를 창조하였다고 주장하는 이설), 맑시즘, 정신분석과 같은 믿음들과 실천 행동에 대해서도 과학으로서의 지위를 부여한다. 그러나 일부 철학자들은 그러한 주장들이나 믿음이 과학적이지 않으며, 사실상 단지 사이비 과학에 불과하다는 것을 보여주고 싶어한다. 만약 과학을 구성하는 어떤 것이 있다고 한다면, 그러한 것들은 하나의 방법이거나 일군의 방법들일 것이며, 그래서 보통 과학의 방법에 관한 탐구(과학의 **방법론**methodology으로 알려져 있는 탐구)가 과학철학의 중심에 놓이게 될 것이라고 생각하는 사람들이 있다.

과학을 어떻게 정의해야 하는지, 또는 논쟁거리가 되고 있는 어떤 활동이나 믿음이 과연 과학적인 것으로 인정받을 수 있는가의 여부를 어떻게 말할 수 있는지에 관해서 우리들은 아직까지는 잘 모르고 있다. 그러나 우리들은 과학이라고 확실하게 말할 수 있는 많은 표본 사례들을 가지고 있다. 통상적으로 과학은 자연과학과 사회과학 두 가지 유형으로 나누어진다. 자연과학은 그 탐구의 대상이 자연 세계이며, 물리학, 화학, 천문학, 지질학, 생물학 등이 그것에 포함된다. 사회과학은 특히 인간이나 사회 세계를 탐구하며, 심리학, 사회학, 인류학, 경제학 등이 그 범위에 들어간다. 사회과학은 인간의 행동과 제도들을 연구하기 때문에 의미들, 의지적 행위들, 외견상 드러나는 우리들의 자유의지를 다루어야 한다. 따라서 사회과학이 제기하는 철학적 물음들은 자연과학이 제기하는 물음들과는 판이하게 다르다. 더 나아가 사회과학이 과연 과학적인 학문인가, 혹은 과학적일 수 있는가, 또는 과학적이어야만 하는가 등과 같은 논의들은 사회과학의 철학에서 중요한 문제이다. 그러한 물음들은 자연

---

[2]) 이에 관해서는 성경학자들 사이에 많은 논란이 있는데, 많은 사람들이 대략 기원전 4004년에 세계가 창조되었다고 말한다.

과학의 경우에는 제기되지 않는다. 왜냐하면 자연과학의 경우에는 만약에 어떤 것을 과학이라고 인정할 수 있는가라고 물어보는 사람이 있다면 물리학을 과학이라고 확실하게 말할 수 있기 때문이다. 물론 여기서 논의되는 여러 주제들에 대해 사회과학의 철학에서도 많은 관심을 가지고 있긴 하지만, 이 책에서 의도하는(그리고 여기서 나는 표준적인 관례를 따른다) 과학철학은 자연과학의 철학을 말한다.

인식론과 형이상학으로서의 과학철학

과학의 특성과 과학이 우리들의 생활에 미치는 영향 때문에 생기는 과학에 대한 철학적인 관심을 언급하지 않더라도, 과학은 근본적인 철학적 물음에 대해서 어떤 해답들을 제공하는 것처럼 보이기 때문에 철학에 있어서 매우 중요하다. 그러한 근본적인 철학적 물음 중의 하나가 "우리들은 단순한 믿음이나 소견과는 다른 참된 지식을 어떻게 가질 수 있는가?"이며, 이 물음에 대한 일반적인 대답은 "과학적 방법에 따르면 된다"이다. 그래서 예를 들어 흡연이 암을 유발하는가의 여부나 교통 매연이 천식을 유발하는가의 여부에 대해 우리들 중의 어떤 사람이 올바르게 믿고 있는지 그릇되게 믿고 있든지 간에 정부는 그러한 믿음들을 지지하는 과학적인 증거가 없다면 어떤 조치도 취하지 않을 것이다(물론 증거가 있을 경우에도 조치를 취하지 않을 수도 있다). 마찬가지로 위에서 열거한 사례들 모두에서, 이를 바라보는 관점이나 내용들은 과학자들의 견해를 따르고 있다. 왜냐하면 과학자들의 견해는 증거를 수집하고 평가하는 적절한 방법에 근거하여 결론지은 것들이며 그래서 정당성이 있는 것으로 간주되기 때문이다.

지식의 성격과 정당화를 탐구하는 철학의 분야는 보통 **인식론**epistemology이라고 불린다. 인식론에서 제기하는 중심 문제들로는 다음과 같은 것이 있다. 단순한 믿음과 반대되는 것으로서의 참된 지식은 무엇인가? 우리들이 어떤 참된 지식을 가지고 있다는 사실을 어떻게 확신할 수 있는가? 우리들은 어떤 사물을 실제로 알고 있는가? 이 가운데 가장 처음에 던진 물음은 아마도 가장 근본적인 인식론적 물음이 될 것이다. 우리들 각자는 많은 믿음들을 갖고 있으며, 이중의 어떤 것은 참된 믿음이고 어떤 것은 거짓된 믿음이다. 만약에 내가 사실상 거짓인 어떤 것을 믿고 있다면 (예를 들어 미국의 수도가 뉴욕이라고 믿고 있다고 생각해보자), 나는 그러한 믿음에 관한 사실을 알고 있다라고 말할 수 없다. 논리적 용어로 말하면, 여기서 우리들은 우리들이 알고 있다라고 말할 수 있는 **필요조건**necessary condition에 관해 말하고 있는 것이며, 그 필요조건은 어떤 사람이 어떤 **명제**proposition를 알고 있다라고 할 경우에 만족시켜야만 하는 조건으로서, 알고 있다고 하는 명제는 반드시 참이어야 한다는 조건이다. 달리 말하면 만약에 어떤 사람이 어떤 명제를 알고 있다고 한다면, 그 명제가 참이어야만 한다는 것이다. (그 역은 분명히 취해질 수 없다. 왜냐하면 참이지만 어느 누구도 지금까지 알고 있지 못하는 명제들이 많이 있기 때문이다. 예를 들어 내 창문 밖에 있는 나무에 얼마나 많은 잎사귀들이 있는가에 관한 명제는 참이 되지만, 그러나 나는 그 명제가 어떻게 되는지〔참인지〕를 아무도 알려고 하지 않는다고 전제하고 있다.) 어떤 사람이 나중에 거짓으로 드러나게 되는 어떤 것을 믿고 있는 경우에(그것이 처음에는 아주 이치에 맞는 것처럼 보일지라도), 우리들은 그 사람이 당시에는 그것을 알고 있다고 스스로 생각하고 있었지만 그러나 실상은 알고 있지 않았다라고 말한다.

이러한 필요조건 외에도, 어떤 사람이 어떤 명제에 대해 알고 있다라고 말하는 것에 대한 또 하나의 필요조건을 생각해보자. 우리들은 지식〔인식〕에 대해서〔참된 명제이면서 동시에 이를 믿어야만 한다는〕다음과 같은 두 가지의 필요조건을 제시하였다. 지식은 적어도 참된 믿음이다. 그러나 이것만으로 충분한가? 다음과 같은 예를 생각해보자. 나는 무엇이 이루어질 것 같다는 희망 섞인 생각을 많이 하는 경향이 있으며 그래서 매주 나는 내가 구입한 로또 복권의 번호가 그 주의 로또 복권 추첨에서 당첨될 것이라고 믿고 있다고 가정해보자. 그리고 어느 특정한 주에 나의 로또 복권들이 실제로 당첨되었다고 가정해보자. 그러면 나는 나의 로또 복권들이 당첨될 것이라는 하나의 믿음을 가지고 있는 것이며 그리고 그 믿음의 내용은 참된 명제라고 할 수 있지만, 그렇다고 그 믿음을 지식이라고 인정할 수는 없다. 왜냐하면 내가 당첨될 것이라고 믿으면서 샀던 다른 모든 주의 로또 복권과 비교해볼 때, 바로 당첨된 그 특정한 주에 내가 산 복권들이 당첨될 것이라고 믿을 수 있는 충분한 근거가 나에게 없으며, 또한 복권들이 당첨되지 않았다고 할 경우에도 나는 그에 관한 충분한 근거를 가지고 있지 않기 때문이다. 따라서 내가 어떤 것을 믿고 있으며, 내가 믿고 있는 믿음의 내용이 실제로 일어난 일로서 참이라고 할 수 있어도, 그렇다고 내가 그것을 알고 있다라고 말할 수 없다는 것이 이치에 부합하는 것이다.

그래서 어떤 사람이 믿고 있는 것을 지식으로 간주하기 위해서는 그 믿음이 참이어야 한다는 사실과 더불어 이외의 어떤 다른 필요조건이 더 첨가되어야만 할 것 같다. 앞에서 예로 든 로또 복권에 대한 나의 믿음은 내가 그 주에 당첨될 것이라고 믿을 수 있는 충분한 근거를 결여하고 있기 때문에 지식으로 간주되지 않는 것이다. 그래서 우리들은 로또 복권 당첨에 관한 나의 믿음이 정당화되지 않았다고 말할 수 있다. 인식론에서는 전통적으로 우리들의 믿음들에 대한 충분한 정당화가 이루어질 경우에만 지식을 주장할 수 있다고 본다. 달리 말하면 지식이란 **정당화된 참된 믿음**이라는 것이다. 지식에 관한 이러한 '세 가지' 정의 요소들은 최근에 와서 많은 비판과 논쟁의 주제가 되고 있음에도 불구하고, 정당화만큼은 여전히 지식에 대한 필요조건으로 인정하고 있다. 정당화에 관한 문제는, 정당화란 개념이 도대체 무엇인가에 관한 주제로 논의를 이끈다. 위에서 제시했듯, 정당화란 우리들의 믿음을 검사하거나 그러한 믿음에 도달하도록 만드는 과학적 방법들에 의해서 부여되는 것으로 여겨지고 있다(science라는 단어는 지식을 의미하는 라틴어 scientia[3]라는 단어에서 유래한 것이다).

그래서 철학적인 논의에서 과학철학과 많이 중첩되는 분야가 바로 인식론이다. 나중에 우리들이 고찰하게 될 장들에서 나타나는 인식론적인 물음들(이러한 물음들에 대해서 서로 대립하는 몇 가지의 경쟁적인 대답들과 함께)에는 다음과 같은 것들이 있다. 과학적 방법은 무엇인가? 증거들은 한 이론을 어떻게 지지하는가? 과학에서 이론의 변화라는 것은 합리적인 과정으로 진보하는가? 우리는 과학이론들이 참이라는 것을 알고 있다고 실제로 말할 수 있는가?

만약 과학이 어떤 종류의 지식을 우리들에게 실제로 제공하고 있다는 것을 받아들인다면, 우리는 세계가 어떻게 존재하는가에 관해서 과학이론들이 우리들에게 말하고 있는 내용들을 검토하고 그러한 내용을 말하는 과학적 지식의 범위가 어디까지인가를 결정해야 한다. 현대 과학의 세계상은 많은 내용들을 우리들에게 말하고 있는 것처럼 보이는데, 이 내용들 중에는 현재의 사물들이 어떻게 존재하고 있는가에 관한 것뿐만

---

[3] 보다 구체적으로 살펴보면, '안다know'를 의미하는 라틴어 'scire'에서 유래한 것이다. scire의 어근 'sci'에 명사형 접미사 '-entia'를 붙여 'scientia'로 만든 것이다. 그래서 'scientia'를 영어로 번역하면 knowledge라고 할 수 있다.

아니라 그것들이 수백만 년 전, 심지어는 수십 억 년 전에는 어떠했는지까지도 포함되어 있다. 천문학은 지구, 태양계, 심지어 우주에 대해서 말해주고 있고, 지구물리학은 산맥, 대륙, 대양의 발달에 대해 말해주고 있으며, 생화학과 진화생물학은 생명 자체의 발전에 대해 말해주고 있다. 이러한 과학이론들은 우리들 주변에서 친숙하게 접할 수 있는 사물들에 대해 많은 내용을 이야기해주고 있다. 그래서 우리들은 예를 들면 어떤 특정한 강이 보통 어디에서 발원하여 어디로 흘러가고 있는가, 또는 벌들이 꽃들을 어떻게 수분시키고 있는가에 대해서 배우게 된다. 그러나 과학이론들은, 특히 물리학과 화학 이론들은 분자, 원자, 전자기파, 블랙홀 등과 같이 우리들의 일상적인 경험에 의해서는 그 존재를 직접 알 수 없는 대상들[4]에 대해서도 기술記述describe하고 있다. 따라서 이러한 대상들과 이러한 대상들에 관한 과학이론들에 대해서, 과학철학은 인식론적으로 다음과 같은 특별한 의문을 제기하고 문제를 제시한다. 우리들은 일상적인 경험으로 직접 확인하고 관찰할 수 없는 대상들의 존재를 믿어야 하는가? 만약 믿어야 한다면, 그러한 대상들의 존재에 대한 증거로는 어떤 것이 있으며 그러한 대상들을 지시하기 위해 우리들은 어떻게 해야 하는가?

물론 과학이 세계를 단지 기술하기만 하는 것은 아니다. 과학은 또한 사물들이 현재 상태에서 어떻게 존재하고 있으며 왜 그렇게 존재하는가에 대한 설명을 제공하고 있다. 때로 이러한 설명은 우리들이 관찰할 수 있는 사물들의 원인들로서 그 이면에 있는 관찰할 수 없는 대상들을 기

---

4) 이러한 대상들이 과학적 실재론 논쟁에서 등장하는 이론적 대상theoretical entity이다. 이론적 대상을 지시하는 용어들을 이론용어theoretical term라고 한다. 이 용어와 상대적인 의미를 가진 용어들을 관찰용어라고 한다. 관찰용어는 우리들이 감각적 경험에 의해서 그 존재를 직접 확인할 수 있는 대상들을 지시한다.

술하기도 한다. 그래서 뉴턴은 공중에 던져지는 물건들이 지구를 향해 낙하하게 된다는 사실을 발견했기 때문에 유명한 것이 아니라, 왜 그렇게 낙하하는가를 설명하고(사과가 나무로부터 땅으로 떨어지게 만드는 원인이 중력이라고 설명한다), 그렇게 낙하하는 속도를 계산할 수 있는 법칙들을 제공했기 때문에 유명한 것이다. 다른 많은 과학이론들처럼 뉴턴의 역학은 몇 개의 근본 원리들과 법칙으로 구성되어 있다. 우리가 과학을 이해할 때 중심적인 내용은 **자연의 법칙들**에 관한 것이다. 예를 들어 모든 금속은 열을 받으면 늘어난다고 하는 것은 자연의 법칙이라고 간주한다. 그래서 과학은 사물들의 근본적인 본성에 대해서, 세계가 무엇으로 구성되어 있는가에 대해서, 세계가 어떻게 작용하는가에 대해서 말해주는 것처럼 보인다. 심지어 과학은 무엇이 존재하고 있는가를 말하고 세계 속에서 발생한 사건들을 자연의 법칙과 인과성에 의해 설명할 뿐만 아니라, 또 다른 근본적인 철학적 물음이라고 할 수 있는, 이를테면 시간과 공간의 본성에 관한 물음에 대해서까지 대답하고 있으므로 전통적인 **형이상학**metaphysics을 대체한 것으로 간주되고 있다.5) 자연의 법칙이란 정확히 무엇인가? 그리고 어떤 것이 다른 어떤 것을 인과적으로 유발한다고 말하는 것은 무엇을 의미하는가? 어떤 것을 설명한다는 것은 무엇인가?

    많은 철학자들과 과학자들은 과학의 목적은 우리들이 보고 있는 것을 기술記述하는 데 그치는 것이 아니라 우리들이 관찰할 수 있는 현상들의 이면에 있는 관찰할 수 없는 대상들, 법칙들, 원인들에 대한 진리에 도달하는 것이라고 여긴다. 한편 사물들의 실제 본성, 자연의 법칙 등에 관한

---

5) 근세 이전의 전통 철학에서 제기되었던 형이상학적인 물음에 대해서 지금은 과학이 그 대답을 제공하고 있다 하더라도 형이상학적인 물음이 사라지는 것은 아니다. 과학철학에서 논의되고 있는 형이상학적 물음은 아직도 있다. 이 문장 이후에 제시한 래디먼의 물음은 과학철학에서 논의하는 형이상학적 물음들이라고 볼 수 있다.

철학적인 물음들의 중요성을 무시하고, 관찰의 범위를 넘어선 경우에는 과학이론이 참인가 거짓인가의 여부가 중요하지 않다고 간주하면서 그저 관찰할 수 있는 것을 정확하게 예측할 수 있는 이론들을 찾는 것만이 중요하다고 강조하고 있는, 역사적 연원이 깊은 또 하나의 철학적인 전통[6]이 있다. 이 책이 초점을 맞추게 될 물음은 "우리의 최선의 과학이론들이 도입하고 있는, 관찰할 수 없는 대상들의 존재를 우리들이 믿어야만 하는가?", 혹은 이보다 구체적인 예를 들어 말하면 "전자들은 실제로 존재하는가?"이다. 여러분들은 전자들이 사실상 관찰 가능하기 때문에 이 물음이 별로 큰 의미를 가지고 있지 않다고 생각할지도 모르겠다. 어쨌든 텔레비전 수상기는 형광을 일으키는 인을 칠한 화면에 전자들을 쏨으로써 작용하고 있으며 우리들은 적어도 간접적으로 전자들을 항상 관찰하고 있는 것이 아닌가? 관찰 가능성이 정확히 무엇을 의미하는지는 제6장의 후반부에서 논의할 것이다. 그러나 전자, 원자 등과 같은 대상들은 책상과 나무를 관찰하는 것과 같은 방식으로 관찰할 수 있는 것이 아니라는 점을 분명히 해야만 한다. 과학적 실재론은 전자와 같은 대상들의 존재를 우리들이 믿어야만 한다고 보는 견해이고, 과학적 반실재론은 과학이론들의 진리를 우리들이 더 이상 믿지 말아야 하며 과학이론들이 관찰할 수 있는 것에 대해서 말하고 있는 내용만을 믿는 것으로 만족해야 한다고 보는 견해이다. 우리들은 과학적 실재론에 관한 논의 과정을 따라가면서 그러한 논의 내용을 판단해보려고 노력하는 가운데, 위에서 언급한 인식론적이고 형이상학적인 물음들 모두를 다시 만나게 될 것이다.

---

[6] 예를 들면 버클리가 있다.

제1부 | 과학적 방법

제1장 귀납과 귀납주의
Induction and inductivism

1. 회의론자의 도전

우리들의 논의는 다음의 계기가 발단이 되어 시작된 것이다. 먼저 앨리스Alice가 스티븐 호킹Stephen Hawking이 쓴 『시간의 역사A Brief History of Time』를 읽고, 이 책에 나타난 빅뱅과 우주의 역사에 관해서 새롭게 알게 된 흥미로운 내용들을 친구인 토머스Thomas에게 설명하려고 하였다. 그러나 토머스가 앨리스가 말한 내용에 대해서 몇 가지의 의문을 표시함으로써 논쟁이 일어나게 되었고, 이러한 논쟁들이 전개되는 과정을 보여주면서 우리들의 논의는 계속 전개된다.

∴

앨리스: ······그리고 빅뱅이 있은 후 1초가 지나면, 우주의 온도는 핵폭탄이 폭발할 때의 중심부의 온도와 거의 비슷한 100억 도까지

올라간대.

토머스: 넌 정말, 그 내용을 다 사실이라고 믿는 거야? 억지로 꾸며낸 이야기라는 생각은 들지 않니?

앨리스: 아니, 나는 그 이야기가 사실이라고 믿어. 우리가 앉아 있는 이 책상이라는 것은 거의 다 빈 공간으로 되어 있고, 아주 예리한 하나의 바늘 끝에도 수백만 개가 자리를 잡을 수 있을 정도로 작은 크기의 원자들이 그 책상을 구성하고 있다는 사실이 억지로 꾸며낸 이야기가 아니듯이, 빅뱅 이야기도 억지로 꾸며낸 이야기가 아니라고 생각해.

토머스: 정확하게 말하자면 그 내용은 억지로 꾸며낸 이야기에 불과한데, 너는 그 이야기에 속아넘어가서 그걸 믿고 있는 거야.

앨리스: 그 이야기는 과학이 우리들에게 말하고 있는 내용이야.

토머스: '과학'이라는 것 자체는 우리들에게 어떠한 내용도 말하고 있지 않아. 그 내용은 우리와 똑같이 생긴 사람인 과학자들이 말하고 있는 것에 불과해. 다른 모든 사람들과 마찬가지로 과학자들도 자신들이 관심 있는 것을 우리들에게 말하려고 노력하는 거야.

앨리스: 무슨 뜻으로 그런 말을 하는 거니?

토머스: 내 말을 잘 모르겠니? 예를 들어 중고차 판매상은 네가 어떤 차를 사도록 만들려고 이전의 차 주인이 그 차를 애마처럼 소중하게 다루었다고 말할 거야. 목사들은 네가 교회에 출석해야만 천국에 갈 수 있다고 강조해. 그렇게 말하지 않으면 목사들은 먹고살 수 있는 생계 수단을 잃어버리기 때문이야. 이와 마찬가지로 과학자들도 많은 사람들이 이해하기 어려운 이상한 내용들을 말함으로써, 그들이 얼마나 똑똑한가에 대

해 우리가 감탄하도록 만들고, 납세자들이 낸 세금의 일부를 계속 연구비로 사용할 수 있도록 만드는 거야.

앨리스: 그런데 토머스, 너는 과학자들의 일을 지나치게 삐딱하게 보고 있는 것 같아. 모든 사람들이 네가 생각하는 것처럼 자기 자신만을 위해 이기적으로 사는 건 아니야.

토머스: 앨리스, 넌 너무 순진해. 네 말처럼 어쨌든 과학자들이 자신들의 이론을 실제로 믿고 있다고 가정한다고 해도, 현대에 와서는 과학이 종교처럼 신봉되고 있다는 건 알고 있겠지?

앨리스: 무슨 말이니?

토머스: 자, 한번 생각해봐. 네가 500년 전에 살고 있다고 가정하면, 너는 아마도 천사, 성인, 에덴동산의 존재를 기꺼이 믿을 거야. 그런데 현대에 와서는 과학이 종교를 밀어내고 종교 대신에 서양의 지배적인 믿음 체계가 되었어. 만약 네가 정글에서 어느 부족의 일원으로 살고 있다고 한다면, 너는 그 부족의 조상들 때부터 전승되어온 어떠한 창조 설화라도 믿고 있을 거야. 그런데 너는 우연하게도 지금 이 시대, 이 장소에 살게 되었고, 우리 부족의 전문가로 우연히 등장한 과학자들이 말하는 걸 그대로 믿고 있는 거야.

앨리스: 종교적인 도그마와 신화를 과학과 비교해서는 안 돼.

토머스: 왜 안 되는데?

앨리스: 왜냐하면 과학자들은 자신들이 들은 바를 단순하게 수용하기보다는 적합한 방법에 따라 자신들의 믿음들을 개발하고 검사하기 때문이지.

토머스: 좋아. 과학자들은 자신들의 이론이 정밀하다는 것을 보장해주는 방법을 가지고 있다고 **주장한다**는 점에서 네 말은 옳다고

할 수 있어. 그렇지만 나는 그런 것을 믿지 않아. 만약 과학자들이 적합한 방법을 공동으로 가지고 있다면 과학자들은 모두 똑같은 결론에 도달할 텐데, 너도 알다시피 과학자들은 예를 들어 설탕이나 소금 중에서 어느 것이 실제로 몸에 해로운가에 대해서 결론을 내리지 못하고 있는 것처럼 항상 서로 자신이 옳다고 논쟁을 벌이고 있잖아.

앨리스: 글쎄, 이론들을 증명하는 데에는 많은 시간이 걸리겠지만, 결국에 가서는 과학자들이 하나의 결론을 증명하게 되리라고 나는 기대하고 있어.

토머스: 과학에 대한 너의 그 신앙이 그저 놀라울 뿐이다—그러면서도 너는 과학과 종교가 전혀 다르다고 주장하고 있어. 그런데 과학적 방법이라는 것도 따지고 보면, 과학자들이 자신들의 주장을 우리가 믿기를 바라면서 공표한 하나의 신화에 불과해. 과학적 방법으로 검사한 다음에 안전하다고 공표했던 약들이 몇 년 지나지 않아 매우 위험한 것으로 밝혀져 폐기되는 경우를 보면 알 수 있지 않니?

앨리스: 그런 일이 일어날 수도 있지. 하지만 반면에 아무런 탈 없이 성공적으로 효능을 발휘하고 있는 약들이나, 과학이 이룩한 그 밖의 다른 놀라운 성과물이 많이 있는데 이러한 일이 어떻게 해서 가능하다고 생각하니?

토머스: 그거야 물론 시행착오에 의해서 이루어진 것들이지. 이 방법만이 현존하는 유일한 과학적 방법인데, 그건 아주 분명한 사실이야. 이 외의 나머지, 과학적 방법이라고 하는 것들은 모두가 다 선전에 불과해.

앨리스: 네 말을 믿을 수가 없어. 빅뱅 이론과 같은 과학이론들은 실

험과 관찰에 의해 입증되었고, 이러한 입증 때문에 우리들은 그 이론들을 믿어야 해. 과학이론은 창조 신화와 종교적 믿음과는 전적으로 다른 것이 되는 거야.

토머스: 그럼, 너는 실험들과 관찰들이 하나의 이론이 참이라는 것을 어떻게 입증하는지를 알고 있니?

앨리스: 사실 그건 잘 모르겠어.

토머스: 만약 그 방법을 알게 되면 나에게도 알려줘.

∴

이상과 같이 전개된 대화에서 등장인물 중의 한 사람〔토머스〕은 과학자들이 설명하는 내용이 참이라고 믿고 있는 다른 사람〔앨리스〕에게 과학자들이 말한 내용에 기초하는 믿음들이 천사나 악마들의 존재 또는 물활론적인 종교의 영혼과 마법의 존재에 대한 믿음보다 더 잘 지지될 수 있는 이유를 설명해주기를 요구하고 있다. 물론 우리들 각자가 믿고 있으면서도 우리들 스스로가 직접 정당화할 수 없는 것들이 많이 있다. 예를 들면 나는 다량의 비소가 인간에게 치명적인 해를 입힌다는 것을 믿고 있으나, 지금까지 나의 경험으로는 어떠한 비소도 보지 못하였으며 그 약품의 효능을 검사해본 적도 없다. 그래도 우리들 모두는 직접적으로든 간접적으로든 다른 사람들이 우리들에게 말해주는 내용에 의존하고 있기 때문에, 다른 사람들이 사실이라고 말하는 모든 종류의 실재들을 믿고 있다. 이러한 우리들의 믿음들이 정당화되는가의 여부는 그 믿음의 사실들이 정당화되는가의 여부에 달려 있다. 이 책을 읽고 있는 대부분의 독자들은 지구가 태양의 주위를 돌고 있다는 사실, 인간은 원숭이에 보다 가까운 동물들로부터 진화되어왔다는 사실, 물은 1개의 산소 원자와 2개의 수소 원자로 구성되어 있다는 사실, 질병은 바이러스와 그 밖의 아주 작은 생물체들에 의해 발병한다는 사실 등을 아마도 믿고 있을 것이다. 만약 우리들이 이러한 사실들을 믿고 있다면, 그 이유는 우리 부족의 전문가들(현대에 와서는 과학자들)이 그러한 이야기들을 우리들에게 말했기 때문이다. 이러한 방식을 통해, 우리들이 믿음을 가지게 된 근거는 어느 지방의 마법사가 그 지역의 부족민들에게 질병의 원인이 다른 사람의 마법 때문이라고 말하여 그 부족민들이 그러한 믿음을 가지도록 만드는 것과 아주 유사해지는 것이다. 그렇지만 우리들은 우리들의 믿음들과 마법의 존재에 관한 원시 부족들의 믿음 간에는 어떤 차이가 있을 것이라고 믿고 싶어한다. 만약에 아무 차이도 없다면, 게다가 약간의 제물과 주문이 실제로 어느 정도의 치료 효과를 낸다고 한다면 무엇 때문에 그 많은 돈을 현대 의약의 개발과 치료에 투자하겠는가?

   과학에 대한 믿음을 가지고 있는 앨리스와 같은 사람은, 우리들의 믿음들이 궁극적으로 과학적 방법에 의해서 만들어지고 입증되었으며 실험들과 관찰들로 이루어지고 관련되어 있다는 점에서, 과학적 방법이야말로 우리들의 믿음들과 원시 부족들의 믿음들이 차이가 나도록 만든다고 생각한다. 이 장에서 우리들은 과학적 방법의 성격을 탐구해나갈 것이다. 만약 과학적 방법이 실제로 있는 것이라면, 고대인들의 판단과 교회의 권위에 대한 신뢰를 과학이 대신하도록 만든 그러한 과학적 방법에 대한 탐구는 근대과학의 기원으로부터 시작될 것이다. 우리의 목표는 과학이 말한 내용을 그대로 믿고 있는 앨리스가 과연 그러한 신앙을 가져도 될 만한 이유를 가지고 있는가, 아니면 토머스와 같은 회의론자의 태도가 사실상 보다 합리적인 것인가를 결정하는 것이 될 것이다.

2. 과학혁명

서구 세계에서 근대과학이 출현하게 되는 중대한 발전은 16세기 후반과 17세기에 이루어졌다. 상대적으로 짧은 기간 동안에 과거에는 당연하게 진실이라고 간주되었던 많은 주장들이 신뢰성을 잃고 폐기되었을 뿐만 아니라, 천문학, 물리학, 생리학, 그 밖의 다른 과학 분야에서 새로운 이론들이 다수 확립되었다. 충돌할 경우와 중력의 영향을 받을 경우 일어나는 물체의 운동에 관한 연구 분야(보통 역학으로 알려져 있다)에는 대변혁이 있었다. 16세기 초반에 갈릴레오 갈릴레이Galileo Galilei(1564~1642)의 작업으로부터 시작된 이 대변혁은 1687년에 아이작 뉴턴Isaac Newton(1642~1727)의 수리물리학에 관한 저서[1]가 발행되면서 절정에 이르게 되었다. 물리학에서 역학 분야는 물리 체계의 움직임을 정확하고 엄밀하게 예측하는 데 큰 성공을 거두었기 때문에 과학이 이룩한 업적들 중에서 가장 빛나는 사례가 되었다. 다른 분야들에서도 이에 견줄 만한 큰 진전들이 있었고, 망원경과 현미경과 같은 관측기기들을 개발할 수 있는 새롭고 강력한 기술공학들technologies이 개발되었다.

지성사知性史에서는 이 기간을 이전의 코페르니쿠스 혁명까지 포괄하여 보통 과학혁명의 시대라고 부르고 있다.[2] 이러한 이름으로 부르게 된 것

---

[1] 이 저서의 완전한 이름은 라틴어로 *Philosophiae Naturalis Principia Mathematica*인데 이를 번역하면 『자연철학의 수학 원리』이다. 흥미로운 것은 자연 세계에 관한 실증적인 탐구인데도 불구하고 이 분야를 scientia가 아니라 자연철학으로 부르고 있다는 것이다.
[2] 이 기간을 과학혁명이라고 명명한 사람은 역사가인 버터필드이다. 제2차 세계대전 후, 영국 케임브리지 대학교의 근대사 교수인 H. 버터필드가 그의 저서 『근대 과학의 탄생The Origins of Modern Science』(1946)에서 처음으로 이 용어를 사용하였다. 서양사 서술 방법에 따르면, 전통적으로 '근대'는 르네상스와 종교개혁에 의해

은 지구가 태양계와 모든 우주의 중심이 되는 천동설 이론(지구중심설)이 지구가 태양의 주위를 공전하고 있다는 지동설 이론(태양중심설)으로 대체되는 기간이었기 때문이다. 철학적 관점에서 볼 때 과학혁명 기간 동안에 이루어진 가장 중요한 발전은, 자연 세계의 현상들을 설명하는 이론들이 아리스도텔레스Aristotle(BC 384~322)의 이론과 단절하게 되는 정도가 여러 분야에서 점차적으로 증대하였다는 것이다. 새로운 생각들이 제안됨에 따라 몇몇 사상가들은 아리스토텔레스의 방법과 다르게 지

서 구분되었지만, 전후 비서양 제국의 독립 및 흥륭興隆과 더불어, 이상과 같은 서양 중심적인 사상으로 세계사의 시대구분을 하는 것이 부적절하다는 것을 알게 된 버터필드는 비서양권에서도 받아들여질 수 있는 근대과학의 보편성에 주목하고, 과학혁명으로써 '근대'를 구분할 것을 제창하였다.

'과학혁명'은 '산업혁명'을 본떠서 만들어졌지만, 둘 다 학문적 분석용어로 사용될 만큼 엄밀한 내용과 정의를 가진 것은 아니다. 학문적 용어가 되려면 근대과학 성립에 대한 요소 분석이 필요하며, 역학적 자연관의 정착이나 실험과학의 성립을 이끌어낼 수 있어야 한다.

한편 좁은 의미의 '과학혁명'은 그러한 것보다는 역사상 유럽에서 일어난 단발성 현상으로서, 고유명사로 취급되어 종종 대문자로 'Scientific Revolution'이라고 쓴다. 우리말로는 '17세기 과학혁명'이라고 하면 다른 것과 혼동되는 일이 없다.

'과학혁명'을 넓은 의미에서 일반명사로 써서 학문적 분석용어로서의 보편성을 갖도록 한 사람은 미국의 토마스 쿤이다. 그의 『과학혁명의 구조The Structure of Scientific Revolution』(1962)에서 '과학혁명'은 소문자로 쓰이는 일반명사이며 복수이다. 즉 과학혁명은 때와 장소에 상관없이 여러 번 생기는 현상이다. 쿤은 어느 시대의 특정 과학자 집단이 신봉하는 하나의 패러다임에 따라 연구가 정상적으로 행해지지만 변칙 사례들이 나타나게 되면 그 패러다임에 위기가 생겨 결국 과학혁명으로 진행되면서 다른 패러다임으로 대체되는 방식으로 과학사가 전개된다고 주장하였다. 그때까지 과학은 누적적으로, 일정 방향으로만 진보한다고 생각되었지만, 쿤은 과학혁명에 의해서 과학에 대한 연구 노선의 방향이 바뀌고, 비누적적이고 불연속적으로 진행한다는 것을 과학사에 대한 분석을 통해 주장하여, 일반 사상계에도 많은 영향을 미쳤다.(출처:《두산 세계대백과사전》)

식의 획득을 보장할 수 있는 새로운 방법을 찾기 시작하였다. 서문에서 간략하게나마 우리들은 어떤 믿음이 지식으로 간주되기 위해서는 그것이 정당화되어야만 하고, 그래서 우리들이 만약에 지식을 갖기를 원한다면 우리들의 믿음들을 형성하면서 동시에 그에 관한 정당화를 제공하는 하나의 절차를 따라야 함을 알게 되었다. 그러한 절차가 어떻게 구성되어 있느냐 하는 것은 과학혁명 기간 동안에 제기된 중요한 문제인데, 이에 관한 논쟁이 과학적 방법에 관한 근대 철학적 논의의 시작이 되었다.[3]

중세 시대에 아리스토텔레스의 철학은 우주와 자연에 관한 철학(보통 **스콜라철학**이라고 부른다)을 형성하는 기독교 교리들과 결합되어 있었다. 이 시기의 자연철학은 행성들의 운동에서부터 시작하여 낙하운동을 하는 지구 위의 물체들의 움직임에 이르기까지 모든 것을 기술하고 있었으며, 서구의 지식인들 대부분은 이 철학의 본질적 내용들을 의심 없이 광범위하게 받아들이고 있었다. 아리스토텔레스의 견해에 따르면 지구와 하늘은 그 본성이 완전히 다르다. 지구와 지구 표면에 붙어 있는 사물이나 혹은 달까지는 미치지 못하면서 달과 지구 사이에 있는 모든 사물들[4]은 변화하고 소멸하고 불완전한 것으로 간주된다. 이 지상계의 모든 사물은 흙, 공기, 불, 물과 같은 구성 요소들의 결합[5]에 의해 만들어지

---

3) 그래서 근세철학에서는 지식의 정당화와 같은 인식론에 관한 논의가 주조를 이룬다.
4) 아리스토텔레스는 달을 경계선으로 하여 달 아래에 있는 지상계sublunar와 달 위에 있는 천상계superlunar로 세계를 구분하였다. 지상계의 사물들은 생성 소멸하면서 불완전하고 직선운동을 하지만, 천상계의 사물들은 완전 불변하며 영원한 원운동을 한다고 아리스토텔레스는 설명하고 있다.
5) 4가지의 구성 요소들은 온溫·냉冷·건乾·습濕 4가지의 성질을 가지고 있어 4원소들 간에는 서로 전환이 가능하다고 설명한다. 예를 들어 불은 온건, 물은 냉습, 공기는 온습, 흙은 냉건의 성질을 가지고 있는데, 온습한 공기의 습기를 제거하면 불이 된다고 보는 것이다. 이러한 아리스토텔레스의 원소 전환설은 중세에 나타나는 연금술 이론의 바탕을 이루게 된다.

며, 지구상의 모든 자연적 운동은 근본적으로 직선운동이다. 그래서 불과 공기는 위로 직선운동을 하며, 물과 흙은 밑으로 직선운동을 한다. 이와 달리 하늘[천상계]에 있는 사물들은 완전하고 변하지 않는 것으로 간주된다. 하늘에 있는 모든 대상들은 지구에 있는 사물들과는 근본적으로 다른 실체인 제5원소로 구성되어 있으며, 하늘에서의 모든 운동은 영원히 지속되는 원운동을 한다고 간주되었다.

과학혁명 시대 이전의 유럽 사람들이 모두 아리스토텔레스주의자는 아니었다고 해도, 아리스토텔레스주의는 특별히 로마 가톨릭교의 정통 교리와 결합되어 있었기 때문에 그 당시의 지배적인 철학적 견해가 되었다. 아리스토텔레스 철학과의 결별은 서서히 시작되었으며 이러한 결별은 많은 논란을 불러일으켰지만, 17세기 말경에는 철저하게 비아리스토텔레스적인 이론인 갈릴레이, 뉴턴, 그 밖의 이론들이 널리 수용되었다. 이러한 전개와 발전 과정에서 일어난 가장 중요하다고 할 수 있는 사건은 아마 1543년에 천문학자 니콜라우스 코페르니쿠스Nicolaus Copernicus(1473~1543)가 행성들의 운동 이론에 관한 책을 발간한 일일 것이다. 아리스토텔레스적인 세계관에서 우주의 중심은 지구이며, 모든 천체들, 달, 행성들, 태양, 별들은 원운동을 하면서 지구의 주위를 공전하고 있다. 천문학자이면서 수학자인 알렉산드리아 출신의 프톨레마이오스Klaudios Ptolemaeos(대략 AD 150)는 지구의 주위를 돌고 있는 천체들의 공전궤도를 수학적으로 기술하였다. 그러나 하늘에 있는 행성들의 운동들은 원운동과 같은 방식만으로는 기술하기가 어려웠다. 왜냐하면 그 행성들은 가끔 잠시 동안 종전의 운동과는 반대 방향으로 운동하는 것처럼 보였기 때문이다 (이러한 운동을 역행逆行retrograde운동이라고 부른다).[6] 프톨레마이오스

---

[6] 화성의 역행운동은 바빌로니아 지방에서 일찍부터 관찰된 현상이다.

는 천동설 이론이 관찰들과 아주 잘 일치되도록 하기 위해서는 지구를 중심으로 공전하는 원궤도에 중심을 두고 있는 원[7]을 따라 공전궤도를 그리면서 행성들이 운동해야만 한다는 것을 발견하였다. 이 설명은 이론을 매우 복잡하고 사용하기 어렵게 만들었다.(그림 1 참조)

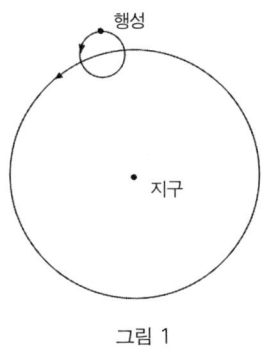

그림 1

코페르니쿠스는 원운동들을 그대로 유지하면서 천체의 중심 위치에 지구 대신 태양을 갖다놓고, 그런 다음 지구가 자전하면서 태양의 주위를 공전하는 것으로 만들었다.[8] 이러한 코페르니쿠스 방식의 설명은 행성의 운동에 관한 설명을 수학적으로 아주 단순화시켰다.[9] 이후 코페르

---

7) 이러한 원을 주전원周轉圓 epicycle이라고 한다.
8) 지구가 공전하게 되면 낮과 밤의 현상을 설명하기 위해서는 지구 자전설을 전제하지 않을 수가 없다. 이러한 지구 자전설을 설명하기 위해서는 아리스토텔레스의 지상 역학이론을 비판해야 하는데, 이러한 비판은 그 당시의 신학 교리에 대한 비판과 결부되어 있어 매우 어려웠다. 따라서 지구 공전설을 주장하기 위해서는 거대한 종교적 권위와의 대립뿐만 아니라 아리스토텔레스의 역학이론에 익숙한 사람들의 상식적인 세계관(지구가 자전하면 지구 표면에 있는 사물들이 어떻게 붙어 있을 수 있겠는가)과의 충돌도 불가피하였다.
9) 프톨레마이오스 체계에서는 주전원의 수가 89개까지 필요했는데, 코페르니쿠스

니쿠스의 이론은 요하네스 케플러Johannes Kepler(1571~1630)에 의해 개선되었는데, 케플러는 행성들이 원이 아니라 타원 궤도를 따라 공전운동을 한다고 여겼다. 뉴턴이 그의 중력이론으로 행성의 운동에 관한 케플러의 이론을 더욱 정교하게 만들었으며, 이 이론은 오늘날까지도 우주왕복선의 발사 등에서 실제로 사용되고 있다.

　코페르니쿠스 체계에서 주목해야 하는 한 가지 사실은, 우리가 지구 표면 위에 똑바로 서 있을 때 지구가 움직이고 있다는 것을 전혀 느끼지 못하고 있다는 점[10]과, 그리고 더 나아가 낮에 우리들의 머리 위로 지나가는 태양의 운동을 우리들이 관찰하게 된다는 점에서 코페르니쿠스 이론이 마치 우리들의 경험과 상충하는 것처럼 보일 수도 있다는 점이다. 이러한 예는 우리들이 보는 사물들의 겉모습appearence[현상]과는 다른 실재reality를 과학이 어떻게 기술하고 있는가를 보여주는 중요한 사례가 된다. 겉모습[현상]과 실재 간의 이러한 구별이 형이상학에서는 중심 문제가 된다. 왜냐하면 형이상학은 사물이 단지 우리들에게 어떻게 나타나느냐가 아니라 '사물 자체가 실제로 존재하는 바대로' 기술하려고 하기 때문이다. 코페르니쿠스의 책은 그가 죽은 후에 유고집으로 발간되었는데, (책의 출간을 준비하는 데 많은 도움을 준 코페르니쿠스의 친구인) 오시안더Andreas Osiander(1498~1552)가 서문을 써서 출간하였다. 이 서문에서 오시안더는 코페르니쿠스가 설명하는 지구의 운동[지동설]은 글자 그대로 지구가 태

체계에서는 43개 정도의 주전원만으로도 행성의 운동들을 설명할 수 있었다. 그런데 이 주전원의 수는 공전주기에 따른 주전원의 크기를 어떻게 정하느냐에 따라 일정하지 않았고 사람들마다 다르게 나타났다.
10) 앞의 주석 8에서도 설명했지만, 지구가 태양의 주위를 공전한다고 한다면, 낮과 밤의 발생 현상을 설명하기 위해서는 지구가 자전해야 한다. 그런데 지구 표면에 있는 우리들은 이러한 자전운동을 느낄 수가 없다는 점을 말한다.

양을 중심으로 한 공전궤도를 따라 실제로 운동하고 있다는 사실을 주장하는 것으로 간주되기보다는 계산의 편의성을 고려한 수학적인 사실로 간주되어야 한다고 주장하였다. 도구주의의 입장에 따르면 오시안더의 이러한 주장은 **도구주의**Instrumentalism의 입장을 취하는 철학적 논제의 초창기 사례라고 볼 수 있다. 도구주의의 입장에 따르면 과학이론들은 참이라고 믿을 필요가 없으며, 단지 사용하기에 편리한 허구적 이야기들로 간주되어야만 한다. 이러한 입장과는 달리, 코페르니쿠스의 이론에 대해 실재론자가 되는 것은 지구가 태양을 중심으로 하는 공전궤도를 따라 실제로 운동하고 있다는 것을 글자 그대로 받아들이고 참이라고 믿어야만 한다고 생각하는 것이다. 도구주의자들과 다르게 실재론자들은 과학이론들이 형이상학적 물음들에 대해서도 대답할 수 있어야만 한다고 생각한다. (**실재론**realism과 도구주의 간의 논쟁에 대해서는 나중에 고찰할 것이다.)

지구는 우주의 중심이 아니며 실제로는 태양의 주위를 공전하고 있다고 하는 이설은 가톨릭 교리와 직접적으로 충돌하게 되었고, 오시안더의 서문도 코페르니쿠스 이론을 두고 벌어지는 논쟁들을 가라앉히지는 못했다. 이 논쟁들은 17세기 초반에 아주 격렬하게 전개되었다. 그래서 1616년에 코페르니쿠스의 책과 태양중심설을 채택한 다른 모든 책들은 가톨릭에서 가르치지 않아야 하고 심지어 읽는 것조차 금지하는 금서 목록에 들어가게 되었다.[11] 로마 가톨릭교회가 천문학의 한 이론에 대해서 왜 그렇게 전전긍긍했는지를 속속들이 알기는 어렵다. 그러나 태양중심설은 아리스토텔레스적인 우주상과 상충하는 동시에 운동에 관한 아리스토텔레스의 설명을 적용할 수 없게 만들 뿐만 아니라, 성경의 창세기와 아담과 이브의 타락에 관한 전통적인 이해와도, 한쪽에는 지구와

---

11) 이 책들은 1835년에 금서 목록에서 해제되었다.

악마를 설정하고 다른 쪽에는 하늘과 신을 설정해놓은 관계와도 상충하였다.[12] 그 결과, 만약 어떤 사람이 코페르니쿠스의 이론을 채택하게 되면 그가 그때까지 당연히 사실이라고 간주하였던 많은 내용들은 의심의 나락으로 떨어지는 것이다—따라서 아리스토텔레스의 세계상과 마찬가지로 포괄적이면서도 보다 더 최신의 새로운 믿음 체계들로 아리스토텔레스의 세계상을 대체할 것이 요구되었다.

3. 귀납의 '새로운 도구'

근대과학이 출현하는 데에는 새로운 이론들을 제안한 코페르니쿠스와 갈릴레이 같은 사람들뿐만 아니라, 새로운 사유 방식을 기술할 수 있었고, 그것을 옹호하면서 선전할 수 있었던 사람들도 또한 공헌하였다. 근대적인 용어로 말해서, 과학은 기존의 아리스토텔레스적인 사유로 굳어져 있던 그 당시의 지식인들에게 하나의 새로운 상품으로 만들어져서 판매되어야 할 필요성이 있었다. 새로이 나타난 과학을 열렬하게 선전한 사람들 중에서 가장 큰 공을 세운 사람은 프랜시스 베이컨Francis Bacon(1561~1626)이다. 그는 과학이야말로 아리스토텔레스의 방법을 대신할 수 있는 새로운 방법이라고 분명하게 제안하였다. 1620년에 나온 그의 책『노붐 오르가눔Novum Organum』[13]에서 베이컨은 이러한 새로운 방법론을

---

12) 왜냐하면 하늘과 신이 있는 곳과 지구와 악마가 있는 곳이 운동이나 존재 상태에 있어서 아무런 차이도 없기 때문이다. 이는 성경 교리에 위배된다.
13) 라틴어로 된 이 책의 제목을 글자 그대로 번역하면 '새로운 도구New Instrument'이다. 라틴어 'Organum'은 일반적으로 도구를 의미하지만, 도구라는 말에서 방법

아주 구체적으로 설명하였으며, 이 책은 오늘날에 와서도 과학적 방법이 무엇인가에 대해 궁금해하는 많은 사람들에게 그에 관한 핵심적인 내용을 전달하고 있다. 베이컨과 같은 시대의 사람들 중에서 많은 이들은, 고대인들도 그들이 알아야 할 모든 내용을 이해하고 있었으며, 자신들은 이 고대 사람들이 놓쳐버린 것을 복구시키는 것만이 중심적인 문제가 된다고 생각하였다. 이와 대조적으로 베이컨은 어떠한 새로운 사물들을 우리들이 알 수 있으며, 그러한 지식을 실천적으로 어떻게 우리들의 지식으로 도입할 수 있는가를 설명하는 데 매우 열정적이었다(그는 "지식은 힘이다"라는 경구를 처음으로 만든 사람으로 정평이 나 있다).

베이컨의 방법은 정신적으로는 철저하게 평등주의적이고 집산주의[14]적이다. 그가 믿고 있는 것은, 만약에 몇 명의 위대한 사람들보다는 다수의 보통 사람들이 서로 협력하여 노동하는 방법을 따른다면, 이 방법은 하나의 사회적 과정으로서 자연의 기능 작용functioning에 대한 유용하고도 확실한 믿음들을 만들어내도록 유도할 것이다라는 내용이다. 오늘날 물리학의 한 논문을 보통 수십 명이 공동 저술하고 있는 현상을 감안해 본다면, 지식을 만들기 위해서는 많은 개인들의 상호 협조적인 연구 노력을 포함하여 체계적이고 협동적인 노력이 필요할 것이라고 보는 과학에 대한 그의 미래상에서 그리고 과학의 실제적인 응용이란 최대의 효과를 내도록 자연현상을 조절하고 조작할 수 있도록 해주는 것이라고 하는 그의 믿음에서, 베이컨이 앞날을 내다볼 줄 아는 식견을 가지고 있었음

이라는 의미를 도출할 수도 있다. 그래서 이 책의 제목을 약간 의역하여 『새로운 방법』이라고 하는 것이 더 좋을 것 같다. 이 책에서는 래디먼의 번역에 따라 '새로운 도구'로 번역하였다.
14) 토지와 생산수단 등을 국가가 관리, 통제하는 것을 이상적인 것으로 생각하는 입장이다.

이 분명하게 드러난다.[15] (또 한편 과학적 지식의 성장으로부터 귀결되는 하나의 결과는 어떤 사람이 어떤 하나의 과학 분야, 예를 들어 미시생물학이나 이론물리학에서의 연구자가 되기 위해서는 많은 훈련을 필요로 한다는 것이다.)

노붐 오르가눔Novum Organum이라는 말의 뜻을 번역하면 '새로운 도구'이다. 베이컨은 당시 아리스토텔레스의 논리학에 관한 내용을 포함하고 있는 교과서였던 『오르가눔Organum』의 대안으로 자신의 방법을 제안하였다. 논리학은 추론이 진행되고 있는 내용들로부터 추상된 추론에 대한 연구이다. 그래서 논리학에서 다음과 같은 두 개의 논증들은 비록 그 내용이 서로 다를지라도 그 형식이나 구조가 동등하기 때문에 똑같은 논리 형식을 가진 것으로 간주되고 있다.

(1) 모든 사람은 죽는다.(전제)
    소크라테스는 사람이다.(전제)
    그러므로 소크라테스는 죽는다.(결론)

---

15) 베이컨은 학문이 인류의 복지를 위해 기여해야 하고, 학자들의 공동 연구에 의해 진행되어야 할 필요성을 역설하였다. 이러한 베이컨의 정신에 기초하고 반아리스토텔레스적인 방법을 따르는 실험적 학문의 건설을 목표로 하여 만들어진 것이 왕립학회이다. 이 학회는 윌킨스, 로버트 보일, 페티 등이 참가하여 1660년에 결성되었고, 곧이어 특별한 법률적 권리를 얻기 위한 정관을 만들었으며 찰스 2세를 회원으로 맞이하였다. 1662년 찰스 2세가 '자연에 대한 지식 증진을 위한 왕립학회'로서 조직할 것을 규정한 정관을 인가하자 이 학회는 왕립학회Royal Society of London로 출발하였다. 초대 회장은 궁정 신하인 브롱커 경이 맡았다. 이 왕립학회는 연구 결과를 발표하면서 과학자들이 지식을 서로 교류하는 장이 되었을 뿐만 아니라 특정한 발견이나 발명의 소유권을 공인해주는 기관이 되기도 하였다.

(2) 모든 사냥개는 훌륭한 철학자들이다.
피도Fido[16]는 사냥개이다.
그러므로 피도는 훌륭한 철학자이다.

첫 번째 논증의 전제들은 참이고 그리고 결론도 참이지만, 두 번째 논증에 나타난 첫 번째 전제는 거짓이며 그래서 결론도 거짓이 된다. 두 논증이 공통으로 가지고 있는 것은 두 논증이 다음과 같은 형식 구조를 예시하고 있다는 점이다.

모든 X들은 Y이다.
A는 X이다.
그러므로 A는 Y이다.

이러한 논증은 만약에 전제가 참이라면 결론도 반드시 참이 된다는 점에서 **타당**valid하다. 달리 말하면 만약 한 논증이 타당하다면, 전제들 모두가 참인데도 불구하고 결론이 거짓이 된다는 것은 **불가능**하다.
타당하지 않은invalid 논증은 전제들이 모두 참인데도 불구하고 결론이 거짓이 되는 논증을 말하며, 예를 들면 다음과 같은 형식을 가지는 논증이다.

모든 X들은 Y들이다.
A는 Y이다.
그러므로 A는 X이다.

---

16) 우리나라의 '멍멍이'처럼 영국에서 가장 많이 불리는 개의 이름이 피도이다.

위의 논증의 형식은 이와 똑같은 형식을 가지고 있는 다음과 같은 전제들과 결론으로 이루어진 반대 논증들이 있기 때문에 타당하지 않다.

모든 사냥개들은 훌륭한 철학자들이다.
제임스는 훌륭한 철학자이다.
그러므로 제임스는 사냥개이다.

물론 이치에 맞지 않는 것처럼 보이겠지만, 첫 번째 전제와 두 번째 전제가 참이라고 우리들이 가정한다 하더라도 제임스가 사냥개라는 결론은 나오지 않는다. (타당하지 않은 논증 형식에 따라 추론을 진행하면 **논리적 오류**logical fallacy를 범하게 된다.) 이러한 논증 형식이 타당하지 않다는 점은 똑같은 논증 구조를 가지고 있으면서도 참인 전제들과 거짓인 결론으로 만들어진 다음과 같은 반대 논증을 생각해보면 분명하게 나타난다.

모든 사람들은 동물들이다.
베스는 동물이다.
그러므로 베스는 사람이다.

위 논증은 전제들은 참이면서 결론이 거짓(베스는 실제로 개 이름이다)이기 때문에 [타당하지 않은] 앞의 논증과 똑같은 논증 형식을 가지고 있으며 그래서 타당하지 않다.(이 논증 형식이 바로 앞에 나타난 논증의 형식과 왜 똑같은지, 그리고 그 두 논증들이 왜 타당하지 않은지를 여러분은 확실하게 이해하고 있어야 한다. 타당성은 전제들이나 결론이 실제로 참인지 아니면 거짓인지에 관한 문제와는 아무 관계가 없다는 점이 중요하다. 타당성은 전제들과 결론이 형식이나 구조의 측면에서 어떻게 관련되고 있는가에 관한 문제이다. 만약 어떤 하나의 타당한 논증이 〔사실적으로〕 참된 전제들을 가지고 있다면 그 논증은 건전하다sound고 말한다.)

연역논리학은 타당한 논증들을 연구하는 학문이며 아리스토텔레스 논리학은 일종의 연역논리학이다. 과학에서 연역추론에 관한 가장 모범적인 형태를 보여주는 전형적인 예가 유클리드기하학이다. 유클리드기하학에서는 (공리公理axiom라고 부르는) 적은 수의 전제들로부터 기하학적 도형들의 속성에 대한 (정리定理theorem라고 부르는) 많은 수의 결론들을 연역할 수 있다. 연역논리의 장점은 추리 과정에서 진리를 그대로 보존한다는 점이다. 즉 만약에 타당한 논증이 참된 전제들을 가지고 있다면(논증 (1)의 경우처럼) 그 논증의 결론은 당연하게 참이 된다는 것을 연역논리에 근거하여 말할 수 있다. 연역논리가 가지고 있는 문제점은 연역적으로 타당한 논증의 결론이 그 논증의 전제들 속에 묵시적으로 포함되어 있는 내용들 이외의 다른 어떤 내용들을 포함할 수 없다는 점이다. 그래서 어떤 의미에서 보면, 연역적으로 타당한 논증들은 우리의 지식의 범위나 내용을 확장시키지 못한다고 볼 수 있다. 왜냐하면 연역논증의 결론들이란 단지 그 논증의 전제들이 언명하고 있는 내용들만을 나타내기 때문이다. 물론 피타고라스의 정리에서처럼 전제들 속에 이미 묵시적으로 포함되어 있는 내용들을 사전에 쉽게 알 수가 없어서 전제들로부터 연역적으로 나온 결론에 대해서 새로운 내용인 양 우리들이 새삼스럽게 놀라워할 경우도 있지만, 이러한 경우도 따지고 보면 논증이 매우 복잡하여 전제들 속에 포함되어 있는 결론들의 내용을 우리들이 처음에 쉽게 알지 못하였기 때문에 나타난 현상에 불과하다. 논증이 단순한 경우에는 전제에 없는 어떠한 새로운 내용도 결론이 말하고 있지 않다는 것은 분명하다. 즉 만약에 내가 모든 사람들은 죽는다는 사실과 내가 사람이라는 사실을 미리 알고 있다면, 나는 내가 죽는다라는 결론으로부터 어떠한 새로운 내용도 배우지 못한다. 그러한 내용이 구체화되었을 때, 내가 큰 충격을 받는다고 해도 말이다.

지식knowledge(scientia)에 대한 아리스토텔레스의 개념은 인식될 수 knowable 있는 것의 범위를 필연적이면서 그 밖의 다른 것이 될 수 없는 것으로 한정하고 있다. 예를 들어 불꽃은 아래로 향하지 않고 위로 향한다와 같이 자연 세계의 어떤 사실들에 관한 지식은 이러한 사실들의 인과적 필연성을 제1원리들로부터 증명하고 있는 연역논증을 포함하고 있다. 이러한 경우에 진행하게 되는 연역논증은 다음과 같다. 모든 사물들은 자신들의 고유한 자연적 위치natural place를 향하고 있다. 불의 원소의 자연적 위치는 지상계의 꼭대기에 있기 때문에 지구의 지표면에 가까이 있는 불꽃은 위로 올라가게 된다. 이러한 견해에서 기하학(특수한 분야)과 수학(일반적인 분야)은 자연 세계에 관한 지식의 한 가지 모형을 제공한다. 따라서 사람들이 추리를 시작하게 될 때 주어진 전제들은 그러한 추리에 적합한 실재들의 본질들과 관련되어야만 한다. 사물들의 본질에 관한 이러한 지식은, 즉 이를테면 불의 자연적 위치는 지상계의 꼭대기에 있다라고 하는 지식은 증명 속에 이미 전제되어 있기 때문에, 그래서 본질에 관한 그러한 지식은 그럼 도대체 어디에서 얻게 되는가 하는 물음을 자연스럽게 제기하게 된다. 이러한 물음에 대해서 아리스토텔레스는 사람들로 하여금 사물들의 원인들을 직접 지각할 수 있도록 만드는 일종의 지적인 직관intellectual intuition에 의존하여 대답하고 있다. 그리고 아리스토텔레스적인 학문적 탐구가 결정하려고 목표로 삼는 사물들의 4가지 원인들 중에는 사물들이 운동하게 되는 목적들을 말하는 목적인final cause이 있다. 그래서 아리스토텔레스의 과학은, 어떤 하나의 사물의 작용이란 사물의 본성에 따라 주어진 어떤 목적을 달성하기 위해서 이루어지는 것이고 이 목적과 관련지어 사물과 작용의 성격을 설명하는 **목적론**teleology적인 설명 방법을 사용하고 있다.

근대적인 관점에서 이 모든 설명에 대해 제기된 반대 주장은 사물들의 작용 방식에 관한 지식을 얻는 데 있어서 감각적 경험은 실제적으로 거의 아무런 역할을 하지 않는다는 것이다. 만약에 금속이 열을 받으면 정말로 늘어나는지를 알고 싶다면, 우리는 제1원리로부터 어떤 하나의 결론을 연역하려고 애쓰기보다는 차라리 밖으로 나가서 다양한 조건들 아래에서 금속이 실제로 어떻게 작용하는가를 관찰하면 될 것이다. 근대적인 사고방식에서 보면, 과학이란 실험과 다양한 조건들 속에서 실제로 발생한 것에 관한 자료들을 모으는 일과 직접적으로 연관된다. 따라서 인식론에서는 **경험론**empiricism이라고 부르는 사조와 밀접하게 연관되어 있다. 경험론자들은 지식이란 오직 세계에 대한 지식을 발견할 수 있는 감각만을 사용해서 얻을 수 있는 것이며, 순수한 사유나 이성을 사용해서는 얻을 수 없다고 믿는 사람들이다. 달리 말하면 세계에 대한 정당화된 믿음들에 도달하기 위해 관찰을 하거나 자료들을 수집하여 증거를 얻는 방식이다. 아리스토텔레스가 비록 경험적 자료들에 관해 많은 관심을 가지고 있었으며, 특별히 동물학과 식물학과 같은 자연현상에 관해 방대한 지식을 가졌다고 할지라도, 아리스토텔레스의 학문의 방법론으로서 제시된 논리학은 연역적인 것이며, 더군다나 그는 분명하게 어떠한 실험도 하지 않았다. 이러한 상황에서 베이컨은 자신의 '귀납논리'를 아리스토텔레스의 방법을 대체할 수 있는 것으로서 제안하였으며, 이 방법을 통해 실험과 경험에 보다 중심적인 역할을 많이 부여하였다.

사냥개 피도에 관한 논의에서 보았듯이, 타당한 논증들이라고 해서 모두가 좋은 논증은 아니라는 점을 기억하자. 타당하지만 건전하지 않은 논증에 관한 또 다른 예는 다음과 같다.

성경은 신이 존재한다고 말한다.
성경은 신의 말씀이고 그래서 참이다.
그러므로 신은 존재한다.

이 논증은 연역적으로 타당하다. 왜냐하면 전제가 둘 다 참이면서 결론이 거짓이 되는 것은 가능하지 않기 때문이다. 그러나 이 논증은 그 전제들이 참이라고 할 수 있을지라도 순환적이기 때문에 좋은 논증으로 받아들일 수가 없다. 즉 두 번째 전제를 참이라고 여기는 믿음에만 근거하여 결론이 참이라고 제시하고 있으며, 그래서 그러한 믿음을 가지고 있지 않은 사람들을 결론이 참이라고 받아들이도록 설득할 수 없을 것이다. 마찬가지로 타당하지 않은 논증이라고 해서 모두가 직관적으로 나쁜 논증이라고 할 수는 없다. 예를 들어 다음의 논증을 예로 들어보자.

지미는 자신이 철학자라고 주장한다.
나는 그가 거짓말을 하고 있다고 믿을 만한 근거를 가지고 있지 않다.
그러므로 지미는 철학자이다.

이 논증은 전제가 둘 다 참이면서 결론이 거짓이 될 수 있기 때문에 형식적으로 타당하지는 않으나, 그럼에도 불구하고 일상생활의 대화에서 설득력을 가지고 있다. 타당성은 논증들의 형식적 속성이다. 귀납추리 혹은 **귀납법**induction은 연역적으로는 타당하지 않다 하더라도 좋은 논증으로서 받아들일 수 있는 다양한 종류의 정당한 논증들에 주어진 명칭이다. 그러한 종류의 정당한 논증들이 있다고 한다면, 이러한 논증들을 연역적으로 타당하지 않고 그리고 나쁜 논증으로 받아들일 수도 없는 정당하지 않은 논증들과 어떻게 구별할 수 있겠는가? 베이컨은 이러한 물음에 대해 아리스토텔레스의 대답을 대폭적으로 개선하여 만든 하나의 해답을 가지고 있다고 주장하였다. 베이컨이 옹호하고 있는 것 가운데 대부분은 새로운 판단들을 행하는 방식을 제안하기보다는 판단을 하게 될 경우에 오류에 빠지지 않고 이를 피할 수 있는 방법을 말하고 있다는 점에서 다소 부정적이라고 볼 수 있다. 과학적 방법에 대해 이렇게 부정적으로 말하는 어투들은, 과학자가 되기 위해서는 의심이 많아야 하고 전통적인 지혜와 기꺼이 단절할 수 있어야 하며 어떤 현상을 탐구하는 과정에서 처음부터 하나의 결론을 내려놓고 그것으로 비약하지 말아야 한다고 주장하는 오늘날의 과학에서는 충분히 용납될 수 있다. 베이컨은 올바른 귀납적 추리를 방해할 수 있는 것들을 마음의 우상Idolas of the Mind(이것들은 연역논리에서 추리할 때 범하게 되는 오류들과 비슷한 성격을 가진 것이다)이라고 불렀다.

이러한 우상들 중의 첫 번째 것이 종족의 우상Idolas of Tribe이다. 이 우상은 자연 속에 실제로 존재하고 있는 것보다도 인간의 관점에서 더 많은 질서와 규칙을 부여하여 지각하고, 사물들을 우리들의 선입견에 의해 바라보면서 그에 부합하지 않는 것들은 무시하려고 하는 모든 사람들의 경향을 지적하고 있다.[17] 예를 들면 앞에서 언급했던, 모든 천체들이 완전한 원운동을 하고 있다라는 오래된 입장이 이러한 우상에 근거하고 있다. **동굴의 우상**Idolas of Cave은 추론에 있어 특정한 성격이나 좋아함과 싫어함 때문에 생기는 개인의 성격적 단점으로 인한 오류를 말한다. 예를 들어 어떤 사람은 기질에 있어서 보수적이거나 아니면 급진적일 수 있으며, 이러한 기질이 어떤 주제에 관한 입장을 취하는 데 편견으로 작용하

---

17) 인간이기 때문에 다른 동물의 입장에 설 수 없는 종적種的 한계로 인해 범하는 오류이다.

게 되면 이러한 오류를 범하게 된다.[18] 시장의 우상Idolas of Marketplace은 우리들이 이미 사용하고 있는 언어들과 용어 사용법들이 우리들의 생각을 표현하는 데 부적절하여 생겨나는 언어적인 혼동에 의해서 만들어진 오류이다. 금속인 납lead에 대해서와 종이에 그림을 그릴 수 있는 연필의 심lead에 대해서 똑같은 단어를 사용하여 지시하게 될 때 범하게 되는 오류가 그 한 예이다.[19] 마지막으로 극장의 우상Idolas of Theatre은 지식을 획득하는 데 있어서 아리스토텔레스의 학문의 방법과 같은 잘못된 방법과 결부되어 있는 철학적 체계들에 근거하여 범하게 되는 오류를 말한다.[20]

베이컨의 철학이 부정적으로 바라본 양상들이 이상과 같다면, 그러면 베이컨이 자연 세계의 작용들에 관한 지식을 획득하는 데 긍정적으로 제안하고 있는 내용들로는 어떤 것이 있을까? 그의 방법은 처음 세 가지 우상들의 해로운 영향에서 벗어나서 관찰을 행하는 것으로부터 시작한다. 이러한 생각은 특정한 사태들에 대한 대량의 정보들을 수집하고 그러한 정보들로부터 단계적으로 일반적인 결론을 구축하면서 진리에 도달하려는 것이다. 이러한 과정이 자연사와 실험사[21]의 종합composition이라고

---

18) 동굴의 우상은 보통 자신의 경험을 일반화하여 판단하는 것을 말한다. 예를 들어 자신만이 처한 특수한 경험에 근거하여 매사를 판단하는 경우가 동굴의 우상에서 내린 판단이다. 우리말로 하면 우물 안 개구리의 입장에서 판단하는 것을 말한다.
19) 예를 들어 어떤 장난감 모형 배와 먹는 과일인 배가 나란히 선반에 있을 경우에, 그냥 "저 배 좀 갖다줘"라고 말하면, 듣는 상대방이 어떤 것을 갖다주어야 할지를 분간하지 못할 수가 있다. 이러한 언어의 불완전성으로 생겨나는 시장의 우상 때문에 사실과 다른 입 소문들이 생겨난다고 볼 수 있다.
20) 어떤 학파나 종교적 집단에서 학습받은 교리나 학설을 절대적 참이라고 확신하고 이것에만 근거하여 어떤 사실을 설명하거나 판단할 경우에 범하게 되는 오류를 말한다.
21) 당시에 자연사自然史natural history(혹은 박물학)는 자연 세계에 존재하는 사물들을 실험과 관찰에 의해 직접적으로 탐구하는 것을 의미하고 있었으며, 수학 등의 방법

베이컨이 부르고 있는 것이다. 만약에 우리들이 우리 주변에서 발생한 것을 단순하게 관찰만 한다면 우리들의 능력은 우리들이 관찰을 통해 수집 가능한 자료들에만 한정될 것이기 때문에 실험을 하는 것이 매우 중요하다. 우리들은 실험을 할 때 우리들이 할 수 있는 가능한 관찰의 조건들을 조절하게 되며, 다른 조건들 아래에서는 발생하지 않지만 그렇게 조절한 조건들 속에서 발생하는 내용들을 알아보기 위해서 실험의 조건들을 여러 가지로 만들어보게 된다. 실험은 우리가 '만약……한 조건이 만들어진다면 무엇이 발생하게 될 것인가?'라는 물음을 던질 수 있도록 해준다. 베이컨은 우리들이 실험을 함으로써 '자연으로부터 강제로 비밀을 얻을 수 있다torture nature for her secrets'라고 말한다. (일부 여성 해방주의 철학자들은 여성스러운 자연에 대해 남성적인 강제력을 행사하는 것으로 보고 있는 과학의 개념이 과학혁명에서 매우 일반적이었다는 점을 강조하면서 오늘날 우리들이 가지고 있는 과학의 개념도 이러한 성차별적인 편견을 물려받았다고 주장한다.)

　실험은 실험이 실제로 가능하다면 항상 반복 가능하다고 간주되므로, 만약 다른 사람들도 원한다면 똑같은 실험 결과들을 얻을 수 있는지 조사할 수 있다. 마찬가지로 과학자들은 실험을 하는 각 개인들의 주관적인 지각perception이 실험 결과들을 다른 사람들에게 전달하는 과정에 영향을 미치지 않도록 하기 위해서, 표준 정의와 기준에 따라 계량적計量的으로 측정하는 도구들로 기록한 실험 결과들을 선호한다. 베이컨은 수집한 과학적 자료들로부터 신뢰할 수 없는 감각적 내용들을 가능한 한 모

을 사용하여 자연 세계의 보편적인 원리나 법칙을 탐구하는 활동은 자연철학natural philosophy이라고 여겨지고 있었다. 그래서 그 유명한 1687년의 뉴턴의 저서인 『프린키피아Principia』도 그 본래의 명칭이 『자연철학의 수학 원리』이다. 베이컨이 자신의 학문적 방법론에서 강조하는 자연사의 개념도 이러한 배경을 전제하고 있다.

두 제거하는 데 있어 실험 장치들의 역할이 중요하다고 강조하였다. 이러한 방식으로 진행되는 과학적 방법은 어떤 하나의 견해나 혹은 이와 다른 견해를 옹호하거나 반대하는 증거 자료들을 모으는 데 있어서 객관성이나 공명정대함을 보장할 수 있다고 간주되었다. 과학적 연구 활동이 전적으로 실험들을 통해 이루어진다는 사실은 근대적 사고방식에서는 분명한 것처럼 보이지만, 그러나 과학혁명 이전에는 실험들이 주로 연금술사의 행위와 연계되었고 아리스토텔레스의 방법에서는 거의 아무런 역할도 담당하지 못하였다.

실험 장치를 독창적으로 조작하여 만들어낸 실험 자료들뿐만 아니라 우리들이 관심을 가지고 있는 현상들의 자연스러운 발생에 관한 관찰 자료들을 모을 때, 우리는 여러 종류의 일람표들을 만들어 그 속에 그 자료들을 기입해야만 한다. 이러한 작업 과정은 베이컨 자신이 하나의 예로 제시한 열의 현상에 관한 탐구에서 가장 잘 나타나고 있다. 맨 처음에 그리게 되는 일람표는 본질Essence과 존재Presence의 일람표이다. 이 일람표는 긍정적 사례들에 관한 것으로서, 예를 들어 정오의 태양, 용암, 불, 끓는 액체, 아주 격렬하게 마찰을 받은 사물 등과 같이 열을 그 특성으로 하는 모든 사물들의 목록으로 구성되어 있다. 다음에 그리는 일람표는 부정적인 사례들에 관한 것으로서, 근접Proximity〔겉모양이 비슷함〕하면서도 본질이 다른 사물들을 기록하는 일탈Deviation과 부재不在Absence의 일람표이다. 이 일람표는 위의 긍정적인 사례들에 관한 일람표의 목록에서 나타난 열을 특성으로 하는 현상과 겉으로는 아주 밀접하게 유사하면서도, 실제로는 열을 포함하고 있지 않다는 점에서 차이가 나는 사물들에 관한 목록으로 구성되어 있다. 예를 들어 보름달, 바위, 공기, 찬물 등이다. 아리스토텔레스는 거의 언급하지 않았지만 베이컨은 많은 관심을 두었던 귀납의 큰 문제점은 소위 중간 단계 공리들의 매개 없이 개별 사례들로부터 곧장 일반화로 추리할 수 있도록 귀납적 방법이 허용하고 있다는 것이다.[22] 베이컨은 단지 긍정적인 사례들만을 찾는 것이 아니라 부정적인 사례들까지 찾음으로써 귀납적 비약으로 인해 생기게 되는 논리적인 문제를 피할 수 있도록 만들어주는 데 귀납적 방법의 장점이 있다고 설명한다. 이러한 긍정적 사례와 부정적 사례들의 목록을 제시하는 일람표들 다음엔 세 번째로, 현상들의 강도強度[23]를 비교하는 목록들로서 정도Degree와 대조Comparison의 일람표가 나오게 된다. 이 일람표에는 열을 특성으로 하는 현상들의 열의 양이 수치로 계량화되어 나타나고 이 계량화된 열의 양에 따른 현상들의 등급이 나타난다.

이렇게 모든 일람표들을 그린 후, 베이컨의 방법의 마지막 단계에서 사용하는 것이 귀납이다. 이 단계는 일람표들에서 누락된 정보들을 모두 검토하면서 해당 현상들의 모든 사례들에서 현존하는 어떤 것과, 현상들이 존재하지 않을 경우에 또한 같이 현존하지 않게 되는 것을 발견하며, 더 나아가 현상들의 증가와 감소에 비례하여 똑같이 양적인 증가와 감소가 있는 것까지 발견하려고 한다. 이러한 조건들을 만족하는 사물은 단순한 추측보다는 제거의 방법에 의해서 발견될 수 있다. 제거의 방법과 같은 것은 사람들이 항상 사용하고 있다. 예를 들어 오디오와 같은 가전제품의 고장 원인을 찾으려고 노력하는 경우를 살펴보자. 우선 사람들은 똑같은 전기 소켓에 다른 전기 제품의 전기선을 끼워본다. 이후에 만약

---

22) 이 문제를 소위 귀납적 비약의 문제라고 한다. 귀납적 비약의 문제는 귀납추론의 경우에 전제에 없는 내용들을 결론이 함축할 수 있기 때문에, 전제들이 모두 참이라 하더라도 결론이 거짓이 될 수 있는 개연성을 귀납적 방법이 항상 가질 수밖에 없다는 문제를 말한다.
23) 마찰 강도의 세기에 따라 발생하는 열의 양이 달라지는 경우에 현상들의 강도를 비교하는 표를 만들 수 있다.

에 다른 전기 제품이 잘 작동한다면 전기 소켓은 고장의 원인으로 간주되지 않는다. 그러면 다음으로 고장난 오디오의 퓨즈를 교환해보기도 한다. 만약에 그래도 작동하지 않는다면 퓨즈가 고장이 나지 않은 것으로 간주하여 전기 플러그의 연결이 잘 되어 있는지를 조사해볼 것이다. 그래도 이상이 없으면 앰프에 고장이 있는지 조사할 것이다. 열의 경우에 베이컨은 열이란 운동의 특수한 사례, 특별히 사물들의 '구성 성분들의 팽창 운동'이라고 결론지었다. 이러한 사실은 열에 대한 현대적인 이해 (이 내용은 19세기 중반에 이르러서야 개발된 것[24])이다), 즉 열은 분자들의 운동으로 되어 있으며 어떤 물질에서 분자들의 평균 운동 속도가 증가하면 증가할수록 그 물질의 열은 더욱 뜨거워질 것이라고 하는 열동역학 이론으로 알려진 내용과 아주 잘 일치한다.

베이컨에 따르면 구성 성분들의 팽창 운동에 관한 **형상**form은 겉으로 관찰되고 있는 열 현상의 이면[25])에 있는 것이다. 베이컨은 자신의 방법에 따르면, 직접적으로 관찰할 수는 없어도 우리가 지각할 수 있는 현상들을 만들어내는 형상을 발견할 수 있다고 생각하였다. 사물들의 참된 형상에 관한 지식을 얻게 되면, 인간은 자신들의 이익을 위해 자연을 조작하고 통제할 수 있게 된다. 베이컨은 르네상스 시대에 마술사들이 자연에 대해 행사할 수 있다고 주장하였던 그러한 종류의 힘을 과학적 방

---

24) 즉 클라우지우스(후에 켈빈), 클라크 맥스웰, 볼츠만 등에 의해 만들어진 열의 개념을 말한다. 열에 대한 현대적 개념은 분자들의 평균 운동에너지이다.
25) 열의 형상은 어떤 것이 열 현상임을 우리들이 알(인식할) 수 있도록 만들어줄 뿐만 아니라 다른 현상들로부터 열 현상을 구별(분간)할 수 있도록 만들어주는 것이다. 베이컨이 열의 형상을 부분들의 팽창 운동으로 설명할 때, 이 부분들이라는 것은 19세기 중반에 등장한 분자들을 말하며(베이컨의 시대에는 원자나 분자의 개념이 없었다). 따라서 열의 경우에는 그 형상은 분자들의 평균 운동에너지이다.

법을 통해서도 성취할 수 있다고 제시하였다. 만약 우리들이 베이컨의 시대 이후에 전개된 과학과 기술공학의 발전을 생각해본다면, 기술공학은 마술사들이 큰 자부심을 가지고 가장 열광적으로 제시한 것까지도 능가하는 결과물을 이미 성취한 것 같아 보인다. 달이나 해양의 가장 깊은 심해저까지 여행할 수 있다고 주장하였던 어떤 마술사의 말을 그 당시의 마술사들이 믿을 수나 있었겠는가? 누가 재료들을 조립하여 컴퓨터를 만드는 것, 또는 사진과 필름, 텔레비전에 의해 영상들을 전송하는 것을 상상이나 했겠는가?

베이컨이 과학은 사물들의 형상들을 발견해야만 한다고 말했을 때, 그는 열의 경우와 마찬가지로 구체적이고 즉각적인 사물들의 물리적 원인들을 의미한 것이지, 아리스토텔레스가 낙하하는 돌멩이의 운동 원인으로서 직접적인 직관에 의해 발견하려고 했던 목적인을 의미한 것은 아니다. 아리스토텔레스는 돌멩이를 구성하는 원소들의 '자연적 위치'가 지구의 중심이기 때문에 낙하하는 돌멩이는 지구를 향해 운동하는 것이라고 설명하였다. 이러한 아리스토텔레스의 목적론적 설명은, 아편이 잠이 오게 하는 효능을 가지고 있기 때문에 아편은 사람들이 잠을 자도록 만든다고 주장하고 있는 것과 같은 악명 높은 순환론적 설명의 경우와 마찬가지로, 베이컨에게는 공허한 것처럼 보였다. 목적인의 추구를 포기하게 된 것은 과학혁명에서 비롯된 주요 결과들 중의 하나이다. 18세기경에 프랑스의 유명한 사상가인 볼테르Voltaire(1694~1778)는 그의 저서 『캉디드Candide』에서 아리스토텔레스 방식의 설명을 조롱하고 있다. 이 책에서 아리스토텔레스주의자인 의사 팡글로스Panglos는 사람의 코가 현재 모양대로 생기게 된 것은 안경을 쓰는 것을 편하게 해주기 위해서라고 설명하고 있다. 베이컨은 목적론적인 추리는 사람과 관련된 사태에 관한 설명에만 제한된다는 것을 분명히 역설하고 있다. 사람과 관련된 사태의 경우에는 사람들 스스로가 자신들의 목적을 달성하기 위해 행위하는 주체가 되기 때문에 목적론적인 설명 방식이 적절하다고 할 수 있다. 베이컨 이후 자연과학이 갖게 되는 대표적인 특성은 하나의 설명이 되기 위해서는 사물들의 물리적인 직접적 원인들과 그러한 사물들을 지배하는 자연의 법칙들을 언급해야만 한다는 것이다. (이러한 요구 사항이 만족될 수 있는지는 다소 논의의 여지가 있는 문제이다. 특히 진화생물학은 기능과 디자인 설계에 관한 논의들을 과학으로 다시 도입하고 있기 때문에 논의의 여지가 있다. 그러나 그러한 기능과 디자인 설계에 관한 논의가 원리적으로 일련의 고유한 인과적 설명들에 의해 제거 가능하거나 또는 이러한 설명들로 환원될 수 있기 때문에 적법하다고 주장하기도 한다. 이러한 논의에 대해서는 제7장에서 고찰할 것이다.)

그래서 베이컨의 '형상들'은 물질세계에서 현상들을 지배하는 법칙들이거나 일반 원리들이며 또는 어떤 현상을 현재 상태와 같이 존재하게 만드는 즉각적이고 직접적인 원인들이다. 그러나 과학적인 이론화에 관한 베이컨의 설명은 이 책에서 여러 번 다시 논의를 시작해야 할 만큼의 문제, 즉 형상들이 관찰되지 않는다고 한다면 도대체 어떻게 해서 우리들이 사물들의 그러한 형상들까지 생각하게 되었는가에 관한 문제를 남겨놓았다. 열의 경우, 우리들은 베이컨의 귀납법으로 상대적으로 만족할 수도 있을 것이다. 그러나 운동은 관찰할 수 있는 세계의 특성이기도 하며, 관찰할 수 있는 사물들의 이면에 숨겨진 형상들에만 한정되는 것은 아니다. 관찰할 수 있는 어떤 대응물을 가지고 있지 않은 방사능과 같은 물질의 운동을 설명할 때, 베이컨의 일람표와 같은 표로부터 우리들은 방사능의 현존을 귀납적으로 어떻게 추리해낼 수 있겠는가? 베이컨의 귀납은 순전히 기계적으로 진행되는 과정을 의미하고 있지만, 그러나 어떤 현상의 형상에 관해서 하나의 단일한 설명이 현존하지 않거나, 아니면 똑같은 현상을 두고 과학자들마다 서로 다른 형상들을 제안하는 경우들이 많이 존재할 수 있다. 이에 대한 좋은 예 가운데 하나가 빛의 본성에 관해서 파동설과 입자설이라는 두 개의 이론이 벌이고 있는 논쟁이다.

베이컨은 이러한 문제에 관해서 도움을 줄 수 있는 조금 색다른 것을 우리들에게 제안하였다. 그것은 그의 '특권적 사례prerogative instance'라는 개념이다(나중에 보겠지만 이 개념은 많은 논쟁을 불러일으킨 주제이다). 어떤 사물의 형상에 관하여 각기 서로 다른 설명을 제공하고 있는 두 개의 경쟁적인 이론이 있을 경우, 한쪽 이론이 예측하는 결과가 나오는지 아니면 다른 쪽 이론이 예측하는 결과가 나오는지, 어쨌든 두 개의 결과 중의 하나로 귀결하게 되는 실험을 고안해야 한다고 그는 주장한다. 이 실험은 두 개의 이론에 의해 각기 다른 결과가 예측되어야 하며, 그래서 만약에 우리들이 계획한 바대로 그 실험을 한 후에 실제로 나타난 결과를 관찰하면 그 결과들 중의 하나를 선택할 수 있도록 고안된 것이다. (17세기의 위대한 과학자 로버트 훅Robert Hook(1635~1703)은 그러한 실험들을 '결정적 실험들crucial experiments'이라고 불렀다.) 베이컨이 제안한 것은 중력이 행성들과 태양과 같은 큰 물체들이 만들어낸 인력이 원인이 되어 실제로 작용하는지를 알아보는 실험이다. 만약 이 힘이 실제로 그렇게 작용한다면, 진자의 중력 운동에 의해 작용하는 시계는 교회 탑 꼭대기에 위치할 때와 광산의 지하 갱에 위치(각각 지구의 중심으로부터 멀리 떨어져 있는 위치와 지구의 중심에 가까이 있는 위치)할 때에 각기 다르게 작동해야만 할 것이고, 따라서 이러한 실험을 행하는 것은 만유인력 가설이 올바른가의 여부를 우리들이 말할 수 있도록 만들어주어야 한다. (실제로 지구 중력의 인력은 탑 꼭대기에 위치하는 것보다는 탄광의 지하 갱에 위치하는 경우에 강하다. 그러나 그 차이는 매우 미미하기 때문에 탐지하기가 매우 어렵다.)

이러한 방식으로 생각하는 것은 아주 중요하다. 왜냐하면 이러한 방식에 따르면 과학에서의 실험이란 밖에 나가서 자료들을 모으는 것과 같은 단순한 문제들에만 국한되는 것이 아니라, 이미 염두에 두고 있는 두 개의 다른 이론들을 검사할 수 있는 실험들을 계획하고 설계하는 것까지 포함한다는 것을 함축하기 때문이다. 이러한 생각은 우리들이 탐구하고 있는 현상의 자연사와 실험사〔과학적 탐구 활동 결과〕를 선입견에 의해 좌우되지 않고(그리고 또한 극장의 우상을 피해가면서) 기록해야만 한다는 베이컨의 주장을 훼손하는 것 같아 보인다. 하지만 베이컨은 우리들이 처음에 탐구를 행한 결과, 탐구 현상의 형상에 대해 두 가지 이상의 경쟁적인 후보들이 나타나게 되면, 특권적 사례〔즉 결정적 실험〕에 대한 검토의 필요성이 다시 제기될 것이라고 주장하고 있다.

4. (소박한) 귀납주의

우리들은 베이컨의 방법을 설명하면서 과학적 방법까지 간단하게 설명하였다. 베이컨의 방법은 두 개의 기둥, 즉 관찰과 귀납에 근거하고 있다. 관찰은 편견이나 선입견 없이 행하는 것으로 간주되고, 감각적 경험에 관한 자료들의 결과들, 우리들이 보고 듣고 냄새를 맡을 수 있는 것, 우리들이 발견하는 것이 세계에 관한 것인지 아니면 실험들의 특수한 환경들에 관한 것인지를 기록할 수 있다. 관찰 결과들은 **관찰 언명들**observation statements이라고 부르는 것으로 표현된다. 우리들이 관찰에 관한 전체 일람표들을 만들어두면 그 일람표는 과학법칙들과 과학이론들의 기초로 사용될 수 있다. 많은 과학법칙들은 **보편적 일반화**universal generalization라고 불리는 형식을 취하고 있다. 이러한 언명들은 어떤 일정한 종류의 모든 사물들의 속성들을 일반화하는 언명들이다. 그래서 예를 들어 "모든 금속은 전기를 전도한다"라는 언명은 금속에 대한 보편적 일반화이고, "모든 새는 알을 낳는다"라는 언명은 새에 대한 보편적 일반화이다. 이러한 언명들은 아주 단순한 예지만, 실제로 과학이론들은 매우 복잡하며 일반화와 법칙들은 때로는 서로 다른 양량과 수치들의 관계를 보여주는 수학적인 방정식의 형식을 취할 때도 있다. 잘 알려진 예들로는 다음의 것들이 있다.

- **보일의 법칙**은 일정한 온도에서 고정된 질량을 가진 기체는 압력과 부피의 곱이 일정하다고 진술한다.
- **뉴턴의 만유인력의 법칙**은 질량이 각각 m_1, m_2이고 r의 거리만큼 떨어져 있는 두 물체들 간의 중력 F는 다음과 같이 주어진다고 진술한다. $F = m_1 m_2 G/r^2$ (G는 중력 상수이다).
- **반사의 법칙**은 광선이 거울에 입사하는 각도는 거울에서 반사되는 각도와 같다고 진술한다.

가장 넓은 의미의 귀납은 연역적이지 않은 모든 형식의 추리를 말하지만, 베이컨이 사용하고 있는 좁은 의미에서의 귀납이란 특정한 개별 사례들을 수집한 전체 모집군collection으로부터 하나의 보편적인 결론을 일반화하는 추리의 형식을 말한다. 가장 단순한 형식의 귀납이라고 할 수 있는 것이 **열거적 귀납**enumerative induction이다. 열거적 귀납은 어떤 현상에 관한 아주 많은 수의 사례들이 어떤 대표적인 특성을 가지는 경우(예를 들어 물속에 들어간 약간의 소금이 녹는 경우)에, 그 현상이 그러한 속성을 가지고 있다고 추리하는 것(소금은 물속에 들어가기만 하면 언제나 녹을 것이다)을 말한다. 과학적 추리는 종종 이와 같이 진행되고 있는데, 예를 들어 오늘날 사용되고 있는 많은 의약품들과 의학 치료는 시행착오적 방법에 기초하여 개발되고 있다. 아스피린은 아스피린이 작용하는 방식에 대해서 어떤 구체적인 설명들이 없었어도 오랫동안 두통을 없애주는 진통제로 사용되어왔다. 그 이유는 아스피린을 먹은 후에는 곧이어 두통이 사라진다는 것을 많이 관찰하였기 때문이다.

우리들이 여기서 제기하게 되는 물음은 다음과 같다. "관찰 언명들의 집단으로부터 보편적인 일반화를 추리하는 것은 어떤 경우에 적법한가?" 예를 들어 우리들이 심장을 가진 동물들이 콩팥 또한 가지고 있다는 사례들을 많이 관찰한 것에 기초하여 "심장을 가진 모든 동물들은 콩팥을 가지고 있다"라고 추리할 수 있는 것은 어떤 경우인가이다. 소박한 **귀납주의**inductivism에 따르면 그 대답은, 다양한 범위의 조건들 아래에서 X들에 대한 대규모 집단 관찰이 행해졌고, 그리고 모든 X들이 속성 Y를 가지고 있는 것으로 발견되고 보편적 일반화인 "모든 X들은 속성 Y를 가지고 있다"와 상충하는 어떠한 사례도 발견되지 않았을 경우에 적법하게 된다는 것이다. 그래서 예를 들어 우리들은 지구의 구석구석에 있는 많은 종류의 동물들을 모두 관찰할 필요가 있으며, 우리가 만든 일반화와 상충하는 사례가 있는지를 샅샅이 조사할 필요가 있다. 만약에 우리들이 많은 관찰을 행하고 모든 관찰이 법칙을 지지하며 어떠한 사례도 그 법칙을 논박하지 않는다면 우리들은 그러한 일반화를 적법하게 추리할 수 있다.

이러한 과정은 우리들의 상식에 잘 부합한다. 어떤 사람이 브리스톨 대학에 있는 몇 명의 철학자들이 신경질적인 것을 관찰하여 모든 철학자들은 신경질적이라고 결론짓는 것은 아주 이치에 맞지 않는 것으로 간주된다. 마찬가지로 신경질적인 반응을 보여준 철학자들을 많이 관찰하였지만, 이러한 성질의 철학자와는 전혀 달리 아주 완벽하게 안정적이고 균형 잡힌 사고를 하는 한 사람의 철학자를 관찰하게 되었는데도 앞의 내용과 같이 일반화된 그러한 결론을 이끌어내는 것은 앞의 경우처럼 이치에 맞지 않는 것이다. 그러나 만약에 어떤 사람이 모든 철학자들이 신경질쟁이라고 믿고 있다고 주장하고 있으며, 그 믿음에 대해 다른 사람이 의문을 제기할 경우에 그 주장자가 몇 년 동안에 나이와 남녀 성별을 불문하고 세계 도처에 있는 모든 철학자들을 관찰하였다는 것이 사실로 판명되고, 그리고 그러한 관찰 자료들에 따르면 모든 철학자들이 어느 정도의 차이는 있을지언정 모두가 다 신경질쟁이이고 신경질쟁이라는 증거를 가지고 있지 않은 철학자는 하나도 없다면, 우리들은 그렇게 내린 결론이 그러한 조건들에서 이치에 맞는 것이라 생각할 것이다.

우리들이 지금까지 논의하여왔던 내용은 **귀납의 원리**라고 알려진 것이다. 그것은 개별 사례들로부터 그러한 개별 사례들과 그 이상의 것들을 모두 포용하고 있는 하나의 일반화로 추리하는 것을 인정해주는 추리의 원리이다. 우리들은 세계를 선입견 없이 매우 조심스럽게 관찰하고, 그리고 그러한 귀납의 원리에서 표현된 조건들을 충족시키려고 처신해야만 한다. 그러나 소박한 귀납주의자들은 만약에 우리들이 그런 방식으로 행한다면 그 방식은 과학적 방법을 따르는 것이 되며 그리고 이로부터 결과하는 우리들의 믿음은 정당화될 것이라고 설명한다. 우리들이 과학적 방법에 따라 귀납적으로 일반화를 추리하게 된다면 이 방법은 법칙이나 이론이라고 간주할 수 있도록 만드는 특성이 있을 것이라고 전제하고 있으며, 이러한 법칙으로부터 우리들은 예측이나 설명이라고 할 수 있는 추론 결과를 연역할 수 있는 연역법을 사용할 수 있다.

이제 다시 우리들은 이 장의 처음에 전개된 두 사람 간의 논의로 다시 들어가보자.

앨리스: ……그래서 과학적 방법은 편견 없이 행해진 관찰들의 축적과 이러한 축적된 관찰들로부터 현상들에 관한 일반화로 진행하는 귀납적 추리로 이루어져 있어.

토머스: 사실 나는 이를 인정하지 않지만, 그래도 전기를 전달하는 금속이나 금속과 비슷한 것들에 대한 주장의 경우에는 너의 말을 인정한다 하더라도, 나는 여전히 원자들의 존재와 네가 앞에서 계속 이야기했던 모든 물질의 존재를 우리들이 인식할 수 있는 방법에 대해서 귀납이 어떻게 설명하는지는 모르겠어.

앨리스: 나는 그런 의문이 베이컨이 생각한 결정적 실험[특권적 사례]과도 관련이 있다고 추측해. 즉 어떤 사람은 원자들이 존재한다고 말하고 있고, 또 다른 어떤 사람은 원자들이 존재할 경우에 어떤 방식으로, 원자들이 존재하지 않을 경우에는 또 다른 방식으로 결과가 나타나도록 만드는 실험을 어떻게 하는가를 제시하고 있잖아.

토머스: 그래. 어쨌든 지금은 원자에 대한 생각은 잠시 잊어버리고 편견이나 선입견 없이 행해지는 관찰에 대한 베이컨의 생각과 네가 말한 귀납의 원리에만 관심을 집중하도록 하자. 나는 이 두 가지 생각의 경우에 생겨나는 문제를 벌써 생각해두었어. 한 가지 문제는 너의 귀납의 원리가 참이라는 것을 너는 어떻게 알 수 있는가에 관한 것이고, 다른 한 가지 문제는 금속과 전기에 대해서 잘 알지도 못한 경우에도 관찰을 시작해야 할 대상이 무엇인지를 네가 미리 어떻게 알게 되는가에 관한 문제야. 어떠한 조그만 편견도 없이 관찰을 한다는 것은 불가능

한 일이야. 그리고 너는 아직까지는 내가 왜 귀납적 방법을 믿어야만 하는지에 관한 이유를 설명해주지 않았어. 나는 아직까지도 과학이란 사람을 이롭게 만들려는 선한 의도를 가지고 행해지는 마술witchcraft이라고 생각하고 있어.

➡ 더 읽어야 할 책들 ⬅

과학혁명

  Cohen, I. B. (1987), *The Birth of a New Physics*, Pelican.

  Shapin, S. (1996), *The Scientific Revolution*, Chicago: Chicago University Press.[『과학혁명』, 한영덕 옮김, 영림카디널, 2002]

베이컨Bacon

  Gower, B. (1997), *Scientific Method: An Historical and Philosophical Introduction*, chapter 3, Routledge.

  Urbach, P. (1987), *Francis Bacon's Philosophy of Science: An Account and a Reappraisal*, Open Court.

  Woolhouse, R. (1988), *The Empiricists*, chapter 2, Oxford: Oxford University Press.

제2장 귀납의 문제와 귀납주의의 또 다른 문제들
The problem of induction and other problems with inductivism

제1장에서 소개한 과학적 방법(소박한 귀납주의)은 과학적 지식의 경우에는 경험으로부터의 일반화에 근거하여 그 정당성을 이끌어낼 수 있다고 설명하고 있다. 이 방법은 다양한 조건들 속에서 행해진 관찰들을 아무런 편견 없이 공평하게 기록하고 이렇게 기록된 자료들로부터 일반화된 법칙에 도달하는 데 귀납적 방법을 사용하고 있다. 이 방법은 많은 과학자들이 자신들이 실제로 실천하고 있는 방법이라고 주장하는 내용들과 많이 부합하기 때문에 일견 매력적으로 보인다. 뿐만 아니라 이 방법은 관찰을 할 때 가지게 되는 과학자들의 [편견 없는] 개방성을 언급하면서 과학적 지식의 객관성이라는 것을 설명하고 있고 또한 과학적 지식이 경험에 확고하게 뿌리를 박고 있다는 것을 보여준다. 나는 이러한 견해가 과학이 어떻게 작용하고 있으며 과학적 지식이 그 정당성을 어떻게 확보하는가에 대해서 잘 설명할 수 있기를 희망하고 있다.

우리들은 귀납주의를 과학적 방법론에 관한 하나의 이론으로 평가하기 위해 다음의 두 가지 물음을 구별할 필요가 있다.

(1) 귀납주의inductivism는 과학사에서 특정한 개인들이 실제로 따르고 있는 방법인 것처럼 보이는가?
(2) 우리들이 귀납적 방법을 사용하는 경우 이것이 지식을 만들어내는가?

첫 번째 물음은 경험적으로 조사하여 답할 것을 분명하게 요구하고 있다. 이 물음에 대답하기 위해 우리들은 문명의 유산들, 신문들, 편지들, 증거 자료들 등으로부터 여러 가지 정보들을 수집할 필요가 있다. 두 번째 물음은 철학적인 특성을 가진 물음으로서, 우리들이 가지고 있는 실제의 믿음들 자체에 관한 것이 아니라, 귀납적 방법을 사용하여 만들어진 믿음들의 정당성에 대해서 귀납적 방법이 스스로 그 정당성을 부여할 수 있는가를 묻는 것이다. 물음 (1)에 대해서는 나중에 고찰할 것이며, 다음 절에서는 물음 (2)에 관한 대답들을 고찰하면서 귀납이 정당화될 수 있는가에 관한 문제를 논의할 것이다.

1. 귀납의 문제

귀납의 문제에 관한 고전적인 논의는 흄David Hume(1711~1776)의 책 『인성론人性論An Enquiry Concerning Human Understanding』에 나온다. 흄은 귀납에 관한 논의들을 인과성因果性causation의 본성과 자연의 법칙들과 연결하여 논의하였는데, 흄이 서양철학 일반, 특히 과학철학의 발전에 끼친 영향은 심대하다. 과학 지식에 대한 흄의 논증을 이해하기 위해서는 그의 일반적인 인식론과 이 인식론에서 등장하는 '관념idea'의 개념을 기본적으로 파악하는 것이 도움이 될 것이다.

흄은 두 가지 유형의 명제들, 즉 관념들의 관계들relations of ideas에 관한 명제들과 사실의 문제들matters of fact에 관한 명제들을 구별하였다. 관념들의 관계에 관한 명제들은 "말은 동물이다", "총각은 결혼하지 않았다", "장군이라고 부르는 것은 장기 놀이의 마지막 단계이다"라고 말할 때와 같이 우리들의 개념들이나 관념들에 국한된 내용만을 가지고 있는 명제들이다. (흄은 이러한 범주에 수학까지 포함시켰다. 그래서 "삼각형의 내각의 합은 180도이다"라는 명제는 관념들의 관계들을 언급하고 있는 명제에 대한 또 하나의 사례가 된다.) 사실의 문제들에 관한 명제들은 우리들의 개념들의 본성이 가지는 범위를 넘어서서 실제 세계가 어떻게 존재하는가에 대한 정보를 말하고 있는 명제이다. 그래서 예를 들어 "눈은 하얗다", "파리는 프랑스의 수도이다", "모든 금속은 열을 받으면 늘어난다", "임진왜란은 1592년에 일어났다" 등은 사실의 문제들에 관한 명제들이다. 물론 이러한 명제들은 (내가 아는 한에 있어서) 모두 참이라고 할 수 있다. 그런데 관념들의 관계들과 사실의 문제들에 관한 구별은 거짓인 명제들에도 똑같이 적용할 수 있다. 예를 들어 "고래는 어류이다"라는 명제는 관념들의 관계들에 관한 명제이지만 거짓인 명제라고 할 수 있으며, "플라톤은 BC 399년에 죽었다"라는 명제는 사실의 문제에 관한 명제이면서 거짓[1]인 명제이다.

흄에 따르면 우리들이 가지고 있는 관념들의 관계들에 관한 어떠한 참된 명제도 연역에 의해 증명이 가능한데, 그 이유는 그 명제를 **부정**negation하면 모순 명제가 되기 때문이다. 수학이나 논리학을 공부한 사람이라면 귀류법의 증명 방법에 익숙할 것이다. 이러한 흄의 생각은 예를 들어 "소수는 무한히 존재한다"와 같은 어떤 하나의 명제는 만약 그 명제의 부정문

---

1) BC 399년은 소크라테스가 독배를 마시고 죽은 해이다. 플라톤은 BC 427년경에 태어나 BC 347년에 죽었다.

이 우리들이 이미 알고 있는 다른 기존의 명제들과 논리적으로 일치하지 않는다는 것을 보여주기만 하면 본질적으로 증명될 수 있는 것으로 보고 있다. 이러한 증명은 가장 큰 하나의 소수가 있다라는 가정으로부터 시작한다. 이 증명은 하나의 모순을 이끌어내기 위해서 수에 관한 다른 기존의 전제들(특히 소인수素因數prime factor의 존재에 대한 전제)과 공접共接conjunction시켜 전개된다. (겉보기에는 모든 증명들이 이러한 형식을 가지고 있는 것은 아닌 것처럼 보이지만, 필연적인 논리적 진리 개념에 관해서 그 진리를 부정하게 되면 모순이 된다고 정의하고 있다.) 일상생활에서 논쟁이 벌어질 때, 사람들이 상대방의 어떤 명제로부터 불합리하거나 거짓으로 판명나는 어떤 결과를 추론하려고 노력하는 것은 귀류법과 유사한 방식을 사용하고 있는 것이다.

　이와 달리 사실의 문제들에 관한 명제들로 이루어진 지식은 이 지식에 들어 있는 관념들이 논리적으로 서로 연계될 수 없으며, 따라서 이러한 관념들로 이루어진 명제들은 연역적으로 증명될 수 없기 때문에, 감각들로부터만 도출될 수 있다고 흄은 주장하고 있다. 예를 들어 "에베레스트는 이 지구상에서 가장 높은 산이다"라는 명제를 생각해보자. 이 명제 속에 포함된 개념들—산, 가장 높은, 지구, 히말라야산맥에 있는 어떤 특정한 산의 개념—사이에는 이 명제의 진리를 결정할 수 있는 논리적 관계가 없으며, 이 명제에 없는 어떤 다른 산이 가장 높은 산이라고 가정한다고 해서 이 가정 속에 어떤 모순이 있는 것도 아니다. 따라서 이 명제가 참인가의 여부를 단지 추리에 의해서만 발견하는 것은 가능하지 않다. 오로지 감각적 경험들만을 사용해서 이러한 명제들이 참이거나 거짓인 상태를 탐구할 수 있다. (스코틀랜드 출신인 흄은 영국 경험론이라는 철학적 사조의 중심인물이다. 영국 경험론에는 잉글랜드 출신의 로크John Locke(1632~1704)와 아일랜드 출신의 버클리George Berkeley(1685~1753)

가 있다.) 이러한 사상가들은 모두 우리 정신 속에는 인간이 처음 태어날 때부터 가지고 있는 본유관념들이란 존재하지 않으며, 세계에 관한 우리의 모든 지식은 우리들의 감각적 지각들로부터 나오고, 또한 이 지각들에 의해 정당화된다는 믿음을 공유하고 있다. 따라서 이들은 모두 사실에 관해서는 어떠한 **선천적인**a priori 지식도 불가능하다고 생각한다.

흄은 또한 형이상학적이거나 신학적인 사변에 대해서도 매우 회의적이었다. 지금도 일부 철학자들을 포함하여 많은 사람들은, 철학이 매우 추상적이고 일상생활과는 동떨어진 어려운 개념들에만 관심을 가지고 있기 때문에, 측정할 수 있거나 경험할 수 있는 구체적인 어떤 사실들과는 아무런 연관성이 없다고 생각하고 있다. 심지어 어떤 사람은 철학적인 방식으로 생각하는 것은 시간 낭비라고까지 생각한다. 흄은 전통적인 철학에 대한 그러한 생각에 동의하면서, 만약 누군가가 어떤 책이나 다른 텍스트를 손에 들고 그 내용을 보았을 때, 그 책의 내용이 '수량이나 수에 관한 추상적인 추리'를 담고 있지 않거나 혹은 '사실의 문제와 존재에 관한 실험적인 추리'를 담고 있지 않다면, 그 책은 단지 '궤변과 망상'의 내용만을 가지고 있는 것이므로 불태워버리라고 제안하고 있다. 이러한 방식으로 생각하는 것은 **흄의 이분법**Hume's fork으로 알려져 있다. (나는 독자들이 이 이분법 문제를 적용하여 이 책의 내용을 어떻게 받아들여 다루어야 하는지 결정하는 것을 연습 문제의 하나로 남겨놓을 것이다.)

사실의 문제들과 관념들의 관계들을 구별하는 흄의 이분법은 종합적 진리와 **분석적**analytic 진리에 관한 칸트Immanuel Kant(1724~1804)의 구별과 어느 정도 일치한다. 흄의 영향을 받은 칸트는 종합적 진리와 분석적 진리에 관한 구별을 그의 (비판)철학의 중심 내용으로 삼았다. 이 구분법은 **논리실증주의자들**logical positivists이라고 불리게 되는 일군의 과학철학자들의 손에 이르게 되면서, 과학이론을 표현하는 데 사용하는 형식적인 수학 언어와 논리 언어에서의 내용과 형식을 구별하는 방식이 되어버린다. 이들은 이론들의 경험적인 내용, 즉 종합적인 부분을 이론적이고 분석적인 부분으로부터 분리해낼 수 있다고 생각하였다. 논리실증주의자들은, 사실적 언명factual statement이 만약 과거, 현재, 미래의 관찰들에 대해서 어떠한 내용도 말하고 있지 않다면, 다시 말해서 어떠한 경험적인 내용도 가지고 있지 않다면 이러한 언명은 유의미하지 않다고 주장하였다. 이 주장은 어떤 사람이 무의미한 말을 하고 있는가의 여부를 결정할 수 있는 하나의 방식을 우리들에게 제공하고 있다. 우리는 어떤 사람이 말하고 있는 내용이 우리들이 관찰할 수 있는 것과 어떤 논리적인 함축적 연관성을 가지고 있는가의 여부를 알아보기 위해서 조사한다. 나중에 다시 모습을 드러내게 될(특히 제5장 3절 참조) 논리실증주의는 잠시 동안이나마[2] 철학자들과 과학자들에게 아주 큰 영향을 끼쳤으며, 아직도 지지자들을 가지고 있다. 과학이론들과 철학이론들이라 하더라도 이 이론들은 어느 정도 관찰 가능한 내용이나, 그리고 아마도 측정되고 기록될 수 있는 내용이나, 법칙들과 인과관계에 의해서 최종적으로 주어진 이론적인 기술記述description과도 확정적인 연관성을 가져야만 한다는 생각에 대해서는 많은 사람들이 동감하고 있다.

자, 그래서 사실의 문제들에 관한 우리들의 얼마간의 지식들이 경험에 직접 기초하고 있다라고 주장하는 것은 이치에 맞는 것 같아 보인다. 바람이 부는 날씨이고 구름이 끼어 있고 바깥 기온이 차갑다는 사실, 등불이 켜 있고 홍차가 미지근하다는 사실 등의 모든 내용들은 내가 나의 현재의 감각적 경험에 의해 알고 있는 것 같다. 내가 알고 있는 다른 부류의 내용들은 과거에 내가 똑같은 감각적 경험이라는 수단에 의해 배운

---

[2] 그 기간은 대략 1926년부터 1941년까지이다.

것들이다. 이러한 지식은 나의 과거 지각에 대한 나의 기억에 기초하고 있다. 내 자신이 직접 관찰하지 못한 사물들에 대한 나의 믿음의 경우에는 어떠한가? 나에게는 그와 같은 믿음이 많다. 예를 들어 나는 태양이 내일도 떠오를 것이라고 믿으며, 에베레스트가 가장 높은 산이라고 믿으며, 나의 친구가 지금은 스코틀랜드에 있다고 믿고 있다. 이러한 믿음들은 모두가 사실의 문제들에 관한 명제들로 이루어진 것이다. 왜냐하면 각 경우에 그러한 명제의 부정은 모순이 아니며, 그래서 우리들은 그것들이 참이라는 것을 연역적으로 증명할 수 없기 때문이다. 만약 우리들이 그러한 내용들을 알 수 있다고 한다면 어떤 방식으로 인식할 수 있는가?

흄은 과거와 현재의 경험의 범위를 넘어서는 모든 추리들은 원인과 결과의 관계에 기초하고 있다고 주장하였다. 예를 들어 여러분들이 당구를 치고 있다고 생각해보자. 당구 큐를 가지고 여러분들이 흰 당구공을 칠 때, 흰 당구공의 중심에서 조금 비켜 난 지점을 치면 이 당구공이 스핀 운동을 하게 된다는 것을 곧 알게 된다. 그리고 스핀 운동을 하는 당구공과 부딪히는 다른 당구공도 반대 방향으로 스핀 운동을 하게 된다. 이러한 사실은 당구를 치면서 알게 되는 유용한 일반화의 하나이다. 당구공의 중심에서 약간 벗어난 지점을 치는 것이 이 당구공이 스핀 운동을 하도록 만드는 원인이 된다는 것을 추리하고, 이러한 추리에 기초하여 의도한 대로 당구공을 올바로 쳤을 경우에 이 당구공이 어떻게 움직일 것인지를 우리들은 신뢰성 있게 예측하게 된다. 이와 유사하게 태양이 떠오를 때 지구와 지구 위의 사물들이 태양으로부터 열을 받아 따뜻하게 된다는 것을 관찰하고, 이러한 유형의 작용이 미래에도 계속될 것이며, 그래서 태양으로 인해서 지구 위의 사물들이 따뜻해진다는 것을 우리들은 추리하게 된다. 흄은 당구공의 스핀 운동이 종래의 일반화와 다르게 갑자기 반대 방향으로 일어나거나 전혀 스핀 운동이 일어나지 않는다 해도 논리적으로 모순이 없으며, 태양이 지구를 차갑게 만든다고 가정하더라도 이 가정에는 어떠한 모순도 없다고 지적하였다. 우리들이 이러한 생각들을 연계 지을 수 있는 유일한 길은 이러한 생각들 사이에 어떤 인과적인 연계가 있다고 가정하는 것이다.

물론 말로 하는 설명이든지 책이나 신문 등의 형식으로 된 설명이든지 간에 우리들의 많은 믿음들은 증거가 되는 다른 믿음들에 의존하고 있다. 이러한 경우에 우리들은 실제로 일어난 사실과 이러한 사실을 경험한 사람이 우리들에게 전달한 것 사이에는 인과적 관계가 있다고 믿는다. 어떠한 논리적 관계를 가지지 않는 관념들을 연결해주는 것은 또다시 인과적 관계이다. 이것이 귀납의 기초라고 흄은 설명하고 있다. 그리고 만약에 사실의 문제들에 관한 우리들의 지식을 이해하기를 원한다면 우리들은 원인과 결과에 관한 지식을 고려해야만 한다고 흄은 설명한다. 그런데 여기서 흄은 어떤 특정한 인과 관계가 유지되지 않는다고 가정하는 데 어떠한 모순도 생기지 않기 때문에 우리들이 원인과 결과에 관한 지식을 경험에 의해서만 얻을 수 있다고 주장한다. 그래서 이러한 지식은 달리 생각할 수 없는 분명한 사실의 문제에 관한 것이라고 주장한다. 우리들은 앞으로 검사하게 되는 불이 우리들에게 화상을 입히는 것이 아니라 얼게끔 만들 것이라고 가정하는 생각에 어떠한 모순도 없기 때문에, 실제로 관련된 실험을 해보지도 않고 불이 우리들에게 화상을 입힐 것이라는 사실과 화약이 폭발할 것이라는 사실을 함부로 말할 수는 없다. (물론 우리들은 인과적 관계들에 대해서 이야기할 수도 있으나 그러한 인과적 관계로 얻게 되는 우리들의 정보의 근원은 궁극적으로는 여전히 어떤 다른 사람의 경험에 있다.)

원인과 결과에 관한 이러한 관계에 대해서 우리들은 무엇을 더 이야기할 수 있을까? 흄은 우리들이 경험에 의해서만 특정한 인과적 관계들을 발견할 수 있으며, 또한 경험에 근거해야만 세계에 존재하는 사물들의 미래의 작용에 대해 귀납적 추리를 할 수 있기 때문에, 우리들이 인과적 관계의 본성을 이해하고 우리들의 귀납적 실천에 정당화를 제공하는 것이 적합한가의 여부를 알 수 있게 되는 것도 오직 원인과 결과의 관계에 대한 우리들의 경험을 검토해야만 가능하다고 주장한다. 우리들이 인과적 관계들에 대한 우리들의 경험을 검토할 때, 흄은 원인과 결과에 관한 우리들의 지식이라는 것은, 세계가 어떻게 작용하였는가에 관한 과거의 경험으로부터 세계가 미래에도 어떻게 작용하게 될 것인가를 추정한 결과에 불과하다는 것은 분명하다고 주장한다. 예를 들어 빵을 먹은 후에는 항상 영양을 공급받았다는 느낌이 뒤따르는 과거의 경험들 때문에, 나는 빵이 일반적으로 영양을 공급하고 있으며 따라서 내가 먹게 될 이 빵 한 조각이 영양을 공급하게 될 것이라고 전제한다. 그래서 흄에게 인과성이란 기본적으로 **상시적 연접**constant conjunction이라고 알려진 내용에 관한 문제를 뜻한다. 이 개념에 따르면 A가 B를 야기한다cause는 것은 A가 우리의 경험 속에서 B와 항상 연접되어 있다는 것을 의미한다. "나는 그러한 대상이 그러한 결과와 항상 같이 있다는 것을 발견하였고, 그리고 나는 앞으로 표면적으로는 유사하게 보이는 다른 대상들이 그와 유사한 결과와 함께 항상 같이 있을 것이라고 예상한다."(Hume 1963: 34~35) 그러나 물론 우리들은 해당 대상들의 미래의 행동을 아직까지는 경험하지 않았다. 그리고 원인과 결과라는 특정한 관계의 존재에 대한 믿음은 미래가 과거와 유사할 것이라는 믿음에 근거하고 있다. (이 점이 우리들이 나중에 고찰하게 될 아주 중요한 문제점이다.)

흄은 더 나아가 인과성의 개념을 검토하고, 시공간적으로 연계되는 관계를 말하는 **접근**contiguity이 인과성의 중요한 특성이라는 것을 발견하였다. 물론 인과적 연계가 사건들 사이의 관계로서 요청될 때, 사건들은 종종 시공간적으로 닫혀 있는 독립적인 것이거나 아니면 원인과 결과라는 연결 고리에 의해 연계되어 있고, 인과적 연결 고리에 의해 연계되어 있는 사건들 각각은 시공간적 선후 관계에 의해 밀접하게 연계되어 있다. 예를 들어 컴퓨터에 단어들을 타이핑하여 입력하는 어떤 사람과 종이 위에 써 있는 글자들을 읽고 있는 또 다른 사람 사이에는 인과적 관계가 있을 수 있다. 왜냐하면 타이핑하는 사건과 글을 읽는 사건 사이에는 비록 길고 복잡할지라도 두 사건을 접근시키는 원인과 결과들로 이루어진 간접적인 일련의 연결 고리들이 있을 수 있기 때문이다. 그러나 흄은 이러한 경우에 대해서까지 필요한 인과적 연계의 존재가 항상 요청된다고 말하지는 않는다.

인과적 연결 관계의 또 하나의 대표적인 특성은, 원인은 시간적으로 볼 때 통상적으로 결과에 선행先行한다는 것이다. 이러한 시간적 선행의 특성이 항상 일어나는가의 여부는 즉각적으로 명확하지는 않다. 왜냐하면 무거운 오크나무로 된 들보가 지붕이 위를 향하도록 만드는 원인이라고 말하는 경우처럼, 때때로 원인과 결과가 동시에 일어나는 것처럼 보이기도 하기 때문이다. 더 나아가 일부 철학자들은 하나의 원인이 시간적으로 과거에 있는 하나의 결과를 야기하는 '후행적 인과성'이 가능하다고 주장하기도 한다. 어쨌든 흄은 A가 B를 야기한다cause고 하는 관계에 대해서 통상적으로 다음과 같은 특성들이 존재하고 있음을 인정하였다.

(1) A 유형의 사건들은 시간적으로 B 유형의 사건들에 선행한다.
(2) A 유형의 사건들은 우리의 경험 속에서 B 유형의 사건들과 항상 연접되어 있다.
(3) A 유형의 사건들은 B 유형의 사건들과 시공간적으로 접근되어 있다.
(4) A 유형의 사건들은 B 유형의 사건들이 곧이어 나타날 것이라는

예상expectation을 하도록 만든다.

이러한 내용들이 소위 말해서 인과성에 관한 흄의 분석이다. 그러나 위의 특성들이 인과적 관계에 대한 모든 특성들을 망라한다고 말할 수 있겠는가? 다음과 같은 사례들을 생각해보자. 당구공 X가 다른 당구공 Y를 쳤고 Y는 어떤 속도를 가지고 움직였다고 생각해보자. 우리들은 Y가 움직이도록 X가 인과적으로 작용하였다고 이야기한다. 그러나 이러한 말이 의미하는 내용은 무엇인가? 우리들은 이러한 경우에 다음과 같이 말하는 경향이 있다. X가 Y가 움직이도록 만들었다, X가 Y 속에 운동이 일어나도록 만들었다, Y는 X가 쳤기 때문에 움직여야만 한다 등등. X가 Y에 대해서 인과적으로 작용한다는 것은 X의 발생과 Y의 발생 사이에는 어떤 종류의 필연적인 연계성necessary connection이 있다는 것을 의미한다고 많은 철학자들이 주장하고 있다는 것을 흄은 잘 알고 있다. 그러나 흄은 이러한 개념은 우리들이 실제로 이해하고 있는 내용이 아니라고 주장한다. 우리들은 상시적 연접에 관한 경험만을 가지고 있으며, 이 경험 내에서는 필연적 연계성에 관해서 어떠한 경험도 할 수 없기 때문에, 필연적 연계성이라는 개념에 대응하는 어떤 것이 자연 세계에 존재하고 있다고 믿을 만한 아무 근거도 없다는 주장으로 그의 경험론은 이어진다. 우리들이 이전에 보았던 것은 모두가 연접된 사건들에 불과하다. 우리들은 이 사건들 사이에 존재할 것이라고 추정되는 필연적 연계를 본 적이 없다. 그러나 이 연접된 사건들을 자꾸 경험하게 되고 시간이 경과하게 되면서 우리들은 하나의 사건이 일어난 후에 비슷한 결과들이 이후에 뒤따라 나오게 되는 유형의 사건 발생들을 계속해서 보게 되고 그래서 미래에도 이러한 방식으로 두 사건들이 연속할 것이라고 예상하는 습관을 가지게 된다.

우리들이 나중에 다시 고찰하게 될 논증의 형식에서 흄은 다음과 같이 주장한다. 인과성에 관한 두 가지의 이론들을 생각해보자. 첫 번째 이론은 인과적 관계란 위의 흄의 분석이 보여주는 특성들만으로 구성되어 있다고 설명한다. 두 번째 이론은 인과적 관계에는 그러한 특성도 있지만 그 외에 어떤 종류의 필연적인 연계가 있다고 설명한다(이러한 입장을 **필연론자**necessitarian의 견해라고 부르자). 흄은 인과적 관계에 대한 이러한 가설들 중에서 어느 하나의 가설이 다른 것에 비해 더 나은 이론이라고 판단할 수 있는 근거가 우리들의 경험 속에서 발견될 수 없다고 지적한다[즉 보다 나은 이론이라고 판단하는 것은 경험에 근거한 판단이 아니다]. 이러한 이론들은 우리들이 관찰할 수 있는 모든 내용에 대해서는 일치하고 있지만 그 외의 것에 대해서는 서로 다른 두 개의 가설들이라고 할 수 있다. 즉 이 가설들 중의 하나는 다른 가설이 인정하고 있지 않은 어떤 것의 존재[즉 필연적 연계성]를 전제하고 있다. 따라서 흄은 자신의 분석이 형이상학적으로 벌어지는 분란을 야기하지 않기 때문에 우리들이 자신의 분석을 채택해야만 한다고 주장한다. 이러한 논증은 소위 '오캄의 면도날'이라는 원리에 묵시적으로 근거하고 있다. 오캄의 면도날은, 우리들이 두 개의 경쟁적인 가설에 직면하게 되었을 때, 모든 다른 고려 사항들이 동일하다고 한다면, 두 개의 가설들 중에서 보다 단순한 것을 선택하는 것이 더 좋다고 설명한다. 흄의 경험론은 두 개의 가설이 우리들이 관찰할 수 있는 것에 대해서는 똑같은 내용을 함축하고 있기 때문에 그 외의 모든 다른 고려 사항들은 그 논의의 가치가 똑같은 것이라고 흄이 생각하고 있음을 의미한다.

그래서 우리들의 귀납적 추론이 원인과 결과에 의한 추론에 근거하고 있다 하더라도 인과적 관계가 미래에는 지금과 달라질 가능성이 있기 때문에 원인과 결과에 의한 추론은 귀납적 추론에 대한 확실한 기초가 될 수 없다. "태양은 내일 다시 떠오를 것이다"와 "당구공은 이전처럼 앞으로도 계속해서 그러한 방식으로 움직일 것이다"와 같은 믿음들에 대해서 우리들이 제시할 수 있는 유일한 정당화는 그러한 믿음이 지금까지는 항상 진리였다는 사실뿐이다. 그러나 흄은 이러한 사실만으로는 실제로는 어떠한 정당화도 제공되지 않는다고 주장한다. 물론 우리들은 당구공 X가 당구공 Y를 왜 움직이도록 만드는가를 운동량 보존과 역학의 법칙에 의존하여 설명할 수가 있다. 이와 유사하게 우리들은 태양이 내일 다시 떠오를 것이다라는 우리들의 믿음을 정당화하기 위해서 태양계의 안정성에 대한 증명과 태양의 활동 수명에 대한 예측들에 의존할 수도 있다. 그러나 흄은 우리들이 그렇게 의존하고 있는 인과적 연결들과 법칙들은 단순한 상호 관계들과 규칙성들뿐만 아니라 그 이상의 내용을 가지고 있다고 말한다.

귀납에 대한 흄의 문제는 귀납논증의 결론이 우리들이 행한 관찰들에 의해 지지됨에도 불구하고 근본적으로 항상 거짓이 될 개연성을 가지고 있다는 것이다. 사실상 수많은 사람들이 관찰하였고, 그러한 관찰 결과들에 근거하여 하나의 특정한 일반화가 지지되고 있음에도 불구하고 나중에 거짓으로 발견되는 일반화에 관한 유명한 사례들이 있다. 그러한 사례들 중의 하나가 그 유명한 **모든 백조는 하얗**다라는 일반화의 경우이다. 호주 대륙을 발견하기 전까지는 많은 유럽 사람들이 수많은 관찰에 기초하여 '모든 백조는 하얗다'라는 일반화를 참이라고 믿었지만, 호주 대륙에서 검은 백조를 발견하게 됨으로써 이제는 그 일반화가 거짓이라고 믿게 되었다. 러셀Bertrand Russell(1872~1970)이 그의 책『철학의 문제들Problems of Philosophy』에서 아주 유명한 칠면조의 예를 제시하면서 주장하였듯이, 귀납적 추론은 지금까지 매일 모이를 얻어먹었기 때문에 앞으로도 늘 모이를 얻어먹을 것이라고 믿고 있는 칠면조의 추리처럼 정교하지 못할 경우가 종종 있다. 추수감사절 전날에 이 칠면조가 추수감사절 음식으로 자신을 요리하기 위해 다가온 주인에 대해서, 이전의 자신의 믿음들에 근거하여 오늘도 모이를 줄 것이라고 기대하는 생각 방식이 귀납적 추론의 방식이다. 이로부터 생겨나는 우려는 태양이 내일도 떠오를 것이라고 하는 우리들의 믿음도 칠면조가 행하는 추론과 같은 성격의 것이 될 수도 있다는 것이다.

물론 우리들은 칠면조보다는 더 잘 식별할 수 있다. 우리들의 많은 믿음들은 우리들이 앞 장의 마지막에서 논의하였던 귀납의 원리와 같은 것에 근거하여 진행되는 것처럼 보인다. 이 귀납의 원리는 다양한 여러 환경들 속에서 많은 관찰들이 행해졌을 때 이러한 관찰들 모두가 어떠한 하나의 일반화에 대한 긍정적인 사례들이 되고, 이 일반화와 상충하지 않을 경우에는 이러한 개별적인 관찰들로부터 하나의 일반화로 추론되는 것을 허용한다. 그러나 그러한 하나의 원리는 또한 시공간적인 자연 현상의 제일성齊一性uniformity에 묵시적으로 의존하고 있음을 나타내고 있다. 그러나 미래가 왜 과거를 닮아야만 하며, 자연의 법칙들은 다른 장소에서도 왜 똑같아야만 하는가? 흄은 미래가 과거와 같지 않을 것이라고 하는 명제가 결코 모순적이지 않다는 점을 지적하고 있다. 물론 과거에 우리들은 여러 유형들을 관찰하였고 그러한 유형들이 미래에도 계속해서 유지될 것이라고 믿고 있었으며 이러한 우리들의 믿음이 틀리지 않을 수도 있었다. 그러나 흄이 보기에 이러한 일은 문제를 단지 재서술한 것에 불과하다. 왜냐하면 이전의 미래도 과거와 비슷하였다고 하는 것은 과거에 일어난 기대였고, 이는 미래가 과거와 비슷할 것이라고 미래에 일어날 일을 예상할 수 있음을 의미하는 것은 아니기 때문이다. 다시 말하면 만약에 우리들이 미래가 과거와 비슷할 것이라고 믿을 수 있는 독립적인 근거를 가지고 있다면 우리들의 과거의 경험은 미래에 대한 우리들의 믿음들을 정당화할 수 있지만, 그러나 우리들은 그렇게 믿을 수 있는 독립적인 근거를 가지고 있지 않기 때문이다.

　이와 유사하게 우리들은 다음과 같은 방향에 따라 진행되는 귀납논증에 근거하여 귀납에 대한 옹호를 시도할 수 있다. 귀납은 다양한 조건들 아래에서 일어난 거대한 규모의 경우들의 수에 근거하여 작용한 것이기 때문에 일반적으로 작용하게 된다. 그러나 흄은 이러한 논증이 악순환적이라고 주장한다. 즉 그 논증은 그 정당화 자체가 의심스러운 귀납논증이기 때문에, 귀납을 지지하기 위해 귀납논증을 사용하는 것은 정당화될 수 없다. 그렇게 논증을 전개하는 것은 마치 당신이 항상 진리를 말하고 있다고 어떤 상대방에게 미리 알려주고 나서는 지금 당신이 말한 것을 진리로 받아들이라고 그 사람을 설득하는 것과 비슷하다. 만약에 상대방이 당신이 앞서 말한 것에 대해 이미 의심하고 있다면, 이들은 당신이 항상 진리를 말하고 있다는 앞서의 말 자체를 이미 의심하고 있는 것이며, 그냥 당신이 진리를 말하고 있다고 단순하게 주장하는 것만으로는 상대방의 마음을 바꿀 수가 없다. 귀납논증에서는 귀납적 방법의 성격 때문에 전제들이 모두 참이 된다 하더라도 결론이 거짓이 될 수 있는 개연성이 항상 존재한다. 그래서 귀납에 대한 옹호는 어떤 것이든 귀납의 원리에 의존하거나 아니면 귀납적 추론의 정당화를 전제해야만 한다. 그러므로 흄은 귀납에 관한 모든 정당화가 순환적이라고 생각하였다.

　우리들이 귀납적 추론이란 과거의 경험들로부터 사물들의 미래의 행동에 대한 어떤 일반화로 진행하는 추론이라고 간주한다고 해도, 실제로 관찰된 것들로부터 관찰되지 않은 것을 추정한다는 것에 논쟁의 초점이 있다. 흄은 이와 같은 문제가 일반화의 경우뿐만 아니라, 예를 들어 "태양이 내일 떠오를 것이다"나 "내가 다음에 먹게 되는 빵 조각은 나에게 영양분을 제공할 것이다"와 같은 경우처럼, 어떤 특정한 예측을 우리들이 추리할 경우에도 발생한다고 생각한다.

물론 우리들이 생존하기 위해서는 다양한 방식으로 활동을 해야만 하고, 그래서 우리들은 우리들이 먹게 되는 신선한 빵이 영양분을 제공할 것이다, 태양은 내일 떠오를 것이다, 그리고 그 밖에도 여러 가지 다른 방식으로 미래가 과거와 비슷할 것이다라고 가정할 수밖에 없을 것이다. 흄은 그의 회의론적 입장이 우리들이 현실적으로 믿고 있는 내용과 우리들이 처신하고 있는 방식을 심각하게 위협할 것이라고는 생각하지 않았다. 그러나 그는 그의 회의론적 입장에도 불구하고 귀납적 추론이 합리적이거나 정당화될 수 있기 때문이 아니라 우리들이 그렇게 추리를 할 수밖에 없는 심리학적인 성향 때문에 계속해서 귀납적 추론을 하게 될 것이라고 생각하였다. 이성에 의해 납득할 수 있는 내용을 초월하여 그 이상의 내용으로 더 나아가도록 만들어서, 우리들로 하여금 자연의 제일성과 원인과 결과의 관계들의 존재를 믿도록 만드는 것은 우리들의 정념 情念passion이요, 우리들의 욕구요, 우리들의 동물적인 충동이다.

요약하면 흄은 우리들의 귀납적인 실천이 원인과 결과라는 관계에 근거하고 있다는 것을 관찰하였지만, 이러한 관계를 분석하게 되었을 때 그는 경험론자의 관점에서 그러한 관계는 사건들의 상시적 연접에 불과하다는 것을, 다시 말하면 전제된 인과적 관계의 객관적 내용이란 사물들의 작용들이 항상 취하고 있는 어떤 규칙이나 유형에 불과하다는 사실을 발견하였다. 원래 문제는 과거에 유지되어왔던 어떤 규칙들로부터 사물들의 미래의 행동까지 추정하는 것을 정당화한다는 것이기 때문에, 원인과 결과의 관계에만 의존하는 것은 도움이 되지 않는다. 즉 어떠한 규칙도 미래에까지 그대로 유지되지는 못할 것이라는 점이 논리적으로 가능하기 때문에, 우리들이 귀납적 추론을 하게 되는 유일한 기반은 미래가 과거와 유사할 것이라는 믿음이라고 할 수 있다. 그러나 미래가 과거와 유사할 것이라고 하는 사실은 과거의 사실들에 관한 경험에 의해서만, 즉 귀납에 의해서만 정당화될 수 있는데, 현재 문제가 되고 있는 것은 엄밀히 말해 귀납 자체에 관한 정당화이니까 이 문제는 순환론적으로 전개되고 있는 것이다. 따라서 우리들은 우리들이 실제로 행하고 있는 귀납적 실천에 대해서 합리적으로 어떠한 정당화도 하지 못하고 있으며, 그래서 그러한 귀납적 실천은 이성적인 활동보다는 동물적인 본능이나 습관의 산물에 불과한 것이다. 만약에 흄이 옳다면 우리들이 과학적 지식이라고 간주하는 모든 것은 합리적인 근거가 전혀 없는 것처럼 나타난다.

2. 귀납의 문제에 대한 해결책과 해소책들

흄은 회의론이 타파될 수 없으며, 따라서 우리들이 본능적인 삶의 경향에 맞추어 살아가야만 한다는 것을 인정한다. 그러나 그는 오늘날에 와서는 귀납논리, 귀납적 추리, 혹은 확장 추리라고 말할 수 있는 것들이 실제로는 논리적 추리가 아니라 이미 관찰된 것에 기초하여 아직까지 관찰되지 않은 것에 관한 믿음들을 형성하는 하나의 습관이나 심리적 경향에 불과한 것이라고 종종 주장한다. 그는 귀납이 안고 있는 문제를 사람들이 잘 알고 있지만 그래도 과학과 일상생활에서 계속 귀납을 사용하지 않을 수는 없다고 굳게 믿었고, 또한 우리들의 삶을 영위하기 위해서는 그렇게 살아갈 수밖에 없다고 생각한다. 그러나 이러한 행동이 합리적인 근거에 의해서 정당화될 수 있다고 생각하지는 않았다. 인간의 자연적인 경향과 본성, 인간의 생리적이고 심리적인 구조에 근거하여 철학적인 문제들을 해소하려고 하는 그의 방식 때문에 흄은 자연주의naturalism라고 불리는 철학적인 전통에서 아주 중요한 인물이 되었다. 자연주의는 현대 철학에서 특별히 두각을 나타내고 있는 사조인데, 그렇다고 해서 보통 현대의 자연주의자들이 흄과 같은 회의론자들은 아니다. (이 책의 「서문」에서 자연주의자들은 철학이 과학에서의 경험적 탐구와 연속선상에 있는 것으로 생각하고 있다고 말한 것을 기억하자.)

대부분의 철학자들은 흄의 회의론적 자연주의에 만족하지 않았으며 따라서 귀납의 문제들을 해결하거나 해소하기 위해 다양한 전략들을 강구하였다. 일부 철학자들은 다음에 우리들이 고찰하게 되는 여러 가지 전략들 중에서 어느 하나를 채택하였다.

(1) 귀납은 정의에 의해 행해지는 합리적 추론이다

이 전략 방식에는 다소 체계적이지 못한 엉성한crude 설명을 제공하는 대응 방식과, 체계를 갖추고 세련된 설명을 제공하는 대응 방식이 있다. 다소 체계적이지 못한 엉성한 설명은 다음과 같이 전개된다. 일상생활—다른 말로 하면 대학 강단 철학을 벗어난 곳—에서 사람들은 '합리적 추론'이라는 말을 연역적으로 타당한 추론들만이 아니라 종종 귀납적 추론까지도 포함하여 기술한다. 예를 들어 과거 경험에 근거하여 축구팀의 승운을 추론하는 세 가지 방식을 생각해보자. 첫 번째 방법은 아카시아 나뭇잎을 떼어내면서 그 횟수를 세어서 다음 시합의 결과를 예측하는 것이다. 두 번째 방법은 이 팀이 과거에 몇 번의 시합에서 어떻게 경기를 진행하였는가를 살펴보고, 만약에 이 팀이 바로 직전 시합에서 경기를 못하였다면 이번 시합에서 경기를 잘 할 것이고, 바로 직전 시합에서 경기를 잘하였다면 이번 시합에서 경기를 못할 것이라고 추리하는 것이다. 세 번째 방법은 과거의 몇 번의 시합에서 이 팀이 어떻게 시합하였는가를 다시 살펴보면서 두 번째 방법과는 다르게 바로 직전의 시합에서 경기를 잘하였다면 이번 시합에서도 경기를 잘 할 것이고, 바로 직전의 시합에서 경기를 못하였다면 이번 시합에서도 경기를 못할 것이라고 추론한다. 확실히 마지막 방법은 모든 사람들이 합리적 방법이라고 말하는 방법이다. 그러나 이 방법은 미래가 과거와 유사하게 진행될 것이라는 사실과 자연의 제일성을 전제하고 있는 방법이다. 사실 대부분의 사람들은 일반적으로 과거 지식에 근거하여 미래에 대한 믿음들을 갖는 것을 합리적이라고 말한다. 따라서 귀납이 합리적 추론이라고 하는 것은 '합리적'이라는 말에 대해서 모든 사람들이 부여하고 있는 의미 내용에 따른 것이다.

이러한 양식의 철학적 논증은 일반인들의 생각에 아주 부합하는 것처럼 보이지만, 다른 한편으로는 귀납에 대한 철학적인 우려들을 떨쳐버리기에는 다소 불충분하다. 왜냐하면 우리들이 '합리적'과 같은 용어를 일상적으로 사용하게 될 때 우리들은 그 용어가 기술적記述的인 내용뿐만 아니라 규범적인normative(혹은 규정적인prescriptive) 내용까지 가지고 있는 것으로 간주하기 때문이다. 다시 말하면 어떤 추론이 합리적이라고 하는 이유는 그 추론이 어떤 종류의 표준적 기준에 부합하게 되면 거짓이 아니라 진리로 우리들을 인도하게 되는 성향을 가진 종류의 추론이 된다고 생각하기 때문이다. 단지 '합리적'이라고 불리는 것만으로는 하나의 추론 양식이 합리적이라고 하는 것을 정당화하기에는 불충분하다. 왜냐하면 단지 그렇게 말하는 것만으로는 합리적 추론이라면 당연히 가지고 있어야 한다고 간주하고 있는 다른 속성들[3]을 그 추론이 가지고 있다는 것을 입증하지 못하기 때문이다.

이러한 대응 방식에 비해서 다소 세련된 두 번째 설명 방식은 더욱더

---

[3] 단지 진리로 인도할 것이라는 기대뿐만 아니라, 올바른 추론과 그릇된 추론을 구별할 수 있도록 만들어주어야 하는 속성이다.

이해하기가 어렵다. 귀납은 모든 사람이 '합리적'이라는 말을 그러한 귀납추론에 적용하여 사용하고 있기 때문에 합리적이라고 주장하는 것 대신, 두 번째 대응방식은 귀납을 반대하는 흄의 논증의 타당성보다도 귀납의 일반적인 합리성을 옹호하는 것을 우리들이 더 확실하게 인정할 수 있다고 주장한다. 다시 말하면 우리들은 흄의 논증을 거짓이 분명한 결론(귀납은 항상 비합리적이다)으로 이끌어가는 하나의 역설로 간주할 수 있으므로, 귀납이 합리적 추론이라고 인정할 수 있다는 것이다. 그리고 이로부터 우리들은 그러한 전제들 중의 하나 이상이 거짓임이 분명하다(구체적으로 어떤 전제가 거짓인지는 확인하지 못할 수도 있다)고 결론짓는다. 이러한 설명 방식이 사실상 대부분의 철학자들이 흄의 논증을 상대하고 있는 방식이다. 즉 철학자들은 흄의 논증이 귀납은 항상 비합리적이다라는 점을 보여주는 것이 아니라 귀납을 어떻게 정당화하는지를 우리들이 알지 못한다는 사실을 보여주는 것이라고 생각한다. 이러한 전략을 채택하게 되면, 우리는 흄의 논증 가운데 어디에 그 결점이 있는지를 정확하게 설명하면서 동시에 귀납에 대한 흄의 부정적인 설명을 대체할 수 있는 어떤 긍정적인 설명을 제시해야 하는 과제를 부여받게 된다. 그러나 이러한 과제들을 도외시할 경우 이 대응 방식은 흄의 논증의 결점이 구체적으로 무엇인지 모른다 할지라도 흄의 논증에 틀림없이 결점이 존재하고 있을 것이라고만 억지 주장을 하고 있다는 점에서 그 문제점이 분명하게 드러난다. (대부분의 철학자들이 흄을 귀납은 합리적으로 진행되지 않는다고 생각하는 회의론자로 간주하고 있음에도 불구하고, 이러한 대응 방식을 택한 일부 철학자들은 흄을 회의론자로 보기보다는 그가 결점이 있는 내용을 가지고 귀납에 대해서 스스로 논증하고 있다고 주장한다.)

(2) 흄은 귀납에 대해서까지도 연역적인 옹호 방식을 요구하고 있지만, 그러한 흄의 주장은 이치에 맞지 않다

일부 철학자들은 흄이 귀납에 대해서까지도 연역적인 옹호 방식을 요구하고 있다는 점에서 잘못되었다고 비난한다. 이들의 주장에 따르면 흄은 어떠한 논변도 제시하지 않고, 우리들이 직접 경험하거나 기억하고 있는 믿음들을 제외한 다른 모든 믿음들에 대해서 연역만이 그러한 믿음들을 정당화할 수 있는 유일한 방법이라고 전제하고 있다는 것이다. 초기에는 이러한 주장이 설득력이 있는 것처럼 보였다. 왜냐하면 흄은 귀납적 추론이 연역적이지 않다는 사실 외에는 귀납적 추론에 대해서 더 이상 구체적인 많은 내용을 말하지 않았기 때문이다. 그리고 그는 귀납논증에서는 전제들이 모두 참이라 하더라도 결론이 거짓이 될 수 있는 개연성이 있다는 사실 때문에 귀납이 정당화되지 못한다고 주장하는 것처럼 보였으며, 결과적으로 이 주장은 귀납논증이 연역적으로 타당하지 않다는 점을 말하고 있는 것이다. 그래서 마치 흄이 귀납적 추론에 의해 도달하게 된 믿음들은 그 추론 자체가 연역적이지 않기 때문에 정당화되지 않는다고 주장하고 있는 것처럼 보일 수도 있었다.

그러나 흄은 이 사람들이 주장하는 것들보다도 더 많은 내용을 분명히 설명하고 있다. 왜냐하면 그는 귀납추론들 모두가 자연의 제일성이라는 [귀납의] 원리에 의존하고 있는 것으로 파악하였기 때문이다. 귀납에 대해 회의론적 입장을 취하도록 만든 계기는 귀납에는 그러한 원리를 믿을 수 있게 하는 독립적인 정당화의 근거가 없다는 사실에서 생긴다. 다시 말하면 미래가 과거와 같을 것이라는 의미에서 자연의 제일성을 믿을 수 있도록 정당화시켜주는 어떠한 근거도 우리들이 가지고 있지 못하기 때문에, 귀납논증의 결론을 믿을 수 있는 근거를 가지고 있지 못한 것이다. 그러므로 이러한 대응 방식은 흄이 귀납논증에 대해 가지고 있는 회의론을 떨쳐버리는 데에 충분하지 못하다.

(3) 귀납은 확률론에 의해 정당화된다

많은 철학자들은 귀납의 문제를 수학적인 확률론에 근거하여 해소하려고 시도하였다. 아마도 이러한 방향으로 가장 구체적이고 지속적으로 꾸준히 노력한 사람은 20세기 과학철학의 거장인 카르납Rudolp Carnap(1891~1970)과 라이헨바하Hans Reichenbach(1891~1953)일 것이다. 이들은 어떤 특정한 가설들이 확증confirm될 수 있는 정도를 계산할 수 있는 선천적인 귀납논리 이론을 구성하려고 노력하였다. 이러한 전략이 가지고 있는 문제는 수학에서 나온 전문적인 기술의 결과들을 우리들의 세계에 관한 지식에 적용한다고 할 때 세계가 어떻게 행동하는가에 대한 어떤 본질적인 가정을 하지 않는다면 그리고 동시에 이러한 가정이 순수하게 논리적이고 수학적인 기반 위에서 정당화될 수 없다면, 그 적용이 불가능하다는 점이다. 그래서 확률론에 근거하기 위해서는 그러한 확률론을 실제 세계에 적용할 수 있다는 사실(다음 전략을 참조하자)에 관해서 우리들이 확신할 수 있도록 만들어주는 어떤 원리를 더 보강해야만 한다. 그리고 이 문제는 그러한 원리가 미래에도 계속 유지될 것이라고 확신하는 우리들의 믿음을 무엇이 정당화시켜줄 수 있는가에 대한 물음으로 다시 돌아가도록 만든다.

(4) 귀납은 귀납의 원리나 자연의 제일성에 의해 정당화된다

다양한 형식을 취하고 있는 귀납의 문제에 대한 대응 방식 가운데 하나는 어떤 하나의 원리를 채택하고 그 원리를 귀납논증 속에 하나의 전제로 삽입하여 그 귀납논증을 연역적으로 타당하게 만드는 것이다. 예를 들어 가스버너로 나트륨을 가열할 때 나트륨이 오렌지 불꽃을 내면서 연소하는 것을 관찰하고 있다고 생각해보자. 우리들은 다음과 같은 형식의 귀납논증을 볼 수 있다.

N개의 나트륨 시료들은 가스버너로 가열하면 오렌지 불꽃을 내면서 연소한다는 것을 관찰하였다.
───────────────────────────
나트륨의 모든 시료들은 가스버너로 가열하면 오렌지 불꽃을 내면서 연소할 것이다.

지금 전개된 위의 논증을 보면 이 논증은 타당하지 않다. 그러나 만약 다음의 전제를 첨부하면 타당한 연역논증이 된다. N개의 A들이 또한 B들임이 관찰되면, 모든 A들은 B들이다. 그리고 A는 '나트륨의 시료'이고 B는 '가스버너로 가열하면 오렌지 불꽃을 내면서 연소한다'라고 하자.

이러한 원리는 일반적이어서, 또한 N개의 빵들이 영양분이 있다는 것을 지금까지 관찰하였다는 사실에 근거하여 모든 빵은 영양분이 있다라고 우리들이 추리할 수 있도록 허용하게 될 것이다. 물론 제1장에서 보았듯이 우리들은 A들에 관한 관찰이 매우 폭넓은 다양한 조건들 아래에서 행해졌으며 모든 A들은 B들이다라는 보편적 일반화에 상충하는 어떠한 개별 사례들도 발견되지 않았다는 사실까지 그러한 원리에 첨부할 필요가 있다. 만약 우리들이 이러한 방식으로 조건들을 첨부하여 원리들을 보강해나간다면 우리들은 다음과 같은 방식으로 일반화를 타당하게 추론할 수 있다.

N개의 A들은 폭넓은 다양한 조건들 아래에서 관찰되었으며 이들 모두가 B들임이 발견되었다.
어떠한 A도 B가 아님이 발견되지 않았다.

만약 폭넓은 다양한 조건들 아래에서 A들에 대해 N개의 관찰들이 행해진다면 그리고 모두가 B들임이 발견되었고 어떠한 A도 B가 아님이 발견되지 않았다면 모든 A들은 B들이다.

모든 A들은 B들이다.

이 논증은 타당하다. 왜냐하면 전제들이 모두 참인데 결론이 거짓이 되는 것은 가능하지 않기 때문이다. 그러나 이 논증이 가지고 있는 분명한 문제는 그 타당성을 인정받기 위해서 N의 양적 크기가 어느 정도가 되어야 하는지에 대해 특정화하지 않았다는 점이다. 우리들이 제안하는 양적 크기가 어느 정도가 되든지 간에 그 크기는 자의적이며, 게다가 우리들의 귀납적 추론은 다음과 같은 극단적인 반직관적 특성을 가지게 될 것이다. 우리들은 관찰의 수 N에 도달하기 이전에는 많은 증거들을 가지고 있음에도 불구하고 모든 A들은 B들이라고 믿을 만한 근거를 가지고 있지 않은 것이 되는데, 어느 날 관찰의 수가 N에 도달하게 되면 갑자기 모든 A들은 B들이라고 확신을 가지게 되고, 그 이상 행하는 관찰들은 그러한 확신과는 아무런 관련성을 가지지 않게 된다. 그러면 어떤 특정 횟수로 행해진 관찰들이 그러한 확신을 가지도록 만드는 이유는 무엇인가? 이러한 문제는 만약에 결론을 이보다 약화시켜서 "아마도 모든 A들은 B들일 것이다"라고 말하고 그리고 여기서 개연성은 N의 크기에 비례한다고 규정하게 되면, 피할 수는 있을 것이다. (이러한 접근 방식에 대해서는 나중에 고찰할 것이다.)

또 하나 분명하게 드러나는 문제는 전제된 귀납의 원리에 대한 어떠한 정당화도 없는 것처럼 보인다는 것이다. 그 원리는 그 원리의 부정이 모순이 아니기 때문에 분석적 진리(관념들 간의 관계)로 보이지는 않으며, 오히려 종합명제(사실의 문제)인 것처럼 보인다. 그래서 만약 흄이 옳다면 그 원리는 경험에 의해 정당화되어야 하며, 우리들은 다시 순환성의 문제로 되돌아가게 된다.

그러나 아마도 경험에 의해 정당화되어야 한다는 흄의 입장이 틀리고, 종합적 진리 가운데 어떤 것이 선천적인 진리인 것으로 알려질 수도 있을 것이다. 이것이 칸트의 생각에서 영감을 얻어 흄이 제기한 귀납의 문제에 대응하는 방식이다. 칸트의 생각은 어떤 원리들이 사실상 우리들의 정신이 작용하는 방식을 기술하고 있고 세계에 대한 어떤 경험을 우리들이 얻게 될 때 작용하게 되는 선재先在 조건들preconditions을 표현하고 있기 때문에 그러한 원리들은 선천적인 진리로서 인식될 수 있다는 것이다. 칸트는 모든 사건이 원인을 가지고 있다와 같은 원리와 뉴턴역학에서 발견되기도 하는 특수한 법칙들도 이러한 방식으로 인식될 수 있다고 주장한다. 칸트가 이와 같은 글을 썼던 18세기에는 이러한 주장이 이치에 맞는 것으로 받아들여질 수 있었던 것처럼 보인다. 왜냐하면 그 당시에는 뉴턴의 법칙들이 이 지구와 천상계에 있는 모든 종류의 현상들에 적용되고 있었고 그러한 현상들에 관한 설명에서 몇 번이고 계속해서 성공하였기 때문이다. 모든 사건들이 이전의 앞선 사건들로부터 필연성을 가지고 인과적으로 잇따라 나오게 되는 자동 시계 장치와 같이 움직이는 우주상과, 그리고 역학의 기본 법칙들에 따라 행해지는 예측과 이로부터 거두게 되는 많은 성공은 과학자들과 철학자들에게 아주 큰 영감을 주었고 이들을 매우 고무시켰다. 그리고 19세기에 이르자 대부분의 철학자들은 귀납의 문제에 대해서 더 이상 크게 걱정하지 않았다. 그러나 뉴턴역학이 상대적으로 매우 빠른 속도[4]로 운동하고 있는 물체들을 관찰할

---

[4] 광속에 가까운 속도로 움직이는 물체들의 운동을 설명할 경우이다. 이러한 경우에는 시간과 공간을 같은 차원으로 간주하여 고려해야 한다. 그러나 뉴턴 이론에서는 공간과 시간은 다른 차원이다.

경우에는, 그리고 매우 작은 미시물리학의 대상들[5]이나 질량이 매우 큰 대상들[6]의 작용을 설명할 경우에는 정확하게 설명과 예측을 하지 못한다는 뉴턴역학의 거짓된 내용들이 발견되었을 때, 귀납적 방법은 새로운 위기에 봉착하게 되고 귀납에 관한 문제가 다시 제기되었다. 현대적인 관점에서 바라볼 때, 선천적인 종합적 인식에 대한 칸트의 믿음은 더 이상 낙관적으로 기대하기가 어렵게 되었다.

(5) 흄의 논증은 지나치게 일반적이다. 흄의 논증은 우리들의 귀납적 실천이 특유하게 가지고 있는 구체적인 내용에 의존하고 있지 않기 때문에, 귀납은 연역이 아니다라는 사실만을 전제 조건으로 내세울 수 있다

이러한 대응 방식의 요점은, 귀납에 관해 제기한 흄의 논증은 모든 형식의 귀납추리에 적용할 수 있어야 하는데, 우리들의 귀납적 실천들을 구체적으로 분석해보면 흄이 기술하고 있는 내용은 귀납추리를 너무나 지나치게 단순화시키고 있음이 드러난다는 것이다. 흄은 우리가 과거에 관찰하였던 사물들이 미래에 취하게 될 행동에 대해 예상할 때, 미래가 과거와 같을 것이라는 전제하에서 예상한다고 주장하였다. 그러나 이러한 내용들이 우리들의 귀납적 실천에 있는 모든 내용들이라고 제안하는 것은 다소 우스꽝스러운 일이다. 어떤 것을 관찰하여 그것이 미래에도 이와 비슷하게 행동할 것이라고 우리들이 결론을 내리는 데에는, 때로는 몇 번의 관찰만으로도 가능하다. 예를 들어 우리들은 새로운 요리를 만들 때 두 번, 세 번 시험적으로 만들어본 후에 이 요리는 앞으로도 맛있

---

[5] 양자역학이 기술하고 있는 원자핵, 전자, 소립자와 같은 미시 물리학의 대상들을 말한다.
[6] 태양과 같이 질량이 매우 크기 때문에 주변 공간에 인력이 크게 작용하여 주변 공간이 휘어지게 만드는 그러한 대상들을 말한다.

게 만들어질 것이라고 결론짓는 경우도 있지만, 또 반면에 많은 관찰을 한 후일지라도 섣불리 결론을 내리지 않고 사물들의 미래의 행동을 매우 신중하게 추리하는 경우도 있다. 더 나아가 어떤 사건들이 과거의 경험을 통하여 반복적으로 서로 연접되어 있음을 관찰하였을지라도 우리들은 그 사건들이 미래에도 그렇게 연접할 것이라고 섣불리 쉽게 결론 내리지 않는다. 예를 들어 지금까지 나의 모든 호흡이 그 다음 호흡으로 연속적으로 이어져왔다는 것을 내가 관찰하였다고 해서, 지금의 나의 호흡들이 이후의 호흡으로 앞으로도 계속 이어질 것이라고 추리하지는 않는다. 왜냐하면 모든 인간은 결국에 가서는 죽게 된다라는 주장을 포함하고 있는 나의 귀납적 지식의 내용들을 나는 이러한 유형의 귀납추론〔호흡이 앞으로도 계속 연속될 것이다〕에도 적용해야 하기 때문이다. 따라서 우리들의 귀납적 추론은 흄이 제안한 것보다도 실제로는 더 복잡하며, 보통 우리들이 인과적 연계를 추리하는 것도 다양한 환경들 속에 있는 하나의 규칙을 검사해본 후에 안정적으로 작용하는 사물들의 행동을 발견하였기 때문에 가능한 것이다.

인간을 포함한 여러 종류의 동물들이 열거 귀납enumerative induction을 사용하는 경우를 보면 기대 이상으로 훨씬 더 귀납을 잘 사용하고 있다는 것이 드러난다. 그리고 그 이유는 쉽게 알 수 있다. 왜냐하면 어떤 위험한 것을 여러 번 시도하고 검사해야만 그것이 위험하다는 것을 학습하게 되는 동물은 오랜 기간 동안 생존할 수가 없기 때문이다. 따라서 어린 아이는 손을 뜨거운 난로에 대지 말아야 한다는 것을 한두 번의 시행착오에 의해서 배우는 것이지, 그러한 행동을 여러 번 반복적으로 행하면서 이를 관찰하고 경험하여 배우지는 않는다. 사실, 과학에서도 종종 하나의 단일한 실험이나 몇 번의 관찰만으로 어떤 하나의 이론에 대한 증거가 충분하게 제공된 것으로 간주될 때도 있다. 이에 관한 유명한 예를 하나 들어보면, 하나의 실험과 관찰을 통해서, 빛이 태양 주위를 가까이 지나갈 경우에 그 경로가 휘어지게 된다고 예측하였던 일반 상대성이론이 확증되었던 경우[7]이다. 만약에 어떤 사람이 원자폭탄의 위력이 어느 정도로 영향을 미치는가를 알아보기 위해서는, 히로시마와 나가사키에 투하되어 일으켰던 큰 재앙과 같은 결과를 원자핵 폭탄이 지금이나 앞으로도 계속해서 만들어낼 수 있다는 사실을 확증해야 하고, 그래서 몇 번이고 원자핵 폭탄 실험들을 행해야 한다고 제안한다면 그는 정신이상자로 간주될 것이다.

그래서 만약에 귀납적 추론과 같은 것이 실제로 있다고 한다면, 귀납추론은 흄이 고찰하였던 열거 귀납보다는 더욱 복잡할 것이라고 생각할 수 있다. 물론 이러한 생각은 우리들의 귀납적 실천이 정당화되든지 그렇지 않든지 간에 보다 구체적으로 이를 기술해야 할 필요가 있다는 것을 말하는 것이지, 단지 귀납적이기 때문에 우리들이 의심해야만 한다고 주장하는 흄의 논증에 대한 근거로 사용되지는 않는다고 주장할 수 있다. 이러한 방식의 대응은 현재까지도 일부 철학자들이 많이 사용하고 있는 유력한 전략이다. 그러나 우리들의 귀납적 실천이 비록 매우 정교하고 복잡하다 할지라도, 따지고 들어가면 결국에는 미래가 과거와 같을 것이라고 전제하는 원리에 의존하고 있고, 그래서 만약에 이러한 원리가 정당화될 수 없다면 우리들의 귀납적 실천도 정당화될 수 없게 된다는 내용을 과연 흄[8]이 모두 주장하였는지에 대해서 나는 의구심을 가지고 있다.

---

7) 1919년에 일어난 개기일식 현상을 통해 에딩턴이 관찰하였던 결과를 말한다.
8) 흄은, 미래가 과거와 같을 것이라고 하는 자연의 제일성 원리를 비판하고 이러한 비판에 근거하여 귀납적 방법에 대해서 회의론적 입장을 취한 것이 아니다. 흄은 인과적 관계의 필연적 연계에 관한 인식론적 근거가 경험에 있지 않음을 지적하면서 귀납적 방법의 인식론적 근거에 대해 회의론적 입장을 표현한 것이다. 이러한

(6) 귀납은 실제로는 최선의 설명으로의 추론(의 한 종)으로서 정당화된다

최선의 설명으로의 추론inference to the best explanation은 때로는 귀추법歸推法abduction이라고 불리기도 하는 추론 형식으로서, 우리들이 이제까지 알고 있는 것들 중에서 사실들을 가장 최선으로 설명하고 있다는 근거에서 우리들이 어떤 내용을 결론으로 추리하게 되는 그러한 유형의 추론9)이다. 예를 들어 우리들이 어떤 집 문 앞에서 문을 두드리거나 전화를 했는데 아무런 반응이 없다면, 우리들은 보통 그 집에는 아무도 없다고 추리한다. 왜냐하면 결론으로 나온 그러한 내용이 이제까지 가지고 있는 우리들의 생각들을 최선으로 설명하기 때문이다. 이와 유사하게 과학에서도 가설들이 때로는 이 가설들의 설명력explanatory power 때문에 하나의 설명 이론으로 선택된다고 주장되기도 한다. 예를 들어 대륙들은 지구의 지각 표면에 고정되어 있는 것이 아니라 서로 연결되어 천천히 떠다닌다고 하는 가설이[과거에는 얼토당토 않는 가설로서 배척되었지만] 현재는 지질학자들에게 수용되고 있다. 왜냐하면 현재 수천 마일 떨어져 있는 대륙의 바위들이 공통적으로 가지고 있는 특징들과, 여러 대륙들의 형태들10)이 가지고 있는 공통적인 상관관계를 통해 최선의 설명을 제공하기 때문이다.

귀납적 방법에 대한 인식론적 회의주의와 달리 자연의 제일성의 원리에 대한 회의주의는 귀납적 방법에 대해 정당성을 제공하는 자연의 제일성에 대해 회의적 입장을 취하는 것이다.

9) 어떤 하나의 사건에 대해서, 우리들이 가지고 있는 기존의 지식들과 알고 있는 주변 사실들에 가장 잘 부합하면서 이 사건을 최선으로 설명할 수 있는 것을 결론으로 추리해내는 방식을 말한다.

10) 예를 들면 아프리카의 서쪽 해안의 형태와 남아메리카의 동쪽 해안의 형태의 경우가 그러하다. 형태의 이러한 유사한 상관관계로부터 베게너Wegener가 대륙이동설을 착안하게 되었다.

이러한 대응 방식도 흄의 문제를 해소하기 위해서 많이 시도하는 방식이다. 그리고 최선의 설명으로의 추론에 의존하여 논의를 전개하고 있는가의 여부는 과학적 실재론에 관한 논쟁의 맥락에서 아주 중요하다. 이러한 전략을 평가하기 위해서 우리들은 설명의 본성이 무엇인가를 고려할 필요가 있는데, 이 문제는 제7장에서 주요 문제로 다룰 것이다. 현재로서는 이러한 전략이 다음의 전략 7과 연결되어 있다는 점만 주목하자. 인과적 관계나 자연의 법칙의 존재를 전제하는 것은 이러한 전제가 사물들이 작용하는 방식의 이면에 안정적으로 있는 일반화된 규칙들을 설명하는 최선의 설명 방식이기 때문에 정당화된다고 주장한다.

(7) 우리들이 발견할 수 있는 필연적 연계성들이 실제로 존재하고 있다

만약 사건들 사이에 필연적인 연계성들이 실제로 존재한다면, 이러한 연계성들은 우리들이 관찰하는 규칙들이 미래에도 계속해서 그대로 유지될 것이라는 확신을 줄 수 있다(왜냐하면 필연적인 연계성은 규칙 이외의 다른 방식으로 나타날 수 없기 때문이다). 이러한 생각은 자연의 법칙이나 인과력causal power에 의해 발전될 수 있다. 흄은 인과적 관계들을 규정하는 것으로 전제할 수 있는 필연적인 연계성들을 우리들이 관찰할 수 없다고 전제하였고, 그래서 이러한 필연적인 연계성들을 우리들이 전혀 인식할 수 없으며, 따라서 그 정당화를 위해 이러한 필연적 연계성들에 의존하고 있는 귀납적 추론은 어떠한 [인식론적인] 근거도 없다고 주장하였다. 마찬가지로 법칙들에 대한 흄의 견해는 사건들 속에 있는 규칙들을 초월하는 자연의 법칙이란 것도 존재하지 않는다는 것이다. 그러나 우리들은 [흄의 입장과는 달리] 결국에는 어쨌든 필연적인 연계성들을 인식할 수 있다라고 주장할 수도 있다. 이러한 우리들의 입장을 옹호하는 방식 중 하나는 필연적인 연계성들이 흄이 말하고 있는 것과는 달리 직접 관찰할 필요가 없다고 주장하는 것이다. 위에서 언급하였듯이, 우리들은 최선의 설명으로의 추론에 의해서 필연적인 연계성들을 인식하고 추론한다고 주장할 수도 있다. 보통 우리들이 인과적 연계성이나 자연의 법칙을 전제하게 되는 것은 공중에서 물건을 놓았을 때 그 물건이 땅으로 떨어지는 경우처럼 현상들 속에 있는 어떤 규칙을 관찰하는 것뿐만 아니라, 예를 들어 사물들을 공기나 물속에 떨어뜨린다든지 혹은 날개를 달아 떨어뜨린다든지 하는 것처럼 다양하게 조건들을 변화시키고 그리고 연기를 만들었을 때 연기가 낙하하지 않는다는 사실을 우리들이 관찰하게 되더라도 그러한 법칙이 어떻게 해서 안정적으로 유지되는가를 이해하고 있기 때문이다. 이러한 전략에 대한 논의는 여기서는 잠시 중단하고 조금 더 논의를 진행한 후에 다시 시작하도록 하자.

(8) 연역에 대해서도 어떤 순환론적인(다시 말하면 연역적인) 정당화만이 주어질 수 있기 때문에 귀납도 결국에는 귀납적으로 정당화될 수 있다

이것은, 흄이 생각하기는 했어도 받아들이지 않았던 방식으로, 귀납을 순환론적으로 옹호하는 방식이 보다 세련된 형태로 다시 나타난 것이다. 통상적으로 흄의 논증을 설명하는 방식은 다음과 같이 전개된다. 귀납은 연역논증이나 귀납논증에 의해 정당화되어야 한다. 귀납이 정당화된다라는 결론으로 이끄는 연역논증은 적어도 전제들 중의 하나가 (앞의 전략 4에서처럼) 귀납은 정당화된다라고 하는 내용을 전제할 경우에만 정당화될 수 있다. 또 다른 한편 만약 귀납논증들이 자신들의 결론들을 지지하고 있다는 사실을 미리 전제하고 받아들이게 된다면 귀납이 정당화된다는 결론은 우리에게 설득력이 있을 것이다. 따라서 귀납에 대해서 순환론적으로 전개되지 않는 옹호나 아니면 선결문제 요구의 오류를 범하지 않는 옹호는 존재할 수가 없다.

그러나 캐롤Lewis Carroll(1895)[11]의 유명한 이야기에서 볼 수 있듯이, 연역추론은 오직 연역추론에 의존해서만 옹호될 수 있는데, 그렇다고 이러한 방식의 옹호가 비합리적이라고 여기며 우리들이 연역추론을 거부하게 되는 것은 아니다. 그렇다면 귀납의 경우에는 귀납적 방법으로 옹호된다고 하는 사실이 어째서 상황을 아주 불리하게 만드는가? 이러한 점을 알아보기 위해서 다음과 같은 유형의 연역추론을 고찰해보자. 어떤 사람이 어떤 하나의 명제 p를 믿고 있다. 그리고 다른 사람들도 만약 p가 참이라면 p가 q로부터 나올 것이라고 믿고 있으며, 이들은 이 믿음으로부터 q를 추론한다. 만약에 이러한 형식의 추론을 받아들이기를 거부하는 어떤 사람에게 이 사람들은 무엇이라고 설명할 수 있겠는가? 이들은 아마 다음과 같이 주장할 수 있을지도 모르겠다. 자, 보자. 너는 p를 믿고 있지, 그리고 만약 p라면 q이다라는 것도 믿고 있지, 그래서 만약에 p가 참이고 만약 p라면 q이다라는 것도 참이 된다면 q도 참이 된다는 것이 틀림없기 때문에 너는 q를 믿어야만 해. 이러한 설명에 대해 의문을 표시하는 사람들은 다음과 같이 대답할 수 있다. "좋아, 나는 p를 믿고 있고, 만약 p라면 q이다라는 것도 믿고 있으며, 심지어 만약에 p가 참이고 만약 p라면 q이다라는 것도 참이 된다면 q도 참이 된다는 것이 틀림없다는 것을 나는 믿는다. 그렇지만 논리적인 추론으로는 그렇게 믿어야 하지만, 사실 나는 q가 참임을 믿고 있지는 않다." 이러한 대꾸에 대해서 지금 여기서 우리들은 무엇을 말할 수 있겠는가? 우리들은 다음과 같이 말할 수 있을 뿐이다. "만약 네가 p를 믿고 있고 만약에

---

[11] 루이스 캐롤(1832~1898)은 필명이고, 본명은 찰스 루트위지 도지슨Charles Lutwidge Dodgson이다. 동화작가, 시인, 수학자, 논리학자, 교회 장로, 사진작가 등 다양한 직업을 가졌다. 동화책 『이상한 나라의 앨리스』로 유명하다.

p라면 q이다라는 것을 믿고 있으면서 그리고 논리적으로 만약에 p가 참이고 만약 p라면 q이다라는 것도 참이 된다면 q도 참이 된다는 것이 틀림없다는 추론을 네가 믿고 있다면 그러면 너는 q가 참임을 믿어야만 하지 않겠는가?"그러나 이러한 답변에서도 계속해서 '만약에 ……라면 그러면 ……이다'라는 언명만을 계속 제시하고 있으며, 이러한 방식으로 언명을 제시하는 것은 우리들이 설득하려고 계속 노력하고 있는 이 사람이 거부하는 조건문[가정문]으로 된 추론 양식만을 주장하고 있다. 이러한 대화에서 생긴 문제의 초점은 전건 긍정식modus ponens이라고 불리는 기본 형식의 연역추론도, 이 추론 형식을 이미 앞서 한 번쯤은 연역적으로 추론해보지 않는 사람들에게는 정당화될 수 없다는 점에 있다.

이에 대해 우리는 어떠한 형식의 추론에 대해서도 선결문제 요구의 오류를 범하지 않고 이를 옹호한다는 것은 불가능하지 않느냐고 반론을 제기하면서 대응할 수도 있다. 그러나 귀납적 회의론자들에게는 아마도 그에 관한 설명을 해야 할 것이다. 따라서 귀납적 추론을 이미 채택하여 사용하고 있는 사람들에게는 다시 귀납이 독립적으로 지지될 수 있다는 확신을 준다는 차원에서 귀납을 귀납적으로 옹호할 수는 있으나, 그러나 귀납적 추론을 완전히 거부하고 있는 사람들에 대해서는 귀납적 추론이 적법하다고 설득하려는 시도를 포기해야 할 것이다. 연역의 경우에도 연역추론을 거부하고 있거나 무지한 사람에 대해서는 연역적으로 옹호하는 것 이외에는 달리 시도할 방법이 없는 것과 같다.

(9) 개연적 지식으로의 후퇴

이 대응 전략은 귀납의 원리를 수정하여 모든 A들은 아마도 속성 B를 개연적으로probably 가지고 있을 것이다라는 결론만을 인정하도록 만드는 것이다. 물론 모든 과학적 지식은 단지 개연적이며 완전하게 확신할 수 없다고 종종 말해지기도 한다. 우리들이 증거들을 많이 축적하게 되면 될수록 더욱더 확신하게 되지만, 문제는 이러한 축적 과정에 종착점이란 것이 존재하지 않으며, 그래서 현재까지 증거들에 의해 잘 지지되고 있는 가설도 나중에 거짓이 될 가능성을 모두가 가지고 있다는 것이다. 귀납의 문제에 대한 이러한 방식의 대응은 일반화가 미래에도 그대로 유지될 수 있을 것인가에 대해서 우리들이 100% 확신할 수 없다는 점을 인정하고 시작한 것인데, 그럼에도 불구하고 개연론자들은 우리들이 확실성에 아주 가까이 근접할 수 있고 바로 이러한 사실이 과학적 지식에 대한 정당화에서 우리들이 필요로 하는 내용의 전부라고 주장하고 있는 것이다. 이러한 방식으로 대응하는 설명 방식들 중에서 어떤 설명 방식들은 믿음의 신뢰도degrees of belief에 대한 이론까지 포함하고 있는 경우도 있다. 이 믿음의 신뢰도에 관한 이론은, 믿음이란 전부를 선택하든지 아니면 아예 전부를 포기하든지 하는 어떤 절대적인 선택을 하는 문제가 아니라, 신뢰성의 정도에 따라 상대적으로 선택하는 문제라고 설명한다. 믿음의 신뢰도는 보통 각기 다른 가능 확률odds을 가지고 내기를 걸려고 하는 성향과 결부되어 연상된다. 예를 들어 만약에 여러분이 믿음의 신뢰도가 0.5가 되는 믿음을 가지고 있다면 여러분은 어느 하나의 가설이 참이 될 확률이 0.5를 넘어설 경우에만 그 가설에 대해 신뢰를 부여하려고 할 것이다. (베이지안이즘Bayesianism으로 알려진 확증이론의 형식에서는 이러한 반응의 내용은 엄밀한 수학적 형식으로 계산하여 주어진다.)

그러나 흄의 결론은 단순히 우리들이 귀납논증의 결론을 확신할 수 없다는 것이 아니라, 귀납논증으로부터 나온 결론이 거짓이 아니라 참이라고 믿을 수 있는 어떠한 인식론적인 근거도 우리들이 가지고 있지 않다는 보다 근본적인 주장이라는 점을 명심해야 한다. 이러한 주장은 우리들이 자연의 제일성의 존재를 믿을 수 있는 근거를 가지고 있지 않기 때문에 나온 것이다. 개연적 지식으로 후퇴한다고 해서 자연의 제일성의 존재를 믿을 수 있는 어떤 새로운 기반이 우리들에게 제공되는 것은 아니다. 그래서 그러한 방식의 대응이 흄의 문제를 해결하는 것 같지는 않다. 더 나아가 확률에 대한 판단들은 보통 빈도수frequencies에 대한 관찰에 기초하고 있다. 예를 들어 우리들은 영국 인구의 3분의 2가 갈색 눈이라는 사실을 관찰한 후에, 어떤 임의의 영국 사람의 눈이 갈색일 확률은 66%라고 추리할 수도 있다. 그러나 이러한 귀납적 추론의 경우에 생기는 일반적인 문제는 우리들이 지금까지 관찰한 전체 사례들의 수가 그 사례들의 전체 집합에서 어느 정도의 비율에 속하는지를 전혀 가늠할 수가 없다는 점이다. 사실 보편적 일반화는 무한한 수의 관찰을 함축하고 있으며, 그래서 우리들이 관찰한 사례들의 규모가 아무리 크다 한들, 그 비율은 항상 전체 집합에서 무시될 수 있는 부분에 속할 것이다. 이러한 사실은 개연주의로 후퇴하는 것이 흄의 문제를 해결하는 데 미흡하다는 점을 충분히 보여주고 있는 것이다.

(10) 귀납이 정당화되지 못한다는 점에 대해서는 동의하고 귀납적 추론의 도입이 필요 없는 지식, 특별히 과학적 지식에 관한 설명을 제공하자

이 방식은 포퍼Karl Popper(1902~1994)가 제안한 것으로 귀납의 문제에 근본적으로 대응하는 방식이다. 우리들은 그의 견해를 다음 장에서 고찰할 것이다.

대응 전략들 1, 5, 6, 7, 8, 9 등이 다양하게 결합된 내용들이 현대 철학에서 가장 많이 등장하고 있다는 점을 주목할 필요가 있다. 그래서 어떤 사람은 흄의 논증은 귀납이 비합리적이라는 것이 아니라 흄 자신의 추론에 어떤 잘못된 점이 있다는 점(전략 1의 세련된 설명)을 보여주는 것이라고 주장한다. 그 잘못된 점이란 우리의 귀납적 실천들에 대한 흄의 설명

이 너무 엉성하다는 것(전략 5), 또한 우리의 귀납적 실천들은 실제로는 해당 설명들이 인과관계나 자연법칙들의 존재를 포함하고 있는(전략 6과 7) 최선의 설명으로의 추론에 의존하고 있으며, 최선의 설명으로의 추론은 선결문제 요구의 오류를 범하지 않고서는 완전하게 정당화될 수 없으나 이러한 사정은 연역을 포함한 어떠한 추론의 형식도 마찬가지(전략 8)라는 데 있다. 이러한 사실 외에 우리들은 절대적 확실성의 개념보다는 높은 믿음의 신뢰도를 가진 확실성의 개념만으로 종결지어야만 하며, 이것이 우리들이 성취할 수 있는 최선의 것이며, 더 나아가 심리학적으로 실재론적이라고 하는 사실(전략 9)을 덧붙인다. 이와 함께, 이러한 점은 결국 귀납의 문제에 대한 아주 강한 대응이 된다. 그러나 우리들이 귀납에 대한 흄의 문제를 해결하거나 해소할 수 있다 하더라도, 우리들은 어떤 것이 하나의 가설에 대한 지지 증거로서 간주되기 위해 필요한 것에 관한 긍정적인 설명을 제공할 필요가 있다. 그러한 설명은 소위 **확증이론** theory of confirmation이라고 불리며, 우리들이 이용할 수 있는 몇 가지의 이론들이 있다(현재는 아마도 베이지안이즘이 철학자들 사이에 가장 많이 퍼져 있는 것 같다). 과학철학사에서 귀납주의를 명료화하는 문제는 점차적으로 세련되어지는 수학적 확률이론의 발달과 과학에서 점차 늘어가는 통계학의 사용과 밀접하게 연결되어 있다. 그러나 오랜 역사에도 불구하고 귀납의 문제에 대해 모든 사람들이 동의하는 일반적인 해결책은 존재하지 않는다는 점만 언급하고, 여기서 다른 문제로 넘어갈 필요가 있다. 철학자 브로드C. D. Broad(1887~1971)가 귀납을 두고 과학에는 영광이요 철학에는 스캔들이라고 부른 것은 바로 이와 같은 이유 때문이다.

3. 귀납주의와 과학사

　귀납의 문제는 귀납주의가 하나의 과학적 방법론을 정립하기 위해서는 풀어야만 하는 아주 어려운 난제였다. 그런데 귀납의 문제는 귀납주의뿐만 아니라 대부분의 일상적인 지식의 기초까지도 위협하기 때문에, 우리들은 귀납의 문제를 만족할 만하게 풀지 못한다는 이유만으로 너무 성급하게 귀납주의를 배척해서는 안 된다. 만약에 우리들이 귀납의 문제를 어느 정도 해결하거나 해소할 수 있었고 귀납적 추론을 정당화하였다면, 다수의 관찰들은 원리적으로 어떤 하나의 일반화나 과학법칙에 대한 믿음을 정당화하는 데 사용될 수 있었을 것이다. 그러나 앞 장에서 개진하였던 과학적 방법에 관한 설명이 실제로 과학사에서 사용되었던 방법을 정말 제대로 재구성한 것인지에 대해서 여전히 물음을 제기할 필요성이 있다(이 장의 처음에 제기하였던 물음 (1)을 환기하자). 만약에 귀납주의에 관한 그러한 설명들이 과학사에서 실제로 사용되었던 방법이 아니라면, 우리들은 다음과 같은 딜레마에 봉착하게 된다. 즉 우리들은 과학사는 그렇게 되어야만 하는 바람직한 방식으로 발전하지 않았으며, 따라서 과학적 지식은 결코 정당화되지 않았다[12]고 결론짓거나, 아니면

---

12) 귀납적 방법을 과학적 지식의 정당성 기준으로 간주하고 있는 경우에는, 과학사에서 귀납적 방법을 사용하지 않는 과학이론이 있다고 한다면 이 과학이론이 실제 과학사에 나타난 것이니까 과학사는 귀납적 방법을 정당성 기준으로 사용하는 바람직한 방식으로 전개되지 않은 것이며, 따라서 그러한 과학사에 나타난 과학적 지식은 귀납적 방법과 같은 정당성 기준에 의해서 정당화되지 않은 것으로 간주하는 것이다. 귀납적 방법이 실제 과학사에서 사용된 방법이 아니라고 할 경우에 생기는 딜레마에서, 이 딜레마의 첫 번째 뿔은 귀납적 방법을 과학적 지식에 관한 정당한 판단 기준으로 사용할 경우에 생기는 것이고, 다른 두 번째 뿔은 과학적 방법으로서의 귀납적 방법에 어떤 허점이 있다고 보는 입장이다. 사실로

귀납주의는 우리들의 최선의 과학적 지식의 생산에서 사용되었던 방법들을 특성화하는 데 실패하였기 때문에 과학적 방법에 관한 설명으로서는 잘못된 것임이 틀림없다고 결론지어야만 한다.

만약에 과학이론을 발전시키기 위해서 채택된 방법들 중에서 귀납주의자의 모델에 적합하지 않다고 할 수 있는 몇몇 극단적인 과학이론들의 사례들이 확실하게 있다면, 앞 문단에서 제시한 딜레마에서 첫 번째 뿔은 별 무리 없이 reasonably 붙잡을 수 있을 것 같다.13) 그래서 결국 우리들은 과학사가 항상 [귀납주의 모델에 따라] 이상적으로 전개될 것이라고 기대하지 않게 되며, 과학적 공동체 스스로가 몇몇 과학자들은 그러한 과학적 방법을 따르지 않을 것이라고 판단하게 되는 경우들이 분명히 존재하게 된다. 그러나 [이러한 점에도 불구하고] 19세기의 몇몇 과학자들은 분명하게 지지하였지만 지금은 현대 과학자들이 완전히 거짓이라고 간주하고 있는 인종차별론자와 성차별론자의 해부학의 경우처럼, 귀납주의의 방법을 따르지 않았다는 사실만에 의해서도 우리들은 그러한 과학자들의 이론들을 거부할 만한 정당한 이유를 가질 수도 있다. 또 다른 한편[딜레마의 두 번째 뿔] 과학의 실천이 과학적 방법에 관한 귀납주의자의 설명에 더욱 적합하지 않게 된다면, 다시 말해 특히 가장 최선이고

서의 과학사 자체에 대해서 옳고 그르다는 규범적인 판단을 할 수 없으면 과학사가 잘못된 방향으로 전개되었다는 말을 할 수 없으므로 첫 번째 뿔을 택할 수가 없으며, 귀납적 방법에 의해 설명될 수 있는 과학이론들이 많이 있으므로 귀납적 방법이 오류라고 하는 뿔도 선택할 수가 없어 딜레마가 되는 것이다.

13) 귀납주의자 모델에 의해 정당화되지 않으면서도 대부분의 과학자들이 정당화된 것으로 인정하는 과학이론들이 실제로 있다면, 이 과학이론들은 귀납주의자의 모델에 의해서가 아니라 과학적 활동이나 과학자들에 의해서 정당화된 과학이론이다. 이 과학이론들의 존재는 귀납주의자의 모델에 따르지 않으면 정당화될 수 없다고 하는 첫 번째 뿔을 피할 수 있도록 만든다.

가장 성공적이라고 간주되는 과학이론들에 관한 발전 사례들이 귀납주의자의 설명에 들어맞지 않게 된다면 이러한 과학이론들의 존재는 귀납주의자의 설명에 결점이 많다는 사실을 입증하는 것으로서 더욱더 설득력 있게 받아들여지게 된다.

이러한 딜레마에 관한 주장에는 일종의 순환성이 있는 것 같다. 우리들은 한편으로는 과학적 지식이라고 간주하는 것이 실제로 정당화되는가의 여부를 알고 싶어한다. 그러면서 다른 한편에서는 바로 이렇게 정당화 여부를 알고 싶어하는 이유 때문에 대부분의 과학이론들을 완전하게 정당화시킬 수 있는 과학적 방법이란 없다라고 하는 과학적 방법의 성격을 설명하려는 시도는 모두 배척될 가능성이 많다.[14] 이러한 순환성이 나타날 수밖에 없는 이유는 대부분의 과학철학자들이 과학적 합리성과 과학적 지식의 정당화에 대한 자신들의 입장을 개진할 때, 비록 아주 최소화하고 극히 제한적일지라도 자신들이 생각하는 어떤 우선성의 순서를 가지고 있기 때문이다(예를 들면 제1장에서 언급하였듯이, 반실재론자들은 과학적 지식의 범위를 현상들에 관한 기술로 제한시켜놓았기 때문에, 우리들이 관찰하는 것의 이면에 있는 원인들을 참되게 기술하는 것이 과학이론이라고 하는 점을 믿지도 않고 받아들이지도 않는다). 그런데 대부분의 과학철학자들은 "나트륨은 열을 받으면 오렌지 불꽃을 내면서 연소한다"나, "모든 금속은 열을 받으면 늘어난다"와 같은 어떤 핵심적인 과학적 일반화들도 모든 경험적 지식이 정당화될 수 있는 것처럼 정당화될 수 있다고 생각한다. 이러한 관점에서 볼 때, 과학철학

---

[14] 과학적 방법이란 것이 과학이론들을 완전하게 정당화할 수 없으니까, 이러한 성격의 과학적 방법을 설명하려는 어떠한 시도들도 과학이론의 설명에 관해서 완전하게 정당화될 수 없을 것이라고 당연히 말할 수 있다.

은 우리들의 최선의 이론들이 충족하고 있는 정당화의 본성과 근원을 분명하게 설명하는 것을 목적으로 하고 있으며, 그래서 과학적 방법에 관한 설명과 과학에서의 정당화의 근거는 뉴턴역학이나 맥스웰의 전자기이론과 같이 최선의 과학적 지식으로 간주되는 이론들의 개발과 발전에 적용되지 않는다면 불충분할 것이다.

이러한 이론들에 대한 판단에서 핵심적인 내용은 다양한 실천 응용 기술분야에 있는 공학기술자들engineers이 과학이론들을 매일 사용하고 있으며, 이 이론들이 어떤 범위에서만 상대적으로 정확할 수 있고 심지어 어떤 경우에는 잘못된 답을 제시할 수도 있음을 우리가 알고 있다고 해도, 우리들이 그러한 과학이론들을 정당화되지 않은 아주 나쁜 과학으로 간주할 것이라고 생각할 수 없다는 사실이다. 그런데 이러한 태도는 이 이론들을 사용한 수년 동안의 경험으로부터 비롯되었다는 사실을 주목하는 것이 중요하다. 그렇다고 여기서 내가 어떤 통용되고 있는 특정한 개별 과학의 합리성이나 모든 과학이론들의 정확성을 우리들이 받아들여 미리 전제해야 한다고 주장하는 것은 아니다. 광학과 열역학의 기본원리들처럼, 사물들이 보통 작용하는 방식에 대한 어떤 신뢰할 만한 확고한 일반화들을 역학과 전기역학 이론들이 포함하고 있다라고 사람들이 확신할 수 있게 된 것은 수 세기 동안 이루어진 이러한 이론들의 개발과 발전들을 되돌아볼 수 있는 능력을 가지고 이로부터 지혜를 얻었기 때문이다. 다시 한번 말하지만 내가 이 절에서 말하고자 하는 것은 이러한 이론들이 그러한 일반화들의 원인들과 설명들에 대해서 말하고 있는 내용이 정확하게 진리라고 할 수 있음을 우리들이 믿어야 한다는 것을 제안하려는 것도 아니고, 그러한 이론들이 만들어낸 예측들이 미래에 더 이상 바뀌지 않을 것이라고 생각해야만 한다는 것도 아니다.

사정이 이와 같다면, 철학의 다른 분야들에서처럼, 철학을 하기 이전에 가졌던 믿음들과 철학적으로 탐구한 결과 가지게 된 믿음들 간의 소위 '반성적 평형reflective equilibrium'[15])이라고 알려진 개념을 참조할 필요가 있다. 다음과 같은 비유를 통해 이 개념을 생각해보자. 윤리학은 낙태나 안락사와 같이 사회에서 논란이 되고 있는 도덕적 문제들을 해결하는 데로 우리들을 안내해줄 수 있는 것으로 어떠한 일반적인 원리들과 선善이 있는가를 물어보며 이 문제를 탐구한다. 그러나 윤리학자들은 인간에게 즐거움을 주는 고문은 도덕적으로 허용될 수 있다고 함축하는 윤리학 이론을 비록 이 이론에 관한 지지 논증이 이치에 맞는 것처럼 보일지라

---

15) 롤즈Rawls John가 그의 『정의론A Theory of Justice』(Cambridge, Mass.: Harvard University Press, 1971, 1999)〔황경식 옮김, 이학사, 2003〕에서 사용하게 되면서, 윤리학에서 본격적으로 논의하게 된 개념이다. 이에 관한 본격적인 논의는 그의 논문 「도덕 이론의 독립성The Independence of Moral Theory」에서 나온다. 롤즈는 이 개념을 도덕 이론의 충족성에 대한 적합한 기준으로 설명하고 있다. 롤즈의 설명에 따르면, 이 방법은 먼저 현안이 되고 있는 도덕적인 믿음들을 숙고하면서 이 믿음들을 설명할 수 있는 일반적인 원리들을 찾으려고 시도하게 되는데, 이 원리들이 우리들이 생각하였던 도덕적 판단들과 충돌하게 되는 다른 도덕적 판단으로 인도하게 되면, 우리들이 가장 합리적이라고 생각하는 내용에 따라 도덕적 판단들이나 아니면 원리들을 개정하게 된다. 이러한 개정은 그 차이점이 사라지고 평형점에 도달하기까지, 현안이 된 도덕적 믿음들과 이를 설명할 수 있는 것으로 간주된 원리들을 반성적으로 서로 비교하면서 진행된다. 예를 들면 현안이 되고 있는 도덕적 판단(예 낙태에 관한 판단)에 대해서 이러한 판단과 합치하는 몇 가지의 도덕적 원칙들(생명 존중의 원칙 등)을 제시한다. 그리고 나서 이러한 판단과 원칙들 간의 최대한의 합치점을 찾는 것이다. 그래서 어떤 사회에서는 낙태를 원천적으로 금지하는 도덕규범을 채택할 수 있고, 혹은 다른 어떤 사회에서는 낙태를 허용하는 도덕규범을 채택할 수 있다. 이러한 방법은 일종의 내부 믿음들의 정합성에 의해서 도덕적 판단을 정당화하는 방법으로서, 새로운 환경이 나타나게 되면 새로운 반성에 의한 평형을 찾아야만 한다. 그래서 이 방법이 주관적인 방법으로 도덕적 원칙을 정당화하고 있기 때문에 문제가 있다고 많은 윤리학자들(하레, 브란트, 싱어 등)이 지적하고 비판하고 있다.

도 거부하고 있다. 선에 관한 그러한 설명들이 윤리학적 논의에서 중심적인 위치에 있지 않은 일부의 도덕적인 관점들을 수정하도록 강제하는 것까지는 허용하더라도, 그러나 우리들의 가장 근본적인 도덕적 믿음들과는 상충하지 말아야 한다고 우리들은 요구한다. 과학철학의 경우에도 사정은 마찬가지다. 현대 과학이론들 중에서 우리들이 통상적으로 최선의 이론으로 간주되는 것을 만들어낸 과학자들이 아주 잘못된 방식으로 연구를 진행하고 있다는 사실을 함축하면서 과학적 방법을 설명하는 것은 우리들이 거부하지만, 그러나 과학적 방법에 관한 설명이 어떤 분야들에 있어서는 과학적 실천의 방식에서의 개선을 요구할 수도 있다는 점은 허용할 것이다. 그래서 사실 최근의 과학이 아주 잘못된 방식으로 행해졌다고[16] 우리들이 결론 내리거나, 혹은 심지어 대부분의 과학자들이 나쁜[악한] 과학자들이라고 결론지을 수도 있다. 그럼에도 불구하고 우리들의 최선의 과학이 나쁜[정당화되지 못한] 과학이라고 결론 내리지는 말아야 한다.

그래서 과학철학은 과학사에 있는 성과들을 조심스럽게 조사하여 정보와 지식을 모을 필요가 있다. 과학자가 자신의 성과와 업적이 어떠한 과정을 통해 나타났는가에 대해서 직접 발표한 것을 그대로 수용해서는 안 된다. 사실 과학사의 많은 일화들 예를 들어 갈릴레이와 뉴턴의 발견들, 제너Edward Jenner(1749~1823)의 종두법 발견에 관한 역사들은 귀납주의자의 관점에서 쓰여졌다. 예를 들어 뉴턴이 자신은 가설을 만들지 않는다고 주장한 것은 유명한 일화이다. 그러면 그는 현상들로부터 그의 법칙들을 귀납적으로만 추론했어야 했다. 과연 그의 이론이 귀납주의자

---

16) 인간의 생명을 위협하거나 환경을 훼손하고 있는 경우가 과학이 잘못하고 있는 경우이다.

의 모델에 부합하는가를 알아보기 위해서 뉴턴 이론의 발전 과정만이라도 간략하게 고찰해보는 것이 필요하다. 이러한 고찰을 통해서 우리들은 많은 교훈을 얻을 수 있을 것이다.

뉴턴은 자신의 유명한 책 『프린키피아Principia』(라틴어로 된 이 책의 제목을 완전하게 번역하면 『자연철학의 수학 원리The Mathematical Principles of Natural Philosophy』이다)에서 세 가지 운동 법칙과 만유인력의 법칙을 제시하였고, 이 운동 법칙을 사용하여 케플러의 행성 운동의 법칙, 조수의 작용, 지표면에서 발사된 투사체(대포알 같은 것)의 운동 궤적, 그 밖의 많은 현상들을 설명하였다. 중력의 법칙은 질량을 가진 모든 물체들은 각자의 질량들의 곱(m_1m_2)에는 비례하고 두 물체들 간의 거리(r)의 제곱에 반비례하는 힘(F)에 의해서 서로 잡아당기고 있다고 말하고 있다.

$$F = \frac{m_1m_2G}{r^2} \quad (G\text{는 상수이다})$$

(이 법칙은 10m 거리로 떨어져 있는 두 개의 물체들은 똑같은 질량을 가지고 있으면서 1m 거리로 떨어진 물체들보다 100배나 작은 크기의 힘으로 서로 당기고 있다는 것을 의미한다.) 뉴턴은 법칙 자체를 원인에 관한 기록account이나 법칙에 의한 설명과는 다른 것으로 구별하고, 자신이 제시하는 법칙들은 자료들로부터 추론되었다고 주장한다. 뿐만 아니라 이러한 추론에 의해서는 역학의 법칙에 등장하고 있는 중력을 일으키는 원인이 무엇인지에 관한 설명으로 나아갈 수 없기 때문에, 그는 그 중력의 원인이 무엇인가에 대한 판단을 유보하고 있다고 주장한다. 사실 뉴턴은 '가설'이란 개념을 관찰들로부터 추론되지 않는 언명들을

의미하는 것으로서 사용하고 있다. 그래서 그는 가설이 단지 사변적인 것에 불과하기 때문에 '실험 철학'에서는 어떠한 위치도 차지할 수 없다고 말한다.[17]

뉴턴이 자신의 발견들에 대해 했던 설명의 아주 중요한 문제를 과학철학자이면서 과학사가인 듀앙Pierre Duhem(1861~1916)이 지적하였다는 것은 유명한 이야기이다. 듀앙이 지적한 내용은 케플러의 법칙에 따르면 행성들은 태양의 주위를 완전한 타원궤도를 그리면서 운동하고 있어야 하지만, 뉴턴의 법칙에 따르면 각 행성들은 태양으로부터 인력을 받을 뿐만 아니라 스스로도 다른 모든 행성들과 태양에 대해서 똑같이 인력을 행사하고 있기 때문에 뉴턴의 만유인력의 법칙은 각 행성들의 궤도들이 완전한 타원이 되지 않을 것이라고 예측하게 된다는 것이다. 그래서 케플러의 법칙이 실제로 그 내용상 뉴턴의 법칙과 논리적으로 일치하지 않는다고 한다면, 뉴턴은 케플러의 법칙으로부터 자신의 법칙을 직접 추론해낸 것이 아니라는 것이다. 그럼 먼저 뉴턴의 첫 번째 법칙을 생각해보자. 이 법칙은 외부에서 어떤 힘도 작용하지 않는다면 (만약에 자신이 이미 앞서 운동하고 있는 중이라면) 모든 물체들은 자신이 가지고 있는 운동 상태를 일정하게 그대로 유지하고 있든지, 아니면 (운동하고 있는 중이 아니라면) 계속 정지하고 있을 것이라고 말한다. 그런데 우리들은 외부로부터 어떤 힘의 영향도 전혀 받지 않고 있는 하나의 물체를 지금까지 관찰할 수가 없었다. 그래서 다시 생각해

---

[17] 뉴턴이 『프린키피아』 2권에서 "나는 가설을 만들지 않는다Hypotheses Non Fingo"라는 유명한 말을 한 것도 이러한 의도에서이다. 뉴턴이 이러한 의미로 가설의 개념을 사용할 때, 가설과 상대적으로 구별되는 것으로서 염두에 두고 있는 개념이 '이론theory'이라는 개념이다. 그래서 뉴턴적인 의미의 가설의 개념과 현대 과학자들이 사용하고 있는 가설의 개념은 서로 다르다고 할 수 있다.

볼 때 뉴턴의 이 법칙은 관찰 자료들로부터 직접 추론될 수 없는 것이다. 더 나아가 뉴턴은 그의 작업에서 새로운 이론적 개념들을 도입하였다. 특히 질량과 힘의 개념들은 『프린키피아』와 중력의 법칙 속에서 보다 엄밀하게 계량화되어 만들어졌다. 그러나 케플러의 법칙들은 위치, 거리, 영역, 경과 시간, 속도들의 관계들을 내용적으로는 설명하고 있으면서도 힘이나 질량에 대해서는 한마디도 언급하고 있지 않다. 그러면 다음과 같은 의문이 생긴다. 이러한 이론적 개념들로 현상들을 설명하고 있는 법칙은 이론적 개념들이 전혀 나타나지 않는 자료들로부터 어떻게 추론될 수 있는가?

귀납주의를 지지하는 것으로 간주되는 또 하나의 역사적 사례는 케플러가 행성의 운동에 관한 자신의 법칙을 발견한 경우이다. 1576년과 1597년 사이에 천문학자 브라헤Tycho Brahe(1546~1601)가 행성들에 대한 수천 가지의 관찰 자료들을 만들었으며, 케플러는 이러한 자료들을 이용하여 자신의 세 가지 법칙들을 만들었다. 이러한 사례로부터 우리들이 얻을 수 있는 교훈은 대규모의 관찰 증거들로부터 하나의 이론이 추론될 수 있는 경우가 적어도 하나는 있다는 것이다. 그러나 케플러는 그러한 자료들을 해석하여 그 자신의 법칙들을 해독해낼 수 있는 능력을 가지지 못하였다. 오히려 그는 천체들의 운동이 조화롭게 이루어진다고 간주하고, 행성들의 운동도 수학적으로 우아한 형식으로 조화롭게 이루어지고 있다는 어느 정도 신비한 (피타고라스적인) 믿음을 가지고, 보다 단순하면서도 이치에 부합하는 행성들의 운동 형태를 찾으려고 마음먹게 되었다. 이 밖에도 과학자들이 자료들로부터만 자신들의 이론들을 도출하지 않았다는 것을 확실하게 보여주는 창조적인 사유에 관한 사례들이 많이 있다.

4. 이론과 관찰

　귀납추리를 하기 전에 우리들은 다양한 조건들 속에 폭넓게 놓여 있는 해당 현상들을 검토해야만 한다는 요구를 고찰해보자. 그런데 어떤 과학의 법칙들과 일반화들은 처음에는 예외 없이 항상 참이라고 간주되고 있다가도 나중에 어떤 상황에서 검사해보면 거짓으로 드러나는 경우들이 제법 많다. 뉴턴의 역학이 그에 관한 제일 좋은 사례가 될 것이다. 빛과 같이 상대적으로 아주 빠른 속도로 운동하는 물체들에 적용할 경우에는 뉴턴 이론의 설명이 완전히 엄밀하게 들어맞는다고 할 수는 없지만, 그래도 이보다 느린 속도로 운동하는 경우에는 수백만 번을 검사해도 비교적 엄밀하게 들어맞는 것으로 나타나기 때문이다. 그렇다면 우리들은 이론을 적용할 수 있는 환경과 유사한 것이 어떤 것이며 이와 다른 것은 어떤 것인지를 해당 이론을 적용하기 전에 미리 어떻게 알 수 있을까? 물론 우리들이 사용하고 있는 실험 장치들이 빨간색으로 칠해져 있는가 아니면 초록색으로 칠해져 있는가 하는 것은 이론을 적용할 수 있는 환경에 대해서 아무 변화도 만들지 않는다고 전제할 수 있지만, 우리들은 그것이 차이를 낳지 않는다는 사실을 어떻게 알 수 있는가? 마찬가지로, 모든 금속이 열을 받으면 늘어나는지를 알아보기 위해서 그에 관한 실험을 특정한 날을 잡아서 하든지 아니면 그보다 일 년 늦게 하든지 간에, 또는 북반구에서 실험을 하든지 아니면 남반구에서 하든지 간에 실험 결과에 어떤 차이가 생길 것이라고 우리들은 기대하고 있지 않다.

　확실히 우리들은 이론의 결과를 변화시키는 환경이 어떤 것이고 변화시키지 않는 환경이 어떤 것인지를 결정하는 데 있어서 배경 지식에 의존하고 있다. 만약에 우리들이 모든 금속들은 열을 받으면 늘어나게 되는가의 여부를 알기 위한 검사를 하고 있다면, 여러 가지 다른 유형의 금속들을 사용하고 있는가, 그 금속에 어떻게 열을 가하고 있는가, 표본이 어느 정도 순수한 금속인가 등의 문제들은 적절하지만, 그러한 실험을 하는 사람의 이름 속에 알파벳 'e'가 들어 있는지, 그 금속을 어떠한 순서로 검사해야 하는가 등에 관한 문제는 적절하지 않다고 우리들은 생각한다. 여기서 우리들은 인과적으로 적절한 요소들이 무엇인가에 관해서 이미 우리 자신의 배경 지식을 사용하고 있다. 실험하는 사람의 이름이 무엇인가 하는 문제는 우리들이 과거에 행했던 실험들에 아무런 영향을 미치지 않았으며, 따라서 다음에 행할 실험에 대해서도 아무런 영향을 미치지 않을 것이라고 우리들은 예상한다. 실험을 잘하는가와 관련한 기술적인 정확성은 실험 결과와 관계가 없는 외부 영향들을 탐지하고 가려낼 줄 아는 능력에 의해 좌우된다. 만약 우리들이 기본 역학의 원리를 응용하여 당구공을 치려 한다면, 마찰의 효과를 최소화하기 위해서 표면이 아주 부드럽고 평평한 것을 만들어 사용할 것이다. 계속해서 공기의 저항까지 최소화하려고 생각한다면, 우리들은 진공 속에서 일어나는 기본 역학의 원리를 연구하게 될지도 모른다. 이러한 과정이 소위 '이상화idealisation'이다. 종종 과학은 관련성이 없지만 복잡할 정도로 다양한 요소들이 존재하지 않게 되는 이상계들ideal systems을 상정하여 연구를 진행하기도 하며, 이로부터 도출된 법칙들을 현실계들real systems에 응용하고 그러한 응용이 적절하게 이루어지도록 법칙들을 수정하기도 한다.

베이컨은 과학적 탐구를 행할 때 우리들의 마음이 모든 선입견들로부터 자유롭게 벗어나도록 해야 한다고 권고하였다. 그러나 과연 이것이 가능하며, 더욱이 바람직하다고 할 수 있겠는가? 귀납을 과학적 방법에 관한 설명으로 받아들이기 위해서는 적절하지 않은 인과적 요소들을 걸러내야 하는데, 이를 위해서는 배경 지식을 사용해야 한다는 것을 귀납주의가 결국 인정하게 되는 논의의 과정을 고찰하였다. 베이컨의 시대에서는 독단적이고 비생산적인 아리스토텔레스적인 지혜로부터 오도되지 않기 위해 아무것도 없는 출발선상에서 탐구를 시작해야 한다고 주장하는 것이 어쩌면 당연한지도 모르겠다. 그러나 19세기와 20세기의 과학자들은 아주 복잡하지만, 그러나 잘 입증되고 확증된 이론들을 기초로 하여 지식을 구성하고 있다. 이러한 과학자들은 새로운 영역들을 탐구하게 될 때 기존에 확립된 과학의 성공을 강화하고 확장하기를 원하고 있으며 이를 무시하지 않는다. 그래서 이들은 별들을 연구하기 위해서는 망원경을, 세포를 연구하기 위해서는 현미경을 만드는 데 도움을 주는 과학이론들을 이용할 필요가 있었다. 현대 과학은 너무나 많이 발전하고 복잡하기 때문에 실제 연구에 종사하는 과학자들이 연구를 수행할 때 [베이컨의 주장에 따라] 어떠한 선입견도 가지지 말라고 조언하는 것은 우스꽝스러운 일이 되고 말았다. 과학자들이 실험 도구들을 조작하고 새로운 실험 계획을 짜는 데에는 전문화된 특수한 지식을 필요로 한다. 우리들은 주어진 자료들만으로는 탐구를 시작할 수 없다. 어떠한 자료들이 적절한 것이고 그리고 이로부터 관찰해야 하는 것이 무엇인가를 알기 위해서는 어떤 안내 지침이 필요하다. 또한 어떤 현상을 설명해야 할 경우에는, 이미 알려져 있는 인과적 요소들은 무엇이고 안심하고 무시해도 되는 요소들은 무엇인지에 대해서도 어떤 안내 지침이 필요하다.

미래가 과거와 비슷할 것이라는 점을 입증할 수 있다 할지라도, 귀납추론에는 우리가 직면하게 될 또 하나의 문제가 있다. 이 문제는 굿먼Nelson Goodman(1906~1998)이 발견한 것으로서 소위 '귀납의 새로운 수수께끼'라는 명칭으로 잘 알려져 있다. 굿먼은 다음과 같이 주장한다. 미래가 과거와 유사할 것이라고 가정해보자. 우리들은 지금까지 우리들이 보았던 모든 에메랄드의 색깔이 초록색이었다는 것을 관찰하고, 이로부터 우리들은 "모든 에메랄드는 초록색이다"라고 추론하게 된다. 이러한 경우가 열거 귀납에 관한 아주 훌륭한 사례이다. 열거 귀납에서는 일반화의 내용과 일치하는 수많은 사례들을 관찰하면서 동시에 그 일반화와 상충하는 사례는 하나도 관찰하지 않아야만 해당 일반화가 지지되거나 정당화될 수 있다고 간주된다. 또한 우리들이 폭넓고 다양한 조건들과 환경들 속에서 수많은 에메랄드를 관찰했다고 생각해보자. 그리고 '초랑'[18]이라는 하나의 속성을 생각해보자. 초랑이라는 속성을 부여하게 되는 경우는 어떤 사물을 2003년 이전에 관찰한 결과 그 사물의 색깔이 초록이었으나, 2003년 이후에 관찰한 결과 그 사물의 색깔이 파랑으로만 관찰된 경우이다. 그러면 우리들이 지금(2002년)까지 관찰하였던 모든 에메랄드는 이러한 초랑 색깔의 속성을 부여하는 정의definition에 의해서 모두가 초랑색이라고 할 수 있다. 따라서 우리들이 지금까지 가지고 있는 모든 [관찰] 자료들은 "모든 에메랄드는 초록색이다"라는 일반화를 지지하면서 동시에 "모든 에메랄드는 초랑색이다"라는 일반화도 똑같이 지지하게 된다.[19]

18) 굿먼은 단어 'green'과 'blue'를 조합하여 'grue'라는 단어를 만들었다. 이에 해당하는 말을 만들기 위해서 '초록'의 '초'와, '파랑'의 '랑'을 조합시켜 '초랑'으로 번역하였다.

19) 2003년 이전까지만 보면 똑같은 관찰 자료들에 의해 지지를 받고 있는 두 개의 일반화들, "모든 에메랄드는 초록색이다"와 "모든 에메랄드는 초랑색이다" 중에서, 우리들은 "모든 에메랄드는 초록색이다"라는 일반화를 선택하여 실제로 사용하고 있다. 이러한 사실은 일반화가 관찰 자료들에 의해서만 결정되지 않는다는 점을 보여주고 있다. 굿먼은 이론과 관찰의 확증 관계가 논리적인 형식적 근거에서만 설명되는 것이 아니라, 술어 사용에 관한 과거의 역사적인 정보를 참조하여 설명된다고 주장한다. 여기서 과거의 역사적 정보라는 것은 어떤 하나의 술어가 세계의 어떤 것과 대응하게 되는 투사projection에 관한 정보를 말하며, 그러한 투사들의 성공과 실패에 대한 역사적인 정보를 우리들이 참조하여 어떤 하나의 일반화를 결정하게 된다는 것이 굿먼의 주장이다. 그래서 '초록'이라는 술어가 '초랑'

물론 '초랑'이라는 술어는 인위적으로 만들어진 말이지만, 여기서 굿먼이 강조하고 있는 것은 우리들이 적법하게 귀납적 추론을 통해 이끌어낼 수 있는 술어들(이러한 술어들을 '투사 가능한 술어들'이라고 부른다)과 적법하게 귀납적 추론을 통해 이끌어낼 수 없는 술어들(이러한 술어들을 '투사가 가능하지 않은 술어들'이라고 부른다)을 구별할 수 있는 어떤 방식이나 기준이 필요하다는 점이다. 우리가 앞서 살펴보았던 귀납에 관한 일상적인 문제들을 모두 해결한다 해도 굿먼의 문제는 여전히 남아 있게 되며, 이 문제는 또한 우리들이 관찰에 대해서 더 많은 것을 논의해야만 한다는 것을 보여주고 있다. 우리들이 생각하고 있는 관찰에 관한 단순한 모형에서는, 어떤 실험 장치를 설치하여 실험을 하고 이 실험에서 발생한 내용을 객관적으로 기록하느냐가 중요할 뿐이다. 그러나 초랑 유형의 술어들[투사가 가능하지 않은 술어들]이 나타날 수 있다는 가능성은, 만약 우리들이 행한 관찰들을 잘못된 언어로 기록한다면 아주 골치 아픈 문제가 발생하게 된다는 것을 의미한다. (이론과 관찰의 관계에 대해서 이러한 의혹을 제기하도록 만드는 골치 아픈 문제들을 우리들은 나중에 고찰하게 될 것이다.)

이라는 술어에 비해서 성공적인 투사의 역사를 가지고 있기('초록'에 의해 지시하는 것이 '초랑'에 의해 지시하는 것보다 세계 내의 사실들을 연계시키는 데 많이 성공하기) 때문에 우리들은 "모든 에메랄드는 초록색이다"라는 일반화를 선택하여 사용하게 된다. 이러한 굿먼의 주장이 타당하다고 한다면, 이론과 관찰의 확증 관계는 귀납적 추론과 같은 순수 논리적인 형식에 의해서만 정의되는 것이 아니라 역사적이고 문화적인 가치들까지도 참조하여 정의된다고 말할 수 있다. 이에 관한 구체적인 내용은 이봉재, 「과학방법론과 합리성의 문제」(『과학과 철학』 제1집, 과학사상연구회편, 통나무, 1990)를 참조할 것.

5. 결론들

과학의 역사와 실천으로부터 얻을 수 있는 일반적인 교훈들은 다음과 같다.

(1) 새로운 이론들은 종종 우리들이 지금까지 가지고 있는 자료들에 대한 이해를 강화시켜 세련되게 하지만, 그렇다고 일반적으로 새로운 이론들이 지금까지 수집한 자료들을 단순하게 해석하거나 이로부터 추론하여 간단하게 얻어지는 것은 아니다. 예를 들어 우리들은 행성들의 공전궤도들이 완전한 타원이 아니라는 사실을, 관찰에서 생긴 오류가 아니라 행성들 사이에 작용하고 있는 만유인력이 작용한 결과 생긴 것들이라고 간주한다.

(2) 과학사는 수집한 관찰 자료들로부터만 단순하게 추론될 수 없는 새로운 개념들과 속성들을 도입하게 되는 경우를 종종 보여준다.

(3) 이론들은 어떤 조건들에서 무엇을 관찰해야 하는지를 결정하는 데로 우리들을 안내한다. 특히 현대 과학의 경우에 더욱 그러하다. 사전 배경 지식 없이 하는 관찰은 설사 가능하다고 해도 이론에 도움이 안 된다. 이론과 관찰의 관계는 처음에 보여지는 것보다는 매우 복잡하다.

(4) 이미 수집하여 알고 있는 자료들과는 달리, 다양하게 많은 여러 가지의 영향들(꿈, 종교적 믿음, 형이상학적 믿음 등)이 과학자들로 하여금 하나의 특정한 가설을 제안하도록 더 많은 영감을 불어넣고 고무시키기도 한다.

그래서 앞 장의 마지막에 표현된 과학의 모델은 아마도 독자들이 아주 자연스럽게 과학의 전형적인 모델로서 간주하고 있었고 심지어 학교에서도 그렇다고 분명하게 배운 모델임에도 불구하고 다소 불충분해 보였다. 다음 장에서 우리들은 과학의 본성과 과학의 방법에 관해서, 귀납주의적 설명과는 경쟁적인 관계에 있는, 아주 영향력 있는 설명으로서 포퍼가 옹호하고 있는 견해를 고찰할 것이다.

∴

앨리스: 나는 너에게 귀납의 원리를 따라야만 하는 이유를 제시할 수가 없어. 그렇다고 그것이 큰 문제가 되는 것 같지는 않아. 왜냐하면 어떤 사람이 어떠한 형식의 논증을 따르지 않겠다고 거부할 경우에 그 사람으로 하여금 그 논증을 따르도록 만든다는 것은 불가능하기 때문이지. 그래도 대다수의 사람들은 과거의 경험에 기초하여 미래의 사태들을 예상하고 기대하는 것이 완전하게 이치에 부합한다고 생각하고 있다는 점이 중요해.

토머스: 그렇게 말한다고 해서 문제가 다 풀리니? 기본적으로 너는 대부분의 사람이 귀납을 사용하고 있으니까 귀납을 사용하지 않는 사람은 비정상이라고 말하고 있는데, 그런 식으로는 귀납을 사용하지 않는 사람들을 설득할 수 없을 거야. 어째서 너는 네 자신만은 정상적인 사람이라고 생각하는 거니?

앨리스: 사실은 내가 어떻게 이야기하든지 간에 문제가 되지는 않아. 다른 모든 사람들은 정당화된 것으로 알고 받아들이고 있는 어떤 믿음을 받아들이지 않는 사람의 경우에 그 사람을 납득시킬 수 있는 방법이 때로는 없을 수도 있다고 생각해. 예를

들어 어떤 한 사람이 모든 일에 대해서 항상 부정적인 입장을 취하고 있는 경우가 이에 해당한다고 봐. 다른 사람들은 분명하게 그렇다는 것을 알고 있는데도 불구하고 자신들이 알코올중독자라는 사실을 인정하지 않는 사람들이나, 속고 있으면서도 눈앞에 있는 사람이 지금 자신을 속이고 있다는 사실을 좀처럼 인정하지 않는 사람들이 있잖아. 귀납에 의해 입증된 것이 항상 틀리다고 간주하는 회의론자도 어리석다고 봐. 이들은 자신들이 앞으로 한 발자국 내디딜 때마다 중력에 의해서 지구가 자신들을 잡아당기고 있다는 사실도 틀렸다고 생각하겠지 뭐.

토머스: 그럼 너는 많은 시간이 흘러 도래하게 될 미래가 어떨지 예측할 수 있겠니? 과거에 일어난 사건들의 형태들이 미래에는 사라질 수 있는데도 말이야.

앨리스: 내가 지금까지 말한 건, 귀납적 방식으로 추론하지 않는 사람에게 귀납이 정당화될 수 없다고 해서, 귀납적 방식으로 추론하는 우리들까지도 귀납이 일반적으로 신뢰할 만하고 과학적 지식을 정당화한다는 사실을 알 수 없을 것이라는 걸 의미하지 않는다는 거야. 세계가 1999년에 종말을 맞이할 거라고 생각하는 사이비 종교 집단에 가입한 사람들을 생각해 봐. 이들은 자신들을 구원해줄, 저 세상의 혜성으로 실어다 줄 우주선을 타기 위해서 모두가 어떤 지정된 시간에 집단으로 자살했어.

토머스: 바로 그것이 아름다운 저 세상의 혜성이겠네.

앨리스: 사실 그렇지. 그리고 우리들은 그러한 일을 평가하는 데 있어 자연 현상들 외의 어떤 특별히 다른 것을 생각할 필요가 없

어. 이는 마치 무지개라는 것을 작은 물방울들이 떠 있는 공기 속을 빛이 통과하면서 빛의 파장 크기에 따른 산란으로 생겨난 색깔이라고 보아야지 어떤 특별한 것이라고 생각할 필요가 없는 것과 같아. 혜성이라는 것도 액화 암모니아와 얼음, 그리고 약간의 몇 가지 원소들로 이루어진 덩어리로, 우리 지구와 마찬가지로 태양을 중심으로 하는 궤도를 도는 것에 불과한 거야. 혜성은 기본적으로 빛을 반사하는 바위에 불과한 것이지 어떤 신의 전차도 아니고 외계인의 우주선도 아니야. 우리들은 과거에 혜성들에 관한 여러 가지 현상들을 관찰하고 예측하여 사실로 확증하였던 이론들을 가지고 있기 때문에 그러한 사실을 잘 알고 있지.

토머스: 너는 그렇게 쉽게 이야기하고 있지만, 너도 눈으로 본 내용으로부터 올바른 이론을 읽어낼 수 없잖아.

앨리스: 그래, 너는 네가 좋아하는 내용들을 모두 주장할 수는 있어. 그렇지만 나는 앞으로 계속해서 과학자들의 말은 믿으려고 하겠지만, 세계가 종말에 이를 것이니 회개하고 전 재산을 자신들에게 바치라고 말하는 사람들의 말은 절대로 믿지 않을 거야. 귀납에 의해서 나는 그 사람들의 말이 개연성의 측면에서 잘못됐다는 것을 알고 있는데, 그런데도 내가 이들을 믿을 수 없다고 하는 것은 이들의 말이 정상적인데 불구하고 이를 받아들일 수 없다는 게 아니라 이들이 모두 광적으로 미쳤다는 걸 의미하는 거야.

토머스: 네 말도 맞아. 하지만 생각해봐. 내가 처음에 말한 것은 과학적 방법은 시행착오에 불과하다는 것이었어. 어떤 것을 한번 시도해보고, 이로부터 내가 범한 실수에 의해서 배우게 된다

는 것이지. 그래서 만약 네가 이러한 것을 귀납이라고 부르기를 원한다면 나도 그렇게 사용하는 것에 대해서 동의할 수는 있어. 그러나 그런 방법이 원자처럼 눈에 보이지 않는 사물에 우리들이 더 가까이 접근할 수 있도록 만들어주는 것은 아니야. 우리 모두가 종종 귀납을 사용해야 한다는 사실부터 빅뱅에 대한 내용을 믿게 되는 것까지 이 모두를 어떻게 진행하게 되는지, 너는 아직까지도 설명하지 않았어. 어쨌든 사이비 종교 집단인 종말론자들과 같은 사람에 대해서 제기했던 요점은 이 사람들이 명백한 증거를 눈앞에 두고서도 자신들의 믿음을 쉽게 포기하지 않는다는 점이라고 나는 생각해. 이들은 자신들이 예언하였던 시간에 종말이 오지 않은 상황에서도 자신들이 왜 잘못 판단하였는가를 설명하기 위해서 이전과 똑같은 이야기들을 꾸며댈 것이며, 따라서 틀렸음에도 불구하고 계속해서 같은 믿음을 유지할 것이라고 봐. 과학이 좋다고 할 수 있는 유일한 이유는 전통적인 도그마를 의심하는 태도를 가지고 있다는 거야.

▶ 더 읽어야 할 책들 ◀

흄Hume

Hume, D. (1963), *An Enquiry Concerning Human Understanding*, Oxford: Oxford University Press.

Woolhouse, R. S. (1998), *The Empiricists*, chapter 8, Oxford: Oxford University Press.

귀납

Ayer, A. J. (1956), *The Problem of Knowledge*, chapter 2, Harmondsworth, Middlesex: Penguin.

Goodman, N. (1973), *Fact, Fiction and Forecast*, Indianapolis: Bobbs-Merrill.

Papineau, D. (1993), *Philosophical Naturalism*, chapter 5, Oxford: Blackwell.

Russell, B. (1912), *The Problems of Philosophy*, chapter 6, Oxford: Oxford University Press.〔『철학의 문제들』, 박영태 옮김, 이학사, 2000〕

Swinburne, R. (ed.) (1974), *Justification of Induction*, Oxford: Oxford University Press.

귀납주의와 과학사

Achinstein, P. (1991), *Particles and Waves*, Oxford: Oxford University Press.

제3장 반증주의
Falsificationism

    과학적 방법에 관한 이론이 필요한 이유 중 하나는 과학적 지식이 정당화될 수 있는가의 여부와, 만약에 정당화될 수 있다면 그 지식의 한계가 어디까지인가를 우리들이 확인할 수 있도록 만들어주기 때문이다. 이것은 어떤 음식들을 먹는 것이나 혹은 유전자를 조작하여 가공한 생물체를 자연환경 속으로 방면하는 것이 위험을 수반하는지에 대한 과학적인 결과들을 해석하게 될 경우에 아주 중요하다. 또한 이것은 우주의 기원이나 물질의 본성에 관한 과학자들의 이론들이 참인지 아니면 우리들이 관찰한 내용과 단지 연결만 시켜주는 좋은 안내자에 불과한 것인지를 평가하는 데도 매우 중요하다. 뉴턴역학과 같은 과학이론들이 온갖 종류의 현상들을 예측하는 데 있어서 모든 측면에서 최고의 신뢰성을 가진 것으로 여겨진다 해도, 우리들의 관찰 내용에 대해 인과적으로 작용하는 관찰할 수 없는 대상들을 현재의 최선의 과학이론들이 정확하게 기술하고 있는가 하는 물음은 항상 제기될 수 있다.

    과학적 방법에 관한 설명을 추구하게 되는 또 다른 이유가 있다. 즉 만약에 우리들이 과학적 방법에 관한 설명을 가지고 있다면, 이 설명을 이용하여 어떤 하나의 이론이나 분야가 과학적인지 아닌지를 결정할 수가 있다. 예를 들어 미국은 특정 종교를 어떤 한 주(州)의 종교로 정하는 것을 연방법으로 금지하고 있다. 이 연방법은 세계, 동물, 인간을 신이 창조했다고 설명하는 성경의 내용을 공립학교에서 가르치는 것을 금지하는 것으로 해석되고 있다. 그런데 그러한 성경의 설명에 집착하는 일부 사람들은 그것을 '창조 과학'이라고 부르고 있다. 이들은 성경에 근거하여 창조에 관한 설명을 해석하는 것이 과학이론이기 때문에 그러한 설명을 과학교육과정의 한 부분으로 학생들이 배워야만 한다고 주장한다. 많은 사람들은 창조에 관한 주장 체계가 과학의 외양과 양식을 모방하여 과학인 것처럼 만드는 것은 가능하다고 인정하지만, 그 주장 체계가 순수하게 과학적이라는 주장에 대해서는 동의하지 않는다. 따라서 그 주장 체계가 실제로 과학이라고 할 수 있는가의 문제는 상당히 많은 법적, 정치적, 종교적 의미를 가지고 있으며, 이러한 문제 제기는 과학의 본성이 무엇인가에 관해서 어떤 설명이 필요하다는 것을 뜻한다. 과학자라고 자칭하는 많은 창조 과학자들이 에덴의 동쪽, 노아의 방주와 홍수, 성경에 나타난 그 밖의 다른 사건들에 대한 자신들의 그럴듯한 경험적인 증거들을 아무리 많이 내세운다 할지라도, 대부분의 지질학자들과 생물학자들은 그러한 모든 증거들이 지구에 관한 내용만을 가리키고 있으며, 그 증거들이 지지하고 있는 생물들도 [창조 과학자들이 주장하는 바와 달리] 수천 년이 아니라 수백만 년 동안 존재해왔다고 확신하고 있다.[1] (신이 우주를 실제로 창조하였는가에 관한 문제는 위의 문제들과 분리하여 별도로 다

---

1) 기독교 성경학자들은 성경에 나타난 연대를 계산하여 생명이 4000여 년 전에 창조되었다고 말하고 있으며, 진화론자들은 인간의 원조 격인 유인원이 대략 200만 년 전에 지구상에 나타났다고 주장하고 있다.

루어져야 하는, 전적으로 다른 문제이다.) 그러나 창조 과학자들이 옳다 하더라도 창조 과학은 비과학non-science이 아니라 나쁜bad 과학에 불과한 것이라고 할 수 있지 않겠는가?[2]

특정 이론들이나 탐구 활동들을 확실한 증거도 없이 사이비 과학似而非科學pseudo-science[3]이라고 주장하는 것은 현대 과학에 와서 왕왕 벌어지고 있는 정치적인 논쟁의 한 부분이라고 할 수 있다. 예를 들어 일부

---

[2] 비과학은 'non-science'를 우리말로 번역한 용어이다. 비과학은 과학이론이 설명하고 예측하는 내용을 참이라고 받아들이지 않는 입장이다. 이들은 세계에 관한 설명으로서 신뢰할 수 있는 것은 자신들의 주장뿐이라고 하면서, 과학의 수용을 반대한다. 이와 달리 '반과학'은 'anti-science'를 번역한 용어로서 비과학과는 달리 과학이론이 설명하고 예측하는 것이 일부 사실이라고 인정은 하면서도, 과학이 세계를 설명하고 예측하는 능력에 한계가 있어 그 한계를 넘어서게 되면 과학은 신뢰할 수 없다고 보는 입장이다. 이러한 반과학적 입장을 취하는 사람들로는 신과학 운동가, 창조 과학자 등이 있다. 반과학자들은 과학적이지 못한 특정 정치적 이데올로기나 종교관에 기반하여 자신들의 이론들을 펼치고 있고, 과학적 지식의 특성인 객관성, 보편성, 실효성을 가지고 있지 않아 일반인들로부터 세계에 관한 참된 정보 체계로서 신뢰받지 못한다. 래디먼은 반과학자들이 특정 이념이나 종교에 근거하여 과학에 대한 신뢰성을 떨어뜨리고 있다는 측면에서 좋지 않은 '나쁜' 과학이라고 보고 있다. 비과학이나 반과학과는 달리 사이비 과학은 과학의 외양적 형태를 갖추고서 이론에 대한 신뢰성을 얻으려고 하는 것인데, 이에 관해서는 다음 주석 3을 참조 바람.

[3] 사이비 과학은 의사과학擬似科學이라고 불리기도 하며, 반과학이나 비과학과는 달리 과학과 유사한 형태의 이론적 체계와 설명 방식을 갖추고 있다. 즉 보편적인 일반 법칙인 것처럼 보이는 것을 중심으로 한 이론적 체계를 갖추고 있으며, 어떤 개별 현상을 그러한 보편적인 일반 법칙인 것처럼 보이는 것을 중심으로 하여 설명한다. 그래서 사이비 과학은 외양을 과학과 비슷하게 보이도록 만들어 마치 과학인 것처럼 행세하면서, 과학의 권위를 빌려서 자신들의 이론에 대한 신뢰성을 확보하려고 한다. 그러나 이러한 사이비 과학에서 제시하는 보편적인 일반 법칙은 객관성이나 보편성을 결여하고 있고, 그러한 법칙의 내용을 경험적으로 검증하거나 반증하는 것이 불가능하다. 또한 사이비 과학이론 자체에 대해서는 어떠한 수정도 불가능하다. 이러한 문제에 관해서는 포퍼의 반증주의에 관한 설명에서 고찰하게 될 것이다.

과학자들과 철학자들은 '지능지수intelligence quotient(IQ)'라는 개념과 지능지수를 검사하는 것이 사이비 과학(사이비 과학이라는 말은 '자신은 과학이라고 주장하지만 과학이라는 일반적 특성과 기준에 비추어 보아 실제로는 과학이라고 할 수 없는 것'을 의미한다)이라고 강하게 주장하였다. 그러나 이러한 방식의 정신측정 테스트나 이와 비슷한 다른 방식의 정신측정 테스트는 학교, 기업체, 의료 대행업체 등에서 많이 행해지고 있다. 때로는 특정한 과학 분야 내에서도 의견을 달리하거나 독특한 의견을 주장하는 사람들에게 사이비 과학자라는 명칭이 따라다니기도 한다. 예를 들어 내가 지금 이 글의 내용을 쓰다가 잠깐 쉬면서 우연히 읽게 된 대중 과학 잡지 『뉴 사이언티스트New Scientist』 이번 호는 일부 연구자들이 이번에 남아프리카에서 열리는 '2000년 세계 에이즈 회의 2000 World Aids Conference'의 참가 거부를 검토해야 하는 이유에 관한 기사를 싣고 있었다. 그러한 이유를 제시하는 일부 과학자들은 몇몇 국가들이 HIV 바이러스에 의해 에이즈에 걸린다는 아주 상식적인 믿음에 대해서조차도 의문을 제기하면서 에이즈 치료약의 개발과 사용에 필요한 기금을 납부하지 않는 등 정부가 해야 하는 최소한의 책임조차 등한시하고 있다고 생각하고 있다. 이러한 국가들은 남아프리카에 많은데, 그래서 남아프리카는 '사이비 과학이 자라는 풍부한 토양'이 되고 있다고 말한 남아프리카 의학연구협의회의 막고바Malegapuru Makgoba 교수의 말을 인용하고 있다.(*New Scientist*, 29 April 2000: 15) 그런데 이와 비슷한 시기에 발간된 다른 호에는 창조 과학에 대해서 "서로 다른 영역에 있는 과학과 종교가 같이 동거하고 있다"라고 분명하게 언명하고 있는 기사도 있다.(*New Scientist*, 22 April 2000: 3) 그렇다면 성경이 지구의 창조에 대해서 언명하고 있다고 한다면 [그렇게 되어서는 안 되는데] 도대체 어떻게 해서 이러한 일이 일어나게 되는가? 종교적인 교리들이 종종 기존의 과학이론들과 상충하는 일이 불가피하게 생기기도 한다. 그래서 만약에 종교적인 교리들이 과학이론인 것처럼 비슷하게 외양을 꾸미고 나온다면, 그 교리들은 종교적 교리로서가 아니라 과학으로서 평가받아야 할 것이다. 그런데 여기서 먼저 창조 과학을 순수한 과학으로서 평가해야 할지, 아니면 종교적 교리로서 평가해야 할지를 우리들이 어떻게 판단할 수 있는가? 예를 들어 심령학parapsychology,[4] 침술acupuncture, 점성술astrology, 동종 요법homeopathy,[5] 이와 비슷한 그 밖의 다른 여러 가지 행

---

4) 초심리학이라고 한다. 초감각적 지각extrasensory perception(ESP), 염력念力psychokinesis(PK, 정신력으로 물체를 움직임) 등 통상적인 수용기受容器나 효과기效果器를 매개로 하지 않고 이루어진다고 간주하는 생물과 주변 환경 사이의 상호 작용을 연구하는 분야이다. 여기서 취급하는 현상들은 이전에는 심령현상心靈現象psychical phenomena이라고 불렸고 그 영역도 심령연구psychical research: metapsychics라고 불렸는데 J. B. 라인이 'parapsychology'라는 말을 사용한 이후 이 말이 널리 쓰이게 되었다. 심령학 연구는 19세기 영국에서 시작된 이후 구미 각지에서, 1920년대에는 러시아에서 한때 유행했었는데, 최근에 또다시 이에 관한 활동이 활발해졌다. 1880년대부터 영국 심령연구협회The Society for Psychical Research를 중심으로 우발적 심령현상, 영매靈媒를 일으키는 현상들에 관하여 연구가 시작되었으나 현상의 진실성에 관하여 확실한 결론을 얻지 못하였다. 1930년경부터 라인은 잡다한 내용들을 가지고 있는 심령 현상들을 정리하여 ESP와 PK로 분류하고(두 가지를 합하여 psi, 즉 사이라고 부른다), 조건을 엄밀하게 관리한 실험적 연구를 하여 그 존재 여부를 탐구하였다. 최근의 연구에서는 psi 현상 발현의 기구機構를 해명하고, 이러한 심령학적인 기묘한 성질이 현재의 자연과학적 세계상世界像과 어떻게 조화될 수 있는가에 관한 이론적 문제가 주요 과제이다.(출처:《두산 세계대백과사전》)
5) 독일 의사 사무엘 한네만Samuel Hahnemann(1755~1843)이 창시한 약 200년의 역사를 가진 대체의학 치료법으로서 정통 의술로 간주되지 못하고 있다. 이 치료법은 환자의 병적 상태와 비슷한 상태를 만들어서 이에 관한 신체의 면역 기능을 자극하여 치료가 되도록 만드는 것이다. 즉 환자의 병적 상태와 유사한 상태를 인위적으로 만들어 우리 몸의 자연 치유 과정을 돕는다. 그래서 환자의 병적 상태와 비슷한 증상을 유발시킬 수 있는 자연적인 동종 요법 약품을 찾아 환자에게 복용시켜 자가

위들이 과학적 탐구 활동이라고 주장하는 사람이 있는가 하면 그렇지 않다고 주장하는 사람들도 있다. 그렇다면 공적으로 재정 지원을 받고 있는 건강·교육·공공시설들이 이러한 행위들을 이용하고 가르쳐야만 하는가? 과학적인 탐구 활동은 사람들의 삶에 매우 중요한 영향을 미치고 있기 때문에, 현대 일상생활에서 과학과 과학자들에게 그에 걸맞은 자격과 위상을 부여하려고 한다면 어떠한 행위들이 과학적 탐구 활동인지를 명확하게 결정할 수 있어야만 한다.

앞 장에서 나는 과학적 방법에 관해 제1장에 나왔던 것과 같은 단순한 설명은 불충분하다고 주장하였다. 귀납에 의한 과학적 지식의 정당화에는 의구심을 가질 수 있으며, 그리고 어떤 형식으로든 귀납주의를 옹호하기 위해서는 엄밀한 확증이론이 필요하다는 점이 귀납의 문제를 통해 확연히 드러났다. 그러나 이러한 귀납의 문제는 또한 빵은 영양분이 있다, 소금은 물에 녹는다와 같이 사소한 일상적인 내용들을 포함하는 우리의 모든 경험적 지식에 대해서까지도 의심의 눈길을 던지라고 말한다. 그래서 소박한 귀납주의에 집착하는 어떤 사람은 만약에 귀납의 방법을 거부하게 되면 귀납적 방법으로 획득한 너무나도 많은 상식들을 전부 의심하고 포기해야 한다는 말이 되기 때문에, 귀납의 문제 하나만으로 귀납적 방법을 거부해야 한다고 주장하는 것은 논거가 충분하지 않다고 말하는 경향이 있다. 이러한 주장이 겉으로는 그럴듯하게 보이지만, 소박

면역 능력을 깨우쳐줌으로써 스스로 치유하도록 한다. 예를 들어 만약에 어떤 사람이 토하고, 설사하고, 몸이 차며, 입이 말라서 소량의 찬물을 한 모금씩 마신다고 할 때, 이는 비소중독 때 볼 수 있는 증상으로 비소를 동종 약제로 만들어 투여한다든지, 또 어떤 이가 중요한 약속이나 시험을 앞두고 심하게 불안하여 안절부절못한다면, 이와 유사한 불안을 일시적으로 경험하게 만들 수 있는 자연적인 동종 요법 약을 투여하여 치료하는 방법이다.(출처: 가천의과대학교 길병원 보완대체의학 인터넷 사이트 (http://homeopathy.ghil.com/cure.html)에서 동종 요법에 관한 설명을 요약함)

한 귀납주의의 입장은 대부분의 과학이론들이 실제로 어떻게 발전해왔는가에 관한 설명으로서는 사실에 부합하지 않는 것처럼 보인다. 더 나아가 아무런 선입견 없이 행해지는 이상적인ideal 관찰[6]이라는 것은 현실적으로 불가능하며 동시에 바람직하지도 않다. 소박한 귀납주의는 과학이 어떻게 발전하는가를 현실에 부합하도록 올바로 설명하지 못하기 때문에 과학과 비과학에 관한 구획demarcation 기준을 제시할 수 없는 것으로 보이며, 귀납주의는 뉴턴역학과 같은 이론을 좋은good 과학이론의 표본으로 간주하고 있는 우리들의 상식적인 직관의 핵심 내용까지도 거부하라고 강요하는 것 같다.[7] 이 장에서 우리들은 과학적 방법의 본성에 관한 또 하나의 대안 이론이면서, 과학을 비과학으로부터 구획 짓는 근거들에 관한 이론인 소위 **반증주의**falsificationism 이론을 고찰할 것이다. 반증주의에 대한 논의는 우리들이 가지고 있는 상식적인 직관의 핵심 내용을 그대로 보존하면서도 소박한 귀납주의를 개선할 수 있는 방식들을 제시할 것이다. 그리고 이 장의 끝에서 나는 보다 세련된 귀납주의의 입장을 만들어볼 것이다.

1. 맑시즘과 정신분석에 관한 포퍼의 비판

포퍼는 20세기 과학철학에 지대한 영향을 미쳤으며 아직도 많은 사람

---

[6] 베이컨이 주장하듯 아무런 우상 없이 객관적으로 사물 자체를 관찰하는 것을 말한다.
[7] 뉴턴의 만유인력 개념은 귀납적 방법에 의해 관찰 자료들로부터 도출된 것이 아니다. 또한 만유인력을 우리들이 직접 관찰할 수도 없다. 따라서 과학적 방법에 있어서 귀납적 방법에만 집착하는 소박한 귀납주의에 따르면 뉴턴의 이론은 거부되어야만 한다.

들은 그의 생각들을 과제로 삼아 연구하고 있다. 이러한 영향력을 가진 결과, 그는 가장 권위 있는 과학 단체들 중의 하나인 런던왕립학회의 회원이 되었다. 사실상 지금에 와서는 포퍼의 반증주의 입장이 아마도 철학자들보다는 과학자들 사이에 더 널리 알려져 있을 것이다. 포퍼는 또한 맑시즘에 관한 지성적인 비판에서 아주 중요한 역할을 수행하였으며, 그의 책들 중에서 『역사주의의 빈곤The Poverty of Historicism』[8]과 『열린사회와 그 적들The Open Society and Its Enemies』,[9] 이 두 권은 오늘날에도 정치 이론가들로부터 많이 읽히고 있다. 과학철학에 대한 그의 관심은 과학과 사이비 과학의 구획 기준을 찾는 것에서부터 시작된다. 그는 물리학 이론처럼 매우 신뢰받고 있는 이론들과 심리학이나 사회학 이론처럼 비과학적인 것으로서 신뢰받고 있지 못하는 이론들 사이에 어떠한 차이점이 있는가를 스스로 설명하려고 노력하였다. 이러한 노력의 결과 그는, 사람들이 단순히 사이비 과학에 불과한 것을 진짜 과학인 양 잘못 생각하도록 만드는 것은 물리학을 왜 과학이라고 간주하는지에 대한 잘못된 견해에 기인한다고 결론지었다.

구획 기준에 대한 논쟁은 주로 사회과학 분야에서 벌어진다. 이상적인 사회과학을 생각하게 된 것은 18세기 사조의 산물이다. 18세기는 뉴턴역학과 그 밖에 가장 늦게 발전하기 시작해서 급속하게 확장되고 있었던 화학이나 생리학 같은 다른 새로운 과학들이 거둔 성공에 대해서 지성인들이 일반적으로 흥분하고 열광하였던 시기였다. 여러 사상가들은 다음의 연구 단계는 논리적으로 자연과학과 똑같은 방법들을 응용하여 인간의

---

[8] 이 책은 『역사주의의 빈곤』(이석윤 옮김, 지학사, 1975)이라는 제목으로 우리말로 번역되었다.
[9] 우리말로는 『열린사회와 그 적들 I, II』(이한구·이명현 옮김, 민음사, 1982, 1983)라는 제목으로 번역되었다.

행동을 지배하는 법칙들과 사회가 기능하는 방식들을 발견하는 것이라고 제창하였다. 지성사知性史에서 이 기간은 '계몽과 이성의 시대'라고 알려져 있으며, 이 시대는 만약 인간들이 합리성에 기반하여 진실된genuin 사회과학적 방법에 따라 자신들을 유기적으로 조직화하는 것을 학습할 수만 있다면 인간이 무엇이든지 성취할 수 있다는 낙관주의적인 생각을 그 특징으로 하고 있다. 포퍼가 과학에 대한 자신의 견해들을 형성한 것은 20세기 초반으로, 이 당시에는 계몽주의 시대의 순수 과학이 사회와 인간의 행동에 관해 던져주는 낙관적인 전망을 성취하려고 집착하였던 사람들이 주장한 사회학 이론과 심리학 이론들이 있었다. 맑시즘과 정신분석이 이러한 이론들 중에서 특별히 유명하였다.

맑스Karl Marx(1818~1883)의 장례식에서, 그의 친구이자 동지였던 엥겔스Frederick Engels(1820~1895)는 다윈이 종의 발전의 이면에 있는 과학적 원리들을 발견하였던 것과 마찬가지로 맑스도 사회 발전의 이면에 있는 과학적 원리〔법칙〕들을 발견하였다고 말하였다. 마찬가지로 프로이트Sigmund Freud(1856~1939)는 성적 억압에 근거하여 병적 심리 현상을 규명하고 있는 자신의 정신분석 이론들과 자아ego, 이드id, 초자아superego에 관한 이론이 충분히 과학적인 것이라고 생각하면서, 이러한 자신의 발견들이 코페르니쿠스나 다윈의 발견들에 비견될 만하다고 주장하였다. 오늘날에 와서는 여러 가지 이유들로 인하여 맑시즘과 정신분석은 둘 다 모두 어느 정도 신뢰할 수 없는 것으로 널리 (아마도 올바르게) 알려져 있다. 그러나 20세기의 위대한 지성인들 대부분은 이러한 두 사조 중의 하나에 의해 영향을 받았으며, 따라서 20세기 역사에 이 사조들이 매우 큰 영향을 끼쳤다고 주장할 수 있다. 청년 시절에는 포퍼도 맑시즘과 정신분석 모두에 매료되었으나, 그는 곧 이 두 사조를 사이비 과학으로 간주하고, 이들에 대한 환상에서 재빨리 벗어났다. 그리고 그는 이 이론들이 가진 문제점과, 자신이 이러한 문제점들을 볼 수 있도록 만들어주었던 학습 방식들에 대해 설명하려고 하였다.

포퍼는 만약에 과학 지식이라는 것이 진보하는 것이고 또 이론들과 법칙들에 대한 실증적인 사례들이 많이 축적됨으로써 정당화된다고 가정한다면, 이 두 가지의 이론들은 아주 성공적인 과학들이라고 쉽게 간주할 수 있다는 사실을 깨달았다. 우리들이 이미 보았듯이, 실증적인 귀납주의 입장에 따르면, 모든 금속은 열을 받으면 늘어나게 된다와 같은 법칙의 정당화 문제는 열을 받았을 때 실제로 늘어나게 되는 개별 특정 금속들의 사례들이 많이 존재하고 있는가에 관한 문제가 된다. 맑스주의자들과 정신분석 이론가들은 모두 자신들의 일반 원리들에 관한 사례들이라고 할 수 있는 현상들을 많이 제시하고 있었다. 그런데 포퍼가 보기에 문제가 되는 것은 어떤 이론을 지지하는 실증적인 사례들을 많이 축적하는 것은 너무나도 쉽다는 점이다. 특히 어떤 하나의 주장이 너무나 일반적인 내용을 담고 있어서 어떠한 것도 배제하지 않는 것처럼 보일 경우에는 더욱 그러하다. 포퍼는 이러한 경우에 문제가 되는 것을 잘 알아차린 것 같다. 사람들은 보통 점성술에 의한 별점을 무시한다. 왜냐하면 정확히 말해서 그 별점들은 너무나 일반적인 내용을 담고 있어서 그러한 별점을 지지하는 증거자료로서 무엇을 찾아보아야 하는지가 매우 난감하기 때문이다. 예를 들어 여러분의 별점으로 "너는 돈 걱정을 짧은 기간 동안에 할 것이다"와 같은 것이 나올 수 있다. 이 세상에서 보통 돈 걱정을 하지 않는 사람들은 그리 많지 않다. 마찬가지로 여러분의 점성술의 별점 도표가 여러분은 신뢰성을 결여하고 있다거나 아니면 친절하지만 때때로 수줍음이 많다고 나왔다고 하자. 모든 면에서 완전하게 신뢰성을 가지고 있다고 생각하거나, 혹은 어떠한 환경에서도 수줍음을 전혀 느끼지 않는다고 단언할 사람이 이 세상에 어디 있겠는가? 물론 나는 여기서 지금 점성술이 완벽하게 사이비 과학이라고 주장하고 있는 것은 아니다. 일부 점성술사들은 아주 구체적인 내용들까지도 예언한다는 것을 나는 잘 알고 있다. 문제의 초점은 만약에 어떤 사람이 그러한 모호한 발언을 하였을 경우에 이러한 주장에 부합하는 사례들이 많이 발견될 수 있다고 하여 이들의 이론이 과학적인 것이라고 할 수는 없다는 것이다. 따라서 포퍼는 설명력이 뛰어난 이론들의 경우, 그렇게 많은 사실들을 설명할 수 있다는 바로 그 사실 때문에 그 이론이 의심받을 수 있다는 점에 착안하게 되었다.

마찬가지로 맑시즘과 정신분석을 지지하는 사람들은 이 이론들이 보여주는 설명력으로 인해 너무나 지나치게 큰 감명을 받고 어디서나 그 이론에 대한 확증 사례들을 보았다라고 떠들고 다닌다고 포퍼는 말한다. 맑스주의자들은 모든 파업과 집단 시위들을 계속되는 계급 투쟁에 대한 증거로 보고 있으며, 정신분석학자들은 모든 노이로제 증상들을 프로이트 이론들에 대한 계속되는 증거로 다루고 있다고 포퍼는 주장하고 있다. 이러한 이론들이 가지고 있는 문제는 이 이론들이 엄밀하게 사건 발생에 관한 예측을 하지 않으면서도 이미 발생한 사건들을 설명할 수 있다는 점이다. 사실 두 이론은 모두 처음 언뜻 보기에는 자신들을 논박하고 있는 것 같아 보이는 증거들까지도 설명할 수 있는 것으로 보인다. 그래서 예를 들면 19세기에 영국은 노동자의 안전과 복지를 확보할 수 있는 다양한 대책들을 도입하였는데, 이러한 사실은 맑스주의와는 상충하는 것처럼 보인다. 왜냐하면 맑스 이론은 자본주의에서의 지배계급은 가난한 자를 위한 상당히 좋은 생활 여건과 노동조건들을 확보하는 데 전혀 관심을 가지고 있지 않다고 설명하기 때문이다. 그런데 이러한 상황에서도 일부 맑스주의자들은 심지어 영국의 빈민구제에 관한 법률 제정까지도 맑스주의를 확증해주는 것이라고 주장하기도 한다. 왜냐하면 이들은 그러한 법률 제정이야말로 자본가들이 프롤레타리아혁명의 도래가 임박했음을 미리 알아차리고 이를 저지하거나 지연시키기 위해 노동자들을 달래려고 한다는 것을 입증하고 있다고 보기 때문이다.

정신분석의 경우에 포퍼는 인간의 행동에 대한 두 가지의 다른 예들을 제시한다. 첫 번째 예는 어린아이를 물에 빠뜨려 죽이려고 물속에 집어던지는 사람의 행동이다. 그리고 두 번째 예는 그 어린아이의 생명을 구하기 위해 물속에 뛰어들어가서 어린아이의 생명을 구하고 자신의 생명을 희생한 사람의 행동이다. 프로이트는 첫 번째 행동을 그 남자가 억압 본능으로 고통받았다는 사실을 전제로 하여 설명할 수 있다. 그리고 두 번째 행동에 대해서는 그 남자가 승화sublimation를 성취했다고 말함으로써 설명할 수 있다. 애들러Alfred Adler(1870~1937)는 첫 번째 예에 나오는 남자가 열등감으로 고통을 받고 있었으며, 그래서 자신이 죄를 범할 수 있다는 점을 스스로에게 증명할 필요가 있었다고 말하고, 두 번째 예로 든 남자의 경우도 또한 열등감으로 고통을 받고 있었으나 자신이 그 어린아이의 생명을 구할 수 있을 정도로 용감하다는 사실을 스스로에게 입증할 필요가 있었다고 말함으로써 그들의 행동을 설명할 수 있었다. 포퍼가 여기서 지적하는 문제점은 이러한 이론들의 중심 원리들이 너무나 일반적이어서 어떠한 특정 개별 관찰들과도 양립 가능하다는 것이며, 이러한 이론들을 신봉하고 있는 많은 사람들에게는 이 이론들이 마치 세계를 보게 해주는 렌즈와 같은 역할을 하기 때문에, 이러한 이론들이 경험적으로 논파될 수 있는 환경들과 조건들을 상상조차 할 수 없다는 점이다.

그래서 일반적으로 확증이 과학적 방법에서 근본적인 것이라고 보는 생각에 대해 포퍼가 우려하는 것은, 만약 우리들이 하나의 이론에 속박되어 있는 경우에는, 특히 그 이론이 모호하고 일반적일 경우에는 그 이론을 확증하는 사례들을 발견하는 것이 아주 쉽다는 것이다. 이와 대조적으로 포퍼는 1919년에 이루어진 아인슈타인의 일반상대성이론에 대한 실험적인 확증에 깊은 감명을 받았다. 아인슈타인의 일반상대성이론은 태양 가까이 지나가는 빛은 태양의 중력장에 의해서 그 경로가 휘어질 것이라고 예측하였다. 포퍼의 관점에서 볼 때 경탄할 만한 것은 이 이론이 나중에 아주 쉽게 거짓으로 판명날 수 있다고 말할 수 있는, 아주 모험적인 하나의 예측을 하고 있다는 사실이다. 이 외에도 과학이론들이 거짓이 될 가능성이 있기 때문에 매우 모험적이라고 할 수 있는 예측들을 행하고 있음을 보여주는 사례들은 많이 있다. 예를 들면 뉴턴 이론은 핼리혜성이 1758년에 다시 돌아온다는 것을 예측하였으며, 그 밖에도 역학 체계의 작용에 대해서 엄밀한 예측들을 많이 하였다. 그러나 포퍼의 경우에 받아들이지 않을 수 없는 가장 강한 유형의 예측은, 그때까지 알려져 있지 않은 것을 예측하는 소위 신기新奇novel한 예측이다. 신기한 예측은 새로운 유형의 현상들이나 대상들의 발생을 예측하는 것이다. 위에서 언급한 일반상대성이론으로부터 나온 사례들이 이러한 종류의 신기한 예측이라고 할 수 있다. 이에 관한 또 하나의 유명한 사례로는, 원소들의 주기율표의 구조로부터 그때까지 발견되지 않았던 원소 갈륨gallium과 원소 셀레니움selenium의 존재를 추론한 멘델레에프Dmitry Mendeléeff(1834~1907)의 예측이 있다. 포퍼는 신기한 모험적인 예측을 만들어내는 것이 과학이론들의 공통적인 특성이며, 만약에 그러한 예측을 관찰할 수 없을 경우에는 그 이론을 거부하겠다는 과학자의 의지와 이러한 특성이 결합하여 과학이 지성적으로 신뢰받고 존경받을 수 있게 된다고 생각하였다.

그래서 포퍼는 어떤 하나의 이론에 부합하는 사례를 관찰함으로써 그 이론을 가지게 된다고 하는 '확증confirmation'은 관찰 사례가 그 이론이 만든 모험적인 예측에 해당할 경우에만 실제로 어떤 것을 설명하게 된다고 주장하였다. 즉 관찰 사례가 그 이론의 거짓을 입증할 수 있는 가능성을 가진 반증자falsifier일 경우에만 그러하다고 주장하였다. 그는 순수 과학이론들에서 인상적인 것은 과학이론들이 놀랄 만한 신기한 현상들에 관해서 엄밀한 예측을 행한다는 것이며, 진정한 과학자라면 그러한 이론의 예측들이 실험에 의해 확증되지 않을 때 기꺼이 그 이론들을 거부할 준비가 되어 있다고 생각하였다. 맑스주의와 정신분석은 너무나 모호해서 경험에 의한 논박이 가능하지 않을 뿐만 아니라, 더 나아가 맑스주의자들과 정신분석 이론가들은 다른 사람들이 자신들의 이론을 반대하는 이유까지도 논박할 수 있는 설명을 자신의 이론 속에 가지고 있기 때문에 종종 지성적인 비판을 회피하는 경향도 보이고 있다. 만약에 어떤 사람이 맑스주의를 반대한다면, 맑스주의자들은 이 사람이 자본주의 체제를 유지하는 데 관심을 가진 계급에 속한다고 비난할 수 있다. 이와 마찬가지로 정신분석을 강하게 반대하는 사람의 경우에는, 이 사람이 억압된 상태[노이로제]에 있다고 정신분석 이론가들은 비난할 수 있다. 물론 이러한 주장들 중의 하나나 둘 다 혹은 대다수 경우에, 그리고 심지어 모든 경우가 올바르다고 이야기할 수도 있다. 문제의 요점은 이러한 이론들이 비판의 가능성을 미리 저지하고 있는 것 같다는 것이다. 그리고 포퍼는 바로 이러한 특성을 과학에 아주 나쁜 것으로 간주하였다. 따라서 포퍼는 과학적 방법의 핵심에 있는 것이 확증confirmation이 아니라 반증falsification이라고 하는 견해에 도달하게 되었다.

2. 귀납의 문제에 대한 포퍼의 해결책

귀납의 문제에 대한 포퍼의 해결책은 과학이 귀납에 전혀 의존하고 있지 않기 때문에 귀납의 문제가 있다고 해서 과학적 지식이 정당화되지 않는다고 말할 수 없다고 간단하게 주장하는 것이다. 포퍼는 보편적 일반화에 관한 확증과 반증 간에는 논리적 비대칭성asymmetry이 있다는 점을 지적하였다. 귀납의 문제는 하나의 일반화에 관한 긍정적인 실증적 사례들이 지금까지 아무리 많이 관찰되었을지라도 미래의 관찰 사례들이 그 일반화를 반증할 가능성이 항상 열려 있기 때문에 나타나는 것이다. 그러나 만약에 우리들이 모든 백조는 하얗다와 같은 하나의 일반화를 취한다면, 이 가설을 반증하기 위해서는 하얗지 않은 백조를 한 마리만 관찰해도 된다. 포퍼는 근본적으로 과학이란 이론들을 확증하는 것이 아니라 반증하는 것에 관한 것이라고 주장한다. 그래서 그는 하나의 반증 사례로부터 그 이론이 거짓이라고 추론하는 것이 순전히 연역적이기 때문에, 과학은 귀납 없이도 발전할 수 있다고 생각한다. (그래서 그의 과학방법론은 **반증주의**라고 불린다.)

포퍼는 경험에 의해서 원리적으로 반증이 불가능한 이론은 비과학적이라고 주장하였다. 반증될 수 없는 언명들을 예로 들어보면, 다음과 같은 것들이 있다.

    비가 오거나 비가 오고 있지 않다.
    신God은 다른 존재자의 도움을 받지 않고 스스로 존재한다.
    모든 총각들은 결혼하지 않았다.
    공간이 무한하다는 것은 논리적으로 가능하다.
    인간은 자유의지를 가지고 있다.

아무리 많은 관찰을 행한다 할지라도 이런 이론들을 논파한다는 것이 충분하지 않다는 것은 분명하다. 앞서 보았듯이, 포퍼는 "모든 노이로제 증상은 어릴 때의 정신적 충격이 원인이 되어 생긴다"와 같은 이론도 위의 이론들처럼 반증될 수 없으며 그래서 비과학적이라고 생각하고 있다. 그러나 그는 맑시즘에 대해서는, 이 이론이 노동계급의 국제화:internationalization와 공산주의 혁명을 예측하고 있기 때문에 반증될 수 있고 과학적일 수 있는 여지가 있다고 생각하였다. 그러면서도 포퍼는 결국에 맑스주의자들은 논파된 자신들의 이론에 집요하게 계속 매달리므로 나쁜 과학자들이라고 생각하였다. (여기에서 주목해야 할 점은, 나쁜 과학자가 되는 것과 사이비 과학자가 되는 것의 구별이 약간 불분명하다는 것이다.)[10]
한편 맑시즘이나 정신분석과는 달리 우리들이 고찰하였던 과학이론의 예들은 이 이론들과 일치하지 않은 관찰들이 있기 때문에 반증될 수 있는 가능성을 가지고 있다. 만약에 우리들이 열을 받았을 때 늘어나지 않는 금속 하나를 관찰하게 된다면, 우리들은 "모든 금속은 열을 받으면 늘어난다"라는 일반화가 거짓이 된다는 것을 알게 될 것이다. 이와 마찬가지로 만약에 빛이 반사의 법칙을 따르지 않는다면 우리들은 이 현상을 관찰할 수 있을 것이며, 그리고 만약에 물체들이 뉴턴의 중력의 법칙을 따르지 않는다면 우리들은 뉴턴 이론의 예측으로부터 벗어나는 현상들을 이 지구상에서 관찰할 수 있어야만 한다.

10) 나쁜 과학자를 사이비 과학자와 구별해본다면, 과학에 대한 신뢰성을 가지고 있지 않은 사람은 나쁜 과학자이고, 과학에 대한 신뢰성을 인정하고 이러한 신뢰성을 과학이 아닌 자신의 이론에 부여하려고 하는 사람은 사이비 과학자라고 할 수 있을 것이다. 처음에 과학의 신뢰와 권위를 이용하여 자신들의 이론을 선전하려고 하였기 때문에 사이비 과학자라고 할 수 있었던 맑스주의자들은, 나중에 과학에 의해 자신들의 이론들이 논파되더라도 자신들의 이론들에 집착할 것이며, 궁극에 가서는 권력에 의해 자신들의 이론에 권위를 부여하고 과학의 객관성과 보편성을 부정하고 따라서 과학에 대해 가졌던 신뢰성까지 버리게 된다. 이러한 입장은 나쁜 과학자의 태도라고 볼 수 있다. 실제로 이러한 태도는 자연과학이 공산주의 이데올로기에 종속되어야만 한다고 주장하는 자연변증법에 집착하게 만들었고, 그래서 그 유명한 리센코 파동을 초래하게 되었다고 볼 수 있다.

반증 가능한 가설과 반증 불가능한 가설을 구별한 후에, 포퍼는 과학은 하나의 이론을 검사하고 이 이론을 지지하는 긍정적인 실증적 사례들을 수집하고 축적함으로써 발전하는 것이 아니라 이 이론들을 반증하려고 노력함으로써 진보적으로 발전한다고 주장한다. 하나의 이론을 검사하는 참된 방법은 그 이론이 참이라는 것을 보여주려고 노력하는 것이 아니라 그 이론이 거짓이라는 것을 보여주려고 노력하는 것이다. 하나의 가설이 개진되었을 때, 그 가설로부터 예측들이 도출되어야 하며 그래서 항상 실험적인 검사를 받을 수 있어야 한다. 만약 그 가설이 반증되면 그것은 포기되지만, 그러나 만약에 반증되지 않는다면 이러한 사실은 보다 더 엄밀한 검사들을 받아야만 하며 그 가설을 반증하려는 보다 정교한 시도를 해야만 한다는 것을 의미한다. 그래서 우리들이 검증이라고 부르고 있는 것은 실제로는 성공할 수 없는 반증을 말하고 있는 것이라고 포퍼는 설명하고 있다.

> 나와 같은 반증주의자들은, 누구나 알고 있는 뻔한 내용들을 읊조리는 것보다는, 비록(그리고 특히) 나중에 거짓으로 판명나게 될지언정 대담하게 추측하여 흥미 있는 하나의 문제를 푸는 것을 더 좋아한다. 우리가 대담한 추측을 더 좋아하는 이유는, 시행착오로부터 우리들이 배울 수 있는 것이 그러한 추측이라고 믿고 있으며, 우리의 추측이 거짓이라는 것을 발견하는 데서 진리에 대해 더 많은 것을 배우고 진리에 더 가까이 가게 될 것이라고 믿기 때문이다.(Popper 1969: 231)

이러한 이유 때문에 포퍼의 과학 방법론은 때로는 '추측과 논박conjecture and refutations'의 방법이라고 불리기도 한다(그리고 이 명칭은 실제로 포퍼의 책 중 하나의 제목이기도 하다). '대담한bold' 추측이라는 것은, 우리들이 앞에서 논의한 바 있는, 누구도 사전에 알지 못하였던 신기한 예측들을 연역함으로써 얻어지는 추측을 말한다. 포퍼에 따르면 과학은 적자생존과 같은 방식으로 발전하며 과학자들은 자신들의 실수와 시행착오를 통해서만 무엇인가를 배울 수 있다. 가장 적합한 이론들에 대한 실증적 지지라는 것은 존재하지 않으며, 오히려 그 이론들을 반증하려는 반복적인 시도에도 불구하고 계속해서 살아남은 이론들이 과학이론인 것이고 따라서 이 이론들을 과학 공동체가 계속 유지하고 사용하는 것이다. 우리의 최선의 이론들은 내일이라도 당장 반증될 수 있는 가능성이 항상 열려 있으며, 따라서 이 이론들은 확증된 이론들이 아니라 아직까지는 논박되지 않은 추측으로서의 위상을 가지고 있다. 포퍼는 바로 이 지점에서 맑스주의자들과 정신분석 이론가들이 지성적으로 몰락하게 된다고 생각하였다. 왜냐하면 포퍼의 생각에서 보면, 이들은 자신들의 이론들을 포기하게 되는 조건들을 명확하게 언명하고 있지 않기 때문이다. 포퍼가 비과학적이라고 생각하는 이론들은 바로 이러한 점들을 **특징으로** 가지고 있다. 사실 그는 과학자들이 자신들의 가장 기초적인 가정들을 포기하게 되는 실험적인 조건들이 무엇인지를 미리 앞서 특정화하도록 요구하고 있다. 포퍼의 경우에 과학에서는 모든 것이 잠정적이며, 개정되거나 다른 것으로 대체될 가능성을 가지고 있다.

우리들은 과학을 '지식의 체계'로 바라보는 것이 아니라, 검사들tests에 계속 견디어낼 수 있는(반증되지 않는) 한에 있어 작용가설로 유지될 수 있고, 이것들이 '참이다' 혹은 '다소 확실하다', 혹은 심지어 '개연적이다'라는 것을 우리들이 인식하고 있다라고 말하면서도 정당화되지 못한, 그리고 원리적으로 정당화될 수 없는 그러한 가

설들의 체계로 바라보아야만 한다.(Popper 1959: 317)

지식은 확실하고, 증명되는 문제이고, 오류에 빠지지 않아야 한다고 보는 견해는 철학사에서 오랜 전통을 가지고 있다. 그러나 우리는 포퍼로부터 우리의 최선의 과학이론들에 대해서도 비판적 태도를 가져야만 한다는 것을 배우게 된다. 우리는 과학사를 통해서 당시에는 가장 고도로 확증된 것으로 간주되고 거대한 규모의 경험적인 성공을 거두고 있었던 이론들조차 어떤 분야들에서 오류를 범하였다는 것을 알게 된다. 전반적으로 과학사는 근본 원리들 자체에서 일어나고 있는 심오한 변화를 보여주고 있다. 예를 들어 진공 속에서 빠른 속도로 돌면서 뉴턴역학의 법칙의 지배를 받고 있고, 서로 인력을 미치는 입자들이 물질을 구성한다는 뉴턴의 세계 개념은, 공간에 있는 모든 점들에 고루 퍼져나가게 되는 장의 관념으로 대체되었다. 특수상대성이론과 양자역학은 역학의 기본 법칙들이 개정되어야 한다는 사실을 의미하였으며, 특히 일반상대성이론은 우주와 시공간을 바라보는 우리들의 방식에 근본적인 변화를 일으켰다. 비전문가 수준에서도 이해할 수 있는 예를 하나 들어보면, 열이 한때는 우리 눈에 보이지 않고 우리들이 단지 느낄 수만 있는 물질의 흐름('열소caloric')이라고 널리 믿었던 적이 있었다. 그러나 현대 열역학에서는 열이라는 것이 입자들의 동력 에너지[11]가 나타난 것으로 간주되고 있다. 고래는 한때 어류로 분류되었지만, 지금은 더 이상 어류로 간주되고 있지 않으며, 지구의 나이는 수천 년이 아니라 수백만 년이라고 생각되고 있다.

이러한 모든 사실들을 통해 볼 때, 오늘날 모든 과학이론이 의심할 여지없이 입증 가능하다고 믿는 사람들이 많지 않다는 것은 놀랄 만한 일

---

11) 현대 열역학 이론은 열을 분자들의 평균 운동에너지로 간주하고 있다.

이 아니다. 포퍼는 세계에 관한 우리들의 지식은 모두가 미래에는 얼마든지 교정 가능한 잠정적인 것이라고 간주하는 철학적 입장인 **오류 가능주의**fallibism를 완전히 지지하고 있다. 이러한 그의 인식론은 지식에 관한 완전한 반권위주의anti-authoritarian 입장이라고 할 수 있으며, 이는 전체주의 정부 체제에 대한 그의 비판과 연계되어 있다. 그의 견해에 따르면 플라톤이나 맑스와 같은 사람들이 제안한 이상적인 사회를 창조하려는 계획은 고정되어 있는 단일하고 불변적인 이데올로기에 확고하게 집착하여 그러한 이데올로기에 불만을 표시하는 모든 견해들을 억압해나가는 것을 필요로 한다. 그러나 포퍼는 이러한 입장들과는 반대로, 신성불가침한 그 어떠한 것도 존재하지 않으며 과학자들이 이론들을 제안함으로써 가장 극단적으로 모험적일 수 있는 대담한 추측을 하는 분위기에서 과학이 번성하게 된다고 생각한다. 포퍼의 동료 라카토스Imre Lakatos(1922~1974)가 말했듯이, 포퍼는 "덕목은 오류들을 피하려고 하는 조심성에 있는 것이 아니라 그러한 오류들을 인정사정 보지 않고 제거하려고 노력하는 데 있다"라고 설명한다.(Lakatos 1968: 150) 이 말은 과학자들은 심지어는 자신의 이론들까지 의심해보아야 하고, 어떠한 독단적 주장에 대해서도 그것이 도입될 필요성이 있는가의 여부를 실험에 의해 조사해야 한다는 친숙한 생각에 잘 부합하는 것이다.

논리실증주의자들과는 달리 포퍼는 유의미한meaningful 언명들과 무의미한meaningless 언명들을 구별할 수 있는 방식을 제공하지 않았으며, 따라서 사이비 과학이 무의미한 언명들이라고 주장하지 않았다는 점을 주목하는 것이 중요하다. 그래서 그는 논리실증주의자의 주장과는 달리 반증될 수 없는 가설들이라도[즉 과학이론으로 인정받지 못한 주장들도] 완전하게 유의미할 수 있다고 생각하였다. 또한 포퍼는 반증될 수 있는 것만이 과학 내에서 도움을 줄 수 있거나 생산적인 것이라고 주장하지도 않았다. 따라서 그는 검증될 수 없는 형이상학적 이론들이 모두 배제되어야만 한다고 생각하지 않았다. 왜냐하면 때때로 과학자들은 비과학적인 믿음에 의해서도 과학적으로 흥미 있는 대담한 추측들을 하도록 고무될 수도 있다는 것을 그는 깨달았기 때문이다. 그래서 예를 들어 많은 과학자들은 신의 존재에 대한 자신들의 믿음이나 아니면 물리학의 기본 법칙들 속에 단순성이 있을 것이라고 하는 믿음에 의해서 영향을 받기도 하지만, 그러나 신이 존재한다고 하는 명제나 세계의 근본 구조가 단순하다고 하는 명제는 경험에 의해 반증될 수 없다. 포퍼의 과학적 방법론은 그러한 반증될 수 없는 믿음들이 비록 과학적인 가설들이 아닐지라도 과학적인 탐구 생활에서 중요한 역할을 한다는 점을 인정하고 있는 것이다.

포퍼의 주요 관심사는 사이비 과학을 비판하는 것이다. 왜냐하면 그러한 과학에 집착하는 사람들은 자신들의 이론들이 실제로는 과학적이지 않은데도 불구하고 과학적이라고 사람들을 미혹시켜 설득하려고 노력하기 때문이다. 그렇다고 그가 과학을 비과학과 구획 짓고 이로부터 비과학적인 분야나 실천에 어떤 잘못된 점이 있다는 사실까지 제안하려는 것은 아니다. 사실 포퍼는 맑스주의와 정신분석 이론 모두가 인간의 삶의 조건들에 대한 중요한 통찰력과 관점을 구체적으로 심어준다고 생각하였다. 그의 논의의 초점은 그것들이 단지 과학적이지 않다는 것이지, 아무런 가치가 없다고 주장하는 것은 아니다. 종교적인 믿음의 가치를 강하게 옹호하는 사례들이 분명하게 만들어질 수 있으며, 종교적인 믿음과 신앙을 가진 사람도 과학과 종교 사이에 그어진 분명한 구획선을 흔쾌히 받아들일 수 있다(사실 나는 이러한 일이 많은 과학자들에게 실제로 일어날 수 있을 것인가에 대해서는 의심스럽게 생각한다).

내가 앞에서 지적하였듯이, 반증주의자들은 모든 과학이론들을 동등하게 바라보지는 않는다. 어떤 이론들은 반증 가능하지만, 그 이론들이 예측하는 현상들은 흥미롭지도, 놀랍지도 않다. 그래서 내일 날씨가 맑을 것이다라고 하는 가설은 확실히 반증 가능할지라도 과학 내에서 큰 가치를 가지고 있지는 않다. 다른 무엇보다도 포퍼가 크게 평가하는 가설들은 신기한 예측들을 행하는 대담한 추측들이다. 사실상 포퍼는 어떤 것이 더 반증 가능한가를 알아보기 위해서 가설들을 비교할 수 있을 것이라고 믿었다. 예를 들어 모든 금속은 열을 가하면 늘어난다고 하는 가설 (1)을 생각해보자. 이 가설은 구리는 열을 받으면 늘어난다고 하는 가설 (2)보다 더 반증 가능하다. 왜냐하면 가설 (1)이 더 많은 관찰 언명들과 불일치할 수 있기 때문이다. 구체적으로 말하면 이 가설은 열을 가하게 될 때 구리처럼 늘어나지 않는 철이나 은의 특정 부분들에 관한 관찰 언명들과 불일치할 수 있다. 이러한 경우에 (2)의 모든 가능한 반증자falsifier들의 집합은 (1)의 모든 가능한 반증자들의 집합의 부분집합이 되며, 따라서 (1)은 (2)보다 더 반증 가능하다.

포퍼는 이론들에 대해서 반증 가능성의 정도에 따라 등급을 매길 수 있으며, 이 반증 가능성의 정도가 이론들의 경험적 내용에 대한 참된 척도라고 생각하였다. 하나의 이론이 고도로 반증 가능하다면 그 이론은 폭넓은 범위의 현상들에 대해서 엄밀한 예측을 해야 하기 때문에, 하나의 이론이 반증 가능성이 높으면 높을수록 이 이론은 더 좋은 이론이 된다. 이러한 사실은 무엇이 특정한 하나의 과학이론을 좋은 이론으로 만드는가에 대해 직관적으로 느끼는 생각과 잘 일치하는 것처럼 보인다. 과학자들은 가장 반증 가능한 이론들을 개발하는 것을 목적으로 삼아야만 한다는 말은, 이론들이 엄밀하면서도 광범위한 내용을 가져야만 한다는 것을 의미한다. 예를 들어 "열을 받으면 금속들의 형태는 변한다"와 같은 가설은 반증 가능하고 그 적용 영역이 광범위하지만, 고도로 반증

가능하다고 할 수 있을 정도로 엄밀하지는 않다. 그러나 "이 구리 조각은 열을 받으면 늘어난다"와 같은 가설은 아주 엄밀하지만, 그 적용 범위가 아주 좁다. 반증주의자의 관점에서 볼 때 이상적인 과학은 넓은 범위의 현상들에 적용될 뿐만 아니라 엄밀한 양적 예측들을 할 수 있는 가설들로 구성되어야 한다. 이러한 점은 우리들의 최선의 과학이론들과 잘 부합하는 측면이다. 예를 들어 뉴턴역학은 하늘에 있는 혜성들의 운동으로부터 지표면의 대포알의 운동 궤적에 이르기까지 넓은 범위의 현상들에 대해서 엄밀한 예측을 하고 있다. 또한 포퍼는 새로운 이론들이 옛날 이론들을 대체하게 될 때에도 새로운 이론들이 옛날 이론들보다 더 반증가능하다고 주장하였다. 이것은 분명히 과학사의 많은 일화들과 잘 부합한다. 예를 들어 뉴턴의 이론은 그 이전 이론인 케플러의 이론보다는 엄밀하며, 상대성이론은 뉴턴의 이론과 맥스웰의 전자기이론의 예측들을 개선하였다. 반증주의의 일부 기본적인 생각들은 과학에 대한 우리들의 직관들과 잘 일치하고 있는 것 같다.

3. 발견의 맥락과 정당화의 맥락

세심한 독자들은 소박한 귀납주의와 반증주의 간의 분명한 차이점을 이미 알아차렸을 것이다. 즉 소박한 귀납주의는 과학이론을 검사하는 방법에 관한 설명뿐만 아니라 과학자들이 과학이론들을 어떻게 만들어야 하는가에 대한 설명까지도 제공하려 한다는 점에서 반증주의와 다르다. 베이컨의 새로운 귀납논리는 어떤 영역의 현상들에 대해서 우리들이 탐구를 어떻게 시작해야 하는가와, 일반화와 법칙들의 산출은 귀납적 방법의 기계적인 작동에 의해서 자동적으로 이루어진다고 말하고 있음을 상기해보자. 과학사에서는 법칙들이 실험적인 자료들로부터 실제로 도출될 경우에만 인정될 수 있다는 믿음이 오랫동안 있어왔다. 뉴턴 자신도 자신이 관념적[사변적] 방법을 사용하지 않았으며 단지 관찰의 결과로부터만 역학의 법칙들을 연역했을 뿐이라고 주장하였다.[12] 그러나 앞 장의 마지막 부분에서 설명한 대로, 우리들은 이제 흥미로운 여러 사례들을 통해서 이러한 일이 가능하지 않다는 것을 알게 되었다. 심지어 뉴턴의 법칙들도 자료들로부터만 단순하게 해석될 수 없으며, 그리고 뉴턴이 내세우는 그러한 종류의 주장들도 지금은 진지하게 고려되고 있지 않다. 만약 20세기에 와서 과학적 방법에 관해 벌어진 논쟁들로부터 배울 것이 하나 있다면, 과학이론들의 생산은 일반적으로 자동적인 기계적 절차에 의해서가 아니라 창조적 활동에 의해 이루어진다는 것이다. 만약 이것이 옳다면, 우리들이 과학적 방법에 대해 생각할 때 아마 우리는 이론들을 창조적으로 생각해내는 방식과 이러한 이론들을 검사하는 연속적인 과정을 서로 구별해야만 할 것이다. 과학철학은 실제로 후자의 과정에만 관련되어야 한다고 포퍼는 생각하고 있기 때문에, 그의 저서에서 이 구별은 중심적인 뼈대를 이루고 있다.

포퍼는, 과학자들이 하나의 이론을 형성하려고 노력할 때, 형이상학적 믿음들, 꿈, 종교적 가르침 등과 같이 영감을 고취시켜주는 다양한 수단에 의존할 수도 있다는 점을 처음으로 강조한 과학철학자들 중의 한 사람이다. 그는 이러한 수단들 중의 어느 것도 부적법하다고 생각하지 않았다. 왜냐하면 그는 가설이 만들어지게 된 인과적 절차의 기원은 이 가설이 과학 내에서 얻게 되는 위상과는 아무런 관련성이 없다고 생각했기 때문이다. 과학자들이 채택할 필요성을 느끼게 되는 명상이나 상상력과

---

12) 이러한 의미에서 뉴턴은 "나는 가설을 만들지 않는다"라는 유명한 말을 하였다.

같은 종류의 것은 형식화될 수 없으며, 규칙들의 집합으로 환원시켜 설명할 수도 없다. 어떤 방식에서 보면 이러한 점은 오히려 과학을 다른 무엇보다도 예술에 더 가깝게 보이도록 만든다. 그러나 다른 한편 과학은 경험에 의한 검사가 가능하다는 점에서 예술과 다르며, 이러한 점이 어떠한 과학적 논쟁에서도 마지막 심판자가 되어야만 한다. 포퍼는 과학철학의 임무란 이론들이 어떤 과정으로 개진되었는가를 설명하는 것이기보다는 관찰과 실험에 의해서 과학이론들을 검사하는 것을 논리적으로 분석하는 일을 수행하는 것이라고 생각한다.

> 하나의 이론을 생각하거나 만들어내는 행위는 내가 보기에 논리적 분석을 필요로 하지도 않고 논리적 분석의 영향을 받는 것 같지도 않다. (……) 새로운 생각들이 어떻게 생겨났는가에 관한 물음이 (……) 경험심리학에서는 아주 큰 관심사가 될지 모르나, 그러나 그 물음은 과학적 지식에 관한 논리적 분석과는 아무런 관련성이 없다.(Popper 1934: 27)

포퍼는 우리들이 과학사와 어떤 이론들이 어떻게 개발되었고 수용되었는가에 관한 이야기를 탐구할 때, 두 가지 맥락, 즉 발견의 맥락과 정당화의 맥락을 구별한다. 이 견해는 어떤 내용을 생각하는 사람 자신과 그가 생각하는 내용은 서로 별개의 것이라고 하는 상식적인 직관과 잘 부합한다. 히틀러가 채식주의자라는 사실을 지적하는 것이 채식주의를 반대한다고 주장하는 것은 결코 아니다. 이와 마찬가지로 뉴턴이 연금술사이고 성경의 「요한계시록」에 광적일 정도로 지나친 관심을 가지고 있었다는 사실을 지적하는 것은 뉴턴의 역학을 반대하는 주장이라고 할 수 없다. 또 한편 아인슈타인이 평화주의자였다는 사실을 지적한다고 해서 그것이 결코 평화주의를 옹호하는 논증이 될 수는 없다. 일반적으로 하나의 가설을 지지하고 있는 증거는 그러한 가설을 신봉하고 있는 사람이나 신봉하고 있지 않는 사람과는 독립적이다. 그리고 하나의 생각이 실제로 좋은 생각인가 아닌가의 여부는 그 생각을 처음 떠올린 사람이 천재인가 아니면 바보인가를 결정하는 문제와는 아무런 관계가 없다. 하나의 가설을 옹호하는 증거를 평가할 때는 그 가설을 누가, 어떻게, 왜 생각하게 되었는가를 고려하지 말아야 한다고 주장하는 것은 이치에 맞는 것 같다. 과학이론들이 만들어진 인과적 기원과 이론들의 확증의 정도를 분리시키려는 위와 같은 시도는 과학적 지식의 객관성을 옹호하는 데 아주 중요하게 여겨지고 있다.

만약 과학이론들을 만들어내는 것과 이후에 진행되는 과학이론의 검사 과정이 서로 구별된다는 것을 우리들이 전제한다면, 우리들은 우리 자신이 아무런 선입견 없이 관찰을 할 수 없다는 사실과 과학자들이 새로운 이론들을 개발할 때 배경 이론들을 필수적으로 사용해야 한다는 사실로 인해 베이컨의 과학적 방법론과 맞닥뜨렸던 문제에 대해서 더 이상 고민할 필요가 없게 된다. 사실 베이컨 자신은 '맹목적blind' 실험들과 '계획된 designed' 실험들을 구별하였는데, 계획된 실험들은 우리들에게 현재까지 수집한 자료들을 똑같이 동등하게 설명하는 두 개의 경쟁 가설들 중에서 어느 하나를 선택할 수 있도록 만들어주기 때문에 맹목적 실험들보다 더 유용하다고 제안하였다. 이러한 제안의 배경에는 겉으로는 똑같이 좋은 이론으로 보이는 두 개의 경쟁 이론들 중에서 어느 하나를 선택해야만 하는 상황에 과학자들이 직면하게 되었을 때, 과학자들은 이 가설들이 서로 다른 결과를 예측하게 되는 실험적인 상황을 구성해야만 한다는 생각이 있다. 이러한 것이 바로 포퍼가 강조하였던 그러한 종류의 일이다. 그리고 일부 사람들은 내가 제1장에서 제시한 [귀납에만 의존하는] 그러한 종류의 베이컨의 방법론에 관한 표준적인 설명이 베이컨의 견해를 잘못 표현하였으며, 나중에 **가설-연역주의**hypothetico-deductivism라고 불리게 되는 방법까지도 베이컨이 예상하고 있었다는 점을 간과하였다고 주장하기도 하였다. 가설-연역주의 방법은, 가설들을 생각해내고 이 가설들로부터 실험에 의해 이론을 검사하는 데 사용될 수 있는 추론 결과들을 연역해내는 것이 과학의 근본적인 작업이라고 보는 〔널리 알려진〕 견해에 붙여진 이름이다. 내가 제1장에서 언급하였듯이, 그러한 실험들은 종종 '결정적 실험들crucial experiments'이라고 불리며, 이에 관한 유명한 예가 뉴턴의 중력이론과 데카르트René Descartes(1596~1650)의 견해를 추종하는 사람들이 선호하는 이론 중에서 어느 하나를 결정하기 위해 18세기의 프랑스 과학자들이 행한 실험이다. 뉴턴의 이론은 지구가 완전한 구가 아니며 자체의 중력에 의해서 극지방이 평평하다고 예측하였다. 데카르트의 추종자들은 지구는 극지방에서 길쭉하게 늘어나 있을 것이라고 예측하였다. 프랑스는 지구의 크기를 결정하기 위해 탐험대를 극지방으로 보냈으며, 그 모양은 뉴턴의 이론이 예측한 대로였다. 과학사에서는 이와 같은 사례들이 많이 있는 것으로 알려져 있으며, 가설-연역주의자들은 이러한 실험들이 과학적 방법론을 이해하는 데 아주 중요한 중심적인 역할을 한다고 믿고 있다. 그러나 결정적 실험들은 사실상 불가능하다고 주장되기도 하였다. 이에 관한 논의는 다음 절의 주제가 된다.

4. 듀앙 문제

내가 지금까지 얘기한 반증주의에 관한 설명에 따르면 과학이론들은 다음과 같은 방식으로 검사된다. 과학자들은 하나의 가설로부터 하나의 예측을 연역해내고, 그러고 나서 적절한 실험을 하였을 때 만약에 실험의 관찰 결과가 예측과 일치하지 않는다면 그 가설은 반증된다. 반증에 대해 생각하는 사유 방식은 하나의 이론 T와 T를 반증하는 관찰 언명 간의 관계를 표현하고 있는 다음과 같은 도식을 따른다.

  T ├ e 이 도식은 e가 관찰에 의해 결정될 수 있는 어떤 것이라고
      할 때, T가 e를 **함축한**다는 것을 말한다.
  ¬ e 이 도식은 e가 거짓이라는 것을 말한다.
  ¬ T 이 도식은 T가 거짓이라는 것을 말한다.

예를 들어 T가 모든 금속은 열을 받으면 늘어난다라는 이론이고, e는 하나의 구리 조각이 열을 받으면 늘어난다라고 하는 언명이라고 생각해 보자. 확실히 T는 e를 함축하며 그래서 만약 e가 거짓이라면 T도 거짓이 된다. 이상과 같이 진행되는 논증은 연역적으로 타당하다.

그러나 실제로 하나의 단일한 가설만으로는 이 가설로부터 관찰할 수 있는 어떤 것을 말하는 언명을 연역할 수가 없다. 오히려 가설들은 배경 조건들, 도구들의 신뢰성, 체계의 초기 조건들 등에 대한 다른 가정들과 결합되어야만 하나의 관찰 언명을 연역해낼 수 있다. 듀앙은 과학이론의 검사가 가지고 있는 이러한 특성을 인식하고 다음과 같이 말한다. "물리학에서의 실험은 이론의 체계로부터 분리된 독립적인 하나의 가설에 대해서만 판결을 하는 것이 아니라 이론의 전체 체계에 대해 판결하는 것이다."(Duhem 1906: 183) 혜성의 궤적을 관찰하여 뉴턴의 중력이론을 실험적으로 검사하는 경우를 생각해보자. 중력의 법칙만으로는 혜성의 어떠한 궤도도 예측하지 못할 것이다. 우리들은 혜성의 질량, 태양계의 다른 천체들의 질량과 상대적인 위치 및 속도, 태양계에 있는 다른 천체들에 대

해 상대적으로 갖고 있는 혜성의 초기 위치와 속도, 중력 상수를 표현하는 변수들에 값을 할당해야만 한다. 또한 여기에 뉴턴의 다른 운동의 법칙들도 도입해야 한다. 이러한 일들은 혜성의 앞으로의 궤적에 관한 예측을 우리들이 도출할 수 있도록 만들어줄 것이며, 이후에 우리들은 망원경을 사용하여 혜성의 실제 운동을 관찰하여 검사할 수 있게 된다. 혜성이 뉴턴 이론이 예측한 궤적을 따라 운동하지 않는다고 가정해보자. 우리들은 어디에 문제가 있다고 할 것인가? 중력의 법칙이 거짓이기 때문에 그럴 수 있고, 혹은 뉴턴의 다른 법칙들 중의 하나가 거짓이기 때문에 그럴 수 있고, 혹은 태양계의 다른 천체들의 질량값에 대입해 넣은 수치가 잘못되었기 때문에 그럴 수 있고, 혹은 혜성을 관찰하면서 실수가 있어서 그럴 수 있고, 혹은 망원경이 어떻게 작동하며 망원경을 왜 신뢰할 수 있는가를 설명해준다고 우리들이 생각하고 있는 광학의 법칙이 잘못되어서 그럴 수 있고, 그 밖의 다른 많은 사유들이 있어 그럴 수 있을 것이다. 관찰에 의해서 하나의 이론을 반증하는 것은 위의 도식이 제안하고 있는 것처럼 그렇게 직접적으로는 이루어지지 않는다는 것이 분명하다.

  듀앙은 광학에서 결정적 실험의 하나라고 널리 간주되고 있는 실제 사례를 제시하며 논의를 하고 있다. 18세기에 빛의 본성에 관한 두 개의 경쟁적인 이론들이 있었다. 주로 뉴턴 이론에 의존하고 있는 하나의 이론은 빛은 빠르게 운동하고 있는 아주 작은 입자들의 흐름으로 구성되어 있다고 설명하며, 주로 호이겐스Christiaan Huygens(1629~1695) 이론에 의존하는 다른 하나의 이론은 빛은 모든 공간을 꽉 채우고 있는 물질로 그 이름이 알려져 있지 않은 매질을 통하여 파동처럼 퍼져 나가는 운동을 하는 것으로 설명한다. 뉴턴의 이론은 물속에서의 빛의 속도가 공기 중에서의 빛의 속도보다 더 빠르다고 예측하였다. 그래서 똑같은 광원으로부터 나온 빛이 물과 공기를 동시에 통과하도록 하는 실험을 고안하고,

회전 거울을 정교하게 잘 사용하여 공기를 통과하는 빛은 무색을 띠게 하고, 물속을 통과하는 빛은 초록색을 띠게 만들어 빛이 두 개의 점을 형성하도록 실험 상황을 조작한다.[13] 만약에 물속을 통과하여 나온 빛이 공기를 통과하여 나온 빛보다 더 빠르다면 무색의 점[공기를 통과한 빛의 색깔]은 초록색 점[물속을 통과한 빛의 색깔]의 오른쪽에 위치해야 하며, 만약에 물속을 통과하여 나온 빛이 공기를 통과하여 나온 빛보다 더 느리다면 초록색 점이 무색의 점 오른쪽에 위치하게 된다. 그래서 우리들은 관찰할 수 있는 것을 기술하고 있는 언명, 즉 "무색의 빛의 도착 지점이 초록색의 빛의 오른쪽에 나타날 것이다"라는 하나의 언명을 이론으로부터 도출할 수 있는 상태를 얻게 되었고 이를 반증하기 위해 노력할 수도 있게 되었다. 이 실험이 행해졌을 때 물속에서의 빛의 속도가 공기 속에서의 빛의 속도보다 실제로 더 느린 것으로 결론 났고, 그리고 이러한 사실은 뉴턴의 이론을 논파하고 그 경쟁 이론인 파동이론을 지지하는 것으로 널리 인정받게 되었다.

    그러나 듀앙이 지적하였듯이 상황은 그렇게 간단하지가 않다. 빛이 공기 속에서보다는 물속에서 더 빠르게 진행한다는 내용을 도출시킨 뉴턴의 이론은 빛이 입자들로 구성되어 있다는 가설 외에도 전체적으로 아주 많은 가설들을 가지고 있다. 예를 들어 뉴턴은 빛의 입자들은 서로 잡아당기기도 하고 밀어내기도 한다[즉 인력과 척력을 가지고 있다]고 가정

---

13) 이 실험 장치는 일정한 속도로 빠르게 회전하는 거울에 의해서 가능하게 된다. 즉 속도가 빠른 빛이 매질을 더 빨리 통과하여 회전 거울에 먼저 도달하고(예를 들어 공기를 통과한 빛: 무색) 속도가 느린 빛은 나중에 회전 거울에 도달하게 되어(예를 들어 물속을 통과한 빛: 초록색), 회전 속도에 따라 차이가 나게 되어 있는 거울의 반사 각도에 의해 빛이 도착하는 지점이 다르게 되는데, 어느 곳을 통과한 빛인가의 여부는 빛의 색깔(즉 공기 속은 무색, 물속은 초록색)로 판단한다.

하면서도 이러한 힘들은 서로 매우 가깝게 위치하지 않는다면 무시될 수 있다고 가정하고 있다. 실험의 결과와 일치하지 않는 것이 바로 이러한 가정들이다. 그래서 보다 실제에 부합하도록 반증에 대한 도식을 만들어 보면 다음과 같을 것이다.

- (T&A) ⊢ e   이 도식은 T가 약간의 보조 가설들의 집합과 함께 e를 함축한다고 말한다.
- ¬e   이 도식은 e가 거짓이라는 것을 말한다.
- ¬(T&A)   이 도식은 T와 보조 가설들의 공접이 거짓이라는 것을 말한다.

그러면 '¬(P&Q)'는 논리적으로 '¬P or ¬Q'와 동치이다. (이 점은 분명하다. 논리학의 규칙에 따르면 만약 'P and Q'가 거짓이라면, 그러면 P가 참이 아니거나, Q가 참이 아니거나, 둘 다 참이 아니거나이다.) 그렇다면 과학자들은 실험에 의해서 반증되는 것이 T와 A의 집합들 속에 있는 가설들 중에 어떤 것인지를 어떻게 알 수 있겠는가?

듀앙은 이러한 문제가 널리 인지되어 있지 않음을 깨달았다. 사람들이 반증주의자의 방식으로 생각하든지 생각하지 않든지 간에 사람들은, 심지어는 아마도 일부 과학자들까지도 과학의 가설들이란 보조 가설들을 포함한 이론의 전체 체계와 분리되어 독립적으로 실험에 의해 검사되며, 이러한 실험 결과에 기초하여 유지되거나 아니면 배제되거나 한다고 생각하고 있다. 실제로 듀앙은 다음과 같이 말하고 있다.

물리학은 총괄적인 전체로서 간주되어야 하는 하나의 체계이다. 이 체계는 이 체계의 어떤 한 부분이 그것으로부터 가장 멀리 떨어져 있는 다른 부분들에까지 작용하고 어떤 부분들은 다른 부분들보다 더 많이 작용하게 되는데, 어쨌든 어느 정도이든 간에 이론의 전체에 있는 모든 부분들에 작용하지 않고서는 기능할 수 없도록 만들어진 유기체이다.(Duhem 1906: 187~188)

더 나아가 우리들은 반증의 사례들을 우리들의 가설을 논박하기보다는 논리학의 법칙을 논박하는 것으로 왜 간주할 수 없는가? 반증하는 증거들에 직면하게 될 때 우리들이 궁극적으로 물리학의 이론이 아니라 논리학을 포기하게 될 수도 있다고 주장한 철학자가 미국의 철학자 콰인 W. v. O. Quine(1908~2000)이다. 콰인은 만약에 하나의 개별 이론을 포기하는 것보다 논리학의 법칙을 배제하거나 우리들이 사용하는 용어들의 의미를 바꾸는 것이 더 편리하다면 그렇게 하는 것이 훨씬 합리적이라고 주장하였다. 콰인은 그래서 흄, 칸트, 논리실증주의자들이 인식론에서 근본적이라고 믿었던(제2장 1절, 제5장 3절 1항, 제6장 1절 3항 참조) 분석적 진리와 종합적 진리 간의 구별을 거부한다. 하나의 용어에서 그러한 의미의 변화를 보여주는 사례가 '원자'라는 단어의 의미 변화이다. 이 단어는 옛날에는 더 이상 나누어질 수 없는 어떤 것을 의미하였으나, 지금은 보다 작은 입자들로 된 특정한 유형의 집합체를 가리키고 있다. 물리학자들이 원자가 나누어질 수 있다는 걸 발견하였을 때, 이들은 '원자'라는 용어를 아주 포기하기보다는 이 용어를 다시 정의하여 그대로 사용하는 쪽을 택하였다.

콰인의 보다 급진적인 결론이 옳든지 그르든지 간에, 실험에 의해서 하나의 이론을 완벽하게 결정적으로 논박하게 되는 일이 있을 수 없다는 점을 포퍼가 시인해야 한다는 것은 분명하다. 실제로 포퍼는 이러한 점을 인정하였고, 그리고 하나의 이론을 반증할 수 있는 가능적인 반증자인 관찰 언명들의 집합과 마찬가지로 또한 역시 실험적인 과정이나 기술들의 집합이 있음에 틀림없으며, 그래서 그 이론과 관련되는 과학자들의 집단이 각 관찰 언명의 진리나 거짓이 입증될 수 있는 하나의 방식에 동의하게 된다고 주장하였다. 따라서 어떤 상황에서 검사할 것이 무엇인가에 대해 과학자들 사이에 상호 주관적인 일치가 있을 경우에만 과학에서 반증이라는 것이 가능하게 된다. 포퍼는 적절한 과학적 탐구에서 고차원의 이론적 가설과 기본 관찰 언명이 상충할 때 포기하게 되는 것은 언제나 고차원의 이론이라고 주장한다. 포퍼가 비록 관찰 언명에 의한 고차원의 이론에 관한 반증이 그 이론을 거짓이라고 증명하는proving 증거에 관한 문제가 아니라고 인정할지라도 그는 과학의 실천과 관련되는 한 그러한 반증이 결정적인 것이라고 주장한다. 즉 그는 상호 주관적으로 검사될 수 있는 반증이 최종적이라고 말하고 있는 것이다. 만약 하나의 가설이 과거에는 어떤 경험적 성공을 거두었지만 나중에 다시 반증되었다면, 그 가설은 포기되어야만 하며 새로운 가설이 제안되어야만 한다. 새로운 가설은 그 이전의 가설이 거두었던 성공이 어떤 것이었는가를 설명해야 하는 동시에 이전 이론에는 없는 경험적인 내용을 더 가지고 있어야만 한다. 사이비 과학이론이 반증될 때 겪게 되는 참담한 사태를 참된 과학이 피할 수 있는 것은 바로 그와 같은 방식으로 반증이 일어나기 때문이다.[14] 그리고 새로운 이론의 지지자들은 그 이론을 반증으로부터 구해내기 위해서 임의의 가설들을 첨부하여 그 이론에 새로운 설명을 도입하게 된다.

어떤 사람들은 반증이 완벽하게 결정적으로 이루어지지 않기 때문에

---

[14] 사이비 과학의 경우에는 그 이론의 내용이 보존되지 않지만, 참된 과학에 대한 반증은 나중의 이론 속에 그 내용이 (일부일지라도, 그리고 다소 모호할지라도) 보존되기 때문이다.

포퍼가 생각하는 반증과 확증 간의 비대칭성이 실제로는 존재하지 않는다고 주장하였다. 즉 이들은 만약에 과학적 공동체가 어떤 이론의 부정적 사례에 관한 관찰, 예를 들어 열을 받아도 늘어나지 않는 특별한 금속이 있다는 것을 기록하는 한 언명의 진리를 받아들이면서, 동시에 "모든 금속은 열을 받으면 늘어난다"와 같은 일반화를 믿고 있다는 것은 논리적으로 모순이 되기 때문에 그러한 비대칭이 존재한다는 주장은 잘못된 것이라고 주장하는 것이다. 그러나 다른 한편 똑같은 일반화에 대한 긍정적인 실증적 사례의 진리를 받아들이면서도 동시에 그 일반화가 거짓이라고 믿는다고 해서 이러한 점에 모순이 있는 것은 아니다.[15]

5. 반증주의의 문제

반증주의에 관한 포퍼의 설명에는 몇 가지 문제들이 있다. 이러한 문제들 가운데 몇몇은 포퍼가 처음으로 정교하게 다듬었던 이론의 구체적인 내용에 특유하게 들어 있는 것이었는데, 나중에 보다 세심하게 설명하거나 그 내용들을 약간 수정하여 피할 수 있었다. 그러나 어떤 문제는 너무나 일반적이고, 그래서 어떠한 종류의 귀납적 추론을 수용하지 않아도 과학적 방법을 설명할 수 있다고 하는 포퍼의 근본적인 생각에까지 이의를 제기하도록 만든다. 다음에서 우리들은 반증주의에 관한 주요 비판들을 간략하게 살펴볼 것이다.

---

15) 이것은 포퍼가 취하는 입장으로서, 귀납적 방법에 근거하는 일반화는 모두가 귀납적 비약의 문제가 발생할 가능성이 있기 때문에 거짓이 될 수 있다고 하는 것이다.

(1) 과학의 일부 적법한 부분들은 반증될 수 없는 것 같다

이 비판의 전개는 네 가지 범주로 나누어볼 수 있다.[16]

(a) 확률적인 언명들

과학은 가끔 어떤 사건의 확률에 관한 언명들을 유포하는 것 같다. 예를 들어 현대 물리학은 우라늄 235의 반감기가 7억 1000만 년이라고 말하고 있는데, 이 말은 하나의 우라늄 원자가 1/2의 질량 크기로 자연 붕괴하는 데 7억 1000만 년이 걸릴 가능성이 있다는 것을 의미하거나, 혹은 어떤 사람이 1kg의 우라늄을 가지고 출발했다면 7억 1000만 년 후에는 그 우라늄이 500g으로 자연 붕괴할 확률이 매우 높다는 사실을 의미한다. 그러나 실험에 의해서는 확률적이지 않은 확정된 결과가 나올 것이기 때문에 그러한 확률적인 언명들은 반증될 수 없으며, 그리고 이러한 사실은 원래의 언명과도 모순되지 않는다—확률적이지 않은 일들도 종종 일어나게 마련이다. 하나의 단일한 사건의 확률에 대한 어떠한 언명도 반증 가능하지 않다. 그래서 예를 들어 동전 하나를 높이 던졌을 때 앞면이 나올 확률은 1/2이지만, 우리들은 동전을 높이 던지는 실험을 통해 그 가설을 반증할 수가 없다. 왜냐하면 확률이 1/2이라는 사실은 동전을 높이 던져서 앞면이 나오든지 아니면 뒷면이 나오든지 간에 항상 일치하기 때문이다. 이러한 문제는 그 범위를 대규모 집단으로 한정하여 내려진 확률들일 경우에는 나타나지 않는다. 그래서 하나의 동전을 수백만 번 던졌을 경우에 던진 횟수의 50% 정도가 앞면으로 나올 것이라고 하는 확률은, 만약 던진 횟수의 90%가 뒷면으로 나온다면 논박되었다고 간주할

---

16) 래디먼은 원문에서 세 가지 범주라고 말하면서 네 가지 범주의 언명들을 제시하고 있다. 그래서 네 가지 범주로 내용을 고쳐서 번역하였다.

것이다. 나는 확률이란 누구에게나 조금씩 철학적인 지뢰밭minefield[17]의 일부가 된다라는 사실과, 포퍼는 우리들이 여기서 평가할 수 없는 많은 장점들을 가진 구체적인 확률이론을 발전시켰다는 사실을 지적하는 것 이외에는 확률적인 언명들과 이론들에 대해서 더 이상 말하지 않겠다.[18]

(b) 존재론적 언명들

포퍼가 보편적 일반화는 단지 부정적인 사례 하나만으로도 반증될 수 있다고 한 점에서는 옳다고 할지라도, 과학에서 많은 언명들이 이러한 형식으로 되어 있는 것은 아니다. 예를 들어 과학이론들은 블랙홀, 원자들, 바이러스, DNA 등과 같은 사물들의 존재를 주장한다. 어떤 사물의 존재를 주장하는 언명들이 그에 해당하는 사물을 발견하지 못했다고 하여 반증될 수는 없다. 물론 만약에 어떤 하나의 이론이 우리들이 다양한 환경들 속에서 반복해서 발견할 수 없는 어떤 사물의 존재를 주장하고 있다면, 그러면 우리는 그 사물이 미래에도 발견되지 않을 것이라고 생각하게 되는 귀납적인 근거를 가지게 된다. 그러나 반증주의는 믿음에 대한 귀납적인 근거들이 전혀 없을지라도 그러한 믿음을 가지도록 허용하는 것 같다. 이것은 반증주의와 과학적 실재론 간의 관계에 대해 물음을 던지게 한다. 포퍼는 관찰할 수 없는 대상들의 존재에 대한 믿음이 때때로 과학자들의 생각에 중요한 영향을 미치고 있었으며, 그 믿음이 물리학 내에서 중심 이론이라고 할 수 있는 원소들에 관한 원자이론과 같은 고도로 반증 가능한 이론들을 과학자들이 만들어내는 데 많은 도움을

---

[17] 숨어 있는 위험들이 많이 있다는 것을 의미한다.
[18] 포퍼도 이 문제를 잘 알고 있었으며 그래서 이 문제를 처리하는 방법을 다른 논문에서 제시하고 있다.

주었다는 사실을 명확히 하고 있다. 그러나 귀납에 대한 포퍼의 견해들은 이론적 대상들의 존재를 전제하고 있는 이론들이 경험적으로 성공적인 이론들이라 할지라도 이론적 대상들의 존재에 대한 믿음에 대해서는 어떠한 이론도 실증적인 근거들을 가질 수 없다는 사실을 함축하고 있다. 이러한 점은 우리들의 최선의 과학이론들이 지시하고 있는 것처럼 보이는 대상들이 실제로 존재한다고 믿을 수 있는 상당한 근거들을 우리들이 가지고 있다고 하는, 많은 사람들이 가진 생각과 상충하고 있다. 우리들은 이 문제에 관해 나중에 다시 논의할 것이다.

(c) 반증될 수 없는 과학적 원리들

반증될 수 없는 일부 원리들은 그럼에도 불구하고 여전히 과학적 지식의 일부분으로 간주되는 것이 올바르다고 주장할 수 있다. 그래서 예를 들어 에너지란 여러 가지로 다른 형식을 취할 수는 있어도 새로이 창조되거나 사라질 수는 없다고 언명하고 있는 에너지 보존의 원리는, 대부분의 과학자들이 이 원리가 실험에 의해 반증될 수 있다고 도저히 생각할 수 없는 위상을 가지고 있다. 오히려 이 원리를 분명하게 위배하는 것이 있다면 그것은 나머지 과학의 체계에 무언가 잘못된 것이 있으며, 나타난 것과는 다른 새로운 에너지원이나 에너지 소모 혹은 새로운 에너지의 형식이 전제되어야 할지도 모른다는 것으로 해석될 수도 있다. 또한 어떠한 폐쇄된 체계의 엔트로피는 항상 증가한다라고 언명하는 열역학 제2법칙은 반증을 할 수 없을 정도로 일반성을 가지고 있다고 주장하기도 한다. 이와 마찬가지로 '원격[원거리]작용-action at a distance'은 없다고 하는 원리, 다시 말하면 모든 물리적 인과 작용은 근거리의 국소적인local 상호작용들에 의해 매개되어진다고 하는 원리를 생각해보자. 이 원리는 하나의 사건이 공간적으로 멀리 떨어져 있는 다른 하나의 사건을 인과적으로

야기할 경우에는 이 두 사건들을 연결해주는 원인과 결과들로 된 연결고리들이 항상 있다는 것을 의미한다. 예를 들어 피아노 현의 진동은 인과적으로 우리들의 귀를 진동시키며 우리들이 피아노 음악을 들을 수 있게 만든다. 이 경우에 공기 속에서 진행되는 일련의 진동들이 바로 연결고리이다. 이 원리는 반증될 수 없다. 왜냐하면 이 원리는 분명한 반대 사례가 발견된다 하더라도 지금까지 알려지지 않은 어떤 매질이 존재할 것이라는 필요조건을 간단하게 제시할 것이기 때문이다. 이러한 사정은 뉴턴의 만유인력 이론의 경우에도 마찬가지이다. 뉴턴 자신도 이 이론을 항상 불완전하다고 생각하였는데, 그 이유는 이 원리가 모든 물체들 사이에 작용하는 인력을 전제하면서도 공간 속에서 이 힘이 어떻게 전달되는가를 전혀 설명하고 있지 않기 때문이었다. 나중에 이 문제를 해소하기 위해 장field의 개념이 도입되었고 이 개념은 전자기이론electromagnetic theory에까지 확대 적용되었다. 전자기이론은 만유인력과 유사하게 원거리에서 작용하는 힘(정전기 인력과 척력)의 현상〔나침반 바늘에 자석이 작용하는 현상〕들을 다룬다. 특정한 장에 관한 이론들〔국소 이론들local theories〕을 탐구하는 것은 과학사에서 확실히 많은 성과를 거두어왔다. 그리고 이와는 달리 반증될 수 없는 원리들, 심지어는 형이상학적이기까지 한 원리들을 사용하는 것 또한 여러 면에서 성공을 거두어왔다.

　논쟁의 여지가 있지만, 과학에는 중심적인 원리이면서 반증될 수 없는 방법론적인 원리들도 있다. 그래서 예를 들어 다른 모든 조건이 같다면 단순하면서 통일적인 이론들이 혼란스럽고 복잡한 이론들보다 참이 될 가능성이 더 많다고 과학자들은 직관적으로 간주하고 있다. 예를 들어 참새 집단이 여러 지역에서 감소하고 있는 것이 감지되었다고 생각해보자. 각기 분리된 지역에서 발생한 이러한 현상의 원인을 탐구하는 과학자들은 보통 이러한 현상들을 통합적으로 설명하는 원인을 찾게 되는데,

그 원인으로 생울타리의 파괴를 들고 있다. 이로써 다른 곳에서도 참새와 다른 새들이 같이 감소하는 이유를 동시에 설명할 수 있게 되었다.[19]
우리는 일상생활에서도 이러한 방법의 원리를 많이 따르고 있다. 만약 의사가 특정한 증상들을 가진 환자들의 수가 갑자기 증가하는 것을 관찰하게 되면, 그는 아마도 하나의 병원균에 의해 그 병이 생겼을 것이라고 가정할 것이다. 만약 탐정이 무장 강도가 어느 지역에서 급증하였다는 보고를 듣게 되면, 그는 아마도 적극적으로 활동하는 강도들의 조직을 찾을 것이다. 물론 이 모두가 틀릴 수도 있다. 그러나 단순성은 **오류 가능한**fallible 다른 많은 방법론적 원리들 가운데 하나에 불과하다고 주장할 수도 있다. 어떤 사람은 단순하고 통합적인 설명에의 추구가 경험적으로 성공적인 이론들을 제시하는 데 아주 믿을 만하기 때문에, 우리가 단순하고 통합적인 과학이론들을 믿을 수 있는 귀납적인 근거들이 있다고 주장한다. 그러나 이들은 때때로 자연은 복잡하고 정리되어 있지 않기 때문에 우리들이 단순성을 절대적인 필요조건으로 삼지 말아야 한다는 사실을 덧붙이곤 한다.

물론 포퍼는 과학이론들을 믿도록 만드는 실증적인 근거들을 우리들이 가지고 있는가에 관한 논의라면 어떤 것이든지 거부할 수도 있다. 그에게 있어서 문제는, 과학자들은 특별히 단순하거나 아름다운 이론을 발견했을 때 자신들이 올바른 탐구 과정에 있다는 것을 확신하게 된다고

---

19) 개나리나 탱자 등과 같은 살아 있는 나무로 된 생울타리는 새들에게 새끼 치기, 휴식, 은폐 공간과 먹이 자원을 제공하는 주요 서식 기능을 가지고 있다. 그래서 생울타리의 파괴는 새들의 먹이가 되는 곤충이나 나무 열매의 수를 감소시키기 때문에 참새들이나 그 외 다른 새들의 감소를 초래하게 된다. 생울타리와 새의 서식에 관한 이러한 생태학적 보고는 영국 조류학회 소식지(BTO[British Trust for Ornithology] News) 2001년 11월~12월호(No. 237)에 실려 있다.

주장하는 많은 과학자들이 있다는 것을 어떻게 설명할 수 있는가이다. 우리들은 소박한 귀납주의의 경우와 마찬가지로 반증주의에 대해서도 반성적 평형reflective equilibrium의 필요조건을 적용해야 한다. 그래서 만약 포퍼의 이론이 과학적 실천과 실제로 부합하지 않는다면, 이 사실은 결과적으로 그 이론을 반대하는 강력한 논증이 될 것이다. 아인슈타인의 특수상대성이론은 혼란한 상황에 단순성과 통일성을 부여함으로써 이룩한 과학적 진보의 아주 훌륭한 사례이다. 종종 물리학의 경우뿐만 아니라 다른 과학에서도 하나의 이론에 대한 수학적인 형식이 이러한 고려사항들 중에서 가장 핵심적인 것이라고 할 수 있는데, 이러한 점을 적절하게 말하기 위해서 우리들은 특수한 경우들을 보다 자세하게 다룰 필요성이 있다. 그러나 때때로 과학에 본질적인 것이라고 주장하는 보다 근본적인 단순성의 원리가 있다. 즉 오캄의 면도날이 바로 그러한 원리인데, 이 원리는 어떤 것을 설명하기 위해서 절대적으로 필수적인 대상들 이상으로 많은 수의 대상들을 가져오지 말 것을 대략적으로 규정하는 원리이다. (이러한 종류의 단순성을 존재론적 경제성이라고 말한다.)

우리들은 이러한 원리들의 위상에 관해서는 나중에 보다 구체적으로 논의할 것이다. 지금으로서는, 말하자면 〔오캄의 면도날을〕 대신하는 역할로서 형이상학적 원리들을 반증시키는 것이 가능하다고 반증주의자들이 주장할 수 있다는 점만 주목하자. 듀앙은 형이상학적 이론이 특정한 과학이론을 전혀 함축하지 않을지라도 그 이론이 어떤 과학이론들을 배제할 수 있음을 관찰하였다. 예를 들어 데카르트의 형이상학적인 세계상은 완전히 물질로 꽉 차 있어서 어떠한 진공도 허용될 수 없는 세계로서, 뉴턴의 역학과는 상충하고 있다. 그래서 거의 확실하게 뉴턴역학의 성공은 데카르트의 세계상에는 아주 불리한 것으로 작용할 수 있다. 이러한 듀앙의 생각은 반증주의에 반대하고 있는 현재의 비판적 주장에 대한 하나의 대답으로 개진될 수도 있다. 그러나 우리는 이 문제를 지금은 더 이상 고찰하지는 않을 것이다.

(d) 자연도태의 가설들

포퍼는 한때 진화론에 비판적이었다. 왜냐하면 가장 적합한 종들이 생존하게 된다는 가설은 동어반복적인 뻔한 진리로서 정의definition에 의해 진리를 말하는 것에 불과하기 때문에 반증될 수 없다고 생각하였기 때문이다. 그래도 지금은 진화론이 좋은 과학이론의 가장 우수한 사례로 널리 간주되고 있다. 대부분의 생물철학자들은 진화론의 실제 내용은 '가장 적합한 것이 생존한다'라는 구절에 있는 것이 아니라, 돌연변이와 변종의 출현을 조건부로 대표적인 특성을 전해주는 유기체의 관념에 있다고 주장한다. 돌연변이와 변종들은 자신들을 재생산할 수 있는 유기체들의 후손들이 오래 생존할 기회를 증가시키거나 감소시키며, 그리고 그러한 특성들을 전달해나간다. 이러한 내용들은 아주 다양한 종들의 존재와 이들의 환경에 대한 적응, 또한 이들 사이에 존재하는 구조와 형식의 유사성들을 설명하는 것으로 여겨진다. 이 이론은 간접적으로 반증 가능하지만, 진화론적 설명들의 위상에 관한 논의는 여기에서 우리가 논의하기에는 너무나 광대한 주제이다.

(2) 반증주의는 스스로 반증될 수 없다

포퍼는 이러한 점을 인정하고 있지만, 자신의 이론은 과학적 방법에 관한 철학적 또는 논리적인 이론이지 과학이론은 아니기 때문에 반증될 수 없다고 말하고 있다. 그래서 이러한 내용의 반대는 가끔 등장하기는 해도 적절한 비판이라고 볼 수 없다.

(3) 반증 가능성의 정도에 관한 개념에 문제가 있다

보편적 일반화에 대한 가능한 반증자들의 집합은 항상 무한하며, 따라서 반증 가능성에 대한 절대적인 측정은 있을 수 없고, 오직 상대적인 측정만이 가능하다. 앞에서 우리들은, 어떤 하나의 이론의 경험적 추론 내용들이 다른 이론의 경험적 내용의 부분집합이 되는, 반증 가능성의 정도라는 개념에 관하여 논의하였다. 그러나 가끔 상황은 매우 복잡해질 수도 있다. 예를 들어 아인슈타인의 중력이론은 뉴턴의 이론보다 반증의 정도가 높다고 생각할 수 있으나 우리들이 보았듯이 어떤 한 이론의 경험적 추론 내용들은 배경 이론들이나 가정들과 공접해야만 그러한 이론으로부터 도출될 수 있다. 그래서 우리들은, 배경이 되는 이론들이나 가정들이 독립적으로 참이 될 것이라고 믿는 한도 내에서, 고차원적이고 정교한 이론들이 가지고 있다고 우리들이 생각하는 경험적 추론 내용들을 그 이론들이 가지고 있다고 믿는 근거를 제시할 수 있을 뿐이다. 듀앙 문제는 이론들의 반증 가능성의 정도에 대한 판단이 전체 가설들의 체계에 따라 상대적으로 이루어진다는 것을 의미하는데, 그렇게 되면 우리들이 그렇게 판단하는 기반은 과거 경험에 있게 되고, 이러한 점으로 인해 귀납이 슬며시 개입하게 된다.

다음 장에서 알아보겠지만 이 문제는 만약에 모든 관찰들이 이론 의존적이라는 것을 보여준다고 주장하는 몇몇 철학자들의 논증을 고찰하게 될 경우에는 보다 심각한 주제가 된다. 만약에 그러한 논증이 옳다면, 그래서 과학이론들에 전면적인 변화가 발생한다면 관찰 현상으로 간주되었던 것에도 큰 변화가 일어나게 될 것이며, 여러 경쟁적인 이론들에 대해서 중립적인 관점으로 경험적 내용들을 비교하는 것이 일반적으로 불가능하게 될 것이다.

(4) 포퍼는 미래에 대한 우리들의 예기를 설명할 수 없다

이 장 2절의 두 번째 인용문에서, 포퍼는 최선의 이론들까지도 개연적으로probably 참이라고 믿을 수 있는 권한이 우리에게는 부여되지 않았다고 말했다. 그의 입장은 궁극적으로는 극단적인 회의론으로 연결되어 있다고 할 수 있으며, 실제로 그는 귀납이 정당화될 수 없지만 그럼에도 불구하고 우리들이 귀납을 사용하지 않을 수 없다라고 말한 흄보다 더 나아가 과학자들이 귀납이라는 것을 모두 피할 수 있어야만 한다고 주장한다. 그러나 이러한 일이 도대체 가능한 일인가? 그리고 우리들이 과학이론들을 믿는 것에 대해서 실증적인 근거들을 전혀 확보할 수 없다고 말하는 것이 과연 이치에 합당하다고 할 수 있는가?

우리들의 과학적 지식이 순전히 부정적인 것이라고는 볼 수 없으며, 만약에 그렇게 순전히 부정적인 것이라면 우리들이 과학적으로 알게 된 어떤 믿음들에 대한 신뢰를 우리들이 어떻게 가지게 되었는가를 이해하는 것은 매우 어려워진다. 어쨌든 의사들이 관련 증상을 보이는 사람에게 페니실린을 처방하는 것은 페니실린이 세균 감염과 싸우게 된다고 그 의사들이 믿고 있기 때문이다. 어떤 원인은 어떤 결과를 야기한다는 믿음과, 어떤 원인은 어떤 결과를 야기하지 않을 것이라고 하는 믿음은 우리들의 행위에 정보를 제공한다. 예를 들어 포퍼에 따르면, 만약 내가 높은 건물의 꼭대기 층에서 창밖으로 뛰어내려 그 건물을 벗어나려고 할 경우 내가 지상에 떨어져 심하게 상처를 입을 것이라고 하는 나의 믿음에 대해서는 〔내가 떨어져보지 않았으니까〕 어떠한 긍정적 지지도 실증적으로 존재하지 않는다. 만약 과거의 사례들에 대한 관찰이 일반화에 대해 실제로 어떠한 정당화도 부여하지 않는다고 한다면, 내가 창밖으로 뛰어내려 아주 가볍게 날아서 아무런 상처도 없이 지상에 도달할 것이라고 믿을 경우에도, 앞서와 마찬가지로 나는 합리적인 믿음을 가졌다고

할 수 있다. 나는 이런 점 때문에 포퍼의 견해를 받아들일 수 없다고 본다. 왜냐하면 지상에 안전하게 도달하기를 희망할 때[즉 자살하려고 생각하지 않을 때], 높은 건물의 꼭대기 층에서 창밖으로 뛰어내리는 것은 계단을 이용해 내려가는 것보다 비합리적이라는 사실이 대부분의 우리들에게 아주 분명해 보이기 때문이다. 만약에 우리들이 귀납에 대한 포퍼의 허무주의를 채택한다면 사람들이 현재와 같은 방식으로 행동하는 이유를 설명할 방법이 없어지며, 우리들은 일반화에 대한 실증적인 믿음은 어떤 것이든 비과학적이라고 비난해야만 한다.

물론 일반 법칙들과 자연 세계의 미래의 행동에 대해 법칙들로부터 추론된 내용을 믿고 있다는 경험에 기반하여 우리들이 언제 그리고 어떻게 정당화될 수 있는가 하는 것은 귀납의 문제라고 할 수 있다. 그러나 이러한 문제는 계단을 이용하는 것이 보다 더 합리적인가 아닌가의 여부를 결정해야 풀리는 문제가 아니라 계단을 이용하는 것이 왜why 더 합리적이라고 할 수 있는가를 결정하는 문제라고 대부분의 철학자들은 생각한다. 포퍼는 이러한 도전적인 이의 제기에 대해 확인corroboration의 개념을 도입하고 있다. 하나의 이론은 만약에 반증되지 않은 신기한 예측들을 행하는 대담한 추측일 경우에 확인되었다고 할 수 있다. 가장 잘 확인된 이론은 우리들이 다양한 방식으로 그 이론이 거짓임을 입증하려고 노력하였으나 성공하지 못했기 때문에 참이 된다고 포퍼는 말한다. 가장 잘 확인된 이론은 우리들이 참이라고 믿을 수 있는 어떤 근거들을 가지고 있는 이론이 아니라, 그 이론이 거짓이라고 생각할 수 있는 근거를 최소한도로 가지고 있는 이론이다. 그래서 뛰어내리지 않고 계단을 이용하여 건물을 벗어나려고 하는 것처럼, 미래에 대한 계획을 세우는 데 있어서 그러한 확인된 이론을 이용하는 것은 합리적이라고 할 수 있다. 포퍼는 하나의 이론이 확인되었다고 하는 사실은 그 이론이 다른 더 많은 도전들을 불러들이고 있다는 사실을 의미할 뿐이라고 강조한다.

그러나 대담성과 신기함의 개념들은 역사적으로 상대적인 의미를 갖는다. 대담성은 배경 지식에 비추어볼 때 가능성이 거의 없다는 것을 의미하며, 따라서 고도로 반증 가능한 것을 의미한다. 그리고 신기함은 현재 확인된 이론들에 의해서 이전에 알려 있지 않았거나 혹은 예상할 수 없었던 것을 의미한다. 그래서 과거 경험에 기반하는 귀납이라는 것이 부지불식간에 포퍼의 설명에 살며시 다시 한번 들어오게 된다. 더 나아가 최선으로 확인된 무한한 수의 이론들이 있다. 왜냐하면 우리의 최선의 확인된 이론들이 무엇이 되든지 간에, 과거에 대해서 말하는 내용들에 있어서는 일치하면서 미래에 대해 말하는 내용에서는 차이가 나는 무한한 수의 이론들을 우리들이 구성할 수 있기 때문이다. 내가 공기 중으로 뛰어내린다면 오늘까지는 중력이 나에게 항상 작용한다는 이론은 높은 빌딩 밖으로 뛰어내리지 말라고 하는 다른 이론과 마찬가지로 지금까지의 나의 모든 경험에 의해서 똑같은 정도로 확인된다. 여기서 다시 우리들은 어떤 귀납추리들이 가지고 있는 합리성을 포퍼가 말한 내용을 무시하면서까지 수용하지 않을 수 없을 것 같다.

(5) 과학자들은 때때로 반증을 무시한다

과학자들에게 그들이 가진 가정들을 대부분 포기하는 조건하에 미리 언명할 준비가 되어 있어야 한다고 요구한다면 곧 실망할 것이다. 우리들은 이미 앞서 에너지 보존의 원리들에 관한 사례들을 논의하였다. 그러나 하나의 이론을 포기하는 것 대신에 그 이론을 구제하기 위해서 과학자들이 새로이 수정된 이론들이나 혹은 다른 임시변통적인 ad hoc 가설들을 모색하고 있는 사례들을 과학사에서 많이 볼 수 있다. 포퍼는 이러한 점을 인정하면서도, 그러나 논박으로부터 하나의 이론을 구제하기 위해 만들어진 임시변통적인 가설들이 만약에 더 많은 예측들을 함축한다면 수용될 수 있다고 주장한다. 그는 논박으로부터 하나의 이론을 구제하기 위해 만들어진 임시변통적인 수정 이론과 그렇지 않은 수정 이론을 구별한다. 그리고 반증하는 사례가 나타난 후에 제안된 수정 이론들은 옛날 이론들의 부분적인 경험적 성공을 설명해야 하고 동시에 더 많은 경험적 내용을 가지고 있어야 한다고 주장한다. 그렇지 않다면 그 수정 이론들은 임시변통적인 것이 될 것이며 따라서 과학 내에서는 수용될 수 없을 것이다.

예를 들어 19세기에 뉴턴역학은 그 당시 알려진 행성들의 질량, 위치, 운동들에 대한 사실들이 모두 주어졌을 때 천왕성의 궤도가 실제로 관찰된 것과는 다를 것이라고 예측하였다. 그 당시 대부분의 과학자들은 자신들의 이론이 반증된 것으로 간주하지 않고 그 이론에 수치를 대입하여 계산하는 매개변수들 중의 하나가 잘못되었을 것이라고 가정하였고, 어떤 과학자는 그러한 알려진 자료들을 그대로 인정하고 그에 맞추어 계산할 수 있는 다른 새로운 행성의 존재를 제안하였다. 이러한 점은 포퍼의 입장에서는 수용 가능하다. 왜냐하면 이러한 수정은 그렇게 새로운 행성이 관찰될 수 있음을 예측함으로써 과학의 경험적 내용을 증가시켰기 때문이다. 사실상 오래지 않아 해왕성이 예측되었던 위치로부터 1도의 원호각degree of arc 범위에서 관측되었다. 그리고 이후에 관찰과 측정 기구들이 보다 엄밀해짐에 따라 이와 같은 과정을 또다시 거쳐서 명왕성이 발견되었다.

한편 하나의 이론에 대해서, 단지 이 이론만을 구제하는 역할을 하거나 그러한 구제의 측면에서만 정당성을 가지는, 별 가치가 없는 쓸데없는 전제에 의해서 논박으로부터 벗어날 뿐이라고 모든 사람들이 인정하는 극단적인 사례들이 있다는 것도 확실하다. 예를 들어 20세기 초반 벨리코프스키Velikovsky라는 사람이 인간의 역사에는 일련의 대격변들cataclysms이 있었다고 하는 이론을 제안하였다.[20] 그 이론은 기록을 통해서나 구전으로 전해지는 역사에 이러한 대격변의 사건들에 관한 어떤 기록이나 흔적이 있어야 한다고 예언하였는데, 그러나 그러한 어떠한 기록도 발견되지 않았다. 이것은 벨리코프스키가 분명하게 논박이 가능한 것을 불필요한 이상한 가설들을 도입하여 논박을 피하려고 시도한 명확한 사례이다. 그가 논박을 피하기 위해서 도입한 불필요한 가설은 대격변이 너무나 심한 외상을 사람들에게 가하였기 때문에 사람들이 집단적인 기억상실증에 걸려 그 대격변들을 기록할 수 없었다고 하는 것이다. 이러한 수정은 필요한 경험 내용을 더 이상 그 이론에 제공하지 않기 때문에 임시변통적이라고 할 수 있다. 이와 마찬가지로 만약에 성경이 글자 그대로 참이라면 지구의 나이는 대략 6000년 정도밖에 되지 않으며 6000년보다 더 오래된 것으로 나타난 공룡의 화석들은 성경의 이론을 논박하는 것처럼 보인다. 그러나 이러한 상황에서도 [성경 해석에 관한] 근본주의자들에게는 신이 실제로 그 공룡 화석을 그 장소에 갖다놓은 것이며 우리들의 신앙을 시험해보기 위해서 6000년보다 더 오래된 것처럼 보이도록 그 화석을 만들었다고 주장할 가능성은 항상 열려 있다. 하나의 이론을 논박으로부터 구제하기 위해 나타난 이러한 두 방식은 모두가 유사한 구조를 가지고 있는 것처럼 보인다. 이들의 주장의 맹점은 그 이론을 구제하는 가설을 독립적

---

[20] 벨리코프스키Immanuel Velikovsky는 이 이론을 1950년에 출간된 『충돌하는 우주 Worlds in Collision』(New York: Dell, 1972)라는 그의 책에서 제안하고 있다. 이 책 (p. 182)에서 그는 여신 아테나(벨리코프스키는 금성으로 생각한다)가 제우스(벨리코프스키는 목성으로 생각한다)의 머리에서 튀어나왔다고 하는 고대 그리스 신화의 내용을 중국, 인도, 이집트, 이스라엘, 멕시코 등의 신화와 연결지어 해석하면서, "금성이 혜성으로 있다가 태양계의 한 행성과 접촉한 후에 행성이 되었다"라고 주장하고 있다. (출처: http://www.rathinker.co.kr/skeptic/velikov.html)

으로 검사할 수 있는 방식이 존재하지 않는다는 점이다. 그러한 주장은 가능적으로 반증하는 증거와 이론을 〔실험과 같은 검사에 의해서가 아니라〕 단지 말로써 조정하고 있는 것이다.

　불행하게도 과학사에서는 반증하는 관찰을 설명하려고 여러 가지 시도를 했음에도 불구하고 성공하지 못하여 수년 동안 이를 묵인하고 종전의 이론을 사용해왔던 경우들이 나타난다. 예를 들어 보어Niels Bohr(1885~1962)의 초기 원자론은 실제로는 논리적으로 일관성이 없었지만 그래도 작용모델로서 널리 채택되어 사용되었다. 수성의 궤도는 수년 동안 뉴턴의 역학이론과 맞지 않는다고 알려져 있었지만, 이로 인해 뉴턴 이론이 배제되지는 않았다. 마침내 아인슈타인의 중력이론이 수성의 올바른 궤도를 예측하였으며, 그래서 뉴턴 이론은 반증된 것으로 간주되었다. 뉴턴주의자들은 자신들이 뉴턴물리학의 기본 가설들을 거부하게 되는 조건들을 제시하지 않았다는 논쟁을 만들 여지가 있으며, 그러한 조건을 제시해야 하는 책임의 이행 여부가 좋은 과학이 되기 위한 필수적인 조건인 것 같지는 않다. 〔그러한 조건을 제시하지 않았다고 해서 뉴턴물리학이 좋은 과학이 아니라고 보는 것은 아니기 때문이다.〕 보다 일반적으로 말하면 과학자들이 성공적인 이론을 가지고 있는 경우에는 이 이론보다 더 좋은 대안적인 경쟁 이론들이 없다면 그 이론을 반증하는 관찰들만으로는 그 이론을 포기하도록 만드는 데 충분하지 않을 것이라고 하는 것이 사실인 것 같다.

6. 결론들

　포퍼는 지금은 널리 강조되고 있는 좋은 과학의 특성들에 대한 우리들의 관심을 이끌어내었다. 즉 전통적인 지혜에 대한 비판적인 태도, 엄밀하고 광대한 범위의 경험적 내용들에 대한 주장, 실험과 관찰을 위한 근본적인radical 새로운 가능성들을 열어놓는 대담한 추측을 하면서 문제를 풀려고 하는 창조적인 사유의 사용 등이다. 임시변통성, 신기한 예측, 확인의 개념들은 과학에서 올바른 추론과 잘못된 추론의 차이점을 설명하는 데 분명히 중요한 역할을 담당하고 있다. 라카토스는 포퍼의 반증주의를 개선하려고 많은 노력을 하였으며, 그래서 우리들이 논의하였던 문제들 중에서 몇몇을 피할 수 있는 방도를 마련하였다. 그러나 많은 과학자들이 이론은 실험에 의해 반증 가능해야 하며 이론을 반증하려고 적극적이고 능동적으로 노력하는 것이 중요하고 생산적이라고 주장할지라도, 어떤 형식을 취하든지 간에 귀납에 의지하지 않고서는 과학적 방법과 과학적 지식의 정당성을 설명할 수 없을 것 같다. 과학에는 반증과 마찬가지로 확증도 중요하다. 최소한 이러한 내용만큼은 많은 사람들이 믿고 있는 것이며 포퍼의 생각들 중에서도 어떤 것들은 보다 세련된 귀납주의의 설명을 만드는 데 일조한다.

발견의 맥락과 정당화의 맥락의 구별은 과학이론들을 어떻게 개발하는가에 관한 문제를 경쟁 이론들과 견주어 그러한 이론들을 어떻게 검사하는가에 관한 문제로부터 분리해내기 위해서 세련된 귀납주의자들이 사용하고 있다. 그러한 세련된 귀납주의는 어떤 하나의 이론을 검사할 수 있는 자료들을 확보하지도 않고 먼저 그 이론을 제안하거나 심지어는 아예 이론으로서 제시하는 것처럼, 과학사에서 왕왕 일어나는 일화들에 의해서 논박당하지는 않는다.[21] 그 대신 가설-연역주의 모델이 채택될 수 있다. 이론들은 필요하면 어떠한 수단과 방법을 가리지 않고 만들어

---

[21] 자료에 근거하지 않고 이론을 제안하는 것은 발견의 맥락이며, 따라서 귀납적으로 정당화되는가의 문제와는 구별되기 때문이다.

질 수 있다. 그러나 그런 경우 그 이론들의 확증의 정도는 그 이론들과 증거 간의 관계가 될 것이며, 그 이론들이 어떻게 만들어졌는가의 문제와는 무관하다. 베이컨 이래로 밀의 방법, 휘웰Whewell의 일치consilience에 관한 설명, 카르납과 라이헨바하의 수학적인 확률이론에 관한 이론들을 포함하여 귀납논리학과 확증에 관한 많은 이론들이 나타났다. 그러나 우리들은 다음 장에서 과학적 방법에 관해서 이와 다른 입장을 취하고 있는 견해를 고찰하게 될 것이다.

∴

앨리스: 자, 너는 사물의 존재를 믿을 수 있게 만드는 실증적인 어떠한 근거도 우리들이 가질 수 없다고 감히 주장하진 못할 거야. 나는 귀납을 어떻게 정당화하는지는 잘 모르지만, 그것은 가끔 확정적으로 정당화되기도 해. 너는 다음에 오는 기차를 타지 않으면 지각할 것이라고 믿을 근거를 내가 가지고 있지 않다고 정말로 생각하고 있니?

토머스: 잘 모르겠어. 아마 우리들은 삶을 영위하기 위해서는 사물들에 대한 확정적인 믿음들을 형성해야 할 텐데, 그러나 그렇다고 해서 그러한 믿음들이 참이라는 것을 의미하지는 않아.

앨리스: 그럼, 어쨌든 과학은 그러한 점에서 일상생활과 비슷하다고 할 수 있어. 만약에 과학자들이 항상 완전하게 회의적이라면, 그들은 어디서든지 성공하지 못할 거야. 가끔 그들은 하나의 이론에 의존할 필요가 있는 것 같아. 과학자들이 어떻게 풀어 나가야 할지 알 수 없는 약간의 문제들을 그 이론이 가지고 있더라도 말이야.

토머스: 하지만 정말 이제까지 난 과학과 그 외 다른 믿음의 체계 사이의 차이점을 보지 못했어. 과학자들이 자신들의 편견에 부합하지 않는 증거들을 무시하는 것이 어떻게 괜찮다고 할 수 있겠니?

앨리스: 만약에 하나의 이론이 그 이론을 지지하는 많은 다른 증거들을 가지고 있고 잘 작용하고 있다면, 그 이론을 대체할 수 있는 이론도 없는데 그 이론을 포기하는 건 정신 나간 짓이라고 할 수 있어.

토머스: 그러면 만약에 그것이 경쟁 같은 것에 관한 문제라면, 우리들이 소위 과학적 지식으로 간주하는 것은 우리들이 이 지식과 우연히 비교하게 되는 것에 따라 결정되고, 그래서 똑같은 이론이 어느 날에는 과학적 지식으로 간주되다가 다른 날에는 아닐 수도 있어. 그 이유는 단지 다른 어떤 사람이 더 좋은 이론을 만들어냈기 때문이야.

앨리스: 그런 식으로 되진 않아. 보통 새로운 이론들은 옛날 이론을 기초로 해서 만들어지기 때문에 옛날 이론에 있는 지식은 과학이 진보하더라도 보존돼.

토머스: 그러나 항상 그렇지는 않아. 만약 과학에서 혁명이 일어날 경우에는 어떻게 될 것 같니?

➡ 더 읽어야 할 책들 ⬅

반증주의

Lakatos, I. (1970), "The methodology of scientific research programmes", in I.

Lakatos and A. Musgrave (eds.), *Criticism and the Growth of Knowledge*, Cambridge: Cambridge University Press.〔『현대과학철학논쟁』, 조승옥·김동식 옮김, 민음사, 1987〕

Newton-Smith, W. (1981), *The Rationality of Science*, Chapter III, London: Routledge.〔『과학의 합리성』, 양형진·조기숙 옮김, 민음사, 1998〕

Popper, K. (1934, 1959), *The Logic of Scientific Discovery*, London: Hutchinson. 〔『과학적 발견의 논리』, 박우석 옮김, 고려원, 1994〕

Popper, K. (1969), *Conjectures and Refutations*, London: Routledge and Kegan Paul.〔『추측과 논박 1, 2』, 이한구 옮김, 민음사, 2001〕

듀앙 문제

Duhem, P. (1906, tr. 1962), *The Aim and Structure of Physical Theory*, New York: Athenum.

Harding, s. (ed.) (1967), *Can Theories be Refuted? Essays on the Duhem-Quine Thesis*, Dordrecht, The Netherlands: D. Reidel.

Lakatos, I. and A. Musgrave (eds.) (1970), *Criticism and the Growth of Knowledge*, Cambridge: Cambridge University Press. 특히 라카토스와 파이어아벤트가 쓴 부분을 참조할 것.

Quine, W.v.O. (1953), *From a Logical Point of View*, Cambridge, MA: Havard University Press.〔『논리적 관점에서』, 허라금 옮김, 서광사, 1993〕 이 책에는 고전이라고 할 수 있는 '경험론의 두 가지 도그마'가 포함되어 있지만 매우 어렵다.

제4장 과학혁명들과 합리성
Revolutions and rationality

사람들은 보통 과학적 방법은 합리적이고, 세계에 관한 객관적인 지식을 우리들에게 제공해준다고 생각한다. 과학적 지식이 객관적이라고 말하는 것은 그것이 개인의 일시적인 생각에 의해 만들어진 산물이 아니며, 다른 믿음들과 가치들과는 아무런 상관이 없이 모든 사람이 믿을 만한 가치가 있다는 것을 의미한다. 그래서 예를 들어 만약에 흡연이 암을 야기하는 원인이다라든가, 모든 금속은 열을 받으면 늘어난다는 것이 모두 객관적 사실이라고 한다면, 이 내용은 무신론자든 유신론자든, 보수주의자든 자유주의자든, 흡연자든 비흡연자든 이들 모두가 합리적인 사람들이라면 모두가 믿어야만 하는 것이다. 과학적 방법에 관한 우리들의 탐구는 과학이론이 어떻게 개발되어 발전하는가를 설명하는 베이컨의 소박한 귀납주의로부터 시작하여, 과학이론들이 [비합리적인 것까지 포함하여 어떤 방식으로든] 제안되었을 경우에 그러한 과학이론들의 검사에만 관련되는 포퍼의 반증주의까지 진행되었다.

우리들이 앞 장의 마지막에서 보았듯이 보다 세련된 형식의 귀납주의는 발견의 맥락과 정당화의 맥락을 구별하고, 이러한 구별을 과학에서의 증거가 우리들이 과학이론들과 이러한 이론들로부터 도출할 수 있는 사물들의 미래의 행동에 대한 일반화들을 믿을 수 있도록 실증적인 긍정적 증거를 제공한다고 하는 견해와 결부시킨다. 세련된 귀납주의는 반증주의와 마찬가지로 비합리적인 요소들도 과학의 발전에서 중요한 역할을 할 수 있다고 본다는 점에서 소박한 귀납주의와는 입장을 달리한다. 결국 우리들이 보았듯이, 과학자들은 새로운 이론들을 개발할 때 자신들의 종교, 꿈, 형이상학적인 믿음들, 심지어는 맹목적인 편견에 의해서도 고무될 수 있다. 이러한 이유 때문에 발견의 맥락은 합리성의 영역에서 벗어나 있다고 볼 수 있다. 그러나 정당화의 맥락은 합리성의 제약을 받고 있다. 바로 이러한 점이 과학적 지식의 객관성을 보장하는 것으로 간주되고 있다.

20세기 초반에서 중반까지 과학철학에서 포퍼와 대립하였던 주요 경쟁자들은 세련된 귀납주의의 설명 방식(때로는 수학적인 확률이론과 통계이론도 포함하여)을 지지하였다. 사실 제2차 세계대전 이후에 (영어 사용권의) 과학철학에서 이루어진 전통적인 견해는 소위 **논리경험론**logical empiricism이라고 불리는 입장(논리실증주의 입장과 비슷한 입장을 취하는 후속 입장)인데, 이 견해는 어떤 형식으로든 세련된 귀납주의에 의존하고 있음을 구체적으로 밝히고 있다. 카르납은 가장 중요한 논리경험론자들 중의 한 사람인데, 우리들은 (Lakatos 1968: 181의 설명을 따라) 흄, 포퍼, 카르납의 입장 차이를 다음과 같이 간략하게 표현할 수 있다. 흄은 과학이 귀납적이면서 비합리적이라고 생각하고, 포퍼는 과학이 비귀납적이면서 합리적이라고 생각하며, 카르납은 과학이 귀납적이고 합리적이라고 생각한다.

그러나 1960년대에 들어서면, 과학철학에서 실재론과 합리성에 대한 비판적인 국면이 도래하게 된다. 아직도 이 국면이 해소되었다고 볼 수는 없다. 그런데 그 당시에는 과학적 지식의 합리성과 객관성에 관해 의문을 제기하는 사람이 많지 않았지만, 지금은 의문을 제기하는 사람들이 상당히 많아졌다. 그것은 상당 부분 과학철학자이면서 과학사가인 쿤 Thomas Kuhn(1922~1996)이라는 사람의 책에서 처음으로 분명하게 드러난 생각 때문이었다. 그는 처음으로 사람들이 이러한 의구심을 가지도록 분위기를 만들었으며, 이에 관한 논의를 제기하는 데 가장 열성적으로 활동하였다. 위에서 언급하였던 흄, 포퍼, 카르납과는 대조적으로 쿤은 과학이 비귀납적이면서 비합리적이라고 주장한다. 이 장의 대부분의 내용은 과학에서의 이론 변화에 대한 쿤의 설명과 이 설명이 제기하는 철학적인 논의 주제들에 관한 것이 될 것이다. 그러나 우선 쿤이 공격하여 손상을 입힌 전통적인 견해의 내용을 보다 구체적으로 명확히 하여 살펴보는 것이 도움이 될 것이다.

1. 전통적인 과학관

한쪽에는 포퍼가, 반대쪽에는 카르납과 라이헨바하와 같은 논리경험론자들이 귀납의 문제에 어떻게 대응하는 것이 올바른가에 대해서 서로 의견을 달리하고 있었다. 포퍼는 그러한 귀납의 문제가 과학이론에 대한 확증이 불가능하다는 것을 보여주고 있다고 생각했지만, 반면에 카르납과 라이헨바하는 만약 엄밀한 확증confirmation의 논리에 관한 형식적인 부분들이 해결될 수 있다면 귀납의 문제도 풀릴 수 있을 것이라고 생각하였다. 포퍼는 또한 과학과 비과학을 구획 짓는 것에 대해서도 논리실증주의자들(카르납과 라이헨바하도 잠시 동안 이들에 포함된 적이 있었다)과는 의견을 달리하였다. 논리실증주의자들은 하나의 표현의 의미는 그 표현이 확증될 수 있는 수단에 의해 주어질 수 있다고 주장하면서 유의미성the meaningful과 무의미성the meaningless을 구획 지으려고 노력하였다. 이러한 논리실증주의의 견해에 따르면 "기체의 온도는 섭씨 100도이다"와 같은 표현의 의미는 어떤 사람이 그 언명의 진리를 정당하게 주장하기 위해서 반드시 실현시켜야 하는 실험 조건(예를 들어 온도계를 그 기체와 접촉시키면, 기체의 온도에 상응하는 수치를 그 온도계가 보여줄 것이라고 하는 조건이다)들을 특성화함으로써 모두 주어질 수 있다. 우리들은 다음 장에서 논리실증주의의 주장을 논의하면서 이 내용을 고찰할 것이다. "검은 백조가 있다"와 같은 언명은 반증될 수 없지만[1] 그럼에도 불구하고 완전하게 유의미하기 때문에, 포퍼의 구획 기준은 논리실증주의의 검증 기준과는 달리 의미에 관한 것이 아니다. 그러나 이렇게 의미론적으로는 중요한 불일치가 있다 할지라도, 과학의 본성에 대해서는 포퍼, 논리실증주의자들, 논리경험론자들이 공통적으로 가지고 있는 견해들이 많다. 과학의 본성에 관해서 공유하고 있는 이들의 공통적인 견해는 다음과 같다.

(1) 과학은 **누적적**cumulative이다. 다시 말하면 과학자들은 앞선 선배들이 성취한 업적들을 기초로 하여 그 위에 지식들을 쌓아나가며, 과학의 진보란 세계에 관한 우리들의 지식이 안정되게 증가하는 것을 말한다. 과학의 이러한 특성은 보다 자유롭게 논쟁을 즐긴다는 의미에서 진보적이라고 하는 예술, 문학, 철학과 같은 활동들과는

---

[1] 즉 이 개별 언명은 무한한 수의 반증 사례를 찾아야 하기 때문에 반증 가능하지 않다(반증 가능한 언명은 "모든 백조는 하얗다"이다). 그래서 이 언명은 과학에서 사용하는 언명이라고 할 수 없지만, 의미론적으로는 유의미한 언명이라고 할 수 있다. 그래서 여기서 논리실증주의의 유의미성 기준과 포퍼의 구획 기준은 일치하지 않는다고 볼 수 있다.

확연하게 대비된다.
(2) 모든 과학에 하나의 단일한 체계로 이루어진 근본적인 방법들이 있다는 의미에서, 그리고 적어도 자연과학의 경우에는 모두가 궁극적으로는 물리학으로 환원될 수 있다는 의미에서 과학은 하나로 **통일된다**unified. **환원주의**reductionism는 지금은 논쟁의 여지가 아주 많은 생각이지만, 그러나 그 생각의 내용은 세계에 있는 모든 사물들이 똑같은 기본 물질들의 복합적인 결합에 의해 만들어졌기 때문에, 생물학의 법칙은 화학의 법칙으로부터 도출되어야 하고, 화학의 법칙은 물리학의 법칙으로부터 도출되어야 한다는 것이다.
(3) 발견의 맥락과 정당화의 맥락 간에는 인식론적으로 아주 중요한 차이점이 있다. 과학적 지식에 대한 증거는 해당 이론들과 관찰들이 어떻게 이루어졌는가에 관한 인과적 기원을 언급하지 않고도 평가될 수 있어야 한다. 다시 말하면 어떤 특정한 관찰들을 어떤 사람이 했는가, 하나의 이론이 언제 제안되었는가, 무슨 근거에서 누구에 의해 제안되었는가와 같은 문제들은 관찰들이 그 이론의 증거를 어느 정도로 제공하고 있는가에 관한 문제와는 별개의 것이다.
(4) 어떤 가설에 대한 증거를 과학적으로 평가하는 모든 행위의 이면에는 묵시적으로 확증이나 반증의 논리가 있다. 그러한 평가는 개인적으로 가지고 있는 비과학적 견해들[2]과 과학자들의 헌신적인 노력과는 아무런 관련성이 없다는 의미에서 **가치 독립적**value-free이다.
(5) 과학이론과 다른 종류의 믿음 체계들 간에는 분명하게 그을 수 있는 구별(구획)이 존재한다.
(6) 관찰용어와 이론용어 간에는 분명하게 그을 수 있는 구별이 있으며,

---

[2] 예를 들면 개인의 종교적 신념들이 있다.

또한 동시에 실험의 결과를 기술하는 언명과 이론적 언명 간에도 분명하게 그을 수 있는 구별이 존재한다. 관찰과 실험은 과학적 지식에 있어서 혹은 적어도 과학이론의 검사에 있어서 〔이론〕 중립적 기반이 되고 있다.

(7) 과학 용어들은 확고하게 고정된 엄밀한 의미들을 가지고 있다.

이러한 논제들은 또한 대중들이 과학의 본성에 대해 가지고 있는 일반적인 개념 속에도 묵시적으로 들어 있다. 그러나 이러한 논제들 각각은 쿤의 과학철학과는 분명히 의견을 달리한다. 다음 몇 개의 절에서 우리들은 쿤의 견해들을 살펴볼 것이며, (1)부터 (7)까지의 논제들 속에 표현된 과학상image of science들 가운데 쿤의 비판에 직면하여 살아남을 수 있는 것이 있는지, 있다면 어떤 것인지를 고찰할 것이다. 이러한 방식으로 진행하면서 우리들은 앞 장에서 제기한 약간의 논의 주제들을 다시 살펴볼 것이고, 이것은 다음 장에 나오는 과학적 실재론에 관한 논의를 이해할 수 있는 터전을 마련해줄 것이다.

2. 쿤의 혁명적 과학사

쿤은 과학사, 특히 코페르니쿠스의 천문학 혁명에 관심을 가지게 된 물리학자이다. 그가 발견한 교과서 및 역사학과 철학 논문들에 표현되고 있는 기존의 표준적인 견해들은 코페르니쿠스 혁명, 그리고 특히 갈릴레이와 가톨릭교회 간에 벌어진 논쟁을 한편에는 이성과 실험이, 다른 한편에는 미신과 종교적인 독단이 대치하고 있는 전쟁으로 표현하고 있었다. 많은 역사가들과 과학자들은 갈릴레이와 몇몇 사람들이 아리스토텔레스적인 우주관과 상충하는 실험 자료들을 그냥 단순하게 발견하였다는 의견만을 제시하고 있었다. 쿤은 이러한 상황이 생각보다 훨씬 더 복잡하다는 것을 깨달았고, 과학에서 일어나는 여러 가지의 혁명들이 과학적 방법에 관한 귀납주의자들과 반증주의자들의 통상적인 설명에 의해서는 해명될 수 없다고 주장하였다. 쿤의 책 『과학혁명의 구조The Structure of Scientific Revolutions』(1962)는 과학의 방법론과 지식에 관해서 기존의 방식과는 근본적으로 다른 사유 방식을 제안하였고, 과학사의 실제 전개 과정을 근본적으로 다르게 바라보도록 시각 자체를 변화시켰다. 그의 과학철학은 문학이론에서부터 경영과학에 이르기까지 학계에 많은 영향을 미쳤으며, 그는 혼자 힘으로 '패러다임paradigm'이라는 용어가 광범위하게 사용되도록 만들었다.

쿤은 많은 과학자들이 자신들이 연구하고 있는 주제에 관한 역사적 발전 과정을 설명하면서 이론 개발과 이론 변화에서 실제로 일어난 이야기들을 상당히 단순화시키고 왜곡하였다고 주장한다. 이러한 일이 종종 일어나는 것은 어떤 분야의 발전 과정에 관한 간략한 역사를 설명할 때 복잡하게 전개된 역사에 충실하려고 하기보다는 단지 현 시대의 이론들에 대한 흥미를 유발시키고 정당화하려는 의도에서 그 설명들을 단순히 재미있는 일화 정도로만 취급하기 때문이다. 쿤은 교과서에 나타난 과학사들의 내용과 실제로 과학사에서 발생한 사실이 갖는 관계를 여행 안내서의 내용과 한 나라의 실제 모습과의 관계로 비교하고 있다. 확실히 여행 안내서는 여행 산업이 장려하기를 원하는 장소들, 즉 박물관이나 멋진 카페와 같은 장소들에 초점을 맞추고 그 여행 산업이 무시하기를 바라는 곳들, 즉 집 없는 부랑자들을 위한 수용소나 폐기된 건물들과 같은 것들은 전혀 중시하지 않거나 생략하고 있다. [대부분의 교과서에 실린] 코페르니쿠스와 그 밖의 다른 몇몇 사람의 과학혁명에 관한 이야기가 이

성과 실험이 미신과 신화를 무찌르고 승리를 쟁취한 내용들로 점철되어 있을지라도, 쿤은 다음과 같이 주장하였다. "만약에 그와 같은 시대착오적인 믿음들[천동설]을 신화라고 부른다면, 신화들은 지금도 과학적 지식으로 인도하고 있는 것과 똑같은 종류의 방법들에 의해서 만들어질 수 있고 똑같은 종류의 근거에 의해서 유지될 수 있다."(Kuhn 1962: 2) 그는 포기된 믿음들이 과학적이지 않은 것은 아니라고 계속해서 지적한다. 따라서 그는 과학사의 전개가 지식의 점진적인 축적으로만 이루어지는 것은 아니며, 가끔은 과거 이론들을 전면적으로 포기하게 되는 때도 있다고 주장한다.

이미 우리들은 쿤이 위의 전통적인 과학관의 논제 (1)과 (5)에 대해 의견을 달리하고 있음을 알 수 있다. 그러나 그는 또한 과학적 지식에 관해서는 보다 급진적인 주장들을 내세우고 있다. 앞 장에서 보았듯이 듀앙-콰인 문제는 실험이 과학이론과 상충할 때 논리학만으로는 그 이론적 체계의 구성 요소들 중에서 어느 것이 잘못되었는지를 알 수가 없기 때문에, 이론에 대한 검사는 종종 이론이 관찰을 함축하는 것처럼 직접적으로 이루어지지 않는다는 점을 보여주고 있다. 관찰과 경험이 과학적 믿음들을 제약하고 있다는 점이 확실하다 할지라도 그 믿음들을 결정한다고 볼 수 없기 때문에 쿤은 다음과 같이 주장한다. "개인적인 사건들과 역사적인 사건들이 뒤섞여 있어 분명히 자의적이라고 할 수 있는 요소가 어떤 특정한 시대의 과학적 공동체가 신봉하고 있는 믿음들을 형성하는 데 구성 요소가 된다."(Kuhn 1962: 4)

쿤에 따르면 이론들에 대한 평가는 지역의 역사적 환경에 의해 결정된다. 쿤은 이론과 관찰의 관계에 관해 분석하면서, 관찰들을 수집하는 어떠한 방식도 이론 중립적이고 객관적으로 행해질 수 없기 때문에 이론들이 자료에 영향을 미칠 수밖에 없다는 점을 제시하고 있다. 따라서 하나의 실험이 가설에 대해 부여하게 되는 확증의 정도라는 것은 객관적이지 않으며, 증거에 의해서 어떤 이론이 다른 이론들에 비해 더 정당화될 수 있는가를 결정하는 데 이용할 수 있는, 이론 검사에 관한 단일한 논리는 존재하지 않는다. 대신에 그는 과학자들이 가지고 있는 가치들은 개별 과학자들이 새로운 이론들을 어떻게 개발하는가에 관한 것뿐만 아니라 전체 과학 공동체가 어떤 이론을 정당화된 것으로 간주할 것인가를 결정하는 데 도움을 준다고 생각한다. 이러한 사실은 위의 전통적인 과학관의 논제 (2), (3), (5), (6)을 부정하는 것이 되며, 그리고 나중에 우리들이 보게 되겠지만, 그는 (7)도 또한 부정한다. 다음 절에서 나는 쿤의 과학철학의 본질적인 내용들을 구체적으로 설명할 것이다.

3. 패러다임과 정상과학

쿤의 철학에서 가장 근본적인 개념을 꼽는다면 아마도 과학적 패러다임이라는 개념일 것이다. 그는 우리들에게 이 용어에 관한 엄밀한 정의를 제공하지는 않았다. 그래서 이 용어는 여러 가지 의미를 가지고 매우 광범위하게 사용되는 것처럼 보이는데, 우리들은 패러다임이라는 용어와 밀접한 연관성을 가지고 사용되고 있는 두 가지 경우를 확인할 수가 있다. 하나는 패러다임이라는 용어를 학문의 표본 모형disciplinary matrix으로 사용하는 경우이고, 다른 하나는 표본 사례exemplar로 사용하는 경우이다. 쿤은 탐구를 시작하기 전에 해당 과학 공동체가 다음과 같은 근본적인 물음들에 대한 대답들에서 의견이 먼저 일치되어야 한다고 주장한다. 우주에는 어떠한 종류의 사물들이 존재하는가, 이 사물들은 서로 어떻게 관계하며, 우리들의 감각과는 어떻게 접촉하는가, 이러한 사물들에 대해서 적법하게 제기할 수 있는 물음으로는 어떠한 종류가 있는가, 이러한 물음에 대답하기 위해서는 어떠한 기술technique들이 적합한가, 어느 하나의 이론에 대해서 어떠한 것이 증거로 간주될 수 있는가, 어떠한 물음들이 과학에 대해서 중심적이라고 할 수 있는가, 제기된 하나의 물음에 대한 해결책으로 간주될 수 있는 것은 무엇인가, 어떤 현상에 대한 설명으로 간주될 수 있는 것은 무엇인가 등의 물음이다.

학문의 표본 모형은 탐구 활동을 준비하는 교육 과정에서 과학자들에 의해 배우게 되는 물음들에 대한 해답들의 체계로, 과학이 운영하는 기준 체계를 제공해준다. 이러한 학문의 표본 모형의 여러 가지 다른 측면들이 다소간 명시적으로 나타날 수 있다는 것은 중요하다. 그리고 이 모형의 어떤 부분들은 어떤 유형의 설명을 다른 유형의 설명들보다 더 선호한다는 점에서 과학자들의 공유된 가치들에 의해서 규정될 수 있다는 사실도 매우 중요하다. 또한 그 표본 모형의 어떤 측면들은 반드시 말로 표현될 수 없고 구태여 말로 표현될 필요도 없는 실천적인 기술들과 방법들로 구성되어 있다는 것 역시 매우 중요하다. 이러한 점이 부분적으로는 패러다임이 이론과 차이가 나도록 만드는 것이다. 왜냐하면 학문의 표본 모형은 예를 들어 망원경의 초점을 맞추는 기술처럼 전문적인 기계 장치들을 과학자들이 다룰 수 있도록 해주는 숙련된 기술이나 화학반응으로부터 소금을 결정화시키는crystallize 방법처럼 실천적인 연마와 경험에 의해서 익혀야만 하는 실험 기술技術을 포함하고 있기 때문이다(이러한 기술들은 때때로 **암묵적 지식**tacit knowledge이라고 부른다).

한편 표본 사례들은 모든 초보 과학자들이 배워야 하며, 이러한 초보 과학자들에게 자신들의 탐구 분야에서 미래에 전개될 발전에 대한 하나의 모델을 제공해주는, 과학의 성공적인 부분들이다. 현대 과학 분야에 친숙한 사람이면 누구나 표본 사례에 의한 가르침이 과학자들의 훈련에서 매우 중요하다는 것을 깨닫게 될 것이다. 교과서는 표준 문제와 그에 대한 해답으로 가득 채워져 있으며, 표본 사례에서 사용된 기술을 학생들이 새로운 상황에서도 적합하게 잘 사용하기를 요구하는 연습 문제들로 이루어져 있다. 이 생각은 그러한 과정을 반복하게 되면 결과적으로는 학생들이 그러한 과정에 대한 어떤 태도를 가지게 되고, 그러면 학생들은 지금까지 배운 기술들을 그때까지 아무도 풀려고 시도하지 않았던 새로운 종류의 문제들에 적용하는 방법까지 배우게 될 것이라는 것이다.

하나의 사례로서 고전물리학, 혹은 뉴턴물리학의 패러다임을 생각해 보자. 이 물리학은 적어도 다음과 같은 요소들로 구성되어 있다.

- 효율적인 인과적 설명들(제1장 참조)을 선호하고, 일반적이고 질적인 예측들보다는 양적이고 검사 가능한 엄밀한 예측들을 만드는 이론들을 선호하는 배경적 가치들.
- 서로 충돌하고, 입자들 간에 직선적으로 작용하는 인력과 척력에 의해 접촉하고 있는 물질 입자들로 구성된 형이상학적인 세계상과 거대한 시계처럼 작동하는 기계로 생각하도록 인도하는 세계상.
- 패러다임의 핵심 원리들인 뉴턴의 운동의 법칙과 중력의 법칙.
- 마찰, 공기저항 등을 설명하는 근사값들뿐만 아니라 진자들, 입자들의 충돌들, 행성 운동과 같은 물리 체계들에 관해서 법칙을 적용하게 될 때 사용되고 있는 표준적인 수학적 기술들techniques.
- 뉴턴의 『수학 원리』의 표본 사례(뉴턴의 방법이 다른 분야의 과학에 적용될 수 있음을 증명할 것이라고 명시적으로 진술하고 있는 서문의 내용).

이러한 패러다임에 종사하고 있는 과학자들 앞에 놓여 있는 중요한 목표들로는 전자기 현상과 빛을 설명할 수 있도록 자신의 패러다임을 확장시키는 것과, 또한 이면에 있는 보이지 않는 어떤 종류의 역학 과정에 의해서 인력이 공간을 가로질러 작용하는 방식을 설명하는 것이 있다.

패러다임에 관한 또 다른 사례들로는 프톨레마이오스 천문학, 플로기스톤 연소 이론(플로기스톤이라고 불리는 물질이 빠져나감으로써 연소가 일어난다고 하는 생각에 근거하는 이론), 돌턴의 화학(원소들이 각기 다르게 가지고 있는 원자 무게에 의해 구별될 수 있다고 설명하는 화학 이론), 전기 유체 흐름 이론fluid flow theory of electricity(전기가 물질의 흐름이라고 설명하는 이론), 열에 관한 열소熱素 이론caloric theory of heat(열을 물질의 흐름이라고 설명하는 이론), 입자광학particle optics(빛은 빠른 속도로 운동하고 있는 작은 입자들의 모임이라고 설명하는 이론), 파동광학wave optic(빛은 어떤 매질에서 요동하는 파동으로 구성되어 있다고 설명하는 이론), 상대주의적 물리학(사건들 사이에 경과하는 시간은 관찰자의 운동 상태에 따라, 혹은 보다 엄밀하게 하면 기준계에 따라 상대적이다라고 설명하는 이론), 양자역학(물질적 대상이나 전자기장 파동들이 가지고 있는 에너지는 연속적인 값의 범위를 취하는 것이 아니라 불연속적으로 양자화된 단위로 이동한다고 설명하는 이론) 등이 있다.

대부분의 과학은 쿤이 '정상과학normal science'이라고 부르고 있는 과학이다. 왜냐하면 과학적 탐구 활동은 이미 확립되어 있는 하나의 패러다임 내에서 수행되기 때문이다. 과학은 예를 들어 많은 새로운 관찰들을 수집하고 그 수집한 관찰들을 이미 받아들인 이론 내에서 적합하게 만듦으로써, 그리고 그러한 패러다임을 가지고 소수의 문제들을 풀려고 노력함으로써 패러다임의 성공을 정교하게 하고 확장하는 활동을 수반한다. 그래서 정상과학은 '수수께끼 풀이puzzle-solving' 활동이라고 불리기도 하는데, 수수께끼를 푸는 데 사용하는 규칙들은 매우 엄밀하며 패러다임에 의해 결정된다. 정상과학의 예들로는 우리들이 친숙하게 알고 있는 화합물들의 화학구조를 밝혀보려고 하는 활동, 행성들과 다른 천체들의 궤도에 대해서 보다 구체적으로 예측하고 이에 관한 실험적인 결정을 제시하려는 활동, 어떤 하나의 특정한 박테리아의 DNA 지도를 그리려는 활동 등이 있다.

쿤에 따르면 일상적으로 과학을 실천하는 활동들 대부분이 보수적으로 진행되기 때문에 정상과학이 지속되는 기간까지는 과학자들은 자신들의 분야의 근본적인 원리들로 받아들이고 있는 것에 관해서는 의문을 제기하지 않는다. 쿤은 반증주의에 의해서 논파된 모든 이론을 과학자들이 포기하고 있고 포기해야 한다고 설명한 포퍼의 반증주의에 대해서 매우 비판적이다. 쿤에 따르면 하나의 반증 사례에 관한 지식만으로는 대부분의 과학자들이 자신들의 이론들을 포기하도록 만드는 데 충분하지 않다. 앞 장(제3장 5절의 (5))[3]에서 주장하였듯이 과학자들은 자신들의 이론들에 아주 많이 의존하고 있으며, 때때로 이들은 그 이론들이 논박되는 것이 분명할 때도 그 이론들을 간단하게 포기하기보다는 오히려 구제하기 위해서 모든 방식의 전략들을 채택하려 할 것이다. 만약에 하나의 패러다임이 성공하여 그 영역에서 많은 현상들을 설명할 수 있게 된다면, 그리고 만약에 과학자들이 이 패러다임 내에서 아직도 계속해서 문제들을 풀어나가면서 패러다임의 경험적인 적용의 범위를 확대해간다면 대부분의 과학자들은 지금은 처리할 수 없을 것처럼 보이는 변칙사례anomaly들도 나중에 결과적으로 해결될 수 있을 것이라고 가정하고 기대할 것이다. 이들은 하나의 패러다임이 약간의 반대 증거들과 충돌한

---

[3] 포퍼의 반증주의에 대한 비판적 견해들 중의 하나로, "과학자들은 때때로 반증을 무시한다"라는 입장에서 반증주의를 비판하는 입장이다.

다는 것만으로는 그 패러다임을 쉽게 포기하려 하지 않는다. 아마도 다음과 같은 일은 정당화될 수 있을 것이다. 결국 만약에 하나의 패러다임이 과거에 많은 성공을 거두었고 이전에 발견되었던 변칙 사례들을 성공적으로 처리하였다면, 그리고 지금까지 변칙 사례들을 해결하기 위해 이 패러다임 속에서 만들어진 많은 수단과 시간을 대량으로 투자하였다고 한다면 언젠가는 변칙 사례가 해결될 수 있을 것이라고 희망하면서 그 패러다임에 집착하는 것이 합리적이라고 확실하게 이야기할 수 있을 것이다. 쿤은 다음과 같이 말하고 있다. "자신이 알게 된 모든 변칙 사례에 대한 검토를 중단한 과학자들은 더 이상 의미 있는 중요한 활동을 하지 않을 것이다."(Kuhn 1962: 82)

그러나 변칙 사례들을 해결하기 위해서 얼마나 많은 노력을 투자하든지 간에, 결코 사라지지 않으려는 변칙 사례들이 있다는 것을 과학자들은 종종 알게 된다. 이러한 사례들은 개념적인 역설이나 실험적인 반증의 형식을 취하게 될 것이다. 그렇다고 이러한 사례들이 반드시 기존의 패러다임의 기본 가정들에 대해서 심각하게 의문을 제기하는 것은 아니다. 그러나 심각하게 문제를 일으키는 변칙 사례들의 수가 증가하여 점차로 많이 축적될 때, 흔히 젊거나 독자적으로 연구하는 일부 과학자들은 기존의 패러다임의 핵심 가정들 중의 어떤 것에 대해서 의문을 제기하기 시작하며, 아마도 이들은 그 대안들까지 생각하기 시작할 것이다. 이러한 일은 세계를 기존의 방식과는 전혀 다른 방식으로 생각하게 하는 새로운 패러다임을 탐구하는 상황에 도달하게 한다. 만약에 이러한 일이 일어난다면, 기존의 패러다임 내에서 이루어졌던 성공적인 탐구가 쇠퇴하기 시작할 때 과학자들은 점점 더 많이 변칙 사례들에 초점을 맞추게 되고, 기존의 패러다임이 '위기crisis'에 처해 있다는 사실을 과학 공동체가 점차로 감지하기 시작한다.

그런데 위기는 좀처럼 잘 일어나지 않는다고 쿤은 설명한다. 패러다임은 아주 강건하지 않거나 많은 현상들을 자신의 영역에 수용할 수 없다면 견고하게 확립되지 않는다. 그리고 활동하는 과학자가 전체 학문 분야가 근거하고 있는 기본적인 배경 가설에 대해 의문을 제기한다는 것이 그렇게 쉬운 일은 아니다. 만약에 해당 분야의 변칙 사례들이 기존의 패러다임의 가장 근본적인 원리들에 직접 영향을 미치는 것처럼 보이거나, 혹은 변칙 사례들이 실천적으로 특별히 중요성을 가지는 기존의 패러다임의 적용을 방해하는 경우이거나, 혹은 기존의 패러다임이 오랜 기간 동안 변칙 사례들 때문에 위기에 봉착한 경우에는 위기가 나타날 가능성이 높아진다. 그래서 어떤 위기가 발생하고, 과학 공동체가 새로운 패러다임을 채택하게 된다면 '혁명'이나 '패러다임 전환'이 발생한다. 따라서 예를 들어 앞에서 제시한 패러다임의 목록들 중에서 어느 하나를 채택하거나 거부하는 것이 과학혁명인 것이다.

과학사에 대한 약간의 지식이 있는 독자라면, 쿤이 '혁명'이라고 간주하는 것들 중에 몇몇—코페르니쿠스 혁명과 같은 것—은 확실히 그러한 이름을 붙이기에 합당해 보인다는 것을 알게 될 것이다. 왜냐하면 이것들은 기초과학에 근본적인 변화를 초래하였기 때문이다. 그러나 이와 달리 아주 지엽적이고 단순히 특정한 개별 과학의 하부 분야 내에서 특수한 이론 하나를 거부하는 것조차 혁명이라고 말하는 경우도 있을 수 있다. 그럼에도 불구하고 쿤은 이러한 보다 조그만 혁명들의 구조도 보다 큰 심대한 영향을 미친 혁명들의 구조와 공통적인 것이 많다고 주장한다. 그 심도에 있어 중간 규모라고 할 수 있는 과학혁명의 사례로는 플로기스톤[4] 연소 이론을 산소 연소 이론으로 대체하는 경우를 들 수 있다.

---

[4] 플로기스톤phlogiston에 관한 내용은 1669년에 독일의 의학자 베커Johann Joachim

플로기스톤은 연소할 때 물질로부터 빠져나오는 물질로 간주되었다. 플로기스톤 이론에 따르면 나무와 같은 대부분의 사물들은 연소된 후에는 무게가 감소해야만 한다. 그러나 어떤 금속들[5]은 연소된 후에 오히려 무게가 증가하는 것으로 알려지게 되었다. 이러한 금속의 사례들이 플로기스톤 이론에 대한 변칙 사례라고 할 수 있다. 그러나 18세기의 대부분의 화학자들은 이러한 경우들을 플로기스톤 이론을 포기해야 하는 근거로 간주하지 않았다. 그리고 자신들의 실험실에서 여러 가지로 다른 유형의 '기체air'들을 생산해내는 다양한 방법들을 개발한 실험가들은 계속 이 플로기스톤 이론을 널리 채택하였다. 그러나 불행하게도 이들 모두는 각기 다른 형식의 플로기스톤 이론을 사용하였으며, 쿤은 하나의 이론에

Becher(1635~1682)가 모든 무기물mineral(고체 흙성분)들이 세 가지 구성 성분을 갖는다고 설명하면서 처음으로 나오게 된다. 베커는 세 가지 구성 성분 중 첫 번째 성분은 오늘날 염에 해당하는 것으로서 모든 고체에 들어 있는 고정성의 흙인 테라 라피다terra lapida를, 두 번째 성분은 오늘날 유황에 해당하는 것으로서 모든 가연성 물질에 들어 있는 기름 성분의 흙인 테라 핑귀스terra pinguis를, 세 번째 성분은 오늘날 수은에 해당되는 것으로서 유동성의 흙인 테라 메르쿠리알리스terra mercurialis를 든다. 여기서 베커는 가연성의 물질은 모두 유황과 기름 성분의 테라 핑귀스를 함유하고 있으며, 연소할 때 이것이 다른 흙 종류와 결합하면서 달아난다고 설명한다.

연소에 관한 이러한 내용은 1697년에 독일의 의학자이자 화학자인 슈탈Georg Ernst Stahl(1660~1734)이 베커의 이론을 소개하면서 과학사에 등장하게 된다. 1697년에 슈탈이 이 테라 핑귀스를 플로기스톤(이 용어는 '연소된burned'이라는 의미를 가지는 라틴어로부터 유래한 것이며, '불의 연료the food of fire'라는 의미로 사용됨)이라고 명명하면서 이 용어가 등장하게 되었고, 이 개념을 중심으로 하여 연소 현상을 설명하였다. 1703년에 슈탈이 베커의 책을 재발행하면서 테라 핑귀스를 플로기스톤이라고 정식으로 명명하게 된다. 이 플로기스톤 연소 이론은 18세기 후반기(1790년대)에 이르러 프랑스의 화학자 라부아지에가 제시한 산소 이론에 의해서 과학사에서 사라지게 된다.

5) 주석이나 수은 같은 금속을 공기 중에서 가열하면, 공기 중의 산소와 결합하여 무게가 늘어나게 된다.

대한 설명들이 이러한 방식으로 증식[통일된 체계를 갖지 못한 방식으로 여러 가지 이론들이 나타나는 것]하는 것(프톨레마이오스의 행성 운동 이론도 또한 16세기에 이러한 상황에 처해 있었다[6])을 위기의 상황을 보여주는 표준적인 현상들 중의 하나로 인용하고 있다. 연소하는 물질들의 무게가 연소 후에 더 증가한다는 사례들이 점차적으로 많이 확인되었고, 더 나아가 뉴턴의 이론이 널리 받아들여짐에 따라 화학자들도 질량을 물질의 양으로 이해하게 되는 경향을 띠게 되었으므로, 연소할 때 질량이 증가한다는 것은 연소 전보다 연소 후에 물질의 양이 더 많아졌다는 것을 의미하게끔 되었다.

물론 듀앙 문제는 이러한 사례들의 그 어떤 것도 플로기스톤이 존재하지 않는다는 것을 보여주는 데 충분하지 않다는 것을 의미한다. 왜냐하면 그러한 결과들을 설명하는 많은 다양한 선택적인 설명들이 가능하기 때문이다. 예를 들어 어떤 사람은 플로기스톤이 마이너스 무게를 가졌을 것이라고 생각할 수도 있고, 혹은 다른 사람은 플로기스톤이 연소하는 대상을 벗어날 때 불의 입자들이 대신 들어가서 무게가 증가하게 되었다고 설명할 수도 있다. 그럼에도 불구하고 결과적으로 플로기스톤 패러다임은 위기에 봉착하게 되고, 새로운 패러다임을 받아들이게 되는 분위기가 점차 무르익어갔다. 이러한 위기를 선동하고 부추긴 사람은 화학자 라부아지에Antoine Lavoisier이다. 그는 플로기스톤이 존재하지 않는다는 사실과 연소라는 것은 플로기스톤의 손실이 아니라 산소와의 결합을 수반하는 것이라고 (1777년에) 제안하였다.[7] 이러한 혁명은 화학에서 하

---

6) 주전원의 수가 통일되어 있지 않았다. 즉 공전주기에 맞추어 주전원의 크기를 어떻게 정하느냐에 따라 주전원 수가 학자들마다 다르게 나타났다. 그래서 프톨레마이오스는 주전원의 수를 89개로 보았지만, 다른 사람들은 더 많은 수 혹은 적은 수의 주전원을 도입하였다.

나의 특수한 이론이 대체되는 것과, 화학 실험에서 적절한 것으로 간주하고 있었던 방법에서 일어나게 되는 근본적인 변화를 볼 수 있도록 만들었다. 그때까지 거의 모든 사람들은 순수성의 정도[순도]에서는 어느 정도 차이가 있을 수 있다 해도, 실제로는 오직 한 종류의 '기체air'만이 존재한다고 생각하였다.[8] 이러한 혁명이 있고 난 후에는, 산소라는 것은 하나의 기체로서 우리들이 일상적으로 대하는 공기의 구성 성분들 중의 하나에 불과하다는 사실이 받아들여졌다.

이러한 혁명을 포함하여 여러 가지의 과학혁명을 설명하는 쿤의 입장에서 강조되어야 하는 두 가지 점이 있다.

- 이러한 생각은 과학의 변화를 과학 지식의 누적적인 성장으로 간주하는 전통적인 관념과는 완전히 다른 견해이다. 왜냐하면 패러다임 전환이나 과학혁명은 부분적인 과학이론들의 변화가 아니라 전면적인 변화를 포함하기 때문이다. 다시 말하면 패러다임은 부분들이 변화하면서 점진적으로 변화하는 것이 아니라 세계에 대해서 이전과 전혀 다른 새로운 방식으로 사유하도록 하는 전면적인 전환에 의해 일어난다. 그리고 이러한 내용은 보통 새로운 실험 기술 등을 포함하면서 새로운 방식으로 과학을 실천하는 것을 의미한다.
- 혁명은 활력이 넘치는 새로운 패러다임이 이용 가능할 때, 그리고 자신들의 동료들에게 새로운 상을 명확하게 설명할 수 있는 개별 과학자들이 존재하게 될 때에만 일어난다.

---

7) 널리 인정받아 사용되기 시작한 것은 1790년대이다.
8) 공기를 1개의 분자 기체로 간주하였다.

과학사에 대한 포퍼의 설명이 어떤 면에서는 쿤의 설명보다도 혁명에 보다 중심적인 역할을 부여하고 있다는 것은 놀라운 일이다. 왜냐하면 포퍼의 경우에는 근본 원리들이 항상 검사를 받아야만 하고 비판이 어디에서나 가차없이 행해진다는 측면에서 과학은 영원한 혁명의 상태에 있는 것이기 때문이다. 그러나 다른 한편 쿤의 경우에는 혁명들이란 아주 드물게 일어나는 것이며, 대부분의 과학은, 근본 원리들에 대한 의문이 제기되지 않고 과학자들이 수행하고 있는 작업들이 아주 규칙적으로 이루어지는 정상과학이다. 포퍼는 실험적인 증거에 기반을 두고 있는 서로 경쟁하는 이론들 가운데서 우리들이 합리적으로 결정하는 일련의 과정들로 과학사를 재구성할 수 있다고 생각한다. 한편 쿤은 혁명은 과학적 의문들이 정상적으로 해결되는 맥락에서의 변화까지도 포함하기 때문에, 증거만으로는 과학자들이 다른 패러다임들과 비교하여 어떤 하나의 패러다임을 선택하도록 강제할 수 없다고 생각한다. 혁명 후에 과학자들은 사물들을 새로운 방식으로 바라보고 새로운 문제들을 가지고 작업하게 되고, 옛날 문제들은 그냥 잊혀지게 되거나 혹은 해결된 것이 아니라 관계가 없는 것으로 간주될지도 모른다. (따라서 쿤에 따르면 나중 이론들의 경험적인 내용은 그 이전 이론의 경험적 내용 위에 구축된다고 하는 포퍼와 논리실증주의자들의 주장은 거짓이 된다.) 쿤과 포퍼의 생각이 불일치하는 핵심 내용은, 포퍼는 과학적 탐구 정신은 이론에 의존하는 것을 금기시해야 한다고 생각하지만, 쿤은 대부분의 과학자들이 자신들의 연구 작업이 속하는 패러다임에 많은 시간 동안 완전하게 의존하고 있으며 논박하는 증거에 직면해서도 이것을 기존의 패러다임을 정의하고 있는 중심 가정들에 있는 문제로 간주하지 않는다는 점이다. 위기일 경우에만 과학자들은 패러다임 자체를 대체할 것을 고려하게 되며, 이러한 생각이 일어날 때[위기]에는 널리 인정받아 사용되는 하나의 과학은 더 이상 실제로 존재하지 않는다.

쿤은 과학자들의 가치들이 하나의 새로운 패러다임을 수용할 것인가의 여부를 결정하는 데 중요한 역할을 한다고 주장한다. 예를 들어 전성기의 아인슈타인은 과학이 그저 경험적으로 충족시키는 이론들을 제공하는 것보다 세계가 어떻게 존재하고 있는가에 대한 설명을 우리들에게 제공해야 한다고 굳게 믿었다. 다시 말하면 그는 과학적 실재론자라고 할 수 있다. 한편 양자역학의 창시자들 중 일부 사람들은 물리학 이론의 목표가 현상을 예측할 수 있는 하나의 수단을 제공하는 것에 불과하다고 생각하였다. 다시 말하면 이들은 도구주의자들이라고 할 수 있다. 양자역학이 발전하여 이 이론이 예측하는 것이 매우 높은 수준으로 성공한다는 것이 드러났다. 그러나 수십 년이 지난 오늘날까지도 양자역학 이론을 실재론적으로 해석하는 것에 대해서 광범위하게 동의하지는 않는다. 따라서 아인슈타인은 양자역학 이론을 전혀 받아들이지 않은 반면 다른 과학자들은 받아들였는데, 이들 사이에 벌어진 논쟁은 양자역학 이론을 지지하는 경험적인 증거에 관한 것이 아니라 과학이론들에서 무엇을 높이 평가할 수 있는가에 관한 것이었다. (20세기 초반에 어떤 과학자들은 아인슈타인의 이론들을 '유태인 물리학'이라고 조롱한 적도 있었다.)

쿤도 또한 과학자들로 하여금 어떤 하나의 특정한 패러다임을 선택하거나 거부하게 하는 데 있어서 심리학적이고 사회학적인 요소들이 기능하고 있다고 강조한다. 어떤 사람들은 본래적으로 다른 사람들에 비해 보수적일 수도 있으나 반면에 어떤 사람들은 황량한 들판에서 홀로 소리지르는 것을 즐길 수도 있다. 어떤 사람은 모험을 즐기지만 다른 사람들은 모험을 혐오하기도 한다. 대학교수직에 종사하면서 정년을 앞두고 있는 과학자들은 아무래도 임시 계약직으로 있는 젊은 연구자들에 비해서는 통상적인 주제로부터 벗어나는 문제에 대해 보다 자유롭게 깊이 빠져들 수가 있다. 모든 과학자들은 또한 세계를 바라보는 방식에 있어서 자신의 스승이나 학생들로부터 많은 영향을 받는다. 따라서 패러다임들은 교과서와 이론 안에서뿐만 아니라 연구비를 제공하는 단체들, 연구·교육 제도, 학술 논문에 관한 심사 위원회와 같은 조직들 속에서 발견할 수 있는 것과 같은 규칙과 규약을 가진 사회단체들의 지적인 자산이라고 볼 수 있다. 쿤의 견해에서는 과학이란 그 과학이 속하는 사회와 역사적 맥락에서 조망되어야만 하며, 이러한 점은 과학의 변화가 사회적인 영향력에 관한 설명을 하지 않는다면 올바로 이해될 수 없다는 것을 의미한다. 만약에 이것이 옳다면 전통적인 견해가 취하고 있듯이, 이론들과 이 이론들을 지지하는 증거들 간의 관계에 관한 순수한 논리적 설명에 의존해야 한다는, 따라서 관찰 자료에 의해서 과학이론을 정당화하는 객관적인 척도에 의존해야 한다(앞의 1절 (4) 참조)는 생각은 전적으로 잘못된 것이다. 그것은 라카토스의 설명을 따르면 다음과 같다. "쿤에 따르면 과학적 변화—하나의 '패러다임'으로부터 다른 패러다임으로의 변화—라는 것은 이성의 규칙들에 따르지도 않으며 통제할 수도 없는 신비한 전환 conversion〔개종〕이다. 그 변화는 전적으로 발견의 (사회적) 심리학의 영역에 속한다고 할 수 있다."(Lakatos 1968: 151)

4. 코페르니쿠스 혁명

제1장에서 나는 코페르니쿠스 혁명이 일어난 과정에 대해서 약간 설명하였다. 그 과정은 쿤의 생각들 중 많은 부분에 영감을 주었던 것 같다. 그래서 이러한 혁명과 연관지어 언급하면서 쿤의 생각들을 설명하는 것이 적절하다고 본다. 17세기 초에 갈릴레이가 가톨릭교회에 반대하여

코페르니쿠스 이론을 열렬하게 공개적으로 지지하긴 했어도, 프톨레마이오스의 지구 중심 패러다임이 태양중심설로 인해 폐기되는 전체 과정은 대략 150년의 세월이 걸렸다. 마침내 17세기 말에 이르러 뉴턴의 중력이론이 행성들의 운동, 밀물과 썰물 현상에 대한 달의 영향, 이외에도 많은 현상들에 관하여 통일된 설명을 제공하였다. 그러나 우리가 이전의 세계관을 대체한 태양중심의 세계관이 이전의 세계관보다 더 완전하고 통일적이고 경험적으로 충족하다는 사실을 결국 나중에 알게 되었을지라도, 이러한 특성은 그 당시에는 태양중심설에로의 전환을 탐구하였던 사람들에게는 이용 가능한 증거의 부분이 되지 못하였다.

프톨레마이오스의 패러다임은 많은 장점들을 가지고 있었다. 예를 들어 지구에 중심을 두고 있는 우주는 신이 인간을 위해서 특별하게 지구를 창조하였다고 믿는 사람들에게는 아주 자연스럽게 간주되었다. 그리고 우리들은 이 지구가 운동하고 있다는 것을 느끼지 못하기 때문에 지구가 중심에 고정되어 있고 모든 사물들이 이 지구의 주위를 공전하고 있다고 믿는 것이 더 적합한 것처럼 보인다. 더 나아가 이러한 세계상은 신학자들이 지구 위에 천체계가 위치하고 있다는 점을 사실적으로 믿게끔 신학자들을 잘 납득시키고 있다. 그리고 아리스토텔레스의 천체계들의 자연적 운동에 관한 설명은 밤하늘에서 우리들이 관찰한 것을 아주 산뜻하게 잘 설명하고 있다. 프톨레마이오스의 기본 이론은 행성들의 운동을 예측할 수 있는 합리적인 수단을 제공하며 수 세기 동안 성공적으로 사용되었다.

그러나 이 패러다임도 행성들의 궤도가 완전한 원이 아닌 것처럼 보였기 때문에[9] 어떤 변칙 사례들에 직면하게 되었다. 그러나 (제1장에서 설

---

[9] 예를 들면 바빌로니아 시대로부터 관찰되었던 화성의 역행 현상을 말한다.

제4장 과학혁명들과 합리성

명한 바대로) 주전원과 이심원의 궤도들을 도입하는 등의 과정을 거쳐 행성 운동의 이론을 채택하는 것이 가능하였다. 이러한 일은 정상과학의 상에 완전하게 부합한다. 천문학자들은 더 많은 구체적인 자료들을 수집하며 그 자료들이 패러다임에 부합하지 않을 경우에는 패러다임의 기본 가정들을 포기하기보다는 그 문제들을 해결할 수 있는 기발한 방식을 기존의 패러다임 내에서 발견하였고 앞서 알려진 현상들까지 이에 적합하게 만들었다. 프톨레마이오스 패러다임은 전승되면서 점점 더 복잡해졌으나, 변칙 사례들은 그대로 남아 있었으며 이 사례들에 관한 탐구 프로그램의 진행이 준비되었다. 결과적으로 이러한 변칙 사례들이 점점 많이 모여서 쌓이게 되었다. 프톨레마이오스 이론의 복잡성과 이 이론을 다양하게 설명하는 여러 경쟁적인 많은 설명은 이러한 변칙 사례들을 기존의 패러다임 내에 적합하게 만들 것을 제안하였다. 그리고 달력의 개혁[10]

10) 태양력에 따른 춘분과 달력의 일자를 일치시키기 위해서 1582년 당시의 교황 그레고리 13세가 종래의 율리우스 달력의 개정을 고려하도록 만든 사회적 상황을 말한다. 니케아 종교회의의 결정에 따라 부활절은 춘분이 지난 후 첫 보름달 다음의 첫째 일요일로 정하였지만, 율리우스력에 따른 춘분일자와 실제 낮과 밤의 길이가 같은 춘분이 일치하지 않아, 부활절의 일자와 태양력상의 계절이 일치하지 않았다. 이것은 율리우스력이 달력 계산에서 전제하고 있는 지구 공전주기 일자와 실제 공전주기 일자와의 차이 때문에 나타난 것이다. 즉 율리우스력은 지구의 공전주기를 365.25일로 계산하여 달력의 일자를 정하였지만, 이미 알려져 있듯이 그 당시에도 지구의 실제 공전주기는 365.2422일이다. 그래서 1년에 0.0078일(11분14초)의 차이가 나게 되는데, 이러한 차이를 보충하기 위해서 율리우스력은 4년에 한번씩 윤년을 두었지만, 그래도 연수가 오래 경과할수록 달력과 실제 계절과의 간격은 계속 벌어지게 되었다. 이 간격은 1582년에 이르면 10일 이상이 되었다. 즉 이 당시의 율리우스력에서는 오랫동안 누적된 역법상의 오차로 인해서 원래는 3월 21일이어야 할 춘분이 달력에서는 3월 11일로 되어 있었다. 춘분은 부활절을 정하는 기준이 되는 날이었으므로, 이 10일간의 오차는 매우 골치 아픈 문제였다. 그래서 그레고리 13세는 각 교회들과 의논한 끝에 1582년 2월 24일에

에 대한 사회적 압력은 변칙 사례들의 해소와 정확한 이론의 형성을 가장 우선적인 작업으로 삼도록 만들었는데, 이는 곧 패러다임이 위기에 처했다는 것을 널리 지각시키는 계기가 되었다. 마침내 혁명이 일어났지만, 그러기 위해서 필수적인 것이라고 할 수 있는 두 가지의 조건들이 그 당시에 더 조성되어 있었다. 첫 번째 조건은 프톨레마이오스 이론에 대한 대안 이론이 존재하고 있었으며, 바로 이 이론은 코페르니쿠스가 제시했다는 것이다. 그러나 그러한 사실만으로는 충분하지 않았다. 케플러, 갈릴레이, 데카르트와 같이 새로운 패러다임에 입각하여 작업할 수 있는 통찰력을 가진 개인들이 있어야만 했다.

여기서 우리들은 이러한 혁명이 비합리적인 성격을 가졌다고 의구심을 갖기 시작할 수도 있다. 왜냐하면 이러한 사상가들 각자는 코페르니쿠스 세계상을 채택하는 데 있어서 서로 다른 이유로 동기부여를 받았기 때문이다. 이들 각자는 코페르니쿠스 패러다임이 그때까지는 아직 완전히 발전하지 않았고 해결하지 못한 많은 문제들에 직면하고 있었는데도 이 패러다임을 채택하려고 결정하였기 때문에, 이들은 지성적으로 아주 어려운 중요한 모험을 한 것이다. 이들 중의 어느 누구도 우리들이 밤하늘에

차이가 나는 10일을 없애는 것, 율리우스력처럼 4년마다 윤년을 두되 100으로 나누어지는 해에는 윤년을 두지 않지만, 400으로 나누어지는 해에는 다시 윤년을 두어야 한다는 것, 그리고 10일을 없애도 요일은 그대로 연속해서 진행시킨다는 조치를 시행하는 칙령 'Inter gravissimas errores(중대한 오류에 관하여)'를 내린다. 교황은 이 칙령에서 1582년 10월 4일 목요일 다음날을 10월 15일 금요일로 선포하였다. 이러한 칙령에 따라 새로이 만들어진 달력이 그레고리력이다. 그런데 이 당시는 종교개혁의 시기여서 영국을 비롯한 가톨릭교에 반항하는 다수의 신교 국가들은 이 개정 달력을 수용하지 않다가 1700년 전후부터 수용하기 시작하였다. 이러한 일련의 사회적 상황들은 프톨레마이오스의 우주 체계가 복잡하고 확정적이지 못하다는 것을 보여주는 것이며 따라서 사람들로 하여금 이보다 단순하고 수학적으로 우아하며 정확한 다른 우주 체계를 탐구하도록 만들었다.

서 관찰하는 것에 대해 코페르니쿠스 이론이 궁극적으로 보다 충분한 설명을 제공할 것이라고 확신할 수 없었으며, 사실 초창기의 코페르니쿠스 이론은 기존의 프톨레마이오스 이론보다 더 정확하다고 할 수도 없었다. 양쪽 이론에 대한 증거는 어느 것도 결코 결정적이지 않았으며, 오히려 옛 패러다임이 새로운 패러다임보다도 설명을 더 잘한다고 할 수 있는 면이 많았다. 결국 새로운 패러다임은 우주의 중심에 있는 인간의 위치에 대한 배경 믿음들[11]과 상충하였고, 또한 그 당시 사람들에게 있어 최선의 물리학 이론, 즉 아리스토텔레스의 이론과 모순되고 있었다. 더 나아가 코페르니쿠스의 이론은 때때로 지구가 태양, 금성, 화성과 나란히 있을 수도 있고 또 다른 때에는 태양을 중간에 놓고 서로 반대편에 있을 수도 있다는 사실을 암시하고 있었다. 또한 이 이론에 따라 공전한다면, 금성은 어떤 때에는 평소보다 그 크기가 6배나 더 크게 보여야 하는 경우도 생긴다.[12] 그러나 육안으로 관찰해서는 그 크기의 변화를 탐지할 수가 없다. 나중에 크기의 차이가 망원경을 통하여 관찰되었으나, 그러나 코페르니쿠스가 자신의 이론을 제안했을 당시의 상황으로 보았을 때 코페르니쿠스의 이론이 관찰 증거와 잘 일치하지 않았다는 것은 사실이었다.

이후에 브라헤(케플러가 연구하여 행성 운동에 관한 자신의 법칙들을 도출할 수 있도록 만들어준 관찰 자료들을 모았던 천문학자)가 코페르니쿠스의 이론으로부터 다른 하나의 예측을 도출해냈는데, 이 예측은 그 당시에 관찰에 의해 반증되었다. 브라헤는 만약 지구가 태양의 주위를

---

11) 지구가 우주의 중심이라고 하는 성경적인 교리와 상충하게 되었다.
12) 금성과 지구가 태양의 주위를 공전한다고 하는 태양중심설에 따르면, 금성과 지구의 공전궤도와 주기가 다르기 때문에 지구에 가장 가까이 접근할 때와 가장 멀리 있을 때 금성의 모습은 지구에서 볼 때 당연히 그 크기가 다르게 나타난다. 이러한 겉보기 현상은 육안으로 관찰할 수 없으며 망원경을 통해서만 관찰 가능하다.

운동한다면, 지구로부터 멀리 떨어져 있는 항성들을 관찰하는 방향의 각도는 지구가 태양을 중심으로 한 공전궤도의 한쪽 끝으로부터 반대편 끝으로 이동함에 따라 변화해야 한다고 주장하였다. 그는 오늘날 별의 시차視差parallax 현상이라고 알려져 있는 이러한 효과를 탐지하기 위해서 여러 가지 도구들[13]을 가지고 많은 노력을 기울였으나 실패하였다. 그의 관측 도구들은 그 당시 기술 수준으로 보아서 이용할 수 있는 도구들 중에서 가장 정밀한 것이었기 때문에 그는 코페르니쿠스의 이론이 거짓이라고 결론지었다.

코페르니쿠스 이론은 또한 그것을 논박하는 것처럼 보이는 많은 논증들[14]에 직면하게 되었다. 강력한 영향력을 가진 반대 논증들 중의 하나가 '탑 논증tower argument'이다. 이 논증은 다음과 같이 진행된다. 만약에 지구가 공전한다고 전제하고 돌 하나를 높은 탑 위에서 떨어뜨린다면 무슨 일이 일어나야 하는지를 생각해보자. 탑의 밑둥base은 지구가 공전함에 따라 어느 정도의 거리만큼 이동할 것이며 이동하는 동안에 동시에 돌이 낙하하고 있다. 그래서 이 돌은 탑이 이동한 거리만큼 뒤로 떨어져야만 한다. 그러나 실험을 시행해보면, 이 돌은 탑 위에서 떨어질 때 탑의 꼭대기에서의 거리와 수평적으로 똑같은 거리에 있는 바닥에 닿는다.[15] 이렇게 보면 지구는 운동 상태에 있다고 볼 수가 없다. 이와 마찬가지로

---

13) 이 당시에 망원경은 아직까지 발명되지 않았다. 브라헤는 육안으로 777개의 별들의 운동을 관찰하였다. 망원경은 1609년 갈릴레이 시대에 와서야 처음으로 별들의 관찰에 이용되기 시작하였다. 그러나 보통 배율의 망원경을 통해서는 시차 현상을 관찰할 수가 없다.
14) 지구가 태양의 주위를 공전한다고 한다면 당장 설명해야 하는 것이 낮과 밤의 현상이 생기는 이유이다. 이 현상을 설명하기 위해서는 불가피하게 지구의 자전운동을 전제해야 하는데 이와 관련하여 많은 반대 논증들이 나타나게 된다.
15) 즉 수직 낙하한다는 말이다.

만약에 지구가 움직이고 있다면 왜 지구 표면에 있는 물체들은 바퀴가 회전할 때 그 테두리에 묻어 있는 모래알들이 떨어져나가듯이 지구 표면으로부터 떨어져나가지 않는가에 대해서도 의문을 제기할 수 있다. 이 외에도 고려할 사항으로는, 지구가 태양의 주위를 공전할 때 공전 방향 뒤로 달을 멀리 떨어뜨려놓고 혼자 공전하지 않는다는 것에 대해 코페르니쿠스 이론에서는 어떠한 설명도 제공하지 않는다는 점이 있었다. (이 의문 사항 때문에 갈릴레이가 목성의 위성들을 (1609년에) 관찰한 것이 왜 중요한가 하는 점이 드러난다. 왜냐하면 지구중심설을 신봉하였던 갈릴레이의 대적자들도 목성이 운동하고 있다는 사실을 믿고 있었는데, 갈릴레이는 만약에 목성이 자신의 위성들을 공전 방향의 뒤로 떨어뜨리지 않고 계속 끌고 다니면서 공전할 수 있다고 한다면 지구도 그렇게 할 수 있다고 주장할 수 있기 때문이다.)

이러한 모든 논증들은 태양중심설을 지지하는 것으로 알려져 있다. 그러나 코페르니쿠스 혁명의 초창기 국면에서는 아무도 그러한 문제들에 대해서 만족스럽게 대답할 수가 없었다. 그래서 새로운 이론은 약간의 기존의 문제들을 풀어나가는 것과 동시에 다른 종류의 새로운 문제들을 야기하였다. 서로 다른 가치를 가진 사람들은 자신들의 가치에 의존하기 때문에 다음과 같이 다르게 반응하였다. 예를 들어 수학적 단순성을 높이 평가하는 사람들은 코페르니쿠스 패러다임을 채택하게 되는 정당한 이유를 갖는 것이며, 반면에 전체 세계상의 정합성과 상식에 따르는 것 (우리들은 지구가 운동하는 것을 느끼지 못한다)을 높이 평가하는 사람들은 프톨레마이오스의 패러다임에 안주하게 되는 동기를 갖게 되는 것이다. 쿤은 이 사람들 모두가 증거의 비중을 신중하게 평가하여 아주 필수적이고 합리적인 근거 위에서 경쟁 패러다임들 중의 어느 하나를 선택하였다고 생각하는 것은 이치에 맞지 않는다고 주장한다. 이들은 개인의 성격과 믿음에 따라 서로 다른 이유들을 가지고 코페르니쿠스 혁명에 기여하였다. 합리적 근거라고 간주되는 것과 각기 다른 합리적 근거들에 대해 주어져야만 하는 상대적인 비중은 조정이 가능한 것으로 보인다.

코페르니쿠스의 경우에 그의 기질이 프톨레마이오스 체계를 적당히 조정하는 것보다는 태양계에 대한 수학적인 기술을 근본적으로 개혁하도록 만들었다. 그는 또한 프톨레마이오스 체계에 대한 대안으로서의 태양중심의 체계를 엄밀하게 정식화할 수 있는 수학적인 능력까지 가지고 있었다. 갈릴레이는 가톨릭교회와 대결할 정도로 호전적이고 반항적이었으며, 그 결과 그의 말년은 행복하지 못했다. 케플러는 자연 세계의 수학적인 조화로움에 대해서 수비학數秘學적인 믿음을 가지고 있었다. 따라서 그는 행성들의 공전운동이 원 궤도에 의해 행해지는 복잡한 설명보다는 타원 궤도에 의해 행해지는 보다 간단한 설명을 선호하였으며, 또한 동시에 아무도 접근할 수 없었던 아주 구체적이고 정확한 천문학적인 자료들을 이용할 수 있었다.16) (행성 운동에 관한 케플러의 법칙은 1609년에 발표되었으며, 태양중심설이 프톨레마이오스의 패러다임보다도 경험적으로 더 충분한 이론을 제공한다는 사실이 인정된 것은 이러한 케플러의 법칙이 있고 나서였다.) 마지막으로 데카르트는 아리스토텔레스의 물리학과는 전혀 다른 물리학을 발전시켰으며, 이용할 수 있는 자료들이 정당화할 수 있는 것을 초월하여 멀리 나아간 철학적인 논의거리들17)을 분명하게 제시하였다.

쿤의 생각을 지금까지 설명하였기 때문에 이제 나는 쿤의 작업 이후에

---

16) 케플러는 브라헤의 초청을 받아 체코의 천문대에 갔다가 1년 뒤에 브라헤가 갑작스럽게 죽자 항성들과 행성들에 관한 브라헤의 정확하면서도 구체적인 관찰 자료들을 유산으로 받게 되었다.
17) 예를 들면 심신 이원론이라든지, 소용돌이 우주설 등과 같은 데카르트의 형이상학을 말한다.

논의가 널리 전개되었던 두 가지 철학적인 문제들에 초점을 맞추려고 한다. 우리들은 그 두 가지 문제를 코페르니쿠스 혁명으로부터 나온 사례들을 가지고 설명할 것이다. 첫 번째 문제는 우리들이 이전에 논의할 기회를 가졌던 문제이다.

5. 이론과 관찰

과학적 연구 활동이 어떻게 진행되는가를 설명하는 경우에 이론과 관찰에 관한 구별을 거의 즉각적으로 이끌어내는 것은 아주 자연스러운 일이다. 과학이론들은 이미 알려진 사실들에 근거하고 있다고 간주되고 있으며, 그것이 알려진 사실인가의 여부는 관찰에 의해서 결정된다. 이렇게 보면 관찰에 근거하여 베이컨이 과학적 방법에 관해 대략적으로 제시한 광범위한 설명은 어느 정도 일리가 있다. 우리들은 자연 세계를 관찰함으로써 시작하고, 그런 다음에는 관찰을 더 하려고 노력하고 체계화하며 결국 그러한 관찰들을 지배하는 아주 일반적인 원리들에 도달하게 된다. 물론 내가 제2장의 마지막에서 주장하였듯이, 우리들이 행하는 관찰 방법은 베이컨이 말하고 있는 내용과는 반대로 선입견 없이는 전적으로 이루어질 수 없다. 왜냐하면 세계를 관찰할 때, 우리들은 현상들에 관한 우리의 지식들을 체계화하려고 시도하기 이전에 이미 현상들을 여러 가지 유형들로 나누어보기 때문이다. 한 예로 우리들은 이미 어떤 현상들을 천체들의 운동으로 분류하거나, 또 이와 다르게 보이는 현상들은 밀물과 썰물이나 4계절 등으로 분류하여 관찰하기 시작한다. 그런데 근대과학은 이러한 현상들이 서로 밀접하게 연계되어 있다는 사실이 드러날 것이라고 설명한다. 즉 밀물과 썰물은 달의 운동에 의해 인과적으로 일어나며, 계절은 태양의 주위를 공전하는 지구의 운동 때문에 일어난다. 그래서 이러한 현상들을 분리시켜 각기 다른 현상들로 처리하게 되면 우리들은 잘못을 범하게 된다. 이러한 잘못을 저지른 것이 아리스토텔레스 과학에서 일어난 내용이다. 아리스토텔레스 과학은 천상계를 지상계와 분리시켜 특별한 영역으로 생각하였고, 천상계의 운동에 적용하는 역학의 법칙들은 지구의 표면에 있는 대상들의 운동에 적용하는 법칙들과는 근본적으로 다른 것이라고 생각하였다. 이와 마찬가지로 우리들은 어떤 현상들은 움직이는 운동과 연계되면 정지 상태와는 연계되지 않는다고 자연스럽게 가정할 수도 있다. 왜냐하면 우리들의 경험에서는 움직이는 것과 정지하는 것은 전적으로 다르기 때문이다. 그러나 근대 물리학에서 등속도 운동과 정지해 있는 것은 물리적으로 다른 것이 아니며, 사실상 둘 사이의 차이점은 운동의 기준계에 따라 전적으로 상대적으로 나타날 뿐이다. 어떤 유형들로 현상들을 분류하는 것은 과학적 탐구 활동이 시작되기 전에 요구되며, 이러한 분류들은 새로운 이론들이 채택될 경우에 개정될 것이라는 사실은 분명하다. 또한 과학이 발전하여 성숙기에 이르게 되면 이 이후에 이루어지는 관찰들은 모두 선입견 없이 행해져야만 한다는 생각은 과학이 이전의 성공에 근거하여 만들어졌기보다는 아무것도 주어지지 않은 데서 출발해야 한다는 것을 의미하기 때문에 바람직하지 않다는 점도 확실하다.

그러나 기존의 이론들이 새로운 이론들을 개발하는 데 도움을 주고 어떠한 관찰이 중요하고 의미 있는가 등을 말해준다고 할지라도, 발견의 맥락과 정당화의 맥락의 구별에 의존하여 과학이론들이 관찰에 의해 검사된다고 하는 생각은 계속 유지될 수 있을 것이다. 많은 경험론 철학자들은 관찰적인 것과 이론적인 것을 분명하게 구별하고 있으며, 논리실증주의자들과 포퍼도 적어도 초창기 연구에서는 이를 전제하고 있었다. 전통적 견해에 따르면 관찰 가능한 사실들의 이론 독립성이나 중립성은 과학적 지식을 추구하거나 혹은 적어도 이론들을 검사할 수 있는 적절한 기반을 과학자들에게 만들어준다고 주장한다.(앞의 1절 (4) 참조) 전통적 견해에서는 여러 가지 의견들을 종합하여 '빨강', '무거운', '젖은' 등과 같은 관찰용어들과 '전자', '전하', '중력'과 같은 이론용어로 구별한다. 이 생각은 관찰용어들의 사용에 올바로 적용하는 규칙은, 정상적인 관찰자가 어떤 환경에서 지각하게 되는 내용만을 지시해야 하며, 이론에는 전적으로 의존하지 않고 독립적이어야 한다는 것을 의미한다. 그래서 예를 들어 네이글Ernest Nagel(1901~1985)은 그의 유명한 책인 『과학의 구조 The Structure of Science』(Nagel 1961)에서 모든 관찰용어는 어떤 특정화된 조건들이 실현되었을 때 관찰에 의해서 그 존재를 확인할 수 있는 어떤 속성에 대해 그 용어를 적용할 수 있는 적어도 하나의 절차와 분명하게 연계된다고 주장하였다. 예를 들면 빨강이 되는 속성은 정상적으로 기능하는 관찰자에게 정상적인 조명의 조건들 속에서 빨갛게 보이는 경우에 그 대상에 적용된다. 많은 다른 사람들도 관찰용어와 이론용어에 관한 이러한 구별에 의존하여 이론 검사의 논리를 분석한다.

한편 쿤은 관찰의 이론 의존적인 성격으로 알려지게 된 그러한 내용을 강조했던 사람들 중의 하나이다. 관찰의 이론 의존성에 대한 생각은 철학자 핸슨N. R. Hanson(1924~1967)의 다음과 같은 말을 통해서 간략하게 설명된다. "보는 것은 시각적인 경험을 갖는 것뿐만 아니라, 또한 시각적인 경험을 가지는 방식이다."(Hanson 1958: 15). 그는 두 관찰자의 시각적 경험이라는 것이 이들의 망막에 맺히는 상들이 동일한데도 불구하고 달라질 수 있다고 주장하였다.[18] 그는 해석interpretation이라는 것이 보는

---

18) 두 사람이 시각적인 경험을 가지게 되는 방식이 다르기 때문에, 즉 똑같은 그림을 보면서도 이 그림을 각기 다른 이론적 맥락에서 보기 때문에 그림에 대한 두 사람의 시각적 경험의 내용이 달라지게 되는 것이다.

것seeing과 분리될 수 없다고 생각하였기 때문에 그렇게 말한 것이다. 핸슨은 일반적으로 "x에 대한 관찰은 x에 대해 가지고 있는 사전 지식에 의해서 형성된다"(Hanson 1958: 19)고 설명한다. 이에 관한 유명한 사례 몇 가지는 우리들의 지각 경험이 그 본성상 우리들의 과거의 경험과 개념들에 의존하고 있다는 점을 보여준다.(그림 2 참조)

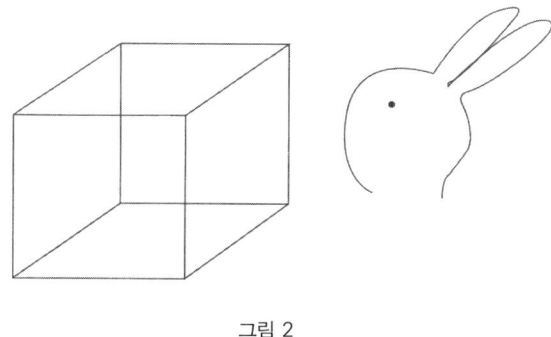

그림 2

우리들이 직육면체와 같은 입방체를 바라볼 때, 이 입방체는 입방체의 앞 사각면이 정면을 향해서 오른쪽 위로 튀어나온 모습으로 보이거나 아니면 입방체의 앞 사각면이 왼쪽을 향하고 있는 안정된 모습으로 보이게 된다.[19] 또 하나의 그림은 왼쪽을 향하고 있는 토끼의 머리이거나 오른쪽

---

19) 이 설명 순서대로 직육면체의 모형을 실선(눈에 직접 보이는 선)과 점선(눈에 직접 보이지 않은 숨어 있는 선)으로 그리면 다음과 같다.

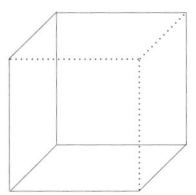 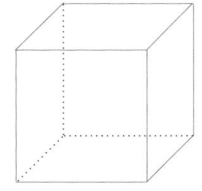

첫 번째 설명 방식에 의해 바라본 입방체　　두 번째 설명 방식에 의해 바라본 입방체

을 향하고 있는 오리의 머리를 보여주는 그림이다. 이 밖에도 이러한 그림들을 바라볼 때와 같은 경험을 갖도록 해주는 그림들이 많이 있다. 첫째, 이러한 현상이 일어나는 것은 2차원의 그림으로 표현된 3차원의 사물을 보는 데 익숙해졌기 때문이다. 둘째, 우리들은 그림들을 각기 다르게 보는 것을 배울 수 있으며 그래서 우리들이 그림들을 보면서 경험하게 되는 방식은 고정되어 있지 않다. 대부분의 사람들은 각 그림을 한 가지 이상의 방식으로 보는 것이 더 자연스럽다는 것을 발견하게 되지만, 그러나 동일한 그림을 처음에 본 방식과는 다른 방식으로 보는 것에는 익숙하지 않기 때문에 다른 방식으로 그림을 보는 경험을 얻으려면 약간의 노력이 필요하다. 셋째, 사람의 경험이 오리를 보게 되는 것으로부터 토끼를 보게 되는 것으로 변화하게 될 경우에, 그 변화는 '형태 전환gestalt shift'이다. 다시 말하면 경험의 특성이 전체적으로 완전하게 바뀌는 것을 말한다.

가끔 논쟁이 일어나는 과학적 관찰의 한 예는 현미경을 통해 사물을 관찰하는 경우이다. 상에 나타난 어떤 것이 실재하는 대상으로 간주되어야 하는가, 아니면 검사를 위한 슬라이드를 만들 때 행하는 착색 과정의 결과 생긴 단순한 인공물에 불과한 것으로 간주되어야 하는가의 여부는 배경 이론에 의해 결정된다. 일반적으로 과학자들이 특정한 장치를 가지고 관찰하는 것을 배워야 하는 것은 사실이다. 그래서 학습하고 경험해 본 의사는 골절에 관한 X선 사진을 보고는 보통 사람들이 볼 수 없는 모든 종류의 구체적인 내용들을 '볼〔판독할〕' 수 있다. 쿤과 다른 사람들은 일반적으로 과학자들이 지각하는 내용이 부분적으로는 그들 자신의 믿음들에 의해 결정된다는 것을 주장하기 위해서 X선 사진 판독과 같은 사례들을 사용한다. 태양이 지는 모습을 볼 때 코페르니쿠스주의자들은 태양이 한 곳에 고정되어 머물고 있고 지평선이 하늘 위로 떠오르고 있다고 보지만, 반면에 프톨레마이오스주의 천문학자들은 지평선이 고정되어 있고 태양이 지평선 아래로 떨어지고 있다고 본다. 이러한 내용들은 과학이론의 검사의 객관성을 훼손시킬 정도로 위협적이다. 왜냐하면 전통적인 견해는 관찰이 조정자가 될 수 있다고 말하고 있을지라도, 만약 이론들이 개입하여 모든 관찰들이 이러한 이론들에 물들어 있다고 한다면 관찰이 경쟁적인 이론들 가운데서 중립적인 조정자가 될 수 없기 때문이다. 만약에 이러한 주장이 옳다면 과학사에는 관찰자들의 선입견들로 인해서 편향적으로 관찰 증거를 수집한 다양한 경우들이 포함될 가능성이 높아진다.

이러한 경우가 일어난 것처럼 보이는 하나의 사례가 태양흑점(태양의 표면에 밝기의 정도가 다르게 나타나는 검은 얼룩점들을 말한다)의 경우이다. 이 현상에 관해서 유럽에서는 코페르니쿠스 혁명 이전에는 어떠한 기록도 없지만, 중국 천문학자들은 코페르니쿠스 혁명 시기보다 훨씬 앞선 수세기 동안 이 현상을 잘 알고 있었으며 이를 기록하고 있었다. 천상계가 완전하고 불변적인 영역이라고 생각한 유럽인들의 믿음은 흑점 현상과 같이 천체계의 변화하는 현상을 보여주는 분명한 예를 보지 못하도록 만든 것 같다. 또 하나의 예는, 핸슨이 인용한 것인데, 디랙Paul Dirac(1902~1984)이 (1928년에) 양전자positron[20]와 같은 입자들을 이론적 필요성에 의해 이론에 도입하기 전에는 양전자에 의해 인과적으로 나타난 안개상자[21] 속의 자취들을 그 당시의 물리학자들이 알지 못했다는

---

20) 양(+)의 전기를 띤 전자로 1928년에 디랙이 순전히 이론적 계산에 의해서 도입한 이론적 대상이다. 이 이론적 대상은 1932년 캘리포니아 대학의 앤더슨이 우주선宇宙線을 관측하다가 그 존재를 실제로 확인하였다.
21) 1897년 영국의 물리학자인 C. T. R. 윌슨이 고안해서 1911년 발표한 '윌슨의 안개상자'를 말한다. 운용 원리는 대기 속의 수증기가 작은 티끌을 핵核으로 해서 안개가 되는 것과 같이, 과포화 상태에 있는 수증기 속에 이온이 생기면 그것을 핵

점이다. 그후에 입자물리학자들이 디랙의 연구 이전에 수년 동안 행해진 실험들을 돌이켜보았을 때, 이들은 이전의 선배들이 완전히 놓쳐버린 것 같은 양전자의 자취에 관한 명확한 증거를 다시 보게 되었다.

관찰된 것이나 관찰 가능한 것으로 간주되었던 것이 이론에 의해 물들어 있는 또 다른 사례들이 있다. 갈릴레이의 운동 이론에 따르면 오직 상대적인 운동만을 관찰할 수 있고 그래서 우리들은 태양과 비교하여 상대적으로 지구의 운동을 느낄 수가 없다. 왜냐하면 지구는 우리들과 비교하여 볼 때 상대적으로 운동하고 있는 것이 아니기 때문이다(우리들은 지구에 포함되어 지구와 같이 운동하고 있다). 갈릴레이의 비판자들에게 있어서 [지구의 운동을 우리들이 느끼지 못하는 것에 대해] 모든 운동은 관찰 가능해야 하는데, 그들은 지구가 움직이지 않는다는 것은 모든 사람의 경험에 의해 입증된 사실이라고 주장한다. 갈릴레이는 망원경을 통해 무엇을 관찰할 수 있는가에 대해서도 아리스토텔레스주의 철학자들과 논쟁하였다. 갈릴레이는 망원경으로 목성을 보고 목성이 자신의 달(위성)들을 가지고 있다는 것을 분명히 보았지만, 그의 비판자들은 망원경과 같은 새로운 도구의 신뢰성에 대해 의문을 제기하였다. 근대 천문학자들이 목성의 달들에 관해서는 갈릴레이의 입장에 동의하지만, 갈릴레이는 토성에 대한 관찰에서 토성의 띠를 토성의 달로 잘못 생각하였

으로 하여 물방울이 생기는 것을 이용한 것이다. 내부가 보이는 편평한 원통형 상자 안에 압력을 낮춘 수증기(또는 그것과 아르곤·알코올의 혼합기체)를 채우고, 기계적으로 상자의 밑면을 갑자기 내려서 상자 안의 부피를 급격히 팽창시켜 수증기를 과포화 상태로 만든다. 이때 상자 안으로 대전된 입자가 튀어 들어가면 그 경로 부근의 기체분자가 이온화(電離)되고, 이온을 핵으로 해서 수증기가 응축하게 되면서 대전된 입자가 통과한 자취가 마치 고공을 비행하는 제트 비행기의 자취처럼 가는 선을 그리며 나타난다.(출처: 《두산 세계대백과사전》)

고, 어떤 경우에는 광학적인 허상을 우리 지구의 달에 있는 분화구crater 와 같은 것으로 오해하기도 하였다.

관찰의 이론 의존성을 옹호하는 또 다른 논증은 어떤 사람이 어떤 것을 관찰하는 경우와 추리하는 경우 사이에는 연속성이 있는 것 같다는 사실에 근거한다. 예를 들어 어떤 사람이 하늘에서 제트 비행기를 관찰하였다고 주장하는 경우를 생각해보자. 이 경우에 이 사람이 실제로는 하나의 점과 증기 자취를 관찰하였는데, 그것을 비행기라고 추론한 것은 아닌가? 이와 마찬가지로 과학자는 전류계의 바늘이 움직이는 것을 보거나 전구에 불이 들어오는 것을 보고 전선에 전류가 흐르는 것을 관찰하였다고 말한다. 그러나 이러한 두 가지 경우에 과학자는 전류를 직접 관찰하였다고 하기보다는 전류의 현존을 추론하였다고 말할 수는 없는가? 나무나 새와 같은 대상들은 확실하게 관찰 가능하지만, 박테리아, 분자들, 전자기파 등의 경우에는 어떻게 말할 수 있는가? 때로는 이론 용어를 사용하여 관찰할 수 있는 대상들을 기술한다는 것을 지적하는 것도 가치가 있다. 예를 들어 우리들은 '가스등을 켬', '전자 오븐', '실리콘 칩' 등에 대해 말한다. 우리들의 일상 언어 중에서 많은 용어가 이론 의존적인 것 같으며, 또한 엄밀히 말해서 어떤 대상의 현존을 마치 우리들이 직접 관찰하는 것처럼 추리하여 기술하게 되는 경우들이 가끔 있는 것도 사실이다.

그러나 관찰을 기술하는 데 사용하는 모든 언어들이 이론 의존적이라고 하는 생각과, 관찰 자체가 이론 의존적이라고 하는 생각을 혼동하지 않는 것이 중요하다. 언어에서 관찰용어와 이론용어의 경계선이 분명하지 않다고 주장하는 것은 이치에 부합한다고 할 수 있다. 그러나 우리가 관심을 가지고 있는 내용과 그 내용을 어떻게 기술하는가에 대한 문제보다는 우리들이 믿고 있는 이론들이 우리들의 관찰 내용에 실제로 영향을 미치고 있다라고 주장하는 것이 훨씬 논쟁의 여지가 많다. 철학자 처치랜드Paul Churchland는 우리들의 감각적 지각의 내용과 성격이 우리가 세계에 대해 생각하고 기술하는 데 어떠한 이론들을 사용하는가에 의해 영향을 받고 있다는 의미에서 지각은 '고정적이지 않다plastic'고 믿는다. "우리들은 다른 사람들로부터 자신을 제외한 다른 모든 사람들이 지각하는 바대로 세계를 지각하는 것을 배우게 된다."(Churchland 1979: 7) 그는 우리들이 새로운 이론들을 믿게 될 때 우리들이 세계를 지각하는 방식은 잠시 동안에 아주 철저하게 변화한다고 주장한다.

포도Jerry Fodor는 이에 반대하는 견해를 제시한다. "똑같은 자극들이 주어졌을 때, 똑같은 감각/지각 심리를 가진 두 개의 유기체는 아주 일반적으로 똑같은 것을 관찰할 것이다."(Fodor 1984: 24) 포도는 어떤 믿음들은 관찰, 즉 감각들의 활성화라고 말할 수 있는 것에 의해서 직접 확정되고 고정된다고 주장하면서, 이러한 믿음을 추리에 의해 고정되는 믿음과 구별한다. 처치랜드와 쿤의 급진적인 내용을 가진 혁명적인 결론에 반대하는 포도와 같은 사람들은 그 근거를 '······이라는 사실을 보는 것seeing that'과 단순하게 '······을 보는 것seeing'의 구별에 둔다. 물론 적절한 개념들을 가지지 못한 사람은 자신의 앞에 물이 들어 있는 컵이 있다는 사실that을 볼 수 없을 것이다. 그러나 이 사람이 물이 들어 있는 컵을 볼 수 있다는 것은 분명한데, 이 점은 그가 호기심을 가지고 그 컵을 들고 살피고 있다는 사실로부터 드러난다. 그래서 과학에서도 하늘의 어떤 부분에 하나의 행성이 있다는 사실that을 보는 것은 그 사실을 그러한 내용으로 이론화하는 것을 필요로 하지만, 그러나 단순히 하늘의 그 부분에 빛나는 점을 보는 것은 적절하게 기능하는 시각 조직〔예를 들면 수정체, 망막과 시신경〕만 있으면 된다.

나는 내가 논의했던 간단한 예들이 관찰의 이론 의존성을 분명하게 드러내기를 희망한다. 그러나 물론 이러한 문제에 대한 적합한 검토를 위해서는 인간의 지각에 관한 심리학자들과 인지과학자들의 연구 작업에 익숙해야 한다. 적어도 어떤 상황에서는 사람들이 지각하는 내용이 어느 정도 자신들의 개념과 믿음에 의존하고 있다는 사실을 많은 실험들이 보여주고 있다. 한편 우리들은 우리들이 보게 되기를 기대하는 것을 항상 기대하는 바대로 보지는 못한다. 그리고 관찰이 우리들의 믿음과 개념에 의해 물들어 있다고 생각하는 것을 반대하는 얼마간의 증거들도 있다. 예를 들어 뮐러-라이어Müller-Lyer 허상을 생각해보자.(그림 3 참조)

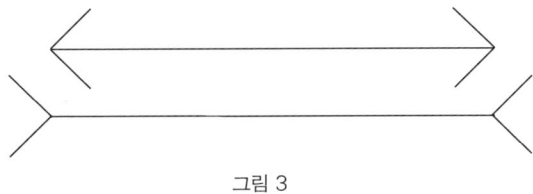

그림 3

우리들이 그림에 나타난 선들의 길이를 세심하게 측정하고 이 선들이 서로 같은 길이를 가지고 있다고 판단할지라도, 우리들은 하나의 선이 다른 선보다 더 길다라고 지각하게 된다. 이것은 우리의 지각이 우리의 믿음에 의해 물들지 않는 것처럼 보여주는 하나의 사례이다.

한때 실증주의자들은 관찰 언명들이 과학의 확실한 기초가 된다고 생각하였다. 그러나 만약 관찰이 이론에 의존한다면, 관찰들도 이 관찰들이 의존[전제]하는 이론들이 확실할 경우에만 확실해진다. 그러나 관찰 기록들이 모든 이론에 대해서는 중립적이지 않을지라도 어떤 이론들 중에서 어느 하나의 이론을 결정하려고 어떤 관찰들을 사용할 경우에 이 관찰들은 판단 대상이 되는 이론들에 대해 중립적이라고 할 수 있다. 어쨌든 관찰들의 내용 자체는 관찰자가 믿고 있는 이론들에 의해 결정된다고 일반화하여 말하는 것은 위에서 보여준 사례들만으로, 혹은 이따금 관찰된 내용에 관해서 과학자들이 일치하지 못한 과학사의 몇 가지 사례들만으로는 그렇게 쉽게 입증될 수가 없다. 과학에서 이론과 관찰의 관계는 확실히 보다 구체적인 탐구를 필요로 하는 문제이다. 나는 내가 적어도 그러한 것에 관해서 재미있는 많은 문제들을 독자들에게 환기시켜주었기를, 이론용어와 관찰용어가 분명하게 구별될 수 있다고 생각하는 소박한 견해가 이치에 맞지 않는다는 것을 잘 설명했기를 바라며, 또한 관찰이 이론 의존적이라고 말함으로써 의미하게 되는 여러 가지 사실들을 분명하게 구분할 수 있도록 해주었기를 기대한다. 물론 사람들이 새롭게 알게 된 것이 무엇이며, 어떤 내용을 보고하려고 하는지, 그리고 그 내용을 어떻게 보고하는가 하는 문제들은 그 사람들이 세계에 대해 가지고 있는 이론들에 의해서 영향을 받게 될 것이다. 이론이 관찰을 유도한다는 것이 확실한 사실이고, 흥미를 가지게 되는 관찰 기술들 전부가 이론 중립적이지 않다는 것이 아마 사실일지도 모른다는 점을 우리들의 탐구가 보여주었지만, 실제로 보게 되는 내용이 어떠한 이론의 관점을 취하고 있는가에 따라 달라진다고 말하는 것은 그렇게 쉽게 입증되지는 않는다.

6. 통약 불가능성

통약 불가능성incommensurability은 수학에서 빌려온 용어로, '공통 기준에 의해 측정할 수 없음'을 의미한다. 이 용어는 쿤과 또 다른 철학자 파이어아벤트Paul Feyerabend(1924~1994)가 채택한 것인데, 이 두 철학자는 연속적으로 이어지는 과학이론들은 이 이론들의 특성이나 장점들을 비교할 수 있는 중립적인 방법이 존재하지 않는다는 의미에서 서로 통약 불가능하다고 주장한다. 쿤의 연구에 나타난 가장 급진적인 생각들 중의 하나는, 어떤 일정한 영역에서 증거로 간주되느냐는 배경 패러다임에 의해서 결정된다고 하는 것이다. 만약에 이 내용이 옳다면 합리적으로 경쟁 패러다임들을 비교하는 것이 어떻게 가능할 수 있을까? 이에 관한 쿤의 대답은 관련 공동체의 합의 외에는 이론들을 비교하는 한 차원 높은 기준이란 없다는 것이다. 그리고 "경쟁적인 패러다임들 중에서 어느 하나를 선택하는 것은 서로 비교할 수 없는 기준이 존재하지 않는 유형의 공동체 생활들 중에서 어느 하나를 선택하는 것과 같다"라고 주장한다.(Kuhn 1962: 94)

그래서 그의 주장은 소위 말해서 과학적 진보라는 것은 증거에 기반하기보다는 군중심리에 의해서 주도되고 있으며, 가설들에 대한 경험적인 확증은 수사학적인 거짓에 불과하다고 주장하는 것으로 해석될 수 있다. (이러한 내용은 '지식사회학에서 강한 프로그램'이라고 알려진 입장[22])을 고취시켜주고 있다. 이 입장은 과학이론의 변화를 심리학적이고 사회학적인 영향력에 의해서 설명하려고 목표한다.) 많은 사람들은 과학

---

[22] 이러한 내용을 주장한 사람들이 에딘버러 대학에 모여 있어, 일명 에딘버러학파라고도 불리는 입장이다. 홍성욱은 이 입장이 나오게 된 이론적 근거로, 첫째, 과학적 작업이 본질적으로 공동체적이고 사회적인 성격임을 주장하는 쿤의 과학혁명과 패러다임이라는 개념, 둘째, 핸슨의 관찰의 이론 의존성과 콰인의 관찰적 자료에 의한 이론 미결정성 underdetermination by observational data 개념, 셋째, 과학에 대한 내적 접근과 외적 접근에 관한 논쟁으로 드러난 과학과 사회의 밀접한 연관성, 즉 과학이 제도적, 사회적, 정치적 요인으로부터 자유롭지 못하다는 사실을 들고 있다. 그래서 이 입장을 제창한 블루어D. Bloor는 "객관성은 사회학적이다"라고 주장한다. 이에 관한 자세한 내용은 홍성욱, 『생산력과 문화로서의 과학기술』 (문학과 지성사, 1999)을 참조할 것.

적 지식에 대해서 철학자들이 상대주의라고 부르는 입장을 지지하는 데 쿤의 논증들을 사용하였다. 이러한 상대주의는 과학이론의 '진리들'이 전부 혹은 어느 정도 사회적 요인들에 영향을 받아 결정된다고 보는 입장이다. 아주 단순한 형식의 **인식적 상대주의**epistemic relativism는 예를 들어 물리학이나 생물학에서 특정한 하나의 이론이 물리학자들이나 생물학자들의 공동체 내에서 높은 지위에 있으며 영향력을 가진 사람들이 그 이론을 믿고 있기 때문에 과학적 지식으로 간주되고 있다고 말한다.

경쟁 패러다임들이 통약 불가능하다는 생각은 관찰의 이론 의존성에 의해서 지지된다. 만약에 모든 관찰들이 배경 이론들에 물들어 있다는 것이 사실이라면 각 패러다임의 가치는 실험에 의한 검사를 실시함으로써 서로 비교될 수가 없다. 왜냐하면 경쟁 패러다임들 중의 어느 하나를 지지하는 사람들은 상대방이 관찰한 내용에 대해서 동의하지 않을 것이기 때문이다. 우리들은 이러한 일이 지구가 돌고 있는가의 여부에 대해서 논쟁하던 갈릴레이와 가톨릭교회 당국 간에 일어났었다는 것을 이미 보았다. 코페르니쿠스 혁명은 패러다임이 언제, 어떻게 변화하는가, 또한 어떤 이론적 원리들을 검사하는 데 적합한 방법들이 언제, 어떻게 변화하는가, 과학이 풀어나가야만 하는 문제들이 언제, 어떻게 변화하는가를 보여주고 있는 하나의 예이다. 근대과학자의 경우에는 만약에 어떤 하나의 힘이 물체의 상태를 변화시키기 위해 작용하지 않는다면 [가속도가 작용하지 않는다면] 그 물체는 정지 상태에 있거나 등속도 운동 상태에 있게 될 것이다. 따라서 예를 들어 활시위에 의해 가속되어 날아간 화살이 계속해서 공중을 날도록 그 상태를 유지시켜주는 것이 무엇인지를 설명할 필요가 없으며, 오히려 이제 문제는 중력과 공기 저항이 합력하여 그 화살이 계속해서 영원히 일직선으로 날아가지 못하도록 어떻게 방해하고 있는가를 설명하는 것이다. 한편 아리스토텔레스주의자의 경우에는 화살이 활을 떠난 후에 비자연적인(강제적인) 운동 상태를 유지할 수 있도록 만들어주는 것이 무엇인지를 설명하는 것이 긴급한 사안이 된다.[23]

확실히 서로 다른 사람들은 세계에 존재하는 사물들을 때때로 아주 근본적으로 다른 방식들로 분류하기도 한다. 때때로 사람들의 믿음을 평가하기 위해서 우리들은 그들의 특정한 몇몇 주장들을 그들의 전체 언어 실천 행위와 관련지어 이해해야 할 것 같다. 과학에서 어떤 초기 연구 작업은 나중의 이론에 의해 조망되어야만 이해되는 경우도 가끔 있다. 예를 들어 열에 관한 열소 이론은 라플라스Pierre Laplace(1749~1827)가 개발한 이론이다. 이 이론은 열을 하나의 실체를 가진 물질로 설명하고 있는데, 이 이론에 근거하여 라플라스는 공기 속에서 전파되는 소리의 속도를 아주 정확하게 계산할 수 있었다. 현대의 물리학자들은 지금은 열이 분자들의 진동과 연관되어 일어나는 에너지의 한 형식으로 이해되고 있음에도 불구하고 라플라스의 방법들을 아주 쉽게 잘 이해하고 있다. 한편 파라켈수스Paracelsus(1493~1541)[24]와 같은 르네상스 사상가의 추리는 근대과학자들에게는 거의 이해될 수가 없다. 왜냐하면 세계 전체를 바라보는 그의 방식과 그가 찾고 있는 해답의 유형들이 근대과학의 모습

---

[23] know-how가 아니라 know-what을 강조하는 것이다. 즉 운동의 상태가 아니라 무엇이 운동을 일으키냐고 묻는 것이다.
[24] 스위스의 의학자인 파라켈수스(본명은 Theophrastus Bombastus von Hohenheim인데, 파라켈수스라는 이름은 많은 환자들의 병을 고치면서 유명하게 되어, 유명한 로마의 의사 켈수스를 능가한다는 의미로 사용됨)는 연금술 이론에 근거하여 담즙이론으로 인간의 병을 진단하는 의학이론을 내세워, 화학(연금술)을 의학에 응용하는 의화학醫化學을 창시하였다.

과는 전혀 다르기 때문이다. 예를 들어 그는 뱀 모양 잎사귀를 한 식물들은 독으로부터 보호받을 수 있는 물질을 제공할 것이며, 훌륭한 의사들은 붉은 턱수염이 아니어야 한다고 주장한다. 사실 그의 언명들 중에서 어떤 것들은 단지 거짓에 불과한 것이 아니라 참인지 거짓인지를 분별할 수 있는 후보로 간주할 수 없는 것이 있다. 왜냐하면 그러한 것들을 이해하기 위해서는 지금은 사라진 그러한 유형의 추리에 의존해야 하기 때문이다. 따라서 옛날 패러다임으로부터 나온 질문들이 항상 대답되어지는 것은 아닌데, 그것은 때로는 그 질문들이 어떤 의미도 형성하지 않는다고 우리들이 생각하기 때문이다.

쿤은 패러다임의 변화를 일종의 '형태 전환gestalt switch'에 비유한다. 형태 전환은 우리들이 눈앞에 있는 어떤 동일한 그림을 어떤 경우에는 토끼로 보고, 또 다른 경우에는 오리로 보면서 선택적으로 가지게 되는 경험을 말한다. 형태 전환에서 중요한 점은 그것이 전체론적으로holistic 일어난다는 사실이다. 이와 마찬가지로 개념들, 존재론 등의 차원에서 패러다임들 간의 차이는 전반적global이고 체계적이다. 각기 다른 패러다임들 내에 있는 이론들은 서로 다른 패러다임에 있는 과학이론의 용어와 개념의 상호 번역이 불가능하다는 의미에서 서로 통약 불가능하다. 이러한 점이 **의미론적 통약 불가능성**meaning incommensurability이다. 쿤은 과학용어들은 전체 이론의 구조에서 차지하고 있는 자신들의 위치에 의해 의미를 얻게 된다고 가정한다. 예를 들어 뉴턴 이론에서 '질량mass'은 아인슈타인의 상대성이론에서의 '질량'과는 다른 것을 의미한다. 우리들이 이 두 가지의 이론에서 질량이라는 용어를 특징짓는 문장의 위상status을 비교할 때 우리들은 실제로는 전혀 다른 의미를 가진 두 개의 문장을 비교하고 있는 것처럼 보인다. 코페르니쿠스 혁명에서 운동에 관한 생각은 근본적인 변화를 겪었다. 우리들은 아리스토텔레스주의자들과 갈릴레이가 운동의 성격에 관해서 사실상 전혀 다른 이론을 가지고 있다고 말할 수 있는가? 아니면 이들은 단지 '운동'이라는 단어에 대해 전혀 다른 것을 의미하고 있다고 말해야 하는가? 쿤의 경우에는 이러한 물음에 대해 어떤 확정된 대답이 있을 수가 없다. 왜냐하면 과학 용어들이 항상 확고하게 고정된 엄밀한 의미를 가지고 있는 것은 아니기 때문이다(따라서 그는 앞의 1절의 (7)을 부정한다).

쿤의 연구 이전에는 예를 들어 '원자'와 같은 특정한 과학 용어들이 지시하는 것은 그 이론이 원자들에 관해서 말하는 내용에 의해서 결정된다고 많은 철학자들이 널리 믿고 있었다. 만약 이러한 철학자들의 믿음이 옳다고 한다면 '원자들'에 관한 서로 다른 이론들은 원자들에 대해서 서로 다른 것을 말하는 것이며, 그래서 같은 용어들을 사용하면서도 이 이론들은 실제로는 전혀 다른 사물들을 지시하게 될 것이다. 이러한 것을 지시체 **통약 불가능성**reference incommensurability이라고 부르는데, 이것은 실재론자들에게는 나쁜 소식이 될 것이다. 왜냐하면 이 점은 '전자'에 관한 서로 다른 이론들은 실제로는 완전히 서로 다른 사물들에 대해서 말하는 것이 되며, 따라서 사물들의 배후의 이면 구조를 이해하는 데 과학이 눈부시게 진보적인 발전을 이룩하고 있다고 믿을 만한 근거가 없어지기 때문이다. 이러한 사실은 세계가 존재하는 방식이 한 가지만 있는 것이 아니며, 그리고 그 속에서 우리들이 살고 있는 세계라는 것은 우리들의 이론들이 만들어낸 인공물에 불과하다는 것을 함축하는 것처럼 보인다. 사실 쿤은 "패러다임들이 변화할 때, 세계는 그와 함께 변화하게 된다"라고 말한다.(Kuhn 1962: 111) 이러한 견해에 따르면 서로 다른 이론들의 서로 다른 언어들은 그 각각의 이론들의 세계에 대응하고, 경쟁 패러다임을 지지하는 사람들은 서로 다른 세계에 머물고 있다. 예를 들어 아인슈타인의 세계는 엄밀히 말해 뉴턴의 세계와는 다른 세계이다. 따라서 코페르니쿠스가 지구가 태양의 주위를 공전하고 있다라고 생각했다고 해서 프톨레마이오스와 그 이전의 철학자들의 생각이 잘못되었음을 발견했다고 말할 수는 없다. 왜냐하면 코페르니쿠스의 지구는 프톨레마이오스의 지구와는 엄밀히 말해서 다른 대상이기 때문이다. 이러한 방식으로 쿤은 과학적 진리의 개념과 심지어는 객관적 실재성의 개념까지도 그 벽을 허물려고 시도하는 것으로 알려지게 되었다. 그러므로 과학적 지식은 상대적인 것이 아니라 실재 자체가 사회적으로 구성되었다고 주장하는 일군의 사람들까지 생겨나게 되었다. 이들에 의하면 예를 들어 물리학자들은 엄밀히 말해서 자신의 실험실에서 전자들을 구성한다라고 말해지기도 한다. 이러한 견해는 **사회구성주의**social constructivism[25]라고 불리는데, 이 견해에 따르면 전자는 이것들이 존재한다고 사회의 구성체들이 믿고 있다는 그 사실만에 의해서 존재하게 되었다고 볼 때, 정당이나 민족국가들이 가지고 있는 존재론적 위상과 똑같은 위상을 가지게 된다.

7. 상대주의와 과학에서의 이성의 역할

쿤의 연구 이후에 그가 제기한 많은 문제들을 두고 격렬한 논쟁들이 전개되었다. 과학에 대한 어떠한 논쟁보다도 이 논쟁에 이겨서 얻게 되는 효과는 매우 높을 수밖에 없다. 왜냐하면 내가 앞서 강조하였듯이 우

---

25) '강한 프로그램'을 주장한 에딘버러학파를 비롯한 사회 구성주의를 말한다. 이들은 과학 연구에 미치는 과학 공동체의 영향력을 극단적으로 중시하여, 과학에 있어서 과학 사회라는 것이 근본적으로 중요하다고 보고 있다. 그래서 이들은 과학은 과학자가 만든 구성물이다. 혹은 자연은 사회적 구성물이다라고 주장한다.

리들이 과학적이라고 간주하는 내용은 우리 생활에 아주 큰 영향력을 미치고 있기 때문이다. 소위 과학 전쟁에서 대립하고 있는 양쪽 진영이 정확히 누구인지 명확하지 않으나, 그러나 많은 문제들이 제기될 때 우리들은 양 진영 중에서도 가장 극단적인 위치에 있는 입장들을 고찰하여 이 문제에 접근할 수 있다. 한편에는 과학을 모든 지식의 근원에 관한 모범적인 예로, 그리고 지성적으로 유일하게 적법한 탐구 형식의 모범적인 예로 제시하는 사람들이 있다. 이들은 성경의 창세기의 가르침이 틀렸다는 것은 과학적으로 입증되었을 뿐만 아니라 우리들은 어떠한 문화의 신화도 필요로 하지 않는다고 주장한다. 왜냐하면 현대 과학은 대부분의 자연현상들과 지구의 역사와 지질, 전체 우주에 관한 포괄적인 설명을 제공하기 때문이다. 물론 과학자들은 자신들의 복음주의 신앙에 대해서는 각기 다른 견해를 가질 수 있다. 그러나 사람들은 어떠한 서점에서나 언어, 정신, 윤리학, 인간의 행동, 우주의 창조 등에 관한 거대한 과학적인 설명을 제공하고 있는 교과서를 발견할 수 있다. 과학에 대한 가장 극단적인 옹호자들은 자신들의 반대자들은 미신에 젖어 있고 비합리적이라고 생각할 것이다. 다른 한편에는 과학에는 어떤 특별한 점이 없으며, 사실 과학은 창조적인 신화보다 더 나쁜 것이거나 아니면 최소한 더 좋다고 할 수는 없다고 주장하는 사람들도 있다.

그러나 정신에 관한 환원주의, 무신론, 다른 형식의 탐구들에 관한 부당성을 주장하지 않고서도 과학의 합리성을 옹호하는 것은 가능하다. 더 나아가 과학적 합리성을 옹호하는 사람들은 동시에 일부 과학이나 과학 모두의 현재의 실천에 대해서 매우 비판적이며 심지어 일부 특정한 과학이론들에 대해서는 매우 회의적인 태도를 취하기도 한다. 과학적 탐구 활동이 적절하게 잘 행해지고 있는가를 명확하게 설명할 수 있는 누군가가 원칙적인 근거에서 어떤 특정한 과학적 공동체를 비판할 수도 있다. 예를 들어 생각과 정보의 자유로운 교환이 좋은 과학의 본질적인 특성이라는 것은 합당한 것 같다. 따라서 만약에 과학자들을 재정적으로 후원하는 사람들의 상업적인 이해관계가 과학자들의 의사소통의 자유를 방해하게 된다면, 이러한 일은 비과학적인 것으로 비판당할 수 있다.

쿤이 제시하는 다양한 과학혁명들에 관한 역사는 개별 과학자들이 자신들의 개인적인 이해관계나 목표와는 무관하게 증거에만 근거하여 진리를 [객관적으로] 결정하는 합리적인 행동 주체라는 철학자들의 이상적인 과학자상에 걸맞게 살아가고 있지 않다는 점을 보여주고 있다. 쿤에 따르면 과학자들은 오히려 철학자의 이상적인 상과는 반대로 하나의 패러다임에 집착하고 있으며, 기존의 패러다임에 반대하는 증거에 직면하게 되면 어떤 경우에는 특정한 개인들이 패러다임을 유지하기 위해서 비합리적이라 할지라도 어떤 일이든지 감행하려고까지 한다. 예를 들어 실험 자료들을 왜곡한다든지, 제도권의 권력을 사용하여 불만을 억누른다든지, 심지어는 패러다임의 위상을 보호하기 위해서 빈약한 추리와 좋지 않은 논증을 전개하기도 한다. 사실 안정된 위치에 있는 과학자들은 때때로 새로운 패러다임의 채택을 거부할 것이다. 그리고 이들은 합리적인 논증에 의한 새로운 패러다임을 받아들이지 못하고, 결국에는 그저 조용하게 역사의 무대에서 사라지게 되고, 다음 세대가 새로운 접근 방식을 개발하는 데 성공하게 된다. 물론 낡아서 보기에 좋지 않은 행동이나 오류를 범하는 추리는 인간의 삶의 모든 영역의 특징인 것 같고, 그래서 만약에 그러한 특징들이 과학에서 발견되지 않는다면 아주 이상한 일이 될 것이다. 그리고 모든 과학자들이 성자처럼 진리를 추구하는 사람이라고 간주하는 생각은 아주 우스꽝스러울 정도로 사실적이지 못하다. 쿤은 과학적 탐구 활동의 대부분의 실천이 많은 전문적인 지식을 요구하면서도 이에 관한 비판적인 생각들을 필수적으로 요구하지 않는다는 점에서 유연성이 없이 틀에 박혀 상대적이고 기계적으로 진행되고 있다고 지적한다.

대부분의 과학철학자들은 과학에 대한 자신들의 이론이 과거의 과학이론들이 개진된 맥락에 민감하게 작용하였던 구체적인 역사적 상황을 전달할 필요가 있다는 점을 지금은 인정하고 있다. 그리고 교과서에 나타난 과학사에 대한 설명을 액면 그대로 받아들이지 않는 것이 현명하다는 것도 인정하고 있다. 지금의 과학철학자들은 과학자들이 자신의 활동에 관하여 스스로 말하고 있는 내용보다는 실제로 그들이 활동하고 있는 내용을 파악하는 데에 더욱 많은 관심을 집중시키고 있다. 과학적 방법이나 이론과 관찰의 관계에 대한 전통적인 생각들을 쿤이 해체시켜버리자, 과학기술의 철학, 역사, 사회학의 많은 연구자들은 실험기술들을 포함하는 과학의 실천에 관해 탐구하고자 하는 커다란 자극을 받았다. 이전에 과학의 실천은 이론에 대한 관심 때문에 자주 간과되어왔었다.

지금까지 진행된 논의를 통해 조망해보면 과학적 지식에 대한 일종의 회의론이 불가피하게 제기되는 것 같다. 가장 강하게 실재론적이고 합리적인 과학철학자들이라도 현재까지 입증된 모든 과학이론들이 의심할 여지없이 참이라고 주장하지는 않으며, 심지어 과학이론들 **모두가** 개연적으로 참이라고 주장하지도 않는다. 그렇다면 건전한 회의론이 어느 정도까지 깊이 개입할 수 있겠는가? 정상과학에 대해 우려하는 내용은, 어떠한 것이든지 간에 변칙 사례들이 이미 존재한다는 사실은 실제로 위기의 발생이 대기하고 있다는 점이다. 만약 이것이 옳다면, 그래서 정상과학의 이론이 나중에 거짓이 되는 경우가 항상 일어난다고 한다면 우리들이 현재의 최선의 과학이론들을 믿어야 하는 이유는 무엇인가?

쿤은 상대주의자라는 점에서 그리고 구성주의자라는 점에서 비난을 받았다. 그리고 쿤에 대한 그러한 비난에 동의하지 않는 사람도 상대주의자와 구성주의자들을 고무시켰다는 점에 대해서는 쿤을 비난하고 있다. 그러나 쿤은 자신의 생각들을 명료화하고 사람들이 생각하는 것처럼 자신이 그렇게 극단적이지 않음을 보여주려고 많은 노력을 경주하였다. 〔쿤의 많은 노력에도 불구하고〕왜 많은 철학자들이 쿤을 과학이론들에서의 변화라는 것은 순수하게 증거에 대한 합리적 평가의 문제가 아니라 사회적이고 심리학적인 요소들에 의해 부분적으로 결정되는 것이라고 주장한〔과학의 합리성을 완전하게 부인한〕사람이라고 해석하였는지 그 이유가 이제는 분명하게 드러났을 것이다. 그러나 기존 과학 체제에 큰 불편함―교과서를 다시 쓰도록 요구하는 등의 불편함―을 끼치게 되더라도 과학적 사유에서의 혁명들은 일어나기 때문에,[26] 쿤의 설명만으로는 과학의 변화에 관한 모든 내용을 설명할 수가 없다. 더 나아가 과학에서 이론을 수용한다는 것이 단지 순간적인 느낌이나 편견 등의 범위에 속한다는 것을 믿으라는 것은, 과학이론들의 엄청난 성공과 기술공학에 대한 응용을 통해 거두고 있는 많은 성과들을 바라보게

---

26) 과학이론의 변화라는 것이 사회적이고 심리학적인 요소들에 의해서 결정된다고 한다면, 기존의 과학 체제의 구성원들에게 불편함을 끼치게 될 경우에 과학혁명은 일어나기 어렵다고 볼 수도 있는데, 여기서 래디먼은 그래도 현실적으로 과학혁명이라는 것이 발생하니까 쿤의 설명만으로 과학혁명을 모두 설명할 수 없다고 주장하는 것이다. 그러나 내가 보기에는 과학이론의 변화에 사회적이고 심리학적인 요소들이 작용한다고 한다면, 과학이론의 변화가 기존의 체제에 대해 불편이나 권력의 상실을 초래하게 되니까 기성 과학자들이나 과학 단체들은 과학의 변화를 싫어하게 되므로, 래디먼의 주장과는 달리, 쿤의 설명과 같이 기존 체제에 대해서는 혁명적이라고 할 수 있는 방식으로 과학이 변화할 수밖에 없다고 말할 수 있을 것 같다.

될 때, 도저히 가능하지 않을 것이다.

쿤은 자신의 후반기 연구[27]에서, 과학의 진보에서 합리성의 역할을 인정하지 않고 서로 다른 패러다임 내에 있는 이론들 간의 공과를 비교하는 것을 허용하지 않는 극단적인 입장들로부터 거리를 두려고 많은 노력을 기울였다. 그는 다음과 같은 5가지의 핵심 가치들이 모든 패러다임에 공통적으로 존재하고 있다고 주장한다.

- 이론은 그 이론의 분야 내에서 경험적으로 엄밀해야accurate 한다.
- 이론은 수용된 다른 이론들과 모순되지 않아야consistent 한다.
- 이론은 그 활동 범위scope가 광범위해야 하고, 처음에 설명하려고 계획하였던 사실들 이외의 것에도 적용될 수 있을 정도로 융통성을 가져야만 한다.
- 이론은 가능한 한 단순해야simple 한다.
- 이론은 진행되고 있는 연구에 대해서 구조 체계를 제공한다는 의미에서 성과fruitful를 낼 수 있어야 한다.

따라서 이러한 가치들은 과학자들이 어떠한 이론들을 합리적으로 수용할 것인가에 대해 어떤 제한들을 부과하고 있기 때문에 쿤은 완전한 비합리주의라는 비난을 피할 수 있다. 한편 이러한 가치들은 서로 상충하는 경우가 있기 때문에 아주 흥미 있는 사례들에 관해 어떤 판단을 내려야 할지 결정하기에는 불충분하다. 하나의 이론은 단순할 수는 있으

---

[27] 1962년에 처음 출간한 『과학혁명의 구조』를 1970년에 개정 증보판을 내면서 후기를 달았는데, 후기에서 쿤은 이론 선택에 관한 자신의 입장이 기존의 과학철학자들과 별반 다르지 않다고 하면서 이론 선택에서 참조할 만한 기준을 제시하고 있다.

나 정밀하지 않을 수 있으며, 또는 많은 성과를 낼 수 있으나 광범위하지 않을 수 있다는 등의 문제가 있다. 더 나아가 단순성과 같은 가치는 배경이 되는 견해들이 무엇이냐에 따라 여러 가지 다른 방식으로 이해될 수도 있다.

이론 변화에서 합리성에 대해서 일정한 역할을 부여하는 것이 쿤의 과학철학과 양립 가능하든지 가능하지 않든지 간에 쿤의 설명은 내가 이 장의 초반부를 시작하면서 제시하였던 전통적인 과학관의 7가지 측면들 각각을 침식할 정도로 위협적이다. 패러다임의 전환은 지식의 점진적인 축적보다는 옛날 이론들의 포기를 수반하기 때문에 과학은 누적적이지 않다. 과학의 하위 분야에 있는 모든 내용들이 일반적으로 서로 다른 과학들 간에는 공유되지 않은 지배적인 패러다임에 따라 상대적으로 나타나기 때문에 과학은 통일성이 없게 된다. 이론들을 평가할 수 있는 중립적인 관점이란 존재하지 않는다. 그래서 정당화의 맥락이라는 것은 허상이며, 동시에 하나의 이론의 가치를 평가하는 모든 것은 패러다임 내에서부터 만들어지기 때문에 이론들을 검사하는 단일한 논리라는 것도 허상이 된다. 과학이론의 선택에서 사회학적이고 심리학적인 요소들이 아주 필수적인 역할을 하고 있기 때문에 과학은 가치 중립적이지 않으며, 따라서 과학이론들과 이와 다른 믿음의 체계들을 구별할 수 있는 분명한 경계선이 존재하지 않게 된다. 우리들이 과학과 비과학을 구획 지을 수 있는 유일한 방식은 정상과학이 가지고 있는 수수께끼 풀이라는 성격과 과학에 관한 쿤의 다섯 가지 핵심 가치들에 의존하는 것이다. 그러나 이 핵심 가치들은 그 적용에 대한 등급 평가가 명확하게 결정되지 않았으며 그래서 과학이론의 선택에 관한 문제를 분석해낼 수 있는 효능을 거의 가지고 있지 않다.

쿤과 같은 과학철학의 급진적인 주장들 때문에 확신을 가지지 못한 사람들에게 과학적 방법의 성격을 설명하는 문제가 아직도 남아 있다. 앞으로 고찰하게 될 이 책의 제2부에서는 과학적 방법에 관한 물음들이 계속해서 논의의 배경 속에 숨어 있을 것이다. 그러나 주요 초점은 과학이 통합하는 경험적인 일반화들뿐만 아니라 많은 현대 과학들이 기술하고 있는 관찰할 수 없는 대상들과 과정들이 실제로 존재한다고 믿어야 하는가에 대해서 벌어지고 있는 현대의 과학적 실재론 논쟁에 맞추어질 것이다.

∴

앨리스: 나는 과학이 때때로 근본적으로 다르게 변화한다는 것을 부정하는 건 아니야. 그러나 가끔은 그렇지 않을 때가 있고, 나는 아직도 우리들이 현재 가지고 있는 이론들이 과거의 이론들을 개선해서 만들어진 거라고 생각하고 있어.

토머스: 좋아, 하지만 모르겠니? 과학자들이 이론들을 평가할 때 때로는 그들이 가지고 있는 모든 배경 믿음들과 가치들이 그들의 판단에 영향을 미친다는 걸 말이야. 사회는 사회의 다른 믿음들을 반영하는 과학이론들을 선택하게 마련이야.

앨리스: 자, 내 말 좀 들어봐. 사회학적인 요소들은 단기적으로 볼 때에는 과학에 어떤 차이를 유발할 정도로 영향을 미치겠지만, 장기적으로 볼 때 결국 마지막에 성공하는 것은 참된 이론들일 거야.

토머스: 하지만 어떤 이론들이 참인가에 대한 결정을 실험을 하는 것처럼 기계적으로 내릴 수는 없잖아. 우리들은 그 이론들이 다른 과학이론들과 어떻게 잘 부합하는가를 알아보아야 하고,

따라서 이 방법은 이론들을 평가하는 전체 작업이 상대적으로 행해지도록 만드는 거야.

앨리스: 어느 정도까지는 그럴지 모르지만, 그러나 결국에는 한 이론은 작동하든지 하지 않든지 할거야. 그리고 실제 검사를 통해 바로 이런 사실을 조사하는 거야. 사람들이 원자들, 분자들, 물질들의 존재를 믿고 있는 이유가 우리들이 컴퓨터를 만들고 새로운 약의 제조를 계획하고 로켓을 달에 보내는 데 이러한 것들이 도움을 주었기 때문이라고 나는 생각해. 너는 과학의 효력과 영향력을 부정할 수가 없을 거야. 여러 가지로 다양하게 서로 다른 가치들을 가진 사람일지라도 똑같이 현대 과학의 이론들을 이용하고 있는데, 그것은 바로 그 이론들이 잘 작동하기 때문이지.

토머스: 그러면 이 문제가 너의 과학적 방법에 남아 있는 문제라고 할 수 있어. 그렇지 않아? 작동하는 것은 올바른 것임에 틀림없어. 그런데 그렇다 하더라도 우리들로 하여금 빅뱅 이론에 주목하도록 만드는 것은 어째서일까? 나는 그 이론이 지금까지 많이 사용되고 있는지는 모르겠거든.

앨리스: 나는 내가 과학적 방법이 실제로 무엇에 관한 것인지를 잘 모르는 건 아닐까 생각해. 아마도 그 문제는 완전하게 개방된 정신을 가지고 있고 하나의 절차를 따르고 있는 각 개별 과학자보다는 생각들에 관해 논쟁하고 정보들을 공유하고 있는 집단으로서의 전체 과학자들과 더 연관성이 있을 것 같아. 그런데 빅뱅의 문제로 다시 돌아가 이 문제만을 놓고 볼 때, 내가 빅뱅 이론을 믿는 이유는 이 이론이 우리들의 최선의 이론들과 잘 부합하고 있고 망원경과 다른 도구들을 가지고 관찰

한 내용들을 설명하고 예측하기 때문이라고 봐.

토머스: 그런데 우리들이 올바르게 관찰한 것을 기술하는 데 있어서 이론들이 반드시 참일 필요까지는 없잖아.

➭ 더 읽어야 할 책들 ➬

쿤의 과학철학

Hacking, I. (1983), *Representing and Intervening*, Introduction and chapter 5, Cambridge: Cambridge University Press.

Hoyningen-Huene, P. (1993), *Reconstructing Scientific Revolutions: Thomas Kuhn's Philosophy of Science*, Chicago: University of Chicago Press.

Kuhn, T. S. (1962, 2nd edn 1970), *The Structure of Scientific Revolutions*, Chicago: University of Chicago Press.[『과학혁명의 구조』, 김명자 옮김, 동아출판사, 1992]

Kuhn, T. S. (1977), *The Essential Tension*, Chicago: University of Chicago Press.

Lakatos, I. and A. Musgrave (eds.) (1970), *Criticism and the Growth of Knowledge*, Cambridge: Cambridge University Press.[『현대과학철학논쟁』, 조승옥·김동식 옮김, 민음사, 1987]

코페르니쿠스 혁명

Feyerabend, P. (1977), *Against Method*, London: New Left Books.[『방법에의 도전: 새로운 과학관과 인식론적 아나키즘』, 정병훈 옮김, 도서출판 한겨레, 1987]

Kuhn, T.S. (1957) *The Copernican Revolution: Planetary Astronomy in the Development of Western Thought*, Cambridge, MA: Harvard University Press.

관찰의 이론 의존성

Churchland, P. (1979), *Scientific Realism and the Plasticity of Mind*, Cambridge: Cambridge University Press.

Couvalis, G. (1997), *The Philosophy of Science: Science and Objectivity*, chapter 1, London: Sage.

Feyerabend, P. (1977), *Against Method*, Chapters 6~11, London: New Left Books.[『방법에의 도전: 새로운 과학관과 인식론적 아나키즘』, 정병훈 옮김, 도서출판 한겨레, 1987]

Hacking, I. (1983), *Representing and Intervening*, Introduction and chapter 5, Cambridge: Cambridge University Press.

Hanson, N. R. (1958), *Patterns of Discovery*, Cambridge: Cambridge University Press.[『과학적 발견의 패턴』, 송진웅·조숙경 옮김, 민음사, 1995]

통약 불가능성

Hacking, I. (1983), *Representing and Intervening*, chapter 6, Cambridge: Cambridge University Press.

Papineau, D (1979), *Theory and Meaning*, Oxford: Oxford University Press.

Shapere, D. (1981), "Meaning and scientific change", in I. Hacking (ed.), *Scientific Revolutions*, Oxford: Oxford University Press.

과학의 합리성

Feyerabend, P. (1977), *Against Method*, London: New Left Books.[『방법에의 도전: 새로운 과학관과 인식론적 아나키즘』, 정병훈 옮김, 도서출판 한겨레, 1987]

Hacking, I. (ed.) (1981), *Scientific Revolutions*, Oxford: Oxford University Press.

Kitcher, P. (1993), *The Advancement of Science: Science without Legend, Objectivity without Illusions*, Oxford: Oxford University Press.

Laudan, L. (1977), *Progress and its Problems*, Berkeley: University of California Press.

Laudan, L. (1984), *Science and Values,* Berkeley: University of California Press.〔『과학과 가치: 과학의 목적과 과학 논쟁에서의 그 역할』, 이유선 옮김, 민음사, 1994〕

Newton-Smith, W. (1981), *The Rationality of Science*, London: Routledge.〔『과학의 합리성』, 양형진·조기숙 옮김, 민음사, 1998〕

과학사회학

Barnes, B., D. Bloor and J. Henry (1996), *Scientific Knowledge: A Sociological Analysis*, London: Athlone.

Merton, R. K. (1973), *The Sociology of Science*, Chicago: University of Chicago Press.〔『과학사회학』, 석현호 옮김, 민음사, 1998〕

구성주의

Kukla, A. (2000), *Social Constructivism and the Philosophy of Science*, London: Routledge.

제2부 | 과학에 대한 실재론과 반실재론

제5장 과학적 실재론
Scientific realism

 그러나 우리들이 〔제1부에서 진행된 논의들을 통하여〕 과학적 방법의 성격에 대한 논쟁을 어느 정도 해소하였다 할지라도, 대부분의 논쟁 진영들은 과학이야말로 혜성, 다리, 발전소, 열대우림과 같은 관찰할 수 있는 사물들이 앞으로 진행될 형태에 대한 최선의 안내자라고 여기는 것 같다. 우리들의 과학적 지식은 틀릴 가능성이 있고 부분적이며 진리에 근사적近似的인 것이지만, 그래도 우리의 주변을 둘러싸고 있는 세계의 현상들을 예측하는 데 가장 신뢰할 만한 수단이라고 할 수 있다. 그러나 때때로 과학은 이러한 측면들보다 더 많은 내용을 우리들에게 말하고 있는 것으로 간주되기도 한다. 자연과학은 사물의 궁극적 본성에 대해 말하는 것처럼 보이고, 때로는 실재reality의 근본적인 구조를 탐구하는 것으로 여겨졌던 전통적인 형이상학을 대체한 것으로 간주되기도 한다. 현대 물리학은 원자들의 내부 구조로부터 별들의 생존 주기에 이르기까지 사물들의 복합 구조를 기술하는 실재에 관해 구체적이고도 통일된 그림으로 만들어 보이고, 사물들이 따르는 법칙들을 묘사한다. 현대 유전학과 뇌과학은 인간과 인간의 행동에 대한 물리과학의 전망을 제공하는 것처럼 보인다. 유전자, 바이러스, 원자들, 블랙홀 그리고 대부분의 전자기 복사 형태와 같은, 현대 과학의 요청에 의해 도입된 대상들은 거의 (적어도 육안으로는) 관찰이 불가능하다. 그래서 과학적 방법이 무엇이든 간에, 그리고 과학적 지식이 어떻게 정당화되든지 간에 우리는 사물이 지닌 현상의 너머에 있는 실재에 관해서 과학이 말하고 있는 내용들을 우리들이 믿어도 좋은가라는 물음을 제기할 수 있다. 대강 말하자면 과학적 실재론은 우리들이 가지고 있는 최선의 과학이론들이 요청하는 관찰할 수 없는 대상들의 존재를 믿어야만 한다고 주장하는 견해이다.

물론 과학적 실재론을 옹호하는 많은 사람들은 회의주의자와 상대주의자에 반대하면서 과학이론의 변화의 합리성 또한 옹호하고 있다. 그러나 과학적 실재론에 대해 비판적 입장을 취하고 있는 사람들 가운데 몇몇 사람들은 과학적 탐구의 성공과 심지어는 진보적 발전에 대해서도 의구심을 갖지 않는다. 철학사에서 과학적 지식에 대한 많은 반실재론자들은 과학이 합리적 탐구의 패러다임이며 경험적 지식을 누적적으로 쌓아나가면서 성장해나간다고 하는 점에 대해서는 실재론자의 견해에 기꺼이 동의한다. 그러나 다양한 종류의 반실재론자들은 다만 과학적 지식의 정도와 그 본성에 대해서 제약을 가하고 있다. 따라서 과학적 실재론에 대한 논의 주제는 과학 전쟁과 같이 그 양극성이 분명하게 드러나는 많은 논의들과 비교해볼 때 그 논쟁의 전선이 다소 모호하다고 할 수 있다. 그래서 과학적 실재론에 관한 논의에서 문제 삼고 있는 주제를 과학의 합리성에 대한 물음들과 혼동하지 않는 것이 매우 중요하다.

과학적 실재론에 대한 논쟁들은 철학의 다른 종류의 실재론에 대한 논쟁들과 밀접하게 연결되어 있다. 이 가운데 어떤 입장은 이 장에서 설명될 것이다. 그러나 독자들—특별히 많은 과학적 지식을 지니고 있는 사람—은 이미 조급증을 느끼면서 다음과 같이 반문할지도 모르겠다. 과학이론에 의해 기술되고 있는 많은 관찰할 수 없는 대상들이 존재한다는 것은 분명하지 않은가? 결국 과학자들이 마이크로 칩과 이동전화 통신망을 설치하려고 계획할 때, 원자들이나 눈에 보이지 않는 방사선과 같은 것들을 조작하게 되는 것은 아닌가? 사실 원자들을 관찰할 수 없는 대상으로 기술하는 것은 실제로 맞는 이야기가 아닌가? 상을 만들어내기 위해서 빛 대신에 전자들을 사용하는 전자현미경을 통해서 결국에는 격자망으로 된 수정 결정체에 대한 사진들을 보게 되는 것은 아닌가? 그렇게 많은 서로 다른 과학 분야들이, 원자들은 어떻게 작용하고 있고, 광고 게시판의 네온사인의 불빛이 대표하는 발광 기체로부터 적혈구 세포 내의 헤모글로빈이 우리들의 허파 속에 있는 산소들을 흡수하게 되는 방식에 이르기까지, 이러한 현상들이 나타나도록 하는 방식에 대해서 똑같은 내용으로 기술하게 된다면, 원자들이 존재한다는 사실을 합리적으로 의심할 수 있는 근거의 여지가 정말로 조금이라도 있을 수 있겠는가?

우리들이 비록 원자들이 지금은 관찰할 수 있다고 결정하였을지라도, 원자들을 구성하고 있을 것이라고 추정하는 실재들에 대해서 또다시 우리들이 의문을 제기한다면 원리적으로 똑같은 논쟁점으로 되돌아오게 된다. 더 나아가 과거의 과학자들이 조작하였고 관찰하였다고 주장하였던 이론적 대상들이 현재의 최선의 과학이론들에서는 더 이상 중요한 역할을 하지 않게 되었는데, 그렇다면 이번에는 우리들이 올바르게 표현하고 있다고 하는 것에 관한 신뢰를 어째서 우리들이 가져야만 하는가? 과학적 실재론을 옹호하고 반대하는 이러한 논증들이 이제부터 우리들이 고찰하게 될 이 장의 주제이다. 이 장에서 나는 먼저, 과학적 실재론에 대해 현재 벌어지고 있는 논쟁의 배경과 과학적 실재론의 다양한 구성 요소들을 설명할 것이다. 현상과 실재의 구별에 관한 논의로부터 시작하도록 하자.

1. 현상과 실재

물리학자 에딩턴Arthur Eddington은 그의 유명한 두 개의 책상에 관한 논의를 통해 현상appearance과 실재reality를 다음과 같이 분명하게 구분하고 있다.

이것들 중의 하나는 아주 어렸을 때부터 나에게 익숙하다. 그것은 내가 세계라고 말하는 주위 환경에서 흔히 볼 수 있는 대상이다. 나는 이것을 어떻게 기술할 것인가? 이것은 외연을 가진다. 이것은 비교적 상당한 시간 동안 지속성을 가진다. 이것은 색깔을 가진다. 무엇보다도 이것은 실체를 가진 대상substantial으로서 존재한다.(Eddington 1928: ix)

2번 책상은 내가 과학적으로 보는 책상이다. 이 책상은 보다 최근에 와서야 알게 되었고 나는 이 책상에 대해서 그다지 친숙함을 느끼지 못한다. 이것은 앞에서 언급한 세계—이 세계의 얼마나 많은 부분이 객관적이고 또 주관적인지를 내가 여기서 고려하지 않을지라도, 내가 눈을 뜨면 동시에 나의 주변에 나타나는 그러한 세계—에 속하지 않는다. 이것은 보다 우회적인 방식들로 내가 불가피하게 관심을 가지지 않으면 안 되도록 만드는 세계의 부분이다. 내가 과학적으로 보는 책상은 대부분이 빈 공간을 가지고 있다. 그러한 공간에는 드문드문 흩어져 있는 전하된 물체들electric charges이 매우 빠른 속도로 돌고 있다. 그러나 이 물체들이 결합되어 있는 덩어리는 책상 자체의 크기의 1조(10^{12})분의 1보다도 작다.(Eddington 1928: x)

에딩턴은 상식의 세계와 과학에 의해 기술되는 세계를 구별하였다. 과학적인 기술記述은 상식에 나타난 실재들이 허상이 될 수 있거나 아니면 적어도 우리들이 세계를 어떤 관점에서는 실제로 존재하고 있는 방식대로 확실하게 지각할 수 없다는 사실을 암시하고 있다. 20세기에 와서 물리학은 매우 추상적으로 되었고 상식으로부터 멀어지게 되었다. 특히 상대성이론과 양자역학은 각각 시간과 공간, 물질의 본성에 대한 과학적인 이해를 일상적 경험으로부터 멀어지게 만들었다. 현대 물리학이 제공하는 책상의 궁극적 구성 요소들에 관한 기술은 대부분 매우 어려운 수학에 의존하고 있다. 양자장의 다차원적 세계들, '초끈superstrings', 그리고 이와 유사한 것들을 수학이 없이 이해한다는 것은 불가능하다. 그래서 일상적 경험에 의해 알게 되는 책상에 대응하는 과학적 책상이 존재할지는 몰라도, 과학적 책상을 구성하는 '전하된 물체들'에 대응되는 일상 경험의 대응물은 존재하지 않는다. 그렇다면 두 가지의 책상이 모두 실제로 존재하는가? 존재한다면 이 두 책상들 사이의 관계는 무엇인가? 에딩턴의 두 책상이 제기하는 철학적 문제들을 이해하기 위해서 우리들은 다시 과학혁명과 근대의 과학적인 세계상을 처음으로 만드는 데 노력하였던 많은 위대한 사상가들이 채택한 두 가지 유형의 속성, 즉 제1속성(성질)과 제2속성에 관한 철학적 구별에 관한 문제로 되돌아가야만 한다.

우리들이 제1장에서 보았듯이 과학혁명은 다음과 같은 다양한 특성들로 특징지어진다.

(1) '자연의 비밀을 캐내려고 자연을 비틀어 짜기 위한' 망원경, 현미경, 공기펌프와 같은 새로운 기술공학의 사용과 실험에 대한 새로운 강조.

(2) 자연적 속성에 대한 계량적計量的인 기술(예를 들면 어떤 무거움의 성질보다는 물질의 양—질량—을 가지는 대상을 상정하는 관

념)을 선택하여, 아리스토텔레스 과학에 많이 있는 자연에 대한 질적인 기술(예를 들면 모르핀의 효과를 설명할 때 모르핀이 '몽롱하게 만드는 효능dormative virtue'을 가지고 있다고 말하여 설명하는 것)을 포기함.
(3) 아리스토텔레스 과학을 대표적으로 특징짓는 궁극적 원인에 대한 추구(목적론)와 즉각적으로 작용하는(효과를 미치는) 질료인에 대한 강조를 포기함.
(4) 과학을 아리스토텔레스의 학문scientia에서처럼 필연적 진리에 대한 선천적인 인식으로서가 아니라 경험적(후천적)인 탐구로서 간주하는 것.

이 당시의 많은 저자들이 채택하고 있는 대표적인 세계상은 자연을 거대한 태엽시계와 같은 기계로 묘사하는 것이었다. 태엽시계 같은 기계의 특징은 그 기계들의 부분들이 모두 조화롭게 작동하는데, 이는 신비한 자연적 운동이나 궁극적 목적인에 의해 조절되기 때문이 아니라 이 부분들 각자가 자신과 접촉하고 있는 이웃 부분들과 서로 운동을 교환하고 있다는 데 있다. (하나의 톱니바퀴는 톱니바퀴의 톱니들이 차례대로 맞물려 돌아간다.) 사람들은 본질이나 '신비한 힘'보다는 사물을 구성하는 입자들의 운동에 의해 사물의 행동을 설명할 수 있는 가능성을 생각하기 시작하였다. 역학은 특히 갈릴레이, 데카르트, 뉴턴과 같은 사람들이 다루게 되면서 운동에 관해서는 물질을 대상으로 하는 수학적으로 엄밀한 과학이 되었고 물질의 부분들 간의 충돌의 결과로 나타나게 되었다. (이 모든 것은 관성의 원리를 채택하였다. 관성의 원리는 운동을 변화시키기 위해서 어떤 힘이 작용하지 않는 한, 물체는 자신의 운동 상태를 계속 유지하게 되며, 운동의 변화는 반드시 설명을 요구하게 된다는 점을 말하고 있다.)

뉴턴의 중력이론에 대해서는 문제를 제기할 수 있다. 왜냐하면 중력이 공간에서 서로 떨어져 있는 물체들 사이에 어떻게 영향을 미치며 전달되고 있는가에 대해서 뉴턴은 어떠한 설명도 하지 않았기 때문이다. 중력은 기계론적 철학자들이 가능하면 회피하려고 노력하였던 '원거리〔원격〕작용·action at a distance'의 한 사례이다. 그러나 뉴턴이 제안한 중력의 법칙은 적어도 엄밀한 수학적 법칙이었고 뉴턴역학은 경험적인 측면에서 믿을 수 없을 정도로 대단히 성공적이었다. 만유인력이 설명되지 않은 본성〔만유인력이 원격적으로 원거리까지 작용한다는 것을 설명하는 것에 대해 뉴턴은 그 당시에 많은 곤란을 겪었다. 그래서 이 원격 작용에 관한 질문 때문에 뉴턴은 왕립학회에 출석하지 않았다고 한다〕을 가지고 있다 해도, 뉴턴 이론을 채택하는 자연철학자들의 수가 더욱더 증가하는 것을 막을 수는 없었으며, 결과적으로 그 이론은 모든 과학 제도가 수용하게 되었다. 어쨌든 뉴턴조차도 중력에 대한 역학적인 설명이 어느 날 가능하게 될 것으로 희망하였고, 자연 현상이 일어나는 모든 방식을 역학의 용어로 설명하려는 목표를 많은 사람들이 널리 공유하고 있었다. **유물론**materialism은 오직 하나의 실체, 즉 물질만이 존재하고 있으며 인간의 정신이란 운동하는 물질이 작용한 결과물에 불과하기 때문에 신체를 넘어서는 그 이상의 비물질적인 영혼은 존재하지 않는다고 생각하는 사조인데, 이러한 사조가 점차 대중적으로 퍼져가고 있었다. 한편 여기서 물리학과 화학을 사용하여 인간의 생리와 행동에 관한 많은 부분을 설명할 수 있는 방식을 발견하려는 과학적 탐구 계획이 시작되었다. (초창기에 성공하였던 하나의 중요한 시도는 하비William Harvey(1578~1657)가 심장을 펌프로 이해하고 피의 순환을 발견한 것이다. 하비는 피의 흐름을 계량적으로 분석하였다.)

로크가 자연철학의 목적을 설명하기 위해 사용한 시계의 비유로 되돌아가보자. 로크는 시계를 다음과 같이 보고 있다. 시곗바늘은 시간을 알려주도록 조절된 방식으로 움직이는 것처럼 보인다. 그리고 시계 종소리는 매 정시, 매 30분마다 정확하게 소리를 낸다. 이러한 일은 사물들의 현상, 즉 예를 들어 금gold에서 관찰할 수 있는 속성들에 해당한다. 그러나 시계는 내부에 작동 기제를 가지고 있으며 이 작동 기제가 외부로 나타나는 시계의 현상을 만들어낸다. 이와 유사하게 금도 외부에 자신의 모습을 보여주도록 만드는 내부의 작동 기제를 가지고 있다. 자연철학의 목적은 우리들이 겉으로 관찰하는 내용을 만들어내는 내부의 작동 기제를 이해하는 것이다.

    로크 시대 이래로 과학의 성공 여부는 질량을 측정하는 저울을 사용하거나, 감각에는 전혀 드러나지 않는 전하와 같은 다양한 속성들을 측정하는 기구들을 만들어 사용함으로써 감각의 정밀성을 증진시킬 수 있는가에 달려 있는 것 같다. 사실 많은 과학이 감각적 경험의 특수한 성격에만 의존하여 자료를 수집하는 방식들을 감소시키면서 성장을 하였다. 즉 화학에서 색깔, 냄새 등에 의해 실체를 분류하던 것을 점차로 굴절률, 원자번호, 이온화 퍼텐셜과 같은 측정치에 의한 분류로 대체하고 있다. 이러한 사실은 만약 인간의 지각 능력의 주관성이 온도계, 조도계, 그리고 궁극에 가서는 자동화된 기록 장치들에 의해서 과학에서의 관찰에 개입하지 않도록 방지될 수 있다면, 과학의 객관적이고자 하는 열망을 성취시켜줄 것이다. (물론 현대 과학자들은 자신들의 기계가 수집한 자료들을 처리하고, 능률을 올리고, 비교 검토하고 계산하기 위해서 때때로 컴퓨터를 사용하며 이 컴퓨터를 통해 수치로 된 결과물, 그래프, 지도 등을 직접 만들어내기도 한다.)

    이를 간단하게 설명하면, 제1성질은 사물이 가지고 있는 것으로 나타날 뿐만 아니라 사물 자체가 실제로 가지고 있는 [객관적] 속성이다. 제2

성질은 사물이 가지고 있는 것으로 나타나지만 실제로는 그 사물에 없고 단지 관찰자의 정신에만 나타나는 [주관적] 속성이다. 사물이 실제로 가지고 있는 속성과 가지고 있는 것처럼 나타나는 속성을 구별하려는 많은 논증들이 있다. 또한 사물이 어떠한 속성을 가지고 있는가를 두고 서로 대립하는 경쟁적인 주장들에 대해 우리들이 이를 판별할 수 있는 어떠한 수단도 원리적으로 가질 수 없다는 사실을 보여주는 논증들도 많다. 대부분의 사람들은 사물이 사람과 시간에 따라서 각기 상대적으로, 그리고 다양하게 보여진다고 주장하고 있다. 만약 책상의 형태와 색깔이 조명이나 관찰자의 위치에 따라 서로 다르게 나타난다면, 책상이 실제로 가지고 있는 색깔과 형태가 무엇인지를 어떤 사람이 말할 수가 있겠는가? (이러한 논증들 중에서 많은 것이 고대 그리스의 회의론에 의해 형성되고 체계화되었다.) 버클리는 아주 차가운 접시와 뜨거운 접시, 그리고 방과 같은 온도의 접시에 각각 담긴 물에 관한 유명한 예를 제시하였다. 만약 여러분이 먼저 뜨거운 접시에 담긴 물에 손을 넣었다가 방의 온도와 같은 접시의 물에 손을 넣는다고 한다면, 나중에 넣은 손은 차가움을 느끼게 된다. 이와 달리 만약 여러분이 차가운 접시의 물에 먼저 손을 넣었다가 그후에 방안 온도와 같은 접시의 물에 손을 넣게 되면 따뜻하게 느껴질 것이다. 따라서 여러분이 느끼게 되는 따뜻함은 물의 어떠한 속성과도 대응하지 않는다. 마찬가지로 현대 과학은 색깔의 모습이 복잡한 빛의 굴절 과정에 의해서 만들어지는 것이기 때문에 우리들이 보는 색깔들은 대상들의 속성에 단순하게 대응하는 것이 아님을 말해준다.

　제1성질과 제2성질의 구별은 적어도 고대 그리스의 원자론자들로까지 소급된다. 고대 그리스의 원자론자들은 사물들이 예를 들어 미각에는 단맛이, 촉각에는 추위가, 눈에는 즐거움이 있는 것처럼 **나타날** 뿐이지 그러한 현상들은 실제로 존재하는 사물의 속성이 아니라고 생각하였다.

이어서 원자론자들은 사물이 실제로 지니고 있는 속성은 그 사물을 구성하고 있는 원자들의 속성과 그 외에 원자들의 배열과 운동을 위한 구조적인 속성일 뿐이라고 말한다. 마찬가지로 17세기에 그 당시의 새로운 기계론적 철학을 옹호하던 많은 사람들, 예를 들어 로크, 보일Robert Boyle(1627~1692), 가상디Pierre Gassendi(1592~1655), 뉴턴 등은 사물의 제1성질이란 일상적으로 보게 되는 책상과 같은 대상을 구성하는 소체corpuscles[1]나 입자들이 가지고 있는 속성이고, 반면에 제2성질은 소체들이 유기적으로 조직되는 방식에 의해서 〔우리들의 감각적 경험에〕 나타난 것이며 따라서 그러한 소체들 자체에 실제로 존재하는 속성은 아니라고 주장하였다. 그래서 예를 들어 나의 책상을 구성하는 소체들은 갈색이 아니며, 꿀을 구성하고 있는 소체들은 단맛을 가지고 있지 않다. 책상의 색깔이나 음식의 맛은 사물들의 제1성질이 아니라 제2성질이다. 또 한편 17세기의 소체론자들은 소체들만이 전적으로 형태와 위치가 있고 운동하거나 정지하고 있기 때문에 이러한 성질들은 제1성질 중의 일부

---

[1] 소체素體란 원자나 분자 개념이 나타나기 이전에 일종의 원자처럼 물질의 근본 구성 요소라고 간주되었던 입자이다. 이 이론이 융성하였던 시기는 대략 17세기이다. 로크의 활동 시기도 17세기 후반이다. 뉴턴은 원자의 개념을 사용하지는 않았지만, 빛의 성질을 입자적 운동으로 설명하면서 원자와 같은 입자로서 소체를 생각하고 있었다. 원자의 개념은 1808년 돌턴에 의해서, 분자 개념은 1811년 아보가드로에 의해 과학이론에 도입되었으며, 화학의 원소 개념으로 원자의 개념이 널리 사용된 것은 19세기 후반에 와서이다. 19세기 후반에도 우리 눈으로 볼 수 없는 원자가 과연 실제로 존재하는가에 대한 문제는 많은 논쟁거리가 되었다. 이 당시에 영향력이 컸던 실증주의자인 마하 같은 사람들은 원자의 존재를 믿지 않았다. 분자의 존재는 1905년에 아인슈타인이 브라운 운동을 설명하면서 아보가드로의 분자 가설에 따라 에너지를 계산하였고, 1908년에 프랑스의 장 페랭이 실험으로 그 존재를 입증하였다. 원자의 존재는 1945년 원자폭탄의 실현으로 이제는 아무도 의심하지 않게 되었다.

라고 주장한다. 이들과 함께 그 밖의 다른 '기계론적 철학자' 사이에서는 사물들이 우리들에게 어떻게 나타나는가를 설명하기 위해서 과학은 사물들의 제1성질들에 초점을 맞추어야 한다는 의견이 일반적이었다.

로크는 실제로 존재하는 사물들의 **실재론적** 본질과 **명목상**의 본질을 구별하였다. 금의 명목상의 본질은 우리들이 금에 대해 가지고 있는 추상적이고 일반적인 관념들이다. 따라서 금에 대해 그것은 노랗다, 무겁다, 두들겨서 형태를 바꿀 수 있다, 어떤 산성 용액에서는 녹는다, 빛난다 등의 말을 한다. 명목상의 본질은 금이 우리들에게 나타난 현상appearance에 기반하고 있다. 그러나 물론 금과 비슷한 현상을 가지고 금처럼 우리들에게 나타나는 다른 사물들도 있다. 예를 들면 황철광이나 황동광이 그렇다. 그리고 때때로 진짜 금이 명목상의 본질에 부합하지 않을 수도 있다. 예를 들어 금이 용해되었을 경우가 그러하다. 그래서 진짜 금과 가짜 금을 구별하는 것은 진짜 금은 금의 실재론적 본질을 가지고 있으나 가짜 금은 이를 가지고 있지 않다는 사실에 의해 가능하다. 어떤 것의 실재론적 본질은 어쨌든 그것의 현상 이면에 있는 본성이다. 로크는 그 당시의 과학자들이 사물의 실재론적 본질을 '알고 있다'라고 말할 수 있는 그 어떤 증거도 보지 못했다. 그러나 그는 그러한 본질을 설명하는 '개연적인 견해probable opinion'가 실재론적인 관점에 서 있다고 생각했다. 그리고 그는 사물의 실재론적인 본질이란 결국 사물들의 미시 구조적인 구성 조직—즉 소체들로 이루어진 형식과 구성—임이 드러날 것이라고 생각하였다. 현대 과학은 어떤 영역에서는 그러한 근세 철학자들의 이론적인 열망을 성취한 것처럼 보인다. 예를 들어서 금의 실재론적인 본질은 그것이 79개의 양성자들protons[2]로 구성된 원자핵을 가진다는 사실로 나타난다.

---

[2] 양성자는 그냥 프로톤이라고도 하며, 보통 p 또는 H^+으로 표시한다. 수소의 원자핵

금을 이루는 구성 성분들도 금의 외관처럼 어둠 속에서도 빛나는 색깔을 가지는가? 만약 우리들이 금을 매우 작은 부분들로 잘게 부순다면 그것들은 여전히 금으로 남아 있을 것인가, 아니면 더 이상 금이라고 할 수 없게 되는가? 한편 로크는 우리들이 금에 대해 어떤 작용을 가하든지 간에, 혹은 그 금을 바라보고 있든지 그렇지 않든지 간에 금의 부분들이 자신들의 질량이나 침투 불가입성, 공간적인 외연 등을 그대로 가지고 있을 것이라고 생각하였다. 따라서 로크는 우리들이 금을 바라볼 때 지각하게 되는 색깔은 우리 눈앞에 있는 대상들 자체 속에 있는 그 어떤 것과도 유사하지 않다고 주장하였다. 금은 단지 어떤 조건들 아래에서 바라보면 우리들에게 나타나게 되는 대표적인 특성들을 유발시키는 효능을 가지고 있다는 것이다. 그는 제1성질은 우리들이 지각하는가와는 관계없이 대상들 속에 존재하고 있으며, 제2성질은 지각하지 않으면 존재하지 않게 된다고 결론짓는다. 그래서 비록 어떤 의미에서는 금이 노란색의 성질을 가지고 있다고 할지라도, 그 성질은 실제로는 우리들 감각기관 속에 어떤 유형의 감각을 만들어내는 **효능**이나 **성향**이라고 할 수 있다. 그리고 노란색이라는 우리들의 감각적 경험과 유사한 어떠한 것도 소체들 자체에는 존재하지 않는다. 이러한 점은 색깔과 같은 제2성질이 유리의 깨지기 쉬운 속성과 유사하다는 것을 보여준다. 깨지기 쉽다는 것은 어떤 조건 아래에서 부서지게 되는 속성이며, 유리가 자신의 미시적 구성 조직에 의해

으로서 전하는 양陽이며, 크기는 기본전하량基本電荷量과 같고(q=1.6021×10^{-19}C), 질량 938.256MeV인 페르미온이다. 소립자 중 전자 다음으로 가장 오래전부터 알려졌던 것으로, 20세기 초 진공방전 때 발생하는 양극선의 실체를 이루는 입자로서 발견되었다. 일반적으로 수소 이외의 원소의 원자핵은 양성자와 중성자의 견고한 결합체로서 이루어져 있으며, 그 속의 양성자의 수가 그 원소의 원자번호가 되고 화학적 성질을 결정한다. 질량은 중성자보다 약간 작으며 전자 질량의 1836.12배이다. 금의 원자번호는 79이다.

가지게 되는 속성이다. 유리는 그것이 실제로 부서져 있지 않았을 때에도 깨지기 쉽다고 말해진다. 이와 유사하게 아무도 책상을 바라보지 않을 때도 그 책상은 갈색이다. 왜냐하면 그 책상은 관찰자인 인간에게 항상 보이던 대로 나타나게 되는 안정적인 성향을 가지고 있기 때문이다.

예를 들어 길이나 부피처럼 우리들이 대상들의 성질에 대해 가지는 관념은 그러한 관념을 가지게 하는 대상들 속에 있는 성질과 유사하다. 이러한 것들이 제1성질이다. 그러나 말하자면 금의 부분을 구성하는 소체들은 그 자체가 노랗지도 않고 두들겨 형태를 바꿀 수도 없으며, 빛나지도 않고 부드럽지도 않다. 이러한 금의 속성들에 대한 우리들의 감각적 경험은 금을 구성하고 있는 소체들의 본성, 배열, 운동 상태에 의해 만들어진 것이다. 즉 우리들이 지각하게 되는 노란색이라는 관념은 그러한 감각을 불러일으키는 금의 소체들이 가지는 성질들과 유사하지 않다. 따라서 보다 엄밀하게 말하면 제1성질은 그러한 소체들에 대한 우리들의 지각과 유사한 성질들이며, 제2성질은 유사하지 않은 성질들이다. 어떤 두 개의 대상이 제1성질을 모두 똑같이 가지고 있으면 제2성질 또한 모두 똑같이 가지게 된다는 점을 명심하자. 이는 반대로는 작용하지 않는다. 왜냐하면 매우 다른 제1성질을 가진 사물들이 서로 똑같은 제2성질을 야기하는 것이 가능하기 때문이다.[3] 결국에는 서로 다른 다양한 많은 물질들이 그 물질의 표면에 반사된 빛이 우리 눈을 자극할 때 노란색을 보고 있다라는 경험을 만들어내도록 모두 빛과 상호 작용한다. (이러한 일방적인 종류의 의존성 때문에 제2성질은 제1성질에 **수반된다**supervene라고 말할 수 있다.)

제1성질은 예를 들어 부피나 질량, 속도와 같이 측정하고 계량화할 수 있는 성질이거나 아니면 적어도 질량을 부피로 나눈 밀도와 같이, 다른

---

[3] 예를 들어 황철광과 금이 모두 노란색으로 보이는 경우이다.

측정된 양으로부터 계산될 수 있는 성질이라고 간주된다. 17세기에 세계를 계량적으로 기술하는 새로운 방식은 기하학에 바탕을 두고 공간에서의 물질의 운동을 표현하는 것이었다. 과학혁명 기간 동안 사물의 제1성질로 간주되었던 모든 성질들, 예를 들면 외연, 운동, 크기 등은 거의 대부분 기하학적으로 표현될 수 있었다. 미적분학은 뉴턴으로 하여금 속도와 가속도를 기하학적으로 계산할 수 있도록 만들어주었다. 데카르트도 또한 제1성질과 제2성질이 구분된다고 믿었다. 그러나 그는 원자와 같은 소체의 존재를 믿지 않았다. 대신 그는 공간이 물질들로 충만하게 채워져 있다고 믿었으며 그래서 그는 불가입성의 성질과 질량은 불필요하다고 생각하였다. 그는 또한 모든 제1성질은 기하학적이라고 생각하였지만, 그러나 질량의 비기하학적인 제1성질은 결과적으로 널리 수용된다고 생각하였다. 그때 이후로 과학은 수량적으로 표현될 수 있고 수학적으로 복합적인 법칙들과 방정식에 의해 관계되는 성질들을 점차적으로 더 많이 신뢰하게 되었다.

그래서 에딩턴의 과학적 책상은 과학이론들에 의해 측정되고 기술되는 제1성질을 가지고 있는 대상이며, 반면에 일상적 책상은 우리들의 일상적 경험의 내용인 제2성질을 가지고 있는 대상이다. 만약 알맞은 조건에 놓이면 어떤 감각적 효과를 만들어내는 효능이나 성향을 제1성질이라고 본다면, 일상적 책상의 제2성질은 과학적 책상의 제1성질로 환원될 수도 있다. 예를 들어 책상의 갈색성brownness은 정상적으로 조명이 주어진 조건 아래에서 우리들에게 대표적인 종류의 제2성질을 만들어내는 성향이다. 그런데 우리들이 제1성질과 제2성질의 구분을 채택하게 되면, 사물에 대한 우리들의 경험과 사물의 제1성질들 간의 관계를 설명해야 할 필요성이 생기게 되며, 또한 사물의 제1성질을 어떻게 해서 우리들이 인식할 수 있는가에 대해서도 설명해야만 한다. 만약 우리들이 사물들이 가지고 있는 성질에 대한 관념들 중의 많은 것이 사물들의 실제 속성과 대응하지 않는다는 사실을 시인하게 되면, 다음과 같은 의문이 제기될 수 있다. 사물들의 가정된 제1성질에 대한 우리들의 관념이 그러한 사물들이 실제로 존재하는 방식에 대응하는지의 여부를 우리들은 어떻게 알 수 있는가? 더 나아가 우리들은 몇몇 사물들이 우리들의 경험을 초월하여 존재한다는 것을 어떻게 알 수 있는가?

2. 외부 세계에 관한 형이상학

과학적 실재론에 관한 논쟁은 철학사에서 보면 외부 세계external world에 관한 우리들의 인식에 대한 일반적인 문제 제기와 밀접하게 관련되어 나타난다. **형이상학적 실재론**metaphysical realism은 우리들의 일상 언어가 **정신과 독립적으로** 존재하는 세계를 지시하고 있으며 때때로 그러한 세계에 대해 참된 내용들만을 말하고 있다고 보는 견해이다. 에딩턴의 일상적 책상은 실제로 존재하고 있으며, 무겁고 갈색이며 딱딱하다. 정신과 독립적으로 존재한다는 것은 책상들을 지각할 수 있는 인간이나 그 밖의 다른 생물들이 갑자기 사라진다 해도 존재하는 사물들은 여전히 그대로 존재한다는 사실을 의미한다. 다시 말하면 내 방에 있는 책상은 누군가가 그것을 쳐다보든지 쳐다보지 않든지 간에 여기에 존재한다. (철학자들은 종종 '외부 세계'를 정신이라는 내부 세계와 상대적인 것으로 말하기도 한다.) 과학적 실재론은 에딩턴의 [과학적인 상으로 나타난] 2번 책상에 대해서 이와 유사한 성격의 형이상학적 개입을 동반하고 있다. 전자들, 유전자들, 그리고 그 밖의 다른 관찰할 수 없는 대상들이 정신-독립적인 세계의 부분이다.

많은 사람들은 철학이 그러한 문제를 걱정하고 있다는 사실을 알게 되면 철학에 대해 짜증을 내게 된다. 심지어는 전자의 존재에 대해 의문을 제기하는 것이 적법하게 보임에도 불구하고, 책상이나 나무들, 그리고 우리가 만나는 다른 사람들과 같은 일상적으로 접촉 가능한 대상들의 존재를 어떻게 심각하게 의심할 수 있단 말인가라고 의아하게 생각한다. 그러나 이러한 문제에 있는 진짜 철학적인 문제는 일상적 대상들이 존재하는가의 여부나 또는 그러한 대상들이 존재한다는 것을 우리들이 인식할 수 있는가의 여부를 발견하는 것이 아니라, 오히려 그러한 대상들이 존재한다는 것과 그것들의 본성이 무엇인가를 우리들이 어떻게 알 수 있는가를 설명하는 것이다. 형이상학적 실재론의 문제는, 인식과 지각에 대해 겉으로는 그럴듯해 보이는 경험론자의 이론들과 외부 세계에 대한 인식 이론을 양립 가능하도록 만드는 데 어려움이 있다는 것이다. 귀납의 문제와 마찬가지로, 건전한 것처럼 보이는 철학적 논증이 대부분의 사람들이 받아들일 수 없는 결론(예를 들어 귀납은 비합리적이다, 혹은 우리들은 세계에 책상이 존재하는지를 알 수 없다라는 결론)에 도달하게 될 때 철학자들이 풀기 위해 도전해야 할 것은, 아마도 이러한 이치에 맞지 않는 결론들을 받아들이도록 사람들을 설득하는 것이 아니라 논증 가운데 그러한 결점이 어디에 있는가를 확인하는 일일 것이다.

1) 실재론과 관념주의

세계에 대한 우리들의 인식은 우리의 감각으로부터 오는 것 같다. 책상이 저기에 존재한다는 것을 내가 인식하게 되는 것은 눈앞에 있는 책상을 보고 만지고 하여 내가 지각하기 때문이다. 세계와 이 세계에 대한 우리들의 지각에 대해 말하고 있는 가장 단순한 견해는 **직접 실재론**direct realism이라고 불린다.

> **직접 실재론**: 우리의 정신과 독립적으로 존재하며, 우리들이 감각을 가지고 직접 지각하는 외부 대상들이 존재한다.

그러나 위의 입장에서는 책상이 가지고 있는 것으로 보이는 성질들 중에서 많은 것들이 우리들의 감각기관과 지각이 작용하는 방식에 따라 만들어진 산물들이라고 주장할 수 있다. 많은 철학자들은 앞의 절에서 논의한 논증들 가운데서 특별히, 우리들이 우리 주변의 세계에 있는 대상들을 직접 지각하는 것이 아니라 오히려 그러한 사물들에 대한 표상이 정신 속에 만들어진다는 것을 보여주는 논증들을 취해왔다. 예를 들어 붉은 조명 아래에서 그리고 멀리서 보게 되면, 실제로는 갈색이고 모양이 정사각형인 내 눈앞의 책상이 붉은색을 띤 직사각형의 모양으로 보이게 된다. 만약 내가 보고 있는 것이 나의 마음의 눈에 나타난 책상의 상image에 불과하다면, 이에 의해 책상이 관찰자들마다, 그리고 조명에 따라 어떻게 해서 다르게 보일 수 있는가를 설명할 수 있다. 지각의 직접적인 대상들이 외부 대상이 아니라는 점을 보여주는 또 하나의 유명한 논증은 망상illusion으로부터의 논증이다. 똑바로 뻗은 지팡이를 투명한 용기 안에 있는 물속에 집어넣어 바로 세우면 이 지팡이가 굽은 것처럼 보이는 경우를 생각해보자. 이 지팡이 자체는 구부러지지 않았으나 우리가 보고 있는 지팡이는 굽어 있는 것으로 나타난다. 그러므로 우리들이 보고 있는 것은 실제로 존재하는 지팡이가 아니라 그 지팡이에 대한 상이거나 관념에 불과하다. 지각에 의해 일어나는 오류, 꿈, 허상의 사례에 의존하여 전개하는 이러한 방식의 논증과 그 밖의 다른 논증들은 감각들이 대상들에 대한 직접적인 인식을 제공하지 않는다는 사실을 보여주기 위해서 등장하는 논증들이다.

직접 실재론을 포기하게 만드는 또 다른 2개의 논증은 우리들이 감각이 작용하는 방식을 과학적으로 이해하게 됨에 따라 나타난다. 그래서 예를 들어 시각의 경우 우리는 우리가 보고 있는 사물들에 의해 빛이 반사되거나 굴절되고, 빛은 공간을 관통하여 진행하며, 망막에 상이 맺히도록 초점을 조절하는 안구에 자극을 가하게 된다는 사실을 알고 있다. 망막을 자극하게 된 빛은 전기적 자극을 두뇌의 시각 피질로 보내는 몇몇 세포들을 활성화시킨다. 이러한 내용은 [사물을 보게 되는 것에 관한] 이야기의 시작에 불과하다. 그러나 여기서 이미 주목해야 할 두 가지의 중요한 특징들이 나타난다. 첫 번째로 대상과 그 대상을 보고 있는 사람 사이에 인과의 연결 고리가 있다. 두 번째로 빛을 우리 눈으로 보내는 대상과 보고 있는 어떤 사람 사이에는 시간의 경과가 있다. 이러한 내용만으로도 지각이 직접적으로 이루어질 수 없다는 점을 내세우는 데는 충분하다. 왜냐하면 우리는 사물들을 지각하는 그 순간에 존재하였던 가장 최근의 상태대로 보고 있지 않으며, 지각은 망막에 만들어진 상에 의해서 매개되기 때문이다.

제4장에서 나는 이론 의존적인 관찰이라는 관념을 논의하였다. 최근의 경험적 작업들은 우리들이 보고 있는 것은 적어도 부분적으로는 망막으로부터 전달된 단순한 상이라기보다는 우리들의 두뇌에 의해 구성된 것이라고 제안하는 것 같다. 그래서 예를 들어 만약 어떤 사람이 모든 사물이 위아래가 거꾸로 보이는 렌즈로 된 안경을 착용하였을 때, 처음에 이 사람은 정상적으로 사물을 볼 수 없게 된다. 그러나 시간이 조금 지나면, 이 사람의 두뇌는 그렇게 보이는 상에 적응하게 되어 이 사람은 안경을 착용하기 전과 마찬가지로 다시 사물들을 바르게 위치하는 것으로 보기

시작한다. 그후 만약 안경을 벗게 되면, 세상이 다시 거꾸로 된 것처럼 보일 것이고, 두뇌가 다시 적응하게 되면 또다시 바르게 보일 것이다.

지각의 즉각적이거나 직접적인 대상들은 외부 세계에 있는 대상들이 아니라 정신 속에 있는 관념들에 불과하다고 주장하는 입장을 머스그레이브Alan Musgrave(1993)는 **관념주의**ideaism(나중에 나오는 **관념론**idealism과 혼동하지 말 것)라고 부른다.

> **관념주의**ideaism: 우리들은 외부 세계를 직접 지각하는 것이 아니라, 우리들의 정신 속에 있는 세계의 관념들이나 표상들을 직접 지각한다.

이러한 내용이 로크, 버클리, 흄과 같은 영국의 경험론자들이 취한 이론이다. 이들은 과학철학에도 많은 영향을 미쳤다. 이 사상가들은, 정신은 세계에 있는 대상들이 아니라, 이들이 '관념들ideas'과 '인상들impressions'이라고 부른 것을 직접 의식한다고 주장한다. 로크는 정신이 '자신의 관념들을 제외하고는 그 어떤 즉각적인 대상도 가지고 있지 않다'라고 말하고 있다.(Locke 1964: Book IV, I, I) 버클리는 '인간의 인식 대상들은 감각에 실제로 새겨진 관념들이거나 그렇지 않으면 정신의 작용과 정념情念passions에 전념하여 지각하게 되는 것들이다'라고 말한다.(Berkely 1975: Part I, I) 그리고 흄은 '인간의 정신의 모든 지각들은 그 자체가 인상들과 관념들로 분해된다'라고 말한다.(Hume 1978: I, i, I) 20세기 방식으로 관념주의를 주장하는 사람은 에이어Alfred Ayer(1910~1989)이다. 그는 '사람들은 자신에게 사밀한私密private 것만을 직접 경험할 수 있다'라고 말했다.(Ayer 1940: 136) (이렇게 가정하는 경험에 주어지는 즉각적인 대상들이 20세기의 많은 철학자들에게서 익숙하게 찾아볼 수 있었던 '감각자료sense-data'이다.

이것들은 때때로 또한 '소여所與 the given'라고 불리기도 한다.)

영국 경험론자들 모두는 기본적으로 두 가지 유형의 정신적 대상들이나 관념들이 있다고 생각하였다. 즉 감각이나 감정에 의해 만들어지는 대상들과, 이러한 대상들에 대한 복사이거나 희미한 상들에 불과한 대상들이다. 이러한 내용을 잘 이해하기 위해서는 흄의 용어를 채택하는 것이 아주 좋다. 왜냐하면 흄은 이러한 구분을 명확하게 만들기 위해 '인상들 impressions'과 '관념들 ideas'을 구별하였기 때문이다. 따라서 붉은색에 대한 인상은 감각을 통하여 정신에 작용하여 효력을 발휘한 것이고, 반면에 붉은색에 대한 관념은 사람들이 처음에 받은 인상에 대해서 나중에 정신 속에서 마음대로 떠올릴 수 있는 상을 말한다. 마찬가지로 분노 anger에 대한 인상은 어떤 사람이 분노하고 있을 때 가지고 있는 느낌이다. 반면에 분노에 대한 관념은, 사람들이 분노에 대한 생각을 할 때 정신 속에 떠올리게 되는, 즉 앞서 가졌던 인상에 대한 희미한 복사이다.

관념주의 ideaism는 외부 대상을 지각하는 방법에 관한 내용에서는 직접 실재론과 상충할지 모르지만, 외부 대상이 존재한다고 말하는 직접 실재론의 내용과 상충하는 것은 아니다. 관념주의는 지각의 본성에 대한 논제이지, 존재하는 것에 관한 형이상학적 논제가 아니다. 따라서 관념주의는 형이상학적 실재론과 양립할 수 있다. 만약 관념주의가 옳다면, 그리고 우리들이 우리 자신의 인상들과 관념들만을 지각할 수 있다면, 세계에 있는 대상들과 그 대상들에 대한 나의 인상들 사이의 관계는 무엇이라고 할 수 있을까? 분명한 것은 나의 인상들이 외부 대상들에 의해 인과적으로 유발되었다는 것이다. 그러한 외부 대상들의 제1성질은 그 대상들이 우리 속에 만들어놓은 인상들과 유사하지만, 색깔이나 맛에 대한 인상 등은 이들과 유사하지 않은 제1성질의 결합에 의해서 인과적으로 유발된 것이다. 인상들은 우리들의 경험의 직접적인 대상들이다. 또한 이 인상들은 우리 자신과 대상들의 외부 세계, 그리고 대상들의 진짜 속성 사이를 매개하고 있다. 이러한 견해가 표상representative 실재론, 간접 실재론 혹은 **인과적 실재론**이라고 불리고 있으며 직접 실재론과 상충할 수 있다.

> **인과적 실재론**: 우리의 정신과 독립적으로 존재하면서, 감각들을 통해서 대상들에 대한 우리들의 간접적인 지각을 인과적으로 유발시키는 외부 대상들이 존재한다.

인과적 실재론은 제1성질과 제2성질에 관한 구분과 소체론corpuscularianism을 인과적 실재론과 결부시키고 있는 로크에 의해 옹호되었다.

그러나 직접 실재론 대신에 인과적 실재론을 채택하게 되면 우리들이 지각하는 바대로의 세계와 그 자체로 존재하고 있는 세계 사이에 간격gap을 열어놓게 된다. 세계를 받아들이는 우리들의 지각이 세계가 존재하는 방식에 대해 신뢰할 만한 인식수단이라는 것을 우리들은 어떻게 알 수 있는가? 고대부터 알려진 이에 관한 회의적인 논증은 감각을 신뢰하기 어려운 의심스러운 인식 수단으로 보이게 한다. 우리들은 과학혁명을 옹호하는 철학자들이 실재라는 것은 현상으로서 사물들이 감각에 나타나는 방식들과 아주 다르다는 관념을 어떻게 받아들이고 있는가를 이미 앞서 알아보았다.[4] 제1성질과 제2성질을 구별하는 것은 사물들 속에 실재하는 속성들로 인도한다고 우리들이 신뢰할 수 있는 감각적 경험의 측면과 신뢰할 수 없는 측면을 구별하기 위한 것이다. 그러나 만약 어떤 성질이 제2성질이고, 이 성질이 우리들 속에 인과적으로 유발시켜 만든 관념들과 닮지 않았다고 가정한다면, 우리들은 이 성질에 관한 관념을 일

---

4) 과학혁명을 옹호하는 사람들은 관찰의 패러다임(이론) 의존성을 옹호한다.

으킨 어떤 제1성질이 있는지를 어떻게 알 수 있는가? 로크의 경우에는 그러한 사물들에 관한 개연적인 견해를 우리들에게 제공해주는 과학의 실천으로까지 소급한다. 로크의 시대에 자연철학자들은 우리들이 경험하는 노랑과 같은 것이 세계에 실재하는 대상들에 속한다고까지 상상하여 우리들의 경험을 설명하는 것은 불필요하다고 생각하였다. 그러나 이들은 우리들의 경험을 설명하기 위해서 길이, 넓이, 운동 등과 같은 제1성질에 의존할 필요성이 있음을 발견하였다. 이들의 경우에 제1성질이란 물질의 속성이며, 보다 근본적으로 말하면 (공간의 부피를 점하고 있는) 외연의 성질이다.

2) 관념론

버클리가 제1성질과 제2성질의 구별을 공격한 것은 아주 유명하다. 버클리의 논증에서 흥미로운 것은 그의 결론이 근본적으로는 로크의 결론에 반대하는 것임에도 불구하고, 인식과 의미에 대한 경험론과 관념주의와 같이 로크가 받아들일 것 같은 이설들에 근거하여 자신의 논증을 전개하고 있다는 점이다. 버클리는 인과적 실재론에 반대하였으며, 동시에 또한 어떠한 형식의 형이상학적 실재론에도 반대하면서 물질의 존재를 부정하였다. 이러한 내용만으로도 많은 사람들이 버클리를 우리들의 상식과 상충하는 주장을 전개한 사람으로서 불신하게 만드는 데 충분하다. 그러나 버클리는 책상, 의자, 그 밖의 다른 '물질 대상들'이 존재하지 않는다고 주장한 것이 아니라, 그러한 여러 대상들이 정신-독립적이지 않으며 제1성질을 가진 소체들로 구성되어 있지 않다고 주장했다는 점을 분명히 하는 것이 중요하다.

그의 첫 번째 논증은 유물론이라는 이설이 무의미하다는 것이다. 여기서의 유물론은 정신이 물리적인 것으로 환원될 수 있다는 것을 주장하는 견해가 아니라, 오직 물질만이 존재한다고 주장하는 이설만을 의미한다. '물질'은 아주 특수한 것이다. 즉 공간에서의 외연, 운동, 수량 등과 같은 제1성질을 소유하고 있으면서 정신과는 독립적으로 존재하는 것을 의미한다. 버클리의 논증은 다음과 같다.

(1) 우리들은 오직 '관념들'만을 경험하며, 물질적 대상들을 경험하지 않는다.(관념주의)
(2) 우리의 모든 관념들은 경험으로부터 온다.(개념 경험론)
(3) '물질적 대상'이라는 용어는 어떠한 관념도 지시할 수 없으며, 따라서 무의미하다.(비유물론)

로크도 버클리 이후의 많은 경험론자들처럼 정신은 경험에 의해서만 기록되기 때문에 태어날 때는 아무것도 없는 백지와 같다고 주장하여, 우리들이 세계에 대한 감각적 경험을 하기 이전에 관념들이나 개념들을 앞서 가지고 있다고 하는 합리주의자의 논제에 강하게 반대하였다. 그래서 로크는 (1)과 (2)를 믿고 있는 것처럼 보인다. 그러나 만약 우리들이 물질을 직접 경험할 수 없으며 우리의 모든 관념들이 경험으로부터만 나온다면, 우리들은 물질에 대한 관념을 가질 수 없어야만 한다. 물질은 우리의 모든 경험을 초월하여 위치하고 있는 것으로 정의되는데, 그렇다면 경험은 그에 관한 관념을 우리들에게 어떻게 제공할 수 있는가? 독자들은 이 시점에서 관념주의를 포기해야겠다는 유혹을 느끼게 되는데, 그러나 우리들이 앞서 보았듯이 관념주의를 옹호하는 논증들은 매우 강력하다. 그러나 아마 보다 유망한 대응은 (2)에 물질의 관념을 형성할 수 있는 자질을 부여하는 것일 것이다. 결국 우리의 관념들은 모두가 경험으로부터 올지도 모르지만, 그러나 우리들이 그러한 관념들을 결합시켜서 물질의 관념을 만들어내는 것이 여전히 가능하다고 그 내용을 확대한다. 즉 공간에서의 외연의 관념과 원인의 관념을 결합시켜서 물질의 관념을 만들어내는 것이 가능하다는 것이다. 이 밖에도 버클리는 왜 물질이 어떠한 것도 인과적으로 유발하지 못하는가 등 아주 많은 이야기를 하고 있지만, 우리들은 이에 관한 논증을 여기에서 더 이상 전개하지 않고, 제1성질과 제2성질의 구분에 관한 버클리의 공격으로 논의의 관심을 돌려보자.

버클리는 다양한 근거들을 제시하면서 제1성질과 제2성질의 구분을 부정한다. 이 논증은 아래와 같이 요약할 수 있다.

(a) 제1성질과 제2성질의 구분은 객관적인 것과 주관적인 것의 구분에 대응한다고 전제한다. 그러나 이에 대해 버클리는 아무도 후자의 구별을 충분하게 특성화하지 못했으며, 따라서 그런 식의 구별은 전자의 구별을 설명하는 데 도입될 수가 없다고 주장한다.

(b) 제1성질은 안정적인 반면 제2성질은 지각에 상대적이라고 전제한다. 그러나 제1성질이 실제로 안정적인지는 알 수가 없으며, 단지 그것들이 우리들의 지각 구조에 따라 상대적으로 안정적이라는 사실을 알 수 있다. 사실 사물들의 크기는 선택된 측정 단위에 의존할 뿐이다―운동은 갈릴레이가 발견하였듯이 기준계에 따라 상대적이다. 따라서 버클리는 제1성질은 제2성질과 마찬가지로 상대적이며 안정적이지 못하고 변화한다고 주장한다.

(c) 물체의 제1성질은 물체가 물질적인 대상이라는 사실에 의거해 갖게 될 것이라고 전제한다. 그러나 물체에 대한 우리의 경험을 통해

볼 때 물체는 형태와 마찬가지로 항상 색깔을 가지고 있다. 버클리는 어떠한 색깔도 가지고 있지 않은 물질적 대상을 우리들이 상상할 수 있다는 것을 부정한다. 그래서 그는 색깔의 경우에는 물질적 대상으로부터 분리시킬 수 있으나, 모양, 크기, 운동의 경우에는 물질적 대상으로부터 분리시킬 수 없다고 하는 주장에 대해서 전혀 근거가 없다고 주장한다.

이러한 논증들에 대응하여 우리들이 무엇을 말할 수 있겠는가? 우리들은 제1성질로서 외연, 운동 등에 대한 옹호를 재개할 수 있다. 그러나 불행하게도 이러한 성질에 대해서, 현대 과학은 버클리를 지지하고 있는 것 같아 보인다. 로크와 다른 소체론자들이 열거하고 있는 물질의 제1성질 중의 그 어떤 것도, 지금은 물질의 궁극적 구성 요소들이 가지고 있는 진짜 성질로 간주되지 않고 있다. 심지어 질량조차도 어떤 기준계에 있는 사물들의 '정지 질량the rest mass'에 의해 만들어지는 제2성질로 간주되고 있다. 지금 사물들이 가지고 있다고 인정하는 성질들 중에서 물리과학이 제1성질이라고 간주할 수 있는 것들은 예를 들면 전하charge, 하전 스핀isospin, 스핀spin, '컬러-전하colour-charge' 등이라고 할 수 있는데, 이런 것들은 우리가 경험으로 마주 대할 수 있는 것이 아니다. 따라서 이것들이 우리를 자극하여 만들어내는 감각들이 과연 실제의 대상들과 유사한지를 말할 수가 없다. 그러나 우리들은 이러한 것들이 인간의 지각과는 별개로 사물들이 독립적으로 소유하고 있는 성질이라는 것을 주장할 수 있으며, 그 정도로 제1성질이라는 관념을 확보할 수 있다. 만약 우리가 사물의 제1성질에는 외연, 형태, 운동 등이 있다는 관념을 포기하고, 그 대신에 현대 과학이 설명하고 있는 성질들을 받아들이게 된다면, 전자나 원자 같은 물리적 대상들이 주장 (b)와 (c)와 다르게 정신-독립적으로 존재한다는 관념이 가능하다고 옹호할 수 있다. 주장 (a)에 반응하여 우리들은 근대과학에 의해 드러난 성질들은 객관적이라고 주장할 수 있다. 왜냐하면 그러한 성질들은 반복 가능한 방식으로, 그리고 실험을 행하고 있는 사람과는 독립적으로 엄밀하게 측정될 수 있기 때문이다.

버클리의 경우에는 외연을 포함하여 물질의 제1성질이라고 간주된 모든 것이 제2성질이다. 다시 말하면 모든 성질은 지각될 경우에만 존재한다. (아리스토텔레스의 경우에는 모든 성질은 제1성질이다.) 버클리의 분명한 관점은 관념론의 입장이다. 관념론은 존재하는 모든 것이 그 본성상 정신적이거나 영적이라고 주장하는 형이상학적 논제이다. 따라서 그 입장은 직접 실재론이든 인과적 실재론이든, 어떠한 형식의 형이상학적 실재론과도 양립 불가능하다. 버클리는 정신 이외의 어떠한 것도 지각되지 않은 채로 존재할 수 없다는 사실을 보여주기 위해 물질의 관념과 제1성질의 관념을 공격하였다. 그는 소위 외부에 있는 정신-독립적 대상들이 사실상 정신-의존적 대상이라는 것을 다음과 같이 논증하고 있다.

(a) 우리들은 나무나 돌과 같은 사물을 지각한다.
(b) 우리들은 관념들과 관념들의 집합체(혹은 모집군)만을 지각한다.(관념주의)
(c) 관념들과 관념들의 집합체는 지각되지 않은 채로 존재할 수 없다.
(d) 그러므로 나무나 돌은 관념들과 인상들이거나 아니면 관념들의 집합체이며 지각되지 않은 채로 존재할 수 없다.(관념론)

이러한 논증의 타당성은 명료하다. 만약 우리들이 오직 관념의 집합체만을 지각하고, 그리고 일상적 대상들을 지각한다면, 일상적 대상들은 관념들의 집합체에 불과한 것이다. 만약에 우리들이 (d)를 부정하고 어떤 형식의 형이상학적 실재론을 견지하고 싶다면 전제들 중의 하나를 부정해야만 한다. (c)는 올바른 것처럼 보인다. 내가 말horse에 대해 생각하고 있다면, 그 말에 대한 나의 관념은 확실히 나의 정신과 독립적으로 존재하지 않는다. 우리들이 앞서 보았듯이, 로크는 위의 논증에서 관념주의 (b)를 수용하면서 (a)를 포기하여 인과적 실재론을 채택한다. 버클리는 로크가 (a)를 부정하였기 때문에, 자신의 관념론이 로크의 인과적 실재론보다 상식적으로 더 신뢰받을 수 있다고 생각하였다. 버클리는 (a)에 대한 로크의 이러한 부정을 '회의론으로 향하는 왕도'라고 불렀다. 왜냐하면 그는 일단 (a)가 포기되기만 하면 우리들이 대상을 인식했다고 확신할 수 있는 방도가 없어진다고 생각했기 때문이다.

    로크와 같은 경험론자들은 인식의 기반을 허무는 것처럼 보이는 회의론의 주장에 직면하여, 인식의 절대 확실한 '경험적 기반'을 확보하기 위해 관념주의ideaism를 채택한다. 그러나 이러한 방식으로 사물을 보게 되면, 그 즉시 사물에 대한 우리들의 관념을 인과적으로 발생시키는 어떤 외부 대상들이 존재한다는 것을 우리들이 어떻게 알 수 있는가라는 물음을 제기하는 것은 당연하다. 이것은 외부 세계의 존재에 대한 회의론이 제기하는 물음으로서 원래 데카르트에 의해 활성화된 것이다. 데카르트는 사실상 존재하지 않는데도 불구하고 자기 자신을 제외한 다른 사람이나 사물의 세계가 존재하는 것처럼 망상을 만들어내어, 그 망상에 관한 감각적 인상을 자신에게 계속 제공하는 사악한 악마가 있다고 상상하였다. 오늘날에 와서 우리들은 통 속의 뇌와 같은 이미지를 사용하여 그와 같은 강한 형식의 회의론으로 흥미를 이끌 수 있다. 통 속의 뇌는 정신이 나간 미친 과학자나 컴퓨터 프로그램에 의해서 자극되고 있는 감각신경을 가지고 있다. 각 경우[악마의 경우이든, 통 속의 뇌인 경우이든]에 생기는 물음은 이러한 상황이 우리의 실제 상황이 아니라는 것을 어떻게 알 수 있는가이다. 만약 여러분 자신이 통 속의 뇌가 될 수 있다는 가능성을 배제할 수 없다면, 주변 세계에서 통상적으로 여러분들이 잘 알고 있다고 간주하는 사물들 중에서 어떤 것들을 안다고 할 수 있는가? 만약에 우리가 관념주의를 채택한다면 '관념들의 베일' 뒤에서 당황하게 되고, 에이어가 말한 소위 '유아론적 곤경egocentric predicament'에 처하게 된다. 데카르트와 마찬가지로 버클리, 흄, 러셀, 카르납과 같은 철학자들 모두는 감각자료로부터 시작하여 일상 세계를 재구성하려고 노력하였다.

    버클리의 견해에서 명백하게 드러나는 문제는 우리들의 관념들 내에 그러한 정합성이 존재한다는 것이 어떻게 가능한가를, 즉 우리들 주변 세계에 있는 사물들의 속성들에 대해 그렇게 많은 시간 동안 우리 모두가 다소간에 왜 일치하게 되는가를, 그리고 우리들이 빈방에 다시 들어가게 될 때 이전에 존재하였던 대상들이 다시 그 자리에 나타나게 되는 이유는 무엇인가를 설명한다는 것이다. 이러한 문제에 대한 버클리의 대답은 신의 존재에 대한 그의 믿음에 의존하고 있다. 그는 신이 모든 시간에 항상 모든 사물들을 지각하고 있으며, 따라서 우리들이 세계를 관찰하고 있지 않아도 우리 주변 세계의 존재의 지속성을 확실하게 보장해준다고 주장하고 있다. 이러한 대답은 물론 무신론자에게는 수용될 수가 없다. 그리고 그 대답은 어쨌든 하나의 잠정적인 가설처럼 보일 뿐이다. 그러나 우리들이 버클리의 결론을 거부할지라도, 우리들은 그의 논증의 강도와 그러한 논증이 제기하고 있는 실재론의 난점들을 인정해야 한다.

    보다 교묘한 칸트의 관념론은 회의론을 피할 목적에서 만들어진 보다 상큼한 전략을 채택하고 있다. 버클리는 인상들의 인식으로부터 외부 세계에 관한 인식을 어떻게 얻을 수 있는가에 관한 문제를 풀기 위해서 외부 세계를 우리들의 인상으로 와해시켜버렸지만, 칸트는 정신-독립적인 세계가 존재하고 있다는 점에서는 형이상학적 실재론에 동의하면서도 우리들이 세계에 대해 인식할 수 없다는 회의론자에게도 동의한다. 대신 그는 모든 인식은 우리에 대해서〔인식 가능성을 가지고〕존재하고 있는 세계에 대한 것이라고 주장한다. 그는 세계 자체를 **본체론적**noumenal 세계라고 불렀다. 그리고 우리들이 경험하는 바대로 존재하는 세계를 그는 **현상론적**phenomenal 세계라고 불렀다. 우리들의 인식의 많은 부분은 감각을 통해 학습하게 된 현상론적 세계에 대한 것으로서, 개별 사실들이다. 그러나 칸트는 우리들의 인식의 어떤 부분은 **선천적**인 것이라고 생각하였다. 우리가 감각을 통해서는 특정한 개별 삼각형의 내각을 측정한 것만 인식할 수 있다 할지라도, 이성의 추리만을 사용하여서도 우리들이 경험할 수 있는 모든 삼각형은 내각의 합이 180도임을 알 수 있다. 칸트에 따르면 산수, 기하학, 뉴턴역학은 **선천적** 형식의 인식으로서 본체론적 세계에 대한 것이 아니며, 우리들의 경험이 취해야만 하는 것이다. 불행하게도 내가 제2장에서 언급하였듯이 이러한 문제는 과학이 발전함에 따라 풀리게 된다. 19세기 후반과 20세기 초반의 새로운 물리학—특별히 상대성이론과 양자역학—은 고전 과학과 수학의 원리들 가운데 있는 어떤 원리들을 논박하는 것처럼 보인다.

3. 의미론

과학의 시대에 적절한 것처럼 보이는 철학은 경험론이다. 우리들의 세계 인식은 **선천적** 반성이 아니라 수 세기 동안의 경험적 탐구들에 기반하고 있는 것 같다. 그러나 경험론은 근본적인 문제 때문에 어려움을 갖고 있다. 그 근본적인 문제라는 것은, 만약 세계에 대한 우리들의 모든 접촉이 '관념'에 의해 매개된다면 우리들은 경험이 그 자체 스스로 존재하고 있는 세계를 향해 올바로 인도하는 신뢰할 만한 안내자라는 것을 어떻게 알 수 있는가? 이러한 문제는 흄이 명확하게 인식하고 있었다. 흄은 우리가 마치 외부 세계가 존재하고 있는 것처럼 계속 행동할 수밖에 없지만, 우리에게는 그것을 믿을 수 있는 어떠한 합리적인 근거도 없다고 주장하였다. 대부분의 철학자들은 흄이 귀납에 대한 회의론에 굴복한 것과 마찬가지로 외부 세계의 존재에 대한 회의론에 굴복한 것에 만족하지 않았다. 우리들은 우리들의 관념을 초월해서 대상에게 부여할 수 있는 어떤 것이 있다라는 것을 부정함으로써 버클리가 이 문제를 어떻게 처리하고 있는가를 보았다. 그의 견해에 따르면 책상들이나 나무들은 지각과 독립하여서는 존재할 수 없는, 인상들의 집합체에 불과하다. 과학적으로 생각하는 경향을 가진 철학자들은 상식에 도전하는 이러한 문제 제기를 당연히 불신의 눈으로 보게 된다.

(우리 주변 세계의 존재에 대한) 상식적인 형이상학적 실재론에 대해서는 논쟁의 여지가 없다. 많은 현대 서양철학자들은, 정신-독립적 대상이 존재한다는 우리들의 믿음이 우리 경험에 있는 규칙성을 최선으로 설명할 수 있기 때문에 정당화될 수 있다고 말한다. 과학적 실재론자들은 그러한 정당화 주장이 현대의 최선의 과학이론들의 요청에 의해 도입된 관찰할 수 없는 실재들[이론적 대상들]의 존재에 대한 우리들의 믿음을 정당화시켜준다고 주장한다. 과학적 지식에 대한 반실재론자란 통상적으로 과학이 경험을 초월하여 진행할 수 있고 사물들의 진짜 원인에 도달할 수 있다는 실재론자의 사고방식에 반대하는 경험론자를 말한다. 우리들이 나중에 보게 되겠지만, 논리실증주의는 형이상학적 실재론과

반실재론 및 관념론에 대한 논쟁에 어느 정도 종지부를 찍으려는 몇몇 철학자들의 시도이다.

1) 논리실증주의

'실증주의'라는 용어는 프랑스 철학자 콩트Auguste Comte(1798~1857)가 만들어낸 것이다. 그는 사회가 세 단계―즉 신학적 단계, 형이상학적 단계, 과학적 단계―를 거쳐 발전한다고 주장하였다. 신학적 단계에서 사람들은 번개, 가뭄, 질병과 같은 현상들을 신이나 영혼, 신비한 힘magic의 작용에 호소하여 설명한다. 형이상학적 단계에서는 관찰할 수 없는 힘, 입자 등과 같은 것에 호소하여 현상들을 설명한다. 과학적 단계는 사물들이 왜 발생하게 되었는가를 설명할 수 있다거나 사물 자체의 본성을 알고 있다고 하는 자만심으로부터 벗어날 때 도래하게 된다. 과학의 고유한 목적은 단순하게 말해 현상들에 관한 예측이라고 할 수 있다. 콩트는 사회와 사회적 관계에 관한 과학적 탐구(사회학)를 진척시켜서 유럽의 사상을 과학적 단계로 이행하는 것을 완성하고, 성자의 날이나 종교적 페스티벌로 채워진 전통적인 달력을 바꾸어 과학자들과 과학을 찬양하는 의식 행사들의 체계로 만들고자 하였다.

실증주의는 경험론에 특히 유의미한 것을 무의미한 것으로부터 분리해내려는 흄의 시도에 근원을 두고 있다.(제2장 1절 참조) 일반적으로 실증주의자들은 다음과 같은 주장을 한다.

(a) 검증/반증을 강조한다.
(b) 관찰/경험을 인식의 유일한 근원으로 간주한다.(경험론)
(c) 반反인과론자이다anti-causation.[5]

(d) 이론적 대상에 대해 반대론자이다.[6]
(e) 설명을 경시한다.[7]
(f) 일반적으로 반反형이상학이다.

과학혁명기의 기계론자들의 경우에도 아리스토텔레스의 자연철학에 있는 신비한 '본질'과 '덕목'을 피하기 위해 실험에 뿌리를 둔 과학을 만들려는 욕구를 가졌다는 의미에서, 정신적으로는 실증주의자의 요소가 어느 정도 있다. 그러나 물론 이들은 원자나 힘과 같은 이론적 대상을 요청하고, 자신들의 설명에서 이것들을 원인으로 간주하고 있다는 점에서 반실증주의자이다. 흄은 다음과 같은 점에 있어서 회의론적이었기 때문에 실증주의자라고 할 수 있다. 즉 우리들의 관념들의 연합을 초월한 어떠한 인과 관계(제2장 1절 참조), 실체(혹은 현상을 초월한 물질), 영혼(혹은 순식간에 지나가는 관념과 인상의 흐름을 초월하여 존재하는 자아에 대한 어떠한 관념)에 대해서 회의적이었다. 후에 물리학자 마하 Ernst Mach(1838~1916)는 물리과학은 관찰할 수 있는 것에만 한정하여 관여해야 하고 과학에서 법칙의 기능은 우리가 겪는 경험들 사이의 관계들을 체계화하는 것에 불과하다고 주장하였다.

19세기에는 형이상학이 번성하였다.[8] 관념론과 낭만주의가 철학에서

---

5) 흄의 입장을 말한다.
6) 이 내용은 이론용어들이 지시하는 이론적 대상들을 과학이론에서 중심적인 역할을 하는 대상으로 간주하지 않으려는 논리실증주의의 입장을 말한다. 논리실증주의는 이론적 대상들을 가급적이면 관찰 대상들과 관찰 현상들로 환원하여 설명하려고 시도한다. 이들은 이론용어들을 관찰용어들의 논리적 구성물로 환원하는 문제로 간주하여 이론용어에 관한 논의를 전개한다.
7) 보편적인 인과관계에 근거한 설명을 경시한다.
8) 18세기 말과 19세기 초까지는 괴테, 바이런과 같은 사람들이 활약하였던 낭만주

지배적인 사조가 되었으며, '절대자', '생성', '의지'와 같은 신비한 개념들에 관한 논의가 널리 전개되었다. 20세기 초반에는 이러한 종류의 철학을 비판하려는 반작용이 일어나고 있었으며, 많은 철학자들과 그 밖의 다른 사람들은 자신들이 보기에 혼란스러운 형이상학자들의 생각에 대한 교정 수단으로서 과학, 수학, 논리학을 채택하였다. 논리실증주의는 처음에 1920년대에 독서토론회로 시작한 소위 비엔나 서클이라고 불린 과학자, 수학자, 철학자의 모임을 중심으로 하여 나타났다.[9] 비엔나 서클에 참가한 많은 사람들은 유대인이면서 사회주의자이거나 아니면 이

의 시대이다. 이 낭만주의 시대는 이성을 중심으로 하는 모더니즘에 대한 반발이었고, 뉴턴 과학에 대한 혐오감을 표현하였다. 특히 괴테가 뉴턴의 광학이론(특별히 빛이 7색으로 분해된다는 내용)에 대해 극도의 혐오감을 보이면서 자신의 보색이론에 근거한 색채론을 주장하기도 하였다. 그러다가 1835년에서 1870년에 이르러 다윈의 진화론, 맥스웰의 전자기학, 열역학의 제1법칙과 제2법칙, 미생물이론 등이 나타나게 되면서 실재론(사실주의realism) 시대가 도래하게 된다. 이 시기에 활약한 문학자로는 도스토예프스키, 플로베르, 톨스토이가 있으며, 미술가로는 밀레와 고야(고전주의가 아닌 사실주의적 낭만주의)가 있었고, 철학에는 콩트, 맑스, 엥겔스 등이 있었다. 이러한 실재론적 경향에 반대하여 19세기 말과 20세기 초까지 신낭만주의 경향이 대두하게 되는데, 이때 활약한 철학자로는 과학에 대한 극단적인 혐오감을 표현하였던 니체가 있었고, 음악에는 말러와 브루크너가 있었으며, 실증주의 물리철학자로는 마하가 있었다.

9) 논리실증주의라는 명칭은 1931년도에 블룸버그A. E. Blumberg와 파이글H. Feigl이 비엔나 서클의 철학적 입장들을 지칭하기 위해서 만들었다. 처음에 비엔나 서클은 1920년대에 슐리크, 노이라트, 바이스만, 카르납, 한 등을 중심으로 한 마하 연구회 Ernst Mach Society로부터 출발하였고, 비트겐슈타인의 『논리철학 논고』로부터 많은 영향을 받으면서 성장하게 된다. 1929년에는 자신들의 강령("비엔나 서클—과학적 세계관")을 발표하고 프라하에서 국제 학술회의를 주재할 정도로 크게 성장하여 많은 철학적 관심을 받게 되었다. 그러나 나치즘이 발흥하고, 1934년에는 한이 사망하고 노이라트가 비엔나를 떠났으며, 1936년에 슐리크가 암살당하자, 비엔나 서클은 결집력을 잃고 구성원들이 흩어지게 되었다.

둘 중의 하나였다. 나치 독일에서 파시즘이 발흥하게 되자 이들은 미국과 그 밖의 다른 지역으로 흩어지게 되었고, 이렇게 흩어진 지역에서 논리실증주의의 관념들은 구성원들의 활약을 통해 과학과 철학의 발전에 지대한 영향을 미치게 되었다.

논리실증주의와 논리경험론의 입장에 어떤 차이점이 있는가는 학술적으로 논의의 여지가 있는 문제이다. 논리실증주의자 혹은 논리경험론자로 분류할 수 있는 사람들 가운데 영향력이 큰 사람들로는 슐리크Moritz Schlick(1882~1936), 헴펠Carl Hempel(1905~1997), 카르납, 라이헨바하(그는 비엔나가 아니라 베를린에서 활동하였다), 에이어(그는 비엔나 서클을 방문하였고 이 서클의 몇몇 관념을 영국에 소개하였다) 등이 있다. 이들 모두는 과학적 지성의 문화로 가득하기를 염원한 콩트의 열망, 흄과 마하의 경험론을 그대로 받아들였다. 이들이 과학이론이 엄밀하게 형성될 수 있는 구조 체계를 제공하는 수리논리학, 특히 그 당시 프레게Gottlob Frege(1848~1925)와 러셀이 막 발전시킨 수리논리학을 탐구하였다는 점은 새롭다고 할 수 있다. 이러한 생각은 만약 관념과 이로부터 연상되는 경험 간의 연결이 엄밀하게 만들어질 수 있다면 무의미한 형이상학적 말(의미 없는 주문들mumbo-jumbo)들을 경험과학으로부터 분리시켜 배척하는 것이 가능할 것이라고 보았다.

우리들이 사용하는 대부분의 말들은 육안으로 분명하게 드러나는 사물들을 의미한다. 어린아이일 때 우리들은 주변 세계에서 눈에 띄는 사물, 성질, 과정을 지칭하는 이름들을 어른들이 사용하는 것을 보고 듣고 반복하면서 배우게 된다. 물론 언어 습득이라는 것은 놀라운 일이다. 왜냐하면 어린아이들이 별다른 훈련을 하지 않아도 언어를 매우 잘 사용하는 것처럼 보이고 최소한의 사례나 어휘를 가지고 문법과 통사를 잘 터득하기 때문이다. 그런데 우리들은 원리적으로 아이들이 고양이, 집,

빨강, 네모, 요리함, 달리기 등과 같은 단어들의 의미를 어떻게 배우는가를 이해할 수 있다. 심지어 아이들이 초기의 단순한 어휘들로부터 완전한 어휘를 구성하게 되는 방식을 상상할 수도 있다. 왜냐하면 사람들이 언어를 충분히 사용할 수 있게 되면, 그 즉시로 새로운 단어들의 의미까지 기존의 알고 있는 단어들에 의해서 설명할 수 있기 때문이다. 나는 털로 덮인 맘모스mammoth를 본 적은 없지만 그래도 나는 그 동물이 매우 크고, 털이 많은 코끼리라는 등의 사실을 알고 있다. 따라서 모든 단어는 우리들이 경험할 수 있는 것에 연계되어 의미를 얻게 된다고 생각하는 것은 자연스러운 일이며, 심지어는 때때로 그러한 연계 고리가 매우 멀리 떨어져 있을지라도 그러하다(개념 경험론).

이 견해에 따르면 우리들의 사유의 각각의 내용들은 세계에 대한 감각적 경험을 통해서 정신이 습득하였던 관념들에 어느 정도 얽매어 있어야만 한다. 이러한 점은 사실에 관해서 지성적으로나 혹은 유의미하게 생각할 수 있는 어떠한 문제도 경험을 초월할 수 없다는 점을 함축한다. 러셀과 비트겐슈타인Ludwig Wittgenstein(1889~1951)이 어떠한 냄새나 소리나 시각이나 촉각에 의해서도 탐지될 수 없는 하마가 존재한다고 전제하는 것이 과연 유의미한가의 여부에 대해서 논의를 벌였던 것으로 추정되고 있다. 만약에 우리들이 예를 들어 레이더, 적외선 사진기, 음파 탐지기와 같은 과학적 탐지 장치 모두를 감각의 확장으로 간주하여 사용했는데도 불구하고 그래도 어떤 생물체가 탐지될 수 없는 것으로 간주한다면 그러한 생물체에 대해 말하는 것은 무의미하다고 할 수 있다. 따라서 우리들은 다양한 형식을 취하고 있는 소위 '경험론자의 의미 기준'이라고 하는 것에 도달하게 된다. 대체적으로 그 기준은 단어들이 유의미하기 위해서는 경험될 수 있는 것과 어떤 연결 고리를 가져야만 한다는 것이다.

논리실증주의자들은 그들이 생각하기에 사이비 과학이라고 판단되는 이론들을 비판하기 위해서 이러한 의미 기준을 사용하였다. 이들이 생각하는 사이비 과학은 정신분석psycho-analysis과 생기론theory of vitalism(세포와 그 밖의 다른 유기체가 생명을 유지하기에 필요한 것으로 생기력을 전제하고 있다)과 같은 것을 말하며, 이 사이비 과학이론들은 관찰할 수 있는 것과 명시적으로 관련지을 수 없는 이론용어와 개념들을 채택하여 사용하고 있기 때문에 비판받게 된다. 이러한 이론들은 또한 무의미하기 때문에 형이상학이라고 비판받는다. 카르납은 다음과 같이 말하고 있다.

> 형이상학자들은 ['절대자'와 같은 형이상학적 용어들에 대한] 경험적인 진리 조건들이 특정화될 수 없다고 우리들에게 말한다. 그러나 만약 그가 그럼에도 불구하고 여전히 어떤 것을 '의미 있다'라고 주장한다면 우리들은 그러한 주장이 어떤 의미도 부여하지 못하는 단어들과 감정적인 느낌에 의해서만 연상된, 단지 하나의 망상에 불과하다는 것을 보게 된다.(Carnap 1959: 65)

이와 유사하게 많은 논리실증주의자들은 신학적인 가설들이 무의미하다고 주장하였다. 예를 들어 신은 완전하게 선하다거나 전능하다는 가설은 우리들이 감각을 가지고 경험할 수 있는 어떠한 내용도 함축하지 않기 때문에, 그 가설은 엄밀히 말해 무의미하다. 논리실증주의자들이 '사이비 개념'이라고 말하는 것에는 '본질', '사물 자체', '선', '절대자' 등이 있다. 이들이 사이비 개념인 이유는 이 개념들을 포함하는 언명들이 어떠한 내용도 주장하고 있지 않기 때문이다. 또 한편 이와 다른 용어인 '전파radio wave'를 생각해보자. 논리실증주의자들은 이 용어가 '절대자'와 같은 용어와 차이가 나는 것은 이 용어의 쓰임새에서 우리들이 관찰할 수 있는 내용이 함축되어 있기 때문이라고 말한다. 그래서 예를 들어 "이 방을 통과하고 있는 전파가 있다"라고 하는 문장은 전파 수신기의 주파수를 조정하면 전파 수신기로부터 내가 어떤 소리나 반응을 경험하게 된다는 내용을 함축한다.

제2장에서 나는 관념들의 관계와 사실의 문제들 간의 관계를 구별하는 흄의 입장을 설명하였다. 관념들 사이의 관계에 대해서만 언급하는 언명들은 단어의 의미에 의해서만 참이거나 거짓이 되는 언명들이라는 점을 상기하자. 예를 들어 "만약 지미는 제임스보다 키가 크고, 제임스는 돈보다 키가 크다면, 지미는 돈보다 키가 크다"라는 언명은 '~보다 키가 크다' 속에 나타난 단어들의 의미에 의해 참이 된다. 한편 "지미가 제임스보다 키가 크다"라는 언명은 사실의 문제를 언급하고 있다. 왜냐하면 그 언명은 '지미'와 '제임스'라는 이름으로 지칭되고 있는 실제 두 사람의 키가 어느 정도인지에 따라 참이 되거나 거짓이 되기 때문이다. 논리실증주의자들은 이와 유사한 칸트의 분석 언명과 종합 언명의 구별도 채택한다. 분석 언명들에는 다음과 같은 것들이 있다. '될 것은 된다', '나무는 식물이다', '빨강은 색이다'. 종합 언명의 예로는 다음과 같은 것들이 있다. '파리는 프랑스의 수도이다', '지구의 극지방은 얼음으로 덮여 있다', '책상은 갈색이다'.

논리실증주의자들은 다음과 같은 내용을 기본 공약으로 하고 있다.

(1) 과학만이 유일하게 지성적으로 훌륭한 탐구 형식이다.
(2) 모든 진리는 다음과 같은 두 가지 중의 하나이다. (a) 분석적, 선천적, 필연적이다. 다른 말로 하면 항진적tautological이다. 아니면 (b) 종합적, **후천적**, 우연적이다.
(3) 지식에 관한 한, 그 종류는 수학과 논리학처럼 순수하게 형식적이고 분석적인 지식이 되거나 아니면 일종의 경험과학이 된다.
(4) 철학의 목적은 과학의 구조나 논리를 해명하는 것이다. 철학은 실

제로 과학에 대한 인식론이고 개념들을 분석하는 것이다.
(5) 논리학은 개념들 간의 관계를 엄밀하게 표현하는 데 사용될 수 있다.
(6) 의미의 검증 가능 기준: 언명은 분석적이거나 아니면 경험적으로 검증 가능할 경우에, 그리고 그러한 경우에만if and only if 글자 그대로literally 유의미하다.
(7) 검증원리: 항진적이지 않은 언명의 의미는 그 언명을 검증하는 방법이다. 즉 그 언명이 경험에 의해 참이 된다는 것을 보여줄 수 있는 방식이다.

논리실증주의자들은 세계에 대한 우리 인식의 어떤 기초들을 발견하려고 노력하였다. 다음과 같은 기초적인 진리들에 대한 기준들을 생각해보자.

- 기초적 진리는 다른 어떠한 믿음으로부터도 추론되지 않으며, 자명하거나 스스로 정당화될 수 있어야만 한다.
- 기초적 진리는 회의론으로부터 비판당할 염려가 없어야 한다.
- 기초적 진리는 이용 가능해야 하고 정보를 가지고 있어야 한다. 곧 분석적이지 않고 종합적이어야 한다.

기초론Foundationalism의 관념은 믿음의 정당화가 두 종류로 이루어진다고 보는 것이다. 일부 (기본적인) 믿음은 다른 어떠한 믿음에도 의존하지 않고 독자적으로 정당화되며, 이와 달리 기본적인 믿음이 아닌 [파생적인] 믿음은 기본적인 믿음이 연역적으로나 귀납적으로 자신들을 함축하기 때문에 정당화된다. 많은 경험론자들은 우리들의 감각 상태에 대한 인식을 기초적인 것으로 간주한다. 예를 들어 신호등이 켜진 것처럼 나에게 보인다라는 나의 믿음은 스스로 정당화된다. 논리실증주의자들은 인식의 기초로서 '프로토콜 언명들protocol statements'[10]을 사용하려고 노력하였다. 이러한 언명은 "나는 붉은 신호등 빛을 보았다"와 같이 즉각적인 어떤 경험이나 관찰의 내용만을 지시하는 언명이다. 프로토콜 언명은 또한 (에이어에 의해서) 감각자료 보고문이나 기본 명제라고 불린다. 이러한 언명은 1인칭 현재시제로 된 자기 관찰적 보고문이다. 즉 그것은 어떤 주어진 시간에 사물들이 관찰자에게 어떻게 나타나는가를 보고한다. 이러한 내용을 가진 그 언명들은 다음과 같은 성격을 지닌 것이라고 전제된다. 즉 관찰자의 경험이 달라질 수 있기 때문에 종합적이고 우연적이다. 어떠한 사람도 자신에게 사물이 어떻게 **나타나는가**를 보고하는 한에 있어서 적어도 성실하게 보고한다고 전제할 수 있기 때문에 [그 진리를] 의심할 수가 없다. 그리고 관찰자는 단순하게 경험만을 보고하기 때문에 다른 믿음들로부터 추론되지 않는다. 따라서 그러한 언명들은 위에서 제시한 기초적 진리에 대한 기준들을 만족한다고 간주된다.

논리실증주의자들은 모든 유의미한 경험적 언명은 **프로토콜 언명**이든지, 아니면 **경험 가설**이라고 주장한다. 경험 가설은 프로토콜 언명들을 서로 연계시켜주면서 예측이 가능하도록 만든다. 과학 법칙은 경험 가설이며, 앞으로 관찰될 내용에 대해서는 그러한 법칙으로부터 나오는 예측

---

10) 실험의 장치, 과정, 결과를 기록하는 실험 보고서에서 사용하는 언명들을 말한다. 이 보고서에 반드시 있어야 하는 것은 행위 주체, 행위 시간, 행위 장소, 행위 내용 등이다. 예를 들면 "박세영은 '박세영이 2003년 2월 14일 오후 10시 50분에 붉은 점을 보았다'라는 것을 지각한다"와 같은 언명이다. 이 언명은 감각자료 언명이 가지고 있는 유아론적 문제를 벗어날 수 있게 해주기 때문에 노이라트와 카르납이 고안한 것인데, 언명의 내용이 무척 복잡하기 때문에 나중에 카르납은 프로토콜 언명을 포기하고 대신 시공간 좌표를 가지는 물리적 대상을 지칭하는 어휘를 기본 용어로 사용하는 물리주의physicalism 입장을 취한다.

에 의해 검사받는다. 프로토콜 언명은 그 진리가 결론적으로 경험에 의해서만 입증되기 때문에 강하게strongly 검증된다. 그런데 귀납의 문제라는 것은, 모든 금속은 열을 받으면 늘어난다와 같은 특정한 법칙이나 일반화로부터 나오는 예측과 상충하지 않았던 지금까지의 경험들이 미래의 관찰에서도 똑같은 형태를 따르게 될 것이라고 확실하게 보증하지 못한다는 사실을 의미한다. 그래서 확실하다고certain 하기보다는 개연적probable으로 증거한다라는 의미에서 프로토콜 언명은 경험 가설을 기껏해야 약하게weakly 검증할 수 있을 뿐이다.

우리들은 즉각적으로 주어지는 감각의 내용에 대해서 인식할 수가 있고, 또한 현상들 간의 관계를 예측하고 있는 경험 가설도 관찰에 의해서 확증될confirmed 수 있다고 전제해보자. 이러한 전제는 정신과 독립적으로 존재하는 세계를 의심하는 회의론이나 혹은 버클리의 이원론 주장과 논리적으로 상충하지 않는다. 제2장 2절로부터 다음과 같은 문제들이 제기된다는 점을 상기하자. 우리들이 우리들의 경험에 있는 규칙들을 인식할 수 있음을 인정한다고 할 때, 그러한 규칙들의 지배를 받고 있는 대상들과 사람들이 세계에 존재하고 있다는 것을 우리들이 어떻게 알 수 있는가? 곧 우리들이 분석적 진리와 프로토콜 언명처럼 경험 가설을 알 수 있다고 하더라도, 이것으로부터 우리들이 어떻게 지식을 구성할 수 있는가?[11] 다시 말해 개인의 사밀한 감각자료들을 모아서, 이로부터 상상컨대 어떻게 공통의 상식적인 세계를 구성하는가?

우리는 다음과 같은 딜레마에 직면하는 것 같다.

(a) 우리들은 양배추와 왕에 대해 많은 것들을 인식할 수 있다.

---

[11] 유아론solipsism의 문제를 말하고 있다.

(b) 우리들은 프로토콜 언명과 분석적 진리만을 인식한다.

회의론은 (a)를 부정한다—논리실증주의자들은 (b)로부터 (a)를 추론하기를 원한다. 그러나 프로토콜 언명은 즉각적으로 주어지는 경험을 초월하는 그 어떤 것도 지시하지 않기 때문에 유일하게 확실하다고 할 수 있으므로, 우리들은 프로토콜 언명으로부터 시작하여 정신-독립적 대상들에 대한 언명으로 진행하는 연역논증을 사용할 수가 없다. 왜냐하면 연역논증들이 타당하기 위해서는 결론이 어느 정도 전제들 속에 묵시적으로 있어야 하기 때문이다. 한편 우리들은 (a)로부터 (b)를 추론하기 위해 귀납논증도 사용할 수가 없다. 왜냐하면 귀납추리를 하기 위해서는 대상의 존재와 감각의 내용이 합치함을 관찰할 필요가 있는데, 그러려면 대상에 대해서는 감각을 통하지 않고 별도의 인식적 접근을 해야 하기 때문이다.

실증주의자들은 우회적으로 생각하는 하나의 해결책을 채택하였다. 이들은 모든 인식을 프로토콜 언명과 필연적 진리로 환원시킨다. 이들은 지각되거나 지각 가능한 대상들에 관한 이야기는, 실제적이고 가능한 경험에 대한 이야기로 **환원될** 수 있다고 주장한다. 물리적 대상의 존재를 주장하는 명제는 관찰자가 어떤 환경이 주어지면 일련의 감각들을 가지게 될 것이라고 주장하는 명제와 동등하다. 물리적 대상은 실제적이고 가능한 감각 경험으로부터 나온 논리적 구성물들이다. 물리적 대상은 '감각이 영원히 지속적으로 가능한 대상'을 말하는 것이지 더 이상 다른 것이 아니다. 이러한 견해는 때때로 **현상주의**phenomenalism라고 불린다. 논리실증주의자들은 책상의 존재에 대해 논쟁을 벌이고 있는 철학자들이 웃기는 사람들이라고 여기는 입장에 동의한다. 외부 세계에 대한 대화는 엄밀히 말해 무의미하다.

그래서 만약에 우리들이 형이상학을 피하기를 원할 경우에 현상주의만이 회의론으로부터 벗어날 수 있는 유일한 길이라고 제안하게 될 때, 이 제안은 기초론에 근거하면서 급진적인 경험론자의 관념주의 주장으로 나타난다.[12] 에딩턴의 일상적 책상에 대한 경우에도 그러하다. 그 책상은 단순히 감각자료로부터 나온 구성물이다. 그러나 일상적 책상과 다른 과학적 책상과 과학적 책상의 원자들, 전자들, 힘들에 대해서는 어떻게 생각할 수 있는가? 논리실증주의의 기본적이고 긍정적인 목표는 다음과 같다.

(I) 과학에서 이론용어의 사용은 경험론자의 의미 기준과 일치한다는 것을 보여주는 것.
(II) 관찰에 대한 언명들이 이론적 언명들을 어떻게 확증하는가를 보여주는 것, 다시 말하면 '확증의 논리'를 해명하는 것.
(III) 수학과 논리학이 분석적이라는 것을 보여주는 것.

우리들은 후반부에 확증에 관한 문제로 돌아갈 것이다. (III)의 목표를 달성하려는 노력의 역사적 과정과 이로부터 나온 철학적 문제들이 20세기 철학의 매우 중요한 부분들 가운데 있는 내용이지만, 이 문제는 더 이상 다루지 않을 것이다.(이 장의 '더 읽어야 할 책들' 참조) 다음 절에서 우리들은 (I)에 관한 논의를 다룰 것이다.

12) 현상주의는 모든 지식의 기초가 감각적 경험, 즉 감각자료에 있다고 보고 있으므로 인식의 확실한 기초가 있다는 인식론적 입장을 취하고 있으며, 또한 우리들의 직접적인 인식의 대상은 감각적 경험이라고 하니까 우리들의 정신 속에 있는 대상들에 관한 관념만을 직접 지각한다고 주장하는 관념주의ideaism 주장과 같은 입장을 취하게 된다.

2) 의미론적 도구주의와 환원적 경험론

실증주의자들에게 있어, 모든 경험적 지식은 미래의 경험을 성공적으로 예상anticipation하는 데 그 목적이 있다. 콩트와 마하 같은 19세기 실증주의자들은 관찰할 수 없는 원자들과 장들fields은 과학에서 어떠한 위상도 차지하지 못할 것이라고 생각하였다. 논리실증주의자들이 직면한 문제는 이들이 그렇게 찬양하는 과학이 '원자', '전하', '핵력' 등과 같은 이론용어를 포함하는 경험 가설들과 법칙들을 불가피하게 사용하는 것처럼 보인다는 것이다. 만약 경험론자가 사용하는 그러한 개념이나 인식론적 입장이 옳다고 한다면, 이러한 이론용어는 어떻게 유의미하게 될 수 있는가? 논리실증주의자들은 경험적으로 의심스럽다고 생각하는 것에 대해서는 두 가지의 접근 방식을 취한다. 이들은 형이상학, 윤리학, 신학 등과 같은 경우에서처럼 그러한 것이 유의미하다는 것을 부정하거나, 아니면 외부 세계에 대한 인식의 경우처럼 형이상학을 제거하기 위해서 그러한 의미가 경험적으로 어떻게 정화될 수 있는가를 보여주었다. 무의미하다고 생각하면서도 그러한 것들에 대해 사람들이 매우 많이 말하게 되는 이유를 설명하기 위해서, 에이어는 "살인은 나쁘다"라고 말하는 것은 말하는 사람이 단지 살인에 대해 가지고 있는 감정적인 태도만을 나타내는 것이지 참이거나 거짓이 될 수 있는 어떤 것을 진술하는 것은 아니라고 주장한다. 에이어와 같은 이러한 입장은 때때로 정서적 윤리설 'boo-hurrah' theory of ethics로 알려져 있다. 이 이론에 따르면 모든 윤리학의 언명들은 아무런 [인식적인] 내용도 없이 단지 감정적이고 정서적인 반응만을 보여주는 표현들에 불과하다. 철학자들은 **'주장적**assertoric'이라는 용어를 '세계에 대한 어떤 것을 순수하게 주장하는 것'이라는 의미로 사용한다. 주장적 언명들만이 참이거나 거짓이 될 수 있다. 예를 들어 어떤 사람에 대해서 '환영한다welcome'라고 말하는 것은 주장적이지는 않으나 하나의 [정서적] 태도를 표현하고 있다. 또한 하나의 언명이 주장적이기 위해서는, 그 언명이 반드시 참이어야만 하는 것은 아니다. 내가 브리스톨이 런던보다 더 크다라고 말할 때, 나는 순수하게 어떤 주장을 하고 있지만, 사실은 이 언명은 거짓이다.

과학에 대해서 반실재론적 입장을 취하는 몇몇 사람들은 이론용어들을 포함하는 언명들이 윤리학의 언명의 경우와 마찬가지로 주장적이지 않다고 주장한다. 우리가 경제 정책에 대한 생각을 단순화하기 위해 평균 납세자라고 할 수 있는 어떤 사람이 존재하는가를 생각하지 않고서도 평균 납세자의 개념을 사용할 수 있는 것처럼, 우리들은 전자電子가 정확하게 어떤 것을 실제로 지시하고 있는 것으로 간주하지 않고서도 전자 등에 대해서 말할 수 있다. 이러한 입장이 **의미론적 도구주의**semantic instrumentalism이다.

> **의미론적 도구주의**: 과학이론의 이론용어들은 관찰할 수 없는 대상을 지시하는 것으로 글자 그대로 간주되지 않아야 한다. 왜냐하면 그것들은 단지 논리적 구성물에 불과한 것으로서, 현상들 간의 관계들을 체계화하기 위해서 사용하는 도구에 불과하기 때문이다.

또 한편 다른 사람들은 이론용어를 포함하고 있는 언명들이 주장적이라고 하면서도 그러한 언명들이 말하는 것은 관찰할 수 있는 것으로 환원될 수 있다고 주장한다. 앞의 3절 1항의 (6)과 (7)의 연결은 만약에 현대 과학의 이론용어들이 실제로 유의미하다면 감각 경험과 일상적으로 관찰할 수 있는 대상들을 지시하는 어휘들만을 사용하여 그 이론용어들 각각을 정의하는 것이 가능해야 한다는 사실을 함축한다.

환원적 경험론reductive empiricism: 이론용어는 관찰 개념들에 의해 정의될 수 있다. 따라서 그러한 용어들을 포함하고 있는 언명들은 주장적이다. 과학이론들은 관찰할 수 없는 대상들을 지시하고 있는 것으로 글자 그대로 간주되지 않아야 한다.

우리들은 이론용어에 관해서 다음과 같은 명시적明示的 정의explicit definition를 제시할 수 있다.

$$압력\text{Press} = \frac{힘\text{Force}}{면적\text{Area}}$$

여기서 문제는 대부분의 과학 용어들이 위의 방식대로 정의될 수 없다는 데 있다. 예를 들어 '온도'라는 용어를 생각해보자. 우리들은 매 가능한 온도에 대해서 어떤 실험기구나 측정도구로 행하는 하나의 **조작적 정의**operational definition를 온도에 대한 명시적 정의로서 제공해야만 한다. 왜냐하면 각기 다른 값을 여러 개 가질 수 있는 하나의 속성이 실제로 존재한다고 생각할 수는 없기 때문이다. "온도가 섭씨 100도이다"에 대한 조작적 정의는 정상적인 대기압에서 물이 끓는 것을 관찰할 수 있는 경우에 적용될 수 있다고 말한다. 그러나 또한 그 정의는 정확하게 눈금 매겨진 수은 온도계가 100도를 지시함과 동시에 알코올 온도계가 그와 유사한 수치를 지시할 때에 적용될 수 있다고 말한다. 섭씨 100도라는 하나의 속성을 사용할 경우의 장점은 그것이 각기 다른 경험들 사이의 관계들을 체계화한다는 것이다. 그러나 이론용어를 조작주의자들의 방식으로 이해하게 되면, 어떤 것에 100도라는 온도의 속성을 부여하는 것을 우리들의 경험 속에 있는 구체적인 어떤 내용과 연합시키는 새로운 방식에 직면하게 될 때마다[13] 우리들은 그것에 관해 하나의 새로운 속성을 실제로 도입하고 있는 것이다. 그러나 명시적 정의의 이러한 특성은 새로운 현상들을 다룰 수 있도록 예측 범위가 확대되는 이론들의 경우에는 무의미해진다.[14] 그러나 과학사에는 한 분야를 설명하기 위해서 도입된 이론이 이와 다른 분야에서도 경험적인 성공을 거두는 사례들이 무척 많다. 예를 들어 맥스웰의 전자기장 이론은 처음에는 전기와 자기를 설명하기 위해서 도입되었다. 그러나 이 이론은 뜻밖에도 전자기파의 존재까지 예측하게 되었고 이 예측에 의해서 부분적으로는 빛의 작용 형태behavior를, 더 나아가 X선, 자외선, 마이크로웨이브microwave 극초단파까지 설명하게 되었다. (카르납도 조작적 정의가 가지는 이러한 문제를 알았고, 그래서 이론용어에 대한 명시적 정의를 다시 찾아보다가 결국 포기하였다. 그렇다 할지라도 여전히 그는 이러한 용어들에 대해 소위 대응 규칙들에 의해서 부분적인 해석〔구체적으로 이야기하면 카르납의 환원 문장에 의한 정의 방식〕을 제공함으로써 이 용어들이 경

---

13) 예를 들어 100도의 온도를 일상생활에서처럼 온도계로 측정하다가, 디지털 온도계나 스펙트럼 분산기(색분해기)로 측정하는 경우를 말할 수 있다.
14) 명시적 정의는 정의하려고 하는 대상에 대해서 이론이 의도한 내용에 따라 정의하고 있다. 그런데 만약에 이론이 처음에 의도하지 않았던 새로운 사실들까지도 명시적 정의에 의해 이미 정의를 내린 대상에 근거하여 설명하고 예측할 수 있게 되어 이론의 설명과 예측의 범위가 확장된다면, 그러한 대상에 관한 명시적 정의는 불완전한 것이 된다. 따라서 과학의 발전에 따르면 항상 여러 가지의 많은 다른 사실들이 발견될 가능성이 있기 때문에 이론용어의 의미는 완전하게 고정될 수가 없다. 그러므로 용어의 의미를 고정시키는 명시적 정의의 방식에 의해서는 이러한 과학의 발전 내용까지 완전하게 담아낼 수 없다. 그래서 처음에 과학 용어의 의미를 완전하게 확정적으로 정의하고 있는 명시적 정의에 대해서 많은 신뢰감을 가졌던 카르납도 그의 후기 논문 「검사 가능성과 의미testability and meaning」에서 검사 가능성testability의 개념을 도입하고 성향용어('깨지기 쉬움'과 같은 용어)와 이론용어의 의미를 부분적으로 정의하는 환원 문장reductive sentence을 제시한다.

험에 근거하도록 만들기를 원하였다.(Psillos 1999: 1~3장 참조))

논리실증주의자들은 우리들이 [감각자료에 대한] 용어들을 올바르게 사용하고 있음에도 불구하고 항상 오류를 범할 가능성이 있기 때문에 우리가 공개적인 언어 사용의 방식으로 경험을 기술하게 되면, 감각자료에 의한 보고 기록이 명백하지 않다는 사실을 곧 깨닫게 되었다. 과학의 실제 관찰 언어의 경우에 즉 "전류계에서 지침이 4암페어다"라고 말할 경우에 관찰 기록들이 오류를 범하여 틀릴 가능성이 있다는 것은 분명하다. 이러한 일들 때문에 과학자들은 검사를 반복적으로 실시하여 다른 사람들이 오류를 범하지 않도록 만들고 있다. 논리실증주의자와 논리경험론자들은 이러한 문제를 깨달은 후에 인식의 기초가 있다는 기초론의 주장을 포기하고, 따라서 검증원리(앞의 3절 1항 (7) 참조)까지 단념하는 반응을 보이게 된다. 이들은 그 대신에 경험적인 확증confirmation이나 반증falsification, 즉 명제에 유리하거나 아니면 불리하게 되는 어떤 것(경험적인 결정 가능성)을 강조한다. 이들 중의 어떤 사람들은 일종의 실재론을 포용하게 된다. 과학적 실재론의 주장의 중요한 부분은 과학의 언어가 심지어는 관찰할 수 없는 대상들을 지시하고 있는 것처럼 보일지라도 문자 그대로 존재론적으로 개입하고 있는 것으로 간주하며, 관찰용어를 위해 이론용어를 환원하거나 제거하려고 하지 않는다는 것이다.

3) 진리

반실재론을 취하는 몇몇 입장들은 이론용어의 제거가 아니라, 언어와 세계 간의 대응으로 보는 실재론자의 진리 개념을 부정하는 [반실재론적] 진리론에 근거를 두고 있다. 따라서 일부 반실재론자들은 과학의 이론적 언명들을 글자 그대로 주장적이라고 주장하면서도, 이 언명들을 참이거나 거짓으로 만드는 것은 모든 경험을 초월하는 객관적인 실재가 아니라고 주장한다. 예를 들어 과학적 반실재론자인 사회 구성주의자(제4장 6절 참조)들은 이론용어들이 '지시한다'거나 이론들이 참이라고 하는 것을 부정할 필요는 없지만, 진리는 우리들의 규범과 실천에 **내재적** internal이며, 우리들이 지시하는 대상들은 사회적으로 구성된 것이라고 주장할지도 모른다. 예를 들어 체스 놀이에서 그 목표는 왕을 잡는 것이라고 말하거나 영국은 스코틀랜드와 인접하고 있다라고 말하는 것은 완전히 참이라고 할 수 있으나, 그러한 언명들이 언급하는 사실들은 우리들의 규약에 의해 구성된 것이라고 보는 것이다. 어떤 철학자들은 대부분의 사실들이 이와 같을 것이라고 생각하고 이러한 내용을 과학 이외의 다른 분야에까지 적용한다. 사회 구성주의자는 수학에 대해, 수학자들이 증명할 수 있는 진리 이외에는 이를 초월한 어떠한 진리도 존재하지 않는다는 입장을 취한다.

그래서 우리들은 진리 개념을 설명하는 다양한 이론들을 구별할 수 있다. 그 첫 번째 것은 다음과 같다.

> **진리 대응론** correspondence theory of truth : 언명은 사실에 대응할 때 참이 된다. 언명에 있는 용어들은 세계에 존재하는 사물들과 속성들을 지시한다. 언명들이 참이거나 거짓이 되는 조건들(진리 조건들)은 객관적이고, 사물이 세계 속에서 어떠한 상태에 있는가에 따라 언명들의 참이나 거짓이 결정된다.

진리 대응론을 지지하는 사람들은 대부분 진리 개념이 정신-독립적으로 존재하는 진리 조건들에 의존하고 있음을 분명하게 하는 것이 필수적이라고 생각하였다. 검증원리(이 장 3절 1항 (7) 참조)를 채택한 사람들은 검증될 수 있는 것을 초월하는 진리에 대한 관념은 어떠한 의미도 가지지 않는다고 믿고 있다. **실용주의 진리론**pragmatic theory of truth을 옹호하는 사람들은 진리라는 것은 '장기적으로 가장 최선으로 작용하는 것'과 같은 것이라고 생각한다. 그 외의 어떤 사람들은 우리가 언어로부터 벗어날 수 없으며 그래서 [언어 밖으로 나가서 언어와 세계를 보고] 언어가 '세계에 성공적으로 매달려 있는지hooks onto the world'를 말할 수가 없기 때문에, 진리라는 것은 기존의 다른 믿음들의 내용과 최선으로 부합하는 것이라고 주장한다. 이 입장이 진리 **정합론**coherence theory of truth이다.

4. 표준적인 과학적 실재론

만약 우리들이 어떤 주제 S(예를 들면 윤리학, 수학, 미학이나 이론과학에 관한 것이 될 수 있는데)에 대해 형이상학적이고 의미론적인 실재론을 통합하고 인식적인epistemic 요구 사항들을 부가한다면 우리들은 S에 대해서 아주 강한 형식의 실재론을 가지게 될 것이다.

(i) S에 대한 논의들이 기술하고 있는 대상이나 대상의 종류들은 실제로 존재한다.
(ii) 이것들은 우리들의 인식과 정신으로부터 독립적으로 존재한다.

이상의 내용이 형이상학적 요구 사항들이다.

(iii) S에 대한 언명들은 환원될 수 없고 제거될 수 없으며, 순수하게 주

장적assertoric 표현들이다.
(iv) S의 언명들에 대한 진리 조건들은 객관적이며, 사물들이 세계 속에서 어떠한 상태에 있는가에 따라 이러한 언명들의 진리나 거짓이 결정된다.

이상의 내용들이 의미론적 요구 사항들로서, 실용주의 진리론이나 진리 정합론에 반대되는 진리 대응론에 의해서만 보장된다.

(v) S에 대한 진리는 인식 가능하고 우리들은 사실상 그러한 진리의 일부를 인식한다. 그래서 S의 용어들은 세계 속에 있는 사물들을 성공적으로 지시한다.

이러한 내용이 인식적 요구 사항이다.
만약 우리들이 S가 과학이라고 간주한다면, 우리들은 과학적 실재론의 주장에 관한 고전적인 언명을 보게 되는 것이며, 이러한 언명을 현대에 와서 구체적인 형태로 처음으로 제시한 사람들로는 퍼트냄Hilary Putnam(1926~)과 셀라즈Wilfrid Sellars(1912~1989), 그 외의 몇 사람들이 있다.
예를 들어 만약 우리들이 전자 이론을 고찰하고 있다면 과학적 실재론은 다음과 같이 말할 것이다.

(i) 전자들은 실제로 존재한다exist.
(ii) 정신 독립적으로 존재한다.
(iii) 전자들에 대한 언명들은 음전하, 1/2스핀, 일정한 크기의 질량 등을 가진 미시 원자의 대상들을 실제로 언급하고 있다.

(iv) 이러한 언명들은 세계가 어떻게 존재하고 있는가에 따라 참이거나 거짓이 된다.
(v) 우리들은 전자 이론을 믿어야만 하며 그 이론의 대부분은 지식으로 간주된다.

5. 반실재론

우리들은 과학적 실재론이 세 가지 종류의 철학적 입장에 의존하고 있음을 보았다. 즉 관찰할 수 있는 대상과 관찰할 수 없는 대상들로 구성된 세계가 정신-독립적으로 존재한다는 사실에 대한 형이상학적 의존, 과학이론들과 진리 대응설에 대해 글자 그대로 엄밀하게 해석하는 의미론적 의존, 그리고 마지막으로 우리들의 현재의 최선의 이론들이 점근적으로 참이고, 자명한 것으로 전제되고postulate 있으며, 또 실제로 존재하고 있는 관찰할 수 없는 대상들(대부분)을 성공적으로 지시하고 있음을 우리들이 알 수 있다고 주장하는 인식론적 의존이다. 과학에 대한 반실재론자가 되기 위해서는 이러한 의존 조건들 중의 오직 하나만을 거부하는 것만으로 충분하며, 반실재론자들은 서로 다른 다양한 동기들을 가질 수 있기 때문에 지금 우리는 다양한 반실재론자들의 입장들을 구별할 수 있다. 회의론자들은 (i)을 부정하며, 환원적 경험론자들은 (iii)을 부정하며, 쿤(어떤 해석에 따르면 그러하다)과 같은 사회 구성주의자들은 (ii)를 부정한다. 반면에 우리들이 다음 장에서 보게 되겠지만, 프라센 같은 구성적 경험론자들은 오직 (v)만을 부정하면서도 (i)에 대해서는 이를 믿지 않거나 불가지론不可知論agnostic의 입장을 취하고 있다.

∴

앨리스: 그래, 지금 너는 과학이 어느 정도까지는 우리에게 지식을 제공하고 있다고 말하는데, 이 말은 우리들이 관찰할 수 있는 것에만 해당한다는 의미니?

토머스: 아마 그럴지도 모르지. 그렇게 보는 것도 가능하다고 생각해.

앨리스: 그래 좋아. 우리들이 지금 앉아 있는 이 책상이 우리가 상상으로 만들어낸 허구이거나, 이 책상을 쳐다보는 사람들이 없으면 이 책상도 사라지게 된다는 것이 설사 가능하다고 하자. 그래서 어떻다는 말이니? 너는 절대로 의심할 수 없는 어떤 것이 있다는 것을 증명할 수 없는데, 그렇다고 이것이 우리들이 어떤 것도 인식할 수 없다는 것을 의미하는 것은 아니잖아? 만약 네가 말하고 있는 모든 내용이 책상이 실제로 존재한다고 믿을 수 있는 것과 같이 원자들도 실제로 존재한다고 믿을 권리를 내가 가지고 있다고 말하는 거라면 네 말에 동의하겠어.

토머스: 좀 찬찬히 생각해보자. 약간의 차이가 있는 것 같아. 책상이 저기에 있다는 것을 인식하고 있다라고 네가 주장할 경우에, 너는 사물들을 실제로 구성하고 있는 원자와 같은 궁극적인 대상이나 보이지 않는 본성에 대해서 인식하고 있다는 게 아니라, 단지 사물들이 어떻게 보이는가에 대해서 주장하고 있을 뿐이잖아.

앨리스: 그래, 나는 지금, 내가 책상을 보고 있지 않을 때도 책상이 존재하고 있고, 그 책상은 네가 보고 있는 것과 똑같은 것이고, 만약 우리들이 잠시 동안 밖에 나갔다가 다시 돌아올 경우에도 이 책상은 그대로 존재할 거라고 주장하는 거야.

토머스: 좋아, 하지만 우리들은 적어도 종종 책상들을 관찰할 수가 있어. 그런데 원자나 이와 비슷한 것들에 대한 내용은 순전히 이론적이라는 거야. 그러니까 이 말은 우리 모두가 똑같이 인식하고 있음에도 불구하고, 우리가 보고 있는 것들을 유발시키는 원자들과는 아주 다른 사물들이 존재할 수도 있다는 거야.

앨리스: 네 말은 내가 여기에 앉아 있는 것 같지만 실제로는 앉아 있지 않다고 말하는 것과 같아.

토머스: 나는 그것이 같은 말이라고 생각하지는 않아. 그리고 어쨌든 과학에 관한 한, 그 문제가 과학으로 귀착하게 될 때 문제가 되는 것은 그러한 설명들 모두가 우리들이 관찰한 것에 대해 올바로 예측하고 있는가의 여부야. 많은 이론들이, 관찰할 수 없는 세계가 어떻게 생겼는가에 대해서는 서로 일치하지 않는다고 해도 실험 결과에 관한 예측에 있어서는 여전히 일치할 수는 있어.

➡ 더 읽어야 할 책들 ⬅

실재론, 관념론과 관념주의

Berkeley, G. (1975a), "The principles of human knowlege", in M.R. Ayres (ed.), *Berkeley Philosophical Works*, London: Everyman.

Berkeley, G. (1975b), "Three dialogues between Hylas and Philonus", in M.R. Ayres (ed.), *Berkeley Philosophical Works*, London: Everyman.

Locke, J. (1964), *An Essay Concerning Human Understanding*, Glasgow: Collins.

Musgrave, A. (1993), *Common Sense, Science and Scepticism: A Historical Introduction to the Theory of Knowledge*, Cambridge: Cambridge University Press.

Woolhouse, R. S. (1988), *The Empiricists*, Oxford: Oxford University Press.

논리실증주의

Ayer, A. J. (1952), *Language, Truth and Logic*, Cambridge: Cambridge University Press.

Friedman, M. (1999), *Logical Positivism Reconsidered*, Cambridge: Cambridge University Press.

Hanfling, O. (ed.) (1981), *Essential Readings in Logical Positivism*, Oxford: Blackwell.

수학에 대한 논리주의

Shapiro, S. (2000), *Thinking About Mathematics*, chapter 5, Oxford: Oxford University Press.

제6장 미결정성
Underdetermination

　반실재론자가 필요로 하는 것은 정당성을 가진 좋은 논증이다. 일상적 대상들을 감각자료들로 바꾸려는 이론적 환원 작업들은 만약에 우리들이 그러한 감각자료들로 인도하는 논증들을 이해하고 있지 않다면 흥미를 자아내지 못할 것이다. 그러나 과학적 지식에 대한 도구주의자들과 환원주의자들의 시도는 역사적 발달 과정에서 좌절되어온 것처럼 보인다. 현대 과학은 많은 이론용어들을 필수 불가결하게 사용하고 있으며, 많은 과학자들은 그러한 용어들이 유전자, 분자, 전자를 실제로 조작하는 것으로 생각하는 듯하다. 그런데도 왜 사람들은 과학에 대한 반실재론적 입장을 진지하게 고려해야만 하는가? 우리들이 이미 보았듯이, 만약 모든 것에 대해서 어떤 형식의 반실재론적 입장을 취하려고 한다면, 과학에 대해서도 반실재론자가 되는 길은 여러 가지가 있다. 그러나 우리들은 지금 과학에 국한된 논증들에 관심이 있다. 특히 다시 한번 말하자면 과학은 사실상 우리들의 직접적인 관심을 끌고 있는 현상들의 이면에 있는 실재에 대해서 말해주고 있다고 간주되고 있다. 이 장의 2절에서 나는 구성적 경험론을 설명할 것이다. 구성적 경험론은 과학적 실재론의 인식적 구성 요소를 부정하는 형식의 반실재론이다. 우선 먼저 나는 과학적 지식에 대한 회의론을 옹호하도록 만드는 중요한 동기로서 오랫동안 작용하였던 하나의 논증을 논의할 것이다.

1. 미결정성

모든 미결정성 논증은 하나 이상의 서로 다른 이론이나 설명, 법칙이 종종 〔똑같은〕 증거와 양립 가능하다는 사실을 이용하여 전개된다. 〔증거〕 자료들이 여러 개의 이론들 중에서 어느 것이 참인가를 결정하는 데 불충분하면, 그 자료들은 그 이론들 중에서 올바른 이론을 결정하지 못한다. 이러한 일은 일상생활에서뿐만 아니라 과학에서도 항상 일어난다. 기차는 왜 연착하는가? 엔진에 문제가 있거나 아니면 철도 승무원의 결원이나 신호기 고장 등의 문제가 있을 수 있다. 우리들은 종종 그러한 경우에 〔연착의 실제 원인에 관해〕 판단을 잠시 보류하기도 하지만, 불확실함에도 불구하고 때때로 어떤 결정을 내려야만 한다. 예를 들어 의사들은 어떤 심각한 병의 원인이 몇 가지 증상들에 의해서 결정되지 않는다 해도 어떤 처방을 내려야만 한다. 참을 수 없는 위의 고통은 맹장염 때문일 수도 있고, 아니면 이와 다른 병균들에 감염되었기 때문일 수도 있다. 물론 경험과 탐구는 사람들이 보다 세련되게 판단하도록 만들어주지만, 그러나 이용 가능한 최선의 증거라는 것은 〔하나의 최선의 설명을 결정해주는 것이 아니라〕 몇 개의 설명들 중에서 모험적으로 어느 하나를 선택해야만 하는지에 관한 판단의 폭을 좁혀주는 경우일 뿐이라는 것에 모두들 동의할 것이다.

이와 유사하게 과학에도 때때로 몇 개의 가설들이 어떤 현상을 똑같이 예측하고 설명하고 있으며, 그리고 그때까지 행해진 모든 관찰은 그러한 가설들과 일치하고 있다. 내가 제4장 4절에서 언급한 바와 같이, 이러한 일은 행성의 운동에 대한 코페르니쿠스 이론과 프톨레마이오스 이론의 경우에도 어느 기간 동안에는 잠시 일어났었다. 그 당시에 주어진 관찰의 정확성이나 정밀성에서 볼 때, 이 두 이론의 각각의 설명과 예측에 따라 계산된 행성들과 달의 위치는 하늘에 실제로 똑같이 나타났다. 그러나 이 두 이론은 실제의 상태에 대해서는 불일치하였다. 하나의 이론은 지구가 태양계의 중심이라고 말하고 있고, 다른 하나의 이론은 태양이 중심이라고 말하고 있다. 만약 과학적 실재론의 의미론적 구성 요소가 요구하는 바대로 우리들이 이론에 나타난 이론용어들을 단순한 도구로서 다루지 않고, 그 이론들이 글자 그대로 엄밀하게 사실을 기술하고 있다고 간주한다면, 그렇다면 우리는 이러한 환경에서 어떤 이론을 믿어야 할지 어떻게 알 수 있겠는가? 과학철학에서 많은 사람들은 이러한 문제 때문에 사물의 실제 원인에 대해서 판단을 보류해야만 한다고 주장하였다.

1) 약한 미결정성

이러한 생각은 다음과 같은 주장으로 나타낼 수 있다.

(1) 어떤 이론 T는 알려져 있다고 전제한다. 그리고 모든 증거는 T와 일치한다.
(2) 다른 이론 T#이 있는데, 이 이론은 T에 대해 이용 가능한 모든 증거와도 일치한다. (T와 T#은 우리들이 지금까지 수집한 증거들과

양립 가능하다는 의미에서 **약하게 경험적으로 동등**하다.)

(3) 만약 T에 대해 이용 가능한 모든 증거가 어떤 다른 가설 T#과 일치한다면, T가 참이고 T#은 참이 아니라고 믿을 수 있는 어떠한 이유도 없다.

그러므로 T가 참이라고 믿으면서 T#은 참이 아니라고 믿을 수 있는 어떠한 논거도 없다.

경험적으로 동등하다고 추정되는 한 쌍의 이론으로는 다음과 같은 것들이 있다. 1540년부터 17세기 초반까지의 프톨레마이오스 천문학과 코페르니쿠스 천문학, 18세기 중반 이전까지의 뉴턴물리학과 데카르트 물리학, 18세기의 파동광학과 입자광학, 그리고 1815년과 1850년 사이의 원자론과 비원자론 등이다. 현대 과학에도 약한 경험적 동등성에 관한 예들이 많이 있다. 때때로 과학자들은 두 개의 서로 다른 이론들이, 실제로는 이면에 있는 보다 근본적인 하나의 똑같은 이론에 대한 서로 다른 설명 방식에 불과하다고 결론짓기도 하지만(이러한 일은 양자역학에 관한 초창기 두 가지 설명 방식의 경우에 있었다), 때때로 이 이론들은 실제로는 서로 양립 불가능한 이론들일 수도 있다.

미결정성의 변형은 '곡선 적합 문제the curve fitting problem'[1]이다.(그림 4 참조) 과학자들이 고정된 부피를 가진 용기 내에서의 기체의 압력과 온도의 관계에 대해 관심을 가지고 있다고 생각해보자. 실험들이 행해지고

---

[1] 여러 개의 변수로 이루어진 자료에서 하나의 관심 변수(반응 변수)를 다른 변수(설명 변수)들에 의한 함수 형태로 표현하려는 것이 곡선 적합이다. 이 함수를 통하여 반응 변수와 설명 변수들 사이의 관계를 파악하고, 설명 변수들의 값이 주어질 때 반응 변수가 어떤 값을 가질 것인가를 예측하려고 한다. 이는 회귀분석 등에서 다루는 통계학의 중요한 주제 중의 하나이다.

실험 자료들에 관한 좌표 점들은 그래프 곡선으로 연결되어 나타난다. 아마도 우리들은 두 개의 물리적 양들 간의 선형linear 관계, 즉 직선에 의해 나타나는 바대로 압력이 증가하면 온도가 증가하게 되고 또 그 반대로 진행되는 관계를 분명히 보게 된다. 그러나 이제까지 우리들이 적어 넣은 좌표 점들은 다른 곡선에 대해서도 똑같이 양립 가능하다. 사실, 어떠한 유한한 집합의 자료들에 관한 좌표 점들을 연결하더라도, 이 점들을 모두 연결하여 그릴 수 있는 무한한 수의 곡선들이 있다.

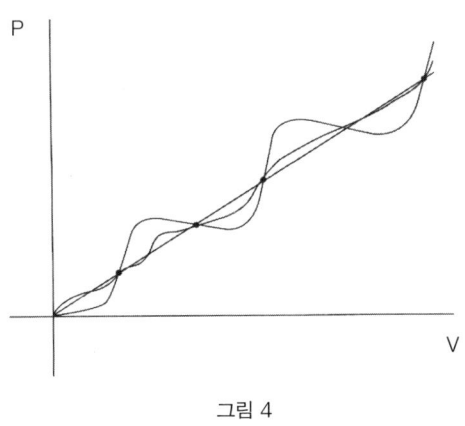

그림 4

따라서 한 가지 형식의 미결정성 논증은 우리들이 지금까지 모아놓은 모든 자료들이 하나 이상의 이론들을 지지하고 그에 일치하기 때문에 그 이론들 중에서 어떤 한 이론만이 참이라고 판단하는 것을 유보해야만 한다고 말한다. 이러한 논증을 **약한 형식의 미결정성 논증**이라고 부르자. 과학자들은 이러한 종류의 미결정성 문제에 매일 직면하고 있으며, 이 문제를 처리하기 위해 그러한 이론들이 서로 다르게 예측하는 어떤 현상들을 발견하려고 시도한다. 그리고 이러한 이론들 중의 어느 하나를 선택하기 위해 새로운 실험적인 검사가 행해질 수 있다. 보다 많은 자료, 보다 엄밀한 자료들을 모으는 것은 약한 미결정성을 해결할 수 있을 것이다. 예를 들어 천문학의 경우, 망원경의 성능을 개선하여 달과 행성들의 운동과 겉보기 현상에 관해서 프톨레마이오스 이론과 코페르니쿠스 이론들이 각각 행하는 예측들 속에서 그 차이점들을 관찰할 수도 있다.(제 4장 참조) (앞의 곡선의 경우에 우리들은 이 자료들이 직선 위에 혹은 이 직선에 가까운 곳에 좌표 점을 제시하는지의 여부를 볼 수 있을 정도로 우리들은 고지식하게 관찰만을 많이 할 수도 있다.)

그러나 위의 논증을 보다 강화시켜, 우리들이 많은 자료들을 수집한 후에 이로부터 결과하는 어떠한 이론이든지, 이와 다른 여러 이론들과 약하게 경험적으로 동등하도록 만들 수 있다(곡선 적합 문제를 다시 생각해보면, 어떠한 집합의 자료들에 관한 좌표 점들도 이 점들을 지나는 무한한 수의 곡선 위에 위치하게 된다).

어떤 이론 H에 대해 다음과 같은 또 다른 이론 G가 **항상** 존재하게 된다.

(i) H&G는 약하게 경험적으로 동등하다.
(ii) 만약 H&G가 약하게 경험적으로 동등하다면, H는 믿으면서 G를 믿지 말라는 어떠한 논거도 존재하지 않는다.

그러므로 H를 믿으면서 G를 믿지 않을 어떠한 논거도 없다.

이러한 일은 과학적 실재론자들에게도 현실적인 문제로 나타날 가능성이 있다. 왜냐하면 만약 그러한 주장이 옳다면 우리들이 이제까지 전혀 생각하지 않았던 경쟁 이론들이 항상 존재하게 되며, 이 이론들이 현재의 최선의 과학이론들을 지지하고 있는 모든 자료들에 똑같이 부합하기 때문이다. 만약 이럴 경우, 우리들이 현재의 최선의 이론들을 믿고 이의 대안으로 제시한 회의론자의 다른 이론들을 믿지 말아야 할 이유가 어디에 있겠는가?

그러나 위의 두 번째 전제를 부정함으로써 이러한 식의 논증에 대해 이의를 제기할 수 있다. 즉 이제까지의 모든 자료들과 일치하는 경쟁 가설이 존재한다는 단순한 사실만으로 H와 G 중에서 어느 하나의 이론을 선호하는 것에 대한 논거가 존재하지 않는다는 것을 의미할 수는 없다고 주장할 수 있다. 따라서 예를 하나 들어보면 포퍼는 만약 G가 임시변통적인 ad hoc 이론이고 경험적으로 반증될 수 있는 어떤 다른 예측들을 함축하지 않는다면 이 이론은 무시되어야 한다고 주장하였다.(제3장 5절 (5) 참조) 물론 포퍼는 우리들이 H도 믿어야 한다고 생각하지 않았다. 그러나 미결정성 문제에 대한 귀납주의자의 접근 방식을 옹호하기 위해서 포퍼식의 답변을 쉽게 채택할 수도 있다. 따라서 만약 H가 과거에는 예측적으로 성공적이었고, 그리고 G는 어떤 새로운 예측들을 함축하지 않고 단지 자료들 간의 관계만을 조화롭게 만들기 위해 도입되었다는 의미에서 임시변통적이라고 한다면, 임시변통적인 이론들보다도 경험적으로 성공적인 이론들을 우선적으로 믿게 만드는 과거의 방법들이 전반적으로 모두 성공하였다고 할 경우에 우리들은 H는 참이 되고 G는 참이 되지 않을 가능성이 있다고 생각할 수 있는 귀납적인 근거들을 가지게 된다.(제2장 2절 (8) 참조)

예를 들어 이론 H는 지구상에 있는 모든 생물체가 갑작스런 돌연변이와 변종, 자연선택의 과정을 통해서 자신들의 생태적 환경 지위 내에서 적응하게 되는 변종들을 선호하는 방향으로 진화한다고 가정하는 이론이라고 하자. 이 가설은 인간도 다른 종들로부터 진화하였다는 사실을 함축하며, 그리고 우리들에게 가장 근접한 종은 침팬지와 같은 영장류라고 할 수 있기 때문에 이 이론은 인간과 침팬지는 시기적으로 가장 가까운 어떤 공동 조상을 가진다는 사실을 제안한다. 그래서 배경이 되는 가정들과 함께, H는 우리들이 형태학에서 인간과 영장류를 매개해주는 증거 자료가 되는 어떤 종을 발견하게 될 것이라는 내용을 함축한다. 이것은 오스트랄로피테쿠스 등과 같은 소위 인류의 조상의 해골과 뼈들을 발굴하기 시작할 때 일어났던 일이다. 이제 G는 지금까지 만들어진 진화의 증거라고 가정된 모든 자료들을 인정하면서도 신이 6000년 전에 세계를 창조하였다고 하는 가설이라고 하자. G는 우리들이 지금까지 모은 증거들에 확실하게 일치한다. 그러나 이 이론은 어떠한 새로운 예측도 함축하지 않으며 임시변통적인 추정에 불과한 것처럼 보인다. 실제로 이러한 고려 사항들은 대부분의 과학자들로 하여금 창조주의자의 대안적 가설보다는 진화론적 가설을 받아들이도록 설득하기에 충분하다.

약한 미결정성 논증은 귀납적 형식의 문제이다. 만약 H가 모든 금속은 열을 받으면 늘어나게 된다와 같은 어떤 경험적 법칙이고, G는 이제까지 관찰된 모든 것이 H에 일치하지만 다음에 행해질 관찰에서는 그 사정이 달라질 것이라고 진술하고 있다고 하자. 여기서 또다시 철학자들은 두 번째 전제를 부정한다. 즉 이들은 이제까지 관찰된 모든 자료들이 갑자기 종전과 다르게 행동하는 금속들과도 논리적으로 일치한다는 단순한 사실이, 우리가 금속들이 내일도 계속해서 늘어날 것이라고 믿게 할 근거가 없다는 사실을 의미하지는 않는다[내일도 금속은 열을 받으면 계속해서 늘어나게 될 것이라는 믿음을 반박하는 것은 아니라]고 주장한다. 우리들이 이미 보았듯이 귀납의 문제라는 것은 우리들이 관찰할 수 없는 대상들을 전제하고 있는 이론들에 대해서 이야기하고 있건 아니건 간에, 과학적 방법론과 지식에 대한 어떤 실증적인 설명에 대해서 이의를 제기하는 것이다. 우리들이 귀납의 문제에 대한 해결책을 가지고 있다고 가정해보자. 그러면 위의 도식에 근거하는 또 다른 미결정성 논증이 나올 수 있다. 이 새로운 논증은 앞의 (2)를 바꾸어 더 강화될 수 있다. 그래서 대안적 가설들은 우리들이 지금까지 **실제로**actually 수집한 모든 자료들뿐만 아니라 자신들 이외의 이와 다른 이론이 함축하는 **모든** 예측들과도 논리적으로 일치하게 된다. 이러한 상황은 (3)을 보다 이치에 부합하도록 만든다. 왜냐하면 만약 관찰할 수 있는 것에 대한 H와 G의 모든 예측들이 동일하다면 G보다 H를 더 선호하는 것을 정당화하는 근거를 찾아보기가 더욱 어렵게 되기 때문이다.

2) 강한 미결정성

강한 미결정성에 근거하는 것은 철학에서 종종 사용되는 일반적인 회의론자들의 논증 형식이다. 자신의 첫 번째 성찰에서 제시한 데카르트의 꿈 논증이 좋은 사례(1641년)이다. 그는 다음과 같이 주장한다.

(a) 때때로 꿈은 매우 사실적일 수 있다. 그래서 꿈을 꾸는 동안에 〔이 꿈속의 생활은〕 일상생활과 구별될 수 없다.
(b) 만약 여러분이 꿈꾸고 있는 상태와 깨어 있는 상태를 구별할 수 없다면 여러분은 지금도 꿈을 꾸고 있다고 하는 것이 가능하다.
(c) 만약 여러분이 지금 꿈을 꾸고 있다는 가능성을 제거할 수 없다면, 여러분은 자신이 지금 꿈을 꾸고 있지 않다는 것도 알 수 없다.

그러므로 여러분은 지금 꿈을 꾸고 있지 않다는 것을 알 수 없다.
강한 미결정성 논증의 다른 사례들로는, 우리들이 이미 논의하였듯이, 원인과 결과라고 부르는 사물들 간의 필연적 관계에 대해 의구심을 표현하는 흄의 논증과 외부 세계에 대한 우리들의 인식에 대해 의구심을 표현하는 데카르트의 사악한 악마 (혹은 통 속의 뇌) 논증이 있다. 각각의 논증들은 우리들이 지금까지 가지고 있는 증거들이 다른 대안적인 경쟁 가설들을 배제하는 데 충분하지 않으며, 그래서 그러한 대안적인 가설들이 거짓이라는 것을 우리들이 알 수 없다면, 우리 스스로 알고 있다고 간주하고 있는 것들도 제대로 아는 것이라고 말할 수 없다고 주장한다.

(1) 우리들은 p(필연적인 연계들이 있다/내가 보고 있는 주변의 외부 세계가 존재한다)를 안다고 생각한다.
(2) 만약 우리들이 p를 안다면 q(필연적인 연계들이 없다/나는 통 속의 뇌이다)가 거짓이라는 것을 알아야만 한다(왜냐하면 p는 q가 거짓이라는 것을 함축하고 있기 때문이다).
(3) 우리들은 q가 거짓이라는 것을 알 수가 없다.

그러므로 우리들은 결국 p를 아는 것이 아니다.
따라서 어떤 믿음에 대한 회의론은 동일한 것처럼 보이는 모든 것을 똑같이 예측하는 또 다른 경쟁적인 가설의 발견이 동기가 되어 나타날 수 있다. 이러한 도식에 짜 맞추어 다른 가설들을 생각해내는 것은 쉽다. 예를 들어 지금까지 우리들이 가지고 있는 모든 자료들은 세계가 5분 전에 존재하기 시작하였다는 이론과 일치하며, 그러한 이론의 한 부분으로서 과거에 대한 물리적 기록들과 우리의 모든 기억과도 일치한다.
이러한 방식으로 주장하는 사람들은 우리들이 관찰할 수 있는 모든 것이 q에 일치하기 때문에 대안적 가설 q가 거짓이라는 것을 우리들이 알 수가 없다고 말하면서 (3)을 지지한다. 여기서 구별 불가능성의 관념이 결정적으로 중요하다. 예를 들어 자기가 방금 보았던 새가 독수리라고 우기는 사람을 상상해보자. 이 사람에게 독수리라는 것을 어떻게 알았느냐고 물어보니까 날카로운 발톱과 부리를 증거로 대고 있다. 날카로운 발톱과 부리를 가지고 있으면서도 독수리가 아닌 또 다른 맹금류의 새가 있을 수 있다. 만약에 어떤 사람이 말똥가리와 독수리를 구별할 수 없다면 직관적으로 그 사람은 자신들이 보고 있는 새가 독수리인지를 제대로 알지 못하는 것이다. 분명한 것은 그 새가 말똥가리일 가능성은 그 사람이 새를 보고 있는 환경에 관련될 것이다. 아마도 우리 모두는 통 속의 뇌이다라는 가설을 우리들이 고려하지 않게 되는 이유는 그것이 독수리의 경우와 같이 적절한 경쟁적인 대안이 될 수가 없기 때문일 것이다. 그래서 우리들은 위의 두 번째 전제가 거짓이라고 주장할 수 있다. 왜냐하면 만약에 q가 적절한 경쟁적 대안이 아니라면 우리들이 q를 배제할 수 있다는 사실은 p를 아는 데 필요하지 않기 때문이다. 결국 나는 찬장 안에 빵이 있는가를 알기 위해서 염력念力에 의한 이동 가능성이나 자연발화의 가능성을 반드시 배제할 수 있어야만 하는 것은 아니다.

여러분이 지금 꿈을 꾸고 있을 가능성은 지금 이 책의 글을 자신이 읽고 있다는 것을 알고 있는가의 여부와 관련되는가? 아마도 그럴 것이다. 그러나 평상시의 깨어 있는 생활이 계속되는 동안, 이러한 깨어 있는 생활과 구별될 수 없는 꿈을 가지는 것이 가능하다고 해도, 대부분의 경우 생시의 깨어 있는 생활은 정합성을 가지나 꿈은 그렇지 않다는 것이 명확하다. 날짜가 순서대로 지나가며, 우리들이 어제 행했던 것의 결과는 오늘 볼 수 있다. 데카르트의 사악한 악마의 경우에는 어떻게 되겠는가? 혹은 여러분들이 슈퍼컴퓨터가 제공하는 상을 보고 소리를 들으면서 슈퍼컴퓨터에 의해 조종되는 통 속의 뇌일지도 모른다는 생각은 어떤가? 일상생활에서는 그러한 가능성이 없지만 우리들이 실제로 알고 있는 내용들을 되새겨 반성하게 될 때, 그러한 생각들이 제기하는 의심들을 떨쳐버리기가 더욱 어렵게 된다. 그래도 우리들이 보고 있는 주변의 세계가 존재하지 않을지도 모른다는 이상한 생각을 거부하는 것이 어느 정도 이치에 맞는다고 가정해보자. 원인과 결과 간의 어떤 필연적인 연관 관계에 의심을 나타내는 흄의 논증은 그래도 흥미를 끈다. 왜냐하면 그것은 인과성에 대한 어떤 특수한 형이상학적 이설에 대해서 이의를 제기하고 있기 때문이다. 많은 사람들은 우리들이 관찰할 수 있는 모든 자료들이 두 개의 가설을 똑같이 지지하고 있는 경우에 형이상학적으로 부담이 적은 가설을 채택해야만 한다고 주장한다.(제2장 1절의 인과성에 관한 논의 참조) 우리들이 인과성의 본성을 반성하자마자 현상 속에 있는 규칙들 이외에는 인과성에 관한 우리들의 관념에 대응하는 그 어떠한 것도 세계에 존재하지 않는다고 하는 흄의 대안적 이론은 확실히 관심을 불러일으킬 만하다. 그리고 이 주장은 어떤 종류의 필연적인 연계들이 있다고 하는 견해보다는 확실히 형이상학적으로 부담이 적게 느껴진다. 물론 우리들이 앞 장에서 보았듯이 실증주의자들은 경험에 의해서 참인지 거짓인지를 원리적으로 결정할 수 없는 가설은 어떤 것이든 무의미한 것으로 배제하려고 노력하였다. 논리실증주의자들이 다음과 같은 주장들이 단순히 형이상학적으로 무의미하다고 말하는 것은 제시 가능한 자료들 모두가 이 주장들 중에서 어느 것이 올바른지를 결정하지 못하기 때문이다.

일어난 모든 일은 물리적 힘이 작용한 임의의random 결과이다.
일어난 모든 일은 발생 이유를 가지도록 신이 정하였다.
일어난 모든 일은 앞선 원인의 결과이다.

만약 과학적 실재론자들이 신학자나 필연적 연계의 존재를 믿고 있는 철학자들과 마찬가지로 경험적 사실들을 초월하는 인식을 주장한다면, 그들은 강한 형식의 미결정성 논증에 취약하게 될 것이다. 미결정성 논증이 나타나게 된 계기는 보통 듀앙-콰인 논제에 의해서 조성되었다.

3) 듀앙-콰인 논제

제3장 4절에서 나는 듀앙 문제를 다음과 같이 설명하였다. 어떠한 예측들을 이끌어내기 위해서는 초기 조건들과 배경 조건들과 함께 몇 개의 가설들이 항상 더 필요하기 때문에, 경쟁적인 과학이론들 가운데 행해지는 결정적crucial 실험들은 어떤 특정 개별 가설이 참인지 거짓인지를 논리상으로 절대로 보여줄 수가 없다. 따라서 전체로서의 이론적 체계들만이 실험 결과와 대조하여 검사될 수 있다(이것은 확증적 전체론 confirmational holism이라고 불린다). 이러한 내용은 예를 들어 빛의 파동이론과 입자이론 같은 두 개의 이론들을 우리들이 검사하고 있을 때, 그리고 두 이론 중의 하나를 반증하는 것처럼 보이는 어떤 현상이 관찰되었을 때, 자신의 이론을 그대로 유지하기를 희망하는 사람은 그러한 반증 사례가 자신의 이론에 있는 가설이나 배경을 이루는 가정들 중의 어느 하나를 반증하는 것이어서 자신의 이론을 일부 개정하면 되는 것이지 자신의 이론을 포기할 정도로 완전하게 반증하는 것으로 간주하지 않는다는 것을 의미한다. 그래서 그 사람은 이 문제를 해소하기 위해서 자신의 이론의 배경을 이루는 가정들 중의 어떤 하나를 수정하려고 시도한다. (제3장 4절에서 우리들이 보았듯이 이러한 일은 종종 실제로 일어나곤 한다.) 이 문제에 대해서는 반증 사례를 사전에 경험하

지 않더라도 분명하게 논박당할 처지에 직면해서 자신의 이론을 유지하도록 정당화될 수 있는 경우와 그렇지 못한 경우를 말해주는, 원칙에 입각한 설명을 제시할 수 있다.

듀앙은 반증의 출처를 이론적 체계 내에 자리 잡도록 만드는 데 실제로 과학자들의 '양식good sense'이 필수적이라고 주장하였다. 그런데 이 주장은 그러한 양식이 어떠한 원리들에 근거해야 하며 어떻게 작용하는지를 듀앙이 설명하지 않았기 때문에, 그 문제를 다시 서술한 것에 불과하다. 이것은 과학적 방법론에 관한 어떠한 설명이라도 가지게 되는 난점이나 어려움을 표현하고 있으며, 이 곤경을 해결하는 것은 매우 어렵다. 우선 한 가지 경우만 보더라도, 초기 조건들에 대응하는 보조 가설들과 특정 실험 맥락에 대한 사정들은 변화할 수 있고 그래서 실험도 여러 번 반복하게 된다. 그런데 만약 예상하였던 관찰 결과가 나타나지 않는다면 과학자들은 실패의 원인이 그러한 보조 가설 때문이 아니라고 확신할 수도 있다. 이러한 점 때문에 과학자들은 중요한 실험들의 경우에는 다른 실험실들에서도 같은 실험들을 몇 번이고 반복하여 시행하게 된다. 그래서 이러한 과정을 통해 예를 들어 특정 실험 장치의 결점이나 인간의 실수로 인해 생겨나는 결과들은 제거된다. 더 나아가 새로운 예측들을 하나도 함축하지 않으면서, 오직 논박으로부터만 이론을 구하기 위해서 도입된 보조 가설들에 대해서는 그 귀납적 지지 근거가 약하고 불리하게 작용한다는 것을 다시 한번 주장할 수 있다. 어쨌든 이러한 경우는 과학의 실천을 진화론적으로 발전시켜서 풀어나갈 수 있는 약한 형식의 미결정성이다.

내가 제3장 4절에서 언급하였듯이 콰인의 전체론은 보다 급진적이다. 왜냐하면 그는 듀앙 문제가 수학과 논리학을 포함하는 이론적 체계로까지 확대시켜 적용할 수 있으며 하나의 실험이 이론적 체계의 경험적인 내용 부분이 아니라 논리학과 수학을 반증하는 것으로 간주하는 것이 이치에 맞을 수도 있다고 주장하였기 때문이다. 즉 "어떠한 언명이든지 만약 우리들이 그 체계의 어딘가를 극적으로 충분히 개정하게 된다면 그것이 무엇이 되든지 간에 참으로 간주될 수가 있다."(Quine 1953: 43) 따라서 그는 경험적인 중요성을 가지고 있는 것이라면 아주 작은 것도 논리학과 수학까지 포함하고 있는 과학의 완전한 모습whole을 갖추게 된다고 주장하였다. 이러한 주장은 강한 형식의 미결정성을 제시하고 있다. 만약에 콰인이 옳다면 우리는 하나의 실험을 통해서 나타난 결과가 하나의 특정한 이론을 반증하는 것으로 간주해야 할지, 혹은 확증하는 것으로 간주해야 할지, 아니면 그 대신에 수학이 틀렸다는 점을 우리들에게 보여주는 것으로 생각해야 할지를 결정할 수가 없다. 만약에 이와 같은 사정이 논리학에도 적용된다면 우리들은 진짜 골치 아픈 문제에 빠지게 된다. 다음과 같은 경우를 생각해보자.

어떤 이론 T는 배경 가설 B와 더불어 어떤 현상 e가 관찰될 것이라는 내용을 함축한다. (이론 T는 만들어진 유사한 입자들과 이 입자들의 질량 등에 대한 가설들과 함께, 전자들electrons이 어떤 비율로 다른 입자들로 붕괴하게 된다고 말하는 입자물리학의 이론이 될 수도 있다. 이러한 경우에 e는 입자 가속기에서 대표적인 특성을 이루는 충돌 자취 부류들 중의 하나가 될 것이다.) e가 탐지되지 않았다고 가정해보자. 과학자들은 해당 이론이나 아니면 배경 가설들 중의 하나가 거짓이라고 연역하게 된다. 배경 이론들과 초기 조건들을 결정하는 절차들 또한 마찬가지로 검사할 것이며, 이를 다른 맥락에서도 규칙적으로 적용해볼 것이다. 그리고 자신들의 건전한 양식에 따라 과학자들은 T가 거짓이라고 가정한다. (이러한 일은 실제로 일어나고 있는 사실이며, 대부분의 물리학자들은 전자들이 다른 부분들로 구성되어 있지 않다는 의미에서 진짜 소립자

elementary particle라고 생각하고 있다.) 우리들이 잘 알게 된 듀앙 문제는 반증되는 것이 무엇인지를 물리학자들이 어떻게 해서 알게 되었는가를 정확하게 설명해줄 것을 요구한다. 아마도 전자들은 결국에는 붕괴하더라도 T가 예측하는 것보다 아주 드물게 붕괴할 것이며, 혹은 아마도 배경 이론들 중의 하나가 결국에는 거짓이 될 것이다. 그러나 그러한 것들이 설명되지 않은 채로 있다고 하더라도, 최소한 우리들은 T와 B 중의 하나가 거짓이라는 것을 알고 있는 것처럼 보인다. 그 추리는 다음과 같은 형식으로 진행한다.

T&B → e (B는 B들이 n개의 배경 가설들인 경우에, B1&B2&B3 ……&Bn을 표현하고 있다.)

Not e

그러므로 not (T&B)

직관적으로 볼 때, 이러한 추리는 올바른 논증의 형식을 취하고 있다. 만약에 p가 q를 함축하고 q가 거짓이라면 p는 참일 수가 없다(왜냐하면 만약 p가 참이었다면 q도 또한 참이 되어야 하므로 p는 참이 될 수가 없기 때문이다). 그러나 이러한 경우는 만약 p와 q가 어떠한 명제가 되더라도 적용될 수 있다. 그래서 우리들은 p를 T&B로, q를 e로 설명할 수 있다. 그리고 T와 B가 동시에 참이 될 수가 없다고 말하는 명제인 Not (T&B)는 T의 부정이 참이거나 B의 부정이 참이라고 말하는 명제 'not T or not B'와 논리학의 법칙에 의해 동치가 된다. 따라서 만약 e가 발생하지 않는다면 T나 B 둘 중의 하나(아니면 모두)가 거짓이 되어야 한다. 콰인의 근본적인 확증적 전체론에 따르면 T나 B 둘 중의 하나(아니면 모두)가 거짓이라고 가정하는 것이 아니라, 여기서 사용하였던 논리학의 규칙들 중의 한두 개가 틀렸다는 것을 e의 거짓이 보여주는 것으로 우리들이 간주할 수 있다는 것이다.

콰인은 실제로 우리들이 실용적인 고려 사항들에 근거하여 이러한 극단적인 미결정성의 문제를 해소하고 있다고 생각한다. 그래서 예를 들어 그는 정상적인 응용의 경우에는 논리학의 법칙들을 개정하는 것이 매우 불편할 것이며, 그래서 항상 체계의 다른 부분들을 개정하는 것이 쉬울 것이라고 생각하였다. 수학은 개정하기에 더 어려운 경우이다. 근본적인 확증적 전체론에 대해 논의하는 것이 가치 있는 이유는 하나의 물리학 이론을 지지하는 증거가 그 이론에서 수학의 한 부분을 반증하는 것으로 간주되었던 역사적인 사례가 존재하기 때문이다. 유클리드기하학은 점, 선, 각도의 수학으로서 한때는 물리적 공간의 구조에 대한 선천적인 과학으로서 간주되었다. 유클리드기하학의 정리들은 자명하게 참으로 보이는 공리(어떠한 두 개의 점들 간에도 그 두 점을 연결하는 하나의 직선이 있다와 같은 공리)들로부터 연역적으로 도출되기 때문에, 그리고 "모든 삼각형은 내각의 합이 180도이다"와 같은 정리들은 실제의 삼각형에 참되게 적용할 수 있는 것처럼 보이기 때문에 칸트는 유클리드기하학이 선천적일 뿐만 아니라 종합적이라고 생각하였다.(제5장 3절 1항 참조) 곧 세계에 관해서 오직 이성만을 사용하여 얻을 수 있는 참다운 내용을 가진 substantial 지식이라고 생각하였다. 수학사와 과학사, 철학사에서 유클리드기하학의 중요성을 높이 평가하는 것은 부동의 사실이다. 칸트 이전부터 오랫동안 유클리드기하학은 과학이론의 구조의 모델이었고, 여러 사람들 중에서 특히 데카르트와 뉴턴은 그러한 구조 양식을 모방하여 과학이론을 만들려고 노력하였다.

기하학의 두 개의 대안적 체계가 논리적으로 모순이 없음이 드러난 19세기[2]부터, 수학자들은 유클리드기하학에 대해 의문을 제기하기 시작하였다. 두 개의 비유클리드기하학의 체계는 모두가 유클리드기하학에서 그 유명한 마지막 공리인 제5공리를 부정한다. 이 제5공리의 내용은 어떤 직선 l과 이 직선상에 있지 않은 어떤 점 p가 주어졌을 때, 점 p를 통과하여 원래의 직선 l과 평행인 직선은 하나, 오직 하나밖에 없다는 것이다. 리만Riemann 기하학에서는 p를 통과하면서 l에 평행인 선은 하나도 존재하지 않으며, 볼리아이-로바체프스키Bolyai-Lobachevsky 기하학에서는 하나 이상의 평행선이 존재한다. 이러한 일이 생겨나는 것은 간단히 말하면 두 점 사이에 가장 짧은 거리가 곡선이 된다는 의미에서 두 개의 비유클리드기하학이 구부러진 공간에 관한 기하학 체계이기 때문이다. 이러한 일은 구球의 표면에 관한 기하학에 비견될 수 있다. 구의 표면에서는 점들 간의 가장 짧은 거리가 그 두 점을 지나는 가장 큰 단면원의 원주이며, 이러한 표면에 그어지는 삼각형의 내각의 합은 180도가 아니다. 이러한 이상한 기하학들에 대한 연구는 수학자들의 많은 관심을 불러일으켰지만, 그러한 비유클리드기하학의 발견이 가지는 중요성은 대부분의 물리학자들이 일반상대성이론을 시공간과 중력에 대한 뉴턴 이론을 대체하는 것으로 받아들이게 되었을 때에야 비로소 완전하게 분명해졌다.

일반상대성이론은 리만 기하학에 의해 형성되었다. 그래서 물리적 공간(그리고 시간)의 기하학은 유클리드기하학의 평면보다도 굴절각을 가지면서 휘어져 있다. 만약 경험적으로 아주 만족스러운 물리학이 유클리드기하학을 채택하지 않는다면 유클리드기하학을 공간에 관한 **선천적**인

2) 가우스Gauss-볼리아이Bolyai-로바체프스키Lobachevsky의 비유클리드기하학은 이 세 사람들이 각기 1829년에서 1930년 사이에 연구하여 1932년경에 인정받았고, 리만 기하학은 1854년에 나타났다. 리만 기하학이 수학자들로부터 정당한 수학적 체계로서 널리 인정받은 것은 1860년대에 와서야 가능했다.

식 체계로 간주해야 할 이유가 더 이상 존재하지 않는 것이다. 많은 사람들은 이러한 예화가 순수 기하학과 응용 기하학에 차이가 있다는 것을 우리들에게 알려준다고 주장한다. 순수 기하학은 다차원을 가지는 혹은 심지어는 무한한 수의 차원들dimensions을 가지는 여러 가지 공리 체계들에 의해 기술되고 있는 서로 다른 수학 체계들을 탐구하는 것이다. 그 체계는 어떻게 보면 선천적일 수 있으나, 그러나 추상적인 것이며 물리적 세계와는 아무런 관련성이 없다. 응용 기하학은 수학을 실재reality에 적용하는 것이다. 이러한 일이 어떻게 이루어지는가는 경험에 의해 학습하며, 우리들이 물리적 공간에 관한 기하학에 대해서 알고 있는 지식은 따라서 경험적인 것이며 선천적이지 않다. 몇몇 실재론자들은 시공간에 비유클리드적인 기하학이 실제로 있다는 것을 경험이 우리들에게 가르쳐 준다고 주장한다. 일반상대성이론에 따르면 빛은 점들 사이의 가장 짧은 거리의 직선들을 따라 진행한다. 그러나 때때로 이러한 직선들은 물질의 존재[3]가 시공간의 형태를 뒤틀리게 만들기 때문에 곡선이 된다. 그래서 중력은 힘이 아니라, 시공간의 뒤틀림이 물체의 운동에 미치는 결과를 지시하고 있는 명칭이다.

 물론 우리들은 우리들이 실재론자들이 되어야 하는가에 대해서 여전히 입장을 결정해야만 한다. 아마도 일반상대성이론은 우리들이 관찰할 수 있는 것에 대해서 현재로서는 최선의 안내자가 될 것이다. 그러나 어느 입장으로 가든 우리들은 이제 주어진 이론에 대해 강하게 경험적으로 동등한 경쟁 이론들을 구성할 수 있는 보다 큰 수단을 가지게 되었다. 왜냐하면 우리들은 이론적 체계의 구성에 기여하는 수학까지도 개정할 수 있게 되었기 때문이다. 이러한 방법을 채택하여 시공간 이론들에 대한

---

[3] 정확히 말하면 질량의 존재이다.

경험적으로 동등한 이론을 구성하는 공리 체계적 형식을 위대한 수학자이면서 철학자인 푸앵카레Henri Poincaré[4](1854~1912, Poincaré 1905: 65~68 참조)가 표현하고 있다. 그의 생각의 핵심 내용은 세계가 그 기하학적 구조에 있어서 유클리드적인지 아니면 비유클리드적인지를 실험에 의해서 우리들이 결정할 수 없다는 것이다. 왜냐하면 비유클리드 공간 구조의 결과(휘어짐)와 비슷한 효과가 나타나도록 모든 물체들에 작용하고 있는 힘들을 첨가하여, 유클리드기하학을 그대로 보존하면서도 어떠한 비유클리드 이론과도 경험적으로 동등한 이론들을 항상 만들 수 있기 때문이다. 힘은 휘어진 시공간에 일치하는 현상을 만들기 위하여 우리들의 측정자와 시계에 영향을 미친다. 이러한 일은 우회적인 다른 방식으로도 일어날 수 있다. 따라서 뉴턴의 중력의 힘의 효과를 그대로 나타나도록 하면서도 휘어진 시공간을 채택하는, 뉴턴역학에 경험적으로 동등한 이론이 있을 수 있다. 그러나 우리들이 이러한 방법을 통해 가지게 된 이론들은 그럴 것이라고 추정하는 완전히 임시변통적인 것이며, 아주 고약하게 복잡한 것이다. 이러한 것만으로도 우리들이 그러한 이론들을 거부할 수 있는 충분한 이유가 되지 않겠는가? 이 문제에 대해서는 나중에 다시 논의할 것이다.

그렇다면 과학이론들에 대한 강한 미결정성 문제를 만들어내기 위해서 우리는 이론 H로부터 시작하여, 지금까지 관찰하였던 것뿐만 아니라 앞으로 관찰할 수 있는 어떠한 것에 대해서도 H와 똑같은 경험적 결과를 가지게 되는 또 다른 이론 G를 만들어낸다. 만약 어떠한 이론에 대해서도 그렇게 강하게 **경험적으로 동등한** 대안 이론들이 있다면, 이러한 미결정성은 과학적 실재론에 심각한 문제가 될 것이다. 그러한 두 개의 이론

---

[4] 아인슈타인의 상대성이론을 받아들이지 않았다.

들에 대한 상대적인 신뢰성은 미래에서조차 어떠한 관찰에 의해서 결정될 수가 없으며, 따라서 이론 선택은 모든 가능한 증거에 의해 미결정되었다고 주장할 수 있다. 만약 우리들이 지금까지 모았고 앞으로도 계속 모을 수 있는 모든 증거가 복합적인 서로 다른 이론들을 구별하는 데 충분하지 않다면, 우리들은 이론적 대상들의 존재와 어떤 특정 이론의 점근적 진리를 믿을 수 있는 어떠한 합리적인 근거도 가질 수가 없게 된다. 따라서 과학적 실재론은 무너지게 된다.

과학이론들에 대한 강한 형식의 미결정성은 다음과 같다.

(i) 모든 이론에 대해서 강하게 경험적으로 동등하면서 논리적으로는 서로 양립할 수 없는 경쟁적인 이론들이 무한히 존재한다.
(ii) 만약 두 개의 이론이 강하게 경험적으로 동등하다면 이 이론들은 **증거적으로**evidentially 동등하다.
(iii) 어떠한 증거도, 어느 특정 이론에 대해서 이 이론과 강하게 경험적으로 동등한 경쟁 이론들보다 더 많이 지지할 수 없으며, 이론 선택은 근본적으로 미결정이다.

이러한 논증은 만약에 이론 선택이 증거에만 기반하여 이루어져야 한다고 가정한다면 분명히 타당하다고 할 수 있다. 이러한 논증의 회의론적인 결론을 피하기 위해 제시된 다양한 전략들을 다음에서 평가할 것이다.

4) 강한 미결정성 논증에 대한 반응들

1. 강한 경험적 동등성 논제(앞의 (i))는 논리적으로 정합적이지 않다.

2. 강한 경험적 동등성 논제는 거짓이다.
3. 경험적 동등성은 증거적 동등성을 함축하지 않는다((ii)가 거짓이다).
4. 이론 선택은 미결정되어 있다((iii)은 참이다).
   ① 환원주의Reductionism
   ② 규약주의Conventionalism
   ③ 반실재론Antirealism

(1) 강한 경험적 동등성 논제의 추정된 부정합성

강한 경험적 동등성 논제가 논리적으로 부정합하거나 아니면 적어도 뭔가 분명치 않은 점ill-defined이 있다고 주장하는 다양한 방식들이 있다.

(a) 경험적 동등성에 대한 관념은 어느 하나의 이론이 가지고 있는 관찰할 수 있는 결과들을 명확하게 구별해내는 것이 가능해야 함을 요구하고 있다. 그러나 관찰할 수 있는 것과 관찰할 수 없는 것들 사이에는 객관적으로 정해진non-arbitrary 어떠한 구별도 존재하지 않는다.

앞의 (i)을 무너뜨릴 수 있는 가장 명확한 방법은, 어떤 하나의 이론의 경험적 결과의 개념을 분명히 하기 위해서, 관찰할 수 있는 것과 관찰할 수 없는 것의 구별을 원리적으로 사용해야 함을 먼저 지적하는 것이다. 그런 다음 그러한 구별의 경계선을 분명하게 그을 수 있는 방법이 존재하지 않으며, 따라서 그 경계선은 자의적이고 인식론적으로 그렇게 중요한 비중을 가지고 있지 않음을 주장하는 것이다. 논의의 초점은 나무나 책상과 같이 명확하게 관찰할 수 있는 것과 전자와 같이 명확하게 관찰할 수 없는 것 사이에는 분명하지 않은 중간 지대가 있다는 점이다. 그래서 예를 들어 우리들이 아메바와 조그만 벌레들과 같이 확대경을 통해서만 볼 수 있는 사물은 관찰할 수 있는 것으로 간주해야 할지, 아니면 관찰할 수 없는 것으로 간주해야 할지가 분명하지 않은 것처럼 보인다.(우리들은 이 장의 2절 1항에서 이 문제로 돌아갈 것이다.)

이러한 내용의 반대 주장은 두 가지 이유 때문에 결정적인 타격을 입히지 못한다. 첫 번째로 그러한 구별이 분명하게 객관적으로 만들어질 필요가 없다는 것이다. 우리들이 어떤 것을 관찰하였는지 아니면 관찰하지 못했는지가 분명하지 않거나, 혹은 어느 하나의 이론으로부터 나온 어떤 추론 결과들이 관찰할 수 있는 것인지 관찰할 수 없는 것인지가 분명하지 않은 사례들이 있는 것은 사실이다. 그러나 이와 다르게 명확하게 구별할 수 있는 다른 사례들이 많이 존재하고 있는 한, 어느 하나의 이론의 경험적 결과들은 그 논증의 목적을 충족시킬 수 있을 정도로 충분하게 명확하다고 말할 수 있다. 전자들과 쿼크들(모든 원자핵의 양성자와 중성자를 구성하고 있다고 전제하는 대상들)은 관찰할 수 없으며, 강이나 사람, 일상적 물체들은 관찰할 수 있다는 것은 분명하다. 두 번째로 관찰/비관찰의 구별은 특정한 이론들의 관찰 결과들을 확인하기 위해서 인식론적으로 많은 관심을 가질 수 있는 방식으로 분명하게 만들어져야 한다는 것이다. 이러한 일을 하는 방식의 하나는, 특정한 관찰용어를 해당 특정 이론과는 무관하게 독립적으로 이해할 수 있는 용어들에 의해서 확인하는 것이다. 따라서 속도, 운동량, 온도, 위치는 전자기이론에 관해서는 관찰용어가 되는 반면에 전자기장 포텐셜potential과 전하 밀도charge density는 관찰용어라고 할 수가 없다.

(b) 관찰/비관찰 구별은 시대에 따라 변화한다. 그래서 어느 하나의

이론의 관찰 결과들은 시대의 특정 시간대에 따라 상대적으로 변화한다.

(a)에 대한 두 번째 대응은 우리들의 이론들이 시대에 따라 변화하기 때문에 관찰/비관찰의 구별도 시대에 따라 변화한다는 것을 묵시적으로 시인하는 것이다. 최근에 라우든과 레플린은 이론의 경험적인 결과들을 구별하는 것이 '관찰 언어로 형성될 수 있는 이론의 논리적 추론 결과들을' 확인하는 것을 요구하게 된다고 주장하였다.(Laudan and Leplin 1991: 451) 그리고 관찰 언어들은 고정되어 있지 않다라고 주장하였다. "관찰 현상의 범위를 세심하게 만들려는 어떠한 시도도, 과학적 지식의 상태와 관찰과 탐지를 위해 이용할 수 있는 기술공학적인 도구들의 상태에 따라 상대적으로 이루어진다."(Laudan and Leplin 1991: 451) 그래서 두 개의 이론들이 경험적으로 동등한가 아닌가 하는 것은 시대에 따라 변화할 것이다. 따라서 이들은 이론들이 경험적으로 동등한 것은 순간적인 것이지 영원히 그렇지는 않을 것이며, 우리들은 먼 미래에 그러한 이론들을 구별할 수 있는 기회를 가지게 될 것이라고 주장하였다. 이들은 이러한 자신들의 주장이 강한 미결정성 논증까지도 논파한다고 생각하였다.

그러나 이에 대한 명확한 응답이 있는데, 다시 말해 우리들이 라우든과 레플린의 주장을 인용하면서 경험적 동등성의 개념을 상대화시켰다는 것이다. 이론들은 어느 한 시대에 경험적으로 동등할 수 있으나, 그래도 우리들은 **통시적**diachronic으로[5] 된 경험적 동등성이 아니라 **공시적**synchronic으로[6] 된 경험적 동등성의 개념을 가질 수 있다는 것이다. 우리들은 특

---

[5] 통시적通時的이라 함은 특정 시기에 적용되는 것을 말한다.
[6] 공시적共時的이라 함은 모든 시기에 적용되는 것을 말한다.

정한 시대에 있는 이론들에게만 적용할 수 있도록 미결정성의 논증을 단순하게 상대화시킬 수 있다. 이러한 일은 어떤 주어진 시대에 특정한 어떤 과학이론이 있다고 한다면 그 시대에 이 이론과 경험적으로 동등한 하나의 이론이 있을 것이며, 이론 선택은 그 시대에서는 미결정되어 있을 것이라는 사실을 의미한다. (b)에 대한 또 다른 대응으로 회퍼와 로젠버그(1994)의 반응이 있다. 이들은 (i)의 범위가 '전체total' ('부분partial'과 상대적인 의미에서) 이론들에 제한되어야만 한다고 주장한다. 즉 전체 이론이란 과학의 어느 하나의 분야에 있는 현상들이 아니라 모든 현상들을 예측한다는 의미에서 포괄적이고 경험적으로 충족한 이론들이다. 만약 그러한 이론을 가졌다면 우리들은 관찰할 수 있는 것에 관해 설명할 수 있는 특권을 가질 수 있었을 것이다. 만약 전체 이론조차도 경험적으로 동등하면서 논리적으로 양립할 수 없는 경쟁 이론들을 가지게 된다면, 이 문제는 확실히 과학적 실재론자에게는 골치 아픈 문제가 된다.

(c) 이론은 오직 보조 가설과 배경 조건에 따라 상대적으로 경험적인 결과를 가질 뿐이다. 그래서 이론의 경험적 결과라는 관념 자체가 논리적으로 부정합하다.

듀앙-콰인 문제는 어떤 이론으로부터 특정한 하나의 경험적 결과를 이끌어내기 위해서는 항상 어떤 측정 수치들로 된 초기 값들을 이론에 집어넣고, 물리적 상수들(중력 상수나 전자의 질량과 같은)에 대한 측정 값들을 집어넣는 것이 필요하기 때문에 일어난다. 보통 이론은 그 이론의 대부분의 경험적 내용을 결정하기 위해서 다른 분야의 과학으로부터 나온 배경 이론들과 연결되어야 한다. 따라서 두 개의 이론들이 경험적으로 동등한가 아닌가 하는 문제는 어떠한 보조 가설들이 도입되어 작용하고 있는가에 따라 결정된다. 그래서 경험적으로 동등하다고 추정하였던 이론들의 경우에, 만약 우리들이 이 이론들의 적절한 보조 가설들이나 배경을 이루는 가정들을 확인할 수 있다면 이론들을 구별할 수 있게 된다. 더 나아가 경험적 동등성이라는 것은 이론들 자체의 성격에 기인하는 것이 아니라 어떤 특정한 시기의 다른 가설들과 결합하게 되면서 이론들 간에 취해질 수 있는 관계라고 말하는, 통시적인 방식으로 경험적 동등성을 설명하는 방식도 있다.(Laudan and Leplin 1991 참조) 새로운 보조 가설들이 선택되는 미래에 이르러 결국에는 이론들이 경험적으로 동등하지 않을 가능성이 여러 번 아니면 한 번은 존재하게 된다.

이상과 같은 내용이 미결정성 논증에서 채택하고 있는 경험적 동등성의 관념을 반대하는 중요한 내용이다. 그러나 (i)은 경험적으로 동등한 전체 이론을 지시하도록 재형성할 수 있다. 여기서 전체 이론들 내에는 보조 가설들도 포함되어 있다. 부분 이론들과 전체 이론들을 구별하는 것에 대응하는 것으로서, 회퍼와 로젠버그는 '국소적local' 미결정성과 '전반적global' 미결정성을 구분한다. 만약 분명하게 하나의 이론이 부분적이라면, 그리고 어떤 범위의 현상들을 설명하지 않는다면 그 이론과 경험적으로 동등한 경쟁 이론들은 그 이론이 다른 현상들을 다루기 위해 확장될 경우에는 더 이상 경험적으로 동등하지 않게 되거나 또는 그럴 개연성이 있다. 그래서 부분적 이론들은 오직 약하게 미결정되어 있을 것이다. 우리들은 앞에서 이러한 미결정성 문제는 과학적 실재론에 대해서 특별한 문제를 제기하지 않는다는 것을 알아보았다. 미결정성 문제가 실재론자들에게 더욱 나쁘게 작용하는 것은 오직 전체 과학들(또는 회퍼와 로젠버그가 부르는 '세계의 체계')의 강한 경험적 동등성에 대해 우리들이 말할 경우뿐이다. 따라서 강한 경험적 동등성을 가지는 전체 이론들에 관한 사례들이 과연 존재하는가가 문제가 된다.

(2) 강한 경험적 동등성 논제의 추정된 거짓

어떤 한 이론에 대해서 강하게 경험적으로 동등한 경쟁 이론들이 항상 존재할 것이라고 믿는 것은 근거가 없다고 주장할 수 있다. 그것은 강한 경험적 동등성의 사례들이 거의 존재하지 않거나, 유일하게 미결정성 문제를 주장할 수 있게 하는 강하게 경험적으로 동등하다는 경쟁 이론이라는 것도 알고 보면 순수한 이론들이라고 볼 수 없기 때문이다.

과학적 실재론자들은 현재 최선의 과학이론들을 모두 믿어야 한다는 것이 아니라, 적어도 관찰할 수 없는 것에 대한 이론들의 진리와 성공적인 지시를 믿어야만 하는 상황들이 존재한다는 견해를 견지한다. 그래서 (i)을 입증하기 위해서는 경험적으로 동등한 경쟁 이론들이 일부 경우에서만이 아니라 항상 존재한다는 것을 보여주어야 한다. 물론 우리들은 어떤 이론 T에 대해서, 경험적인 성격을 가지는 내용이라고는 아무것도 함축하지 않는 명제들을 단순하게 T에 결합시켜 T와 경험적으로 동등한 하나의 이론을 항상 만들어나갈 수 있다. 예를 들어 이론들을 똑같은 배경 이론들과 결합시켰다고 가정한다면, "전자는 전하를 가지며, 신은 존재한다"와 같은 간단한 이론은 "전자는 전하를 가진다"라는 이론이 함축하는 내용(예를 들어 전자가 어떤 유형의 자기장 내에서는 휘어지면서 진행할 것이다)을 모두 함축한다. 이러한 방식으로 우리들이 T와 양립할 수 없는 이론을 만드는 것은 아니다. 그러나 이와 달리 경험적으로 동등한 경쟁 이론들을 만들어낼 수 있는 몇 가지 다른 알고리듬들algorithms이 있다. 아주 평범한 것으로는 다음과 같은 것이 있다. 어떤 이론 T에 대해, T의 경험적 예측들이 모두 참이라고 주장하면서 T가 전제하고 있는 이론적 대상들이 존재하지 않는다고 주장하는 다른 T′가 있다고 하자. 여기서 T와 T′는 서로 양립할 수 없으나, 정의에 의해서 똑같은 경험적 결과들을 갖게 된다. 어떤 이론 T에 대한 하나의 경쟁 이론을 만들어내는 알고리듬에 관한 또 다른 하나의 사례를 커클러Andre Kukla 가 제시하고 있다.

> 어떠한 이론 T에 대해서도, 어떤 사람이 어떤 것을 관찰하고 있을 경우에는 항상 T가 유지되지만 그러나 어떠한 관찰도 진행되고 있지 않는 경우에는 T와 양립할 수 없는 어떤 다른 이론 T2에 따라 이 우주가 작용하게 된다고 주장하는 이론 T!를 구성해보자.(Kukla 1998: 70)

(T!가 주장하는 특정한 법칙들로 'T'라는 명칭을 대체할 수 있기 때문에 T!에서 T에 대한 지시는 제거될 수 있다.)

미결정성 논증에 대한 비판자는 그러한 알고리듬들이 사이비 이론을 만들어내기 때문에 실패할 것이라고 주장한다. 그래서 라우든과 레플린은 그러한 알고리듬이야말로 '논리-의미론적 계략logico-semantic trickery'에 불과한 것이라고 말하고(Laudan and Leplin 1991: 463), 회퍼와 로젠버그는 '유치한 속임수cheap trick' (Hoefer and Rosenberg 1994: 604)라고 말한다. 이들 모두는 (i)이 참인지 아닌지를 결정하기 위해서는 경험적으로 동등한 이론들이 경쟁 이론들 중의 하나로 간주될 수 없다고 주장한다. 그러나 언뜻 보기에는 그러한 이론들은 경쟁 이론들 중에 포함되어야 할 것처럼 보인다. 결국 그 이론들은 주장될 수 있고 세계에 대해서 어떤 다른 추정된 진리를 가지고 있는 다른 이론들처럼 진리 조건에 의해 결정되는 진리값을 가지고 있으며, 다른 이론과 마찬가지로 검사에 의해서 그 이론의 내용이 개정될 수 있는 경험적 의미를 가지고 있다. 위의 알고리듬은 인위적으로 이론들을 만들어낼지는 모르지만, 우리들은 그러한 알고리듬의 산물로 나타난 이론들을 그러한 알고리듬이 작용하였던 원래의 이론으로부터 구별해주는 '적합한proper' 이론이 되기 위한 기준이 무엇인지를 알 필요가 있다. 이러한 구별은 증거가 어째서 적합한proper 이론들을 더 지지하게 되는가를 우리들이 알 수 있는 방식으로 진행한다. 회퍼와 로젠버그는 만약 세계가 충분히 복잡하다면 전반적이고 경험적으로 충분한 이론이라는 것은 현실에서 발생한 관찰 가능한 모든 현상들의 목록을 가져야만 할 것이고, 모든 현상들을 구제하는save[설명할 수 있는] 이론으로서는 이 이론 외에는 더 이상의 간명한 이론이 존재하지 않을 것이기 때문에(Hoefer and Rosenberg 1994: 605), 복잡하다는 이유만으로 우리들이 그 이론들을 거부할 수는 없다는 점을 인정하였다.

만약 어떤 이론들이 (i)이 참인가 아닌가를 결정하는 데 있어서 인위적이고 복잡하다는 이유만으로 배제된다면, 단순성이나 '본질적으로 이치에 부합함intrinsic plausibility' (Horwich 1991)이나 그 밖의 다른 어떤 기준에 의해서 배제되었든지 간에, 하나의 이론을 다른 이론보다 더 선호하는 데 작용하는 합리적인 근거들에 비경험적인 것들이 있다는 주장으로 귀결하게 된다.(커클러가 이러한 근거들을 설명하였듯이, '이론성theoreticity'—하나의 이론다운proper 이론이 되는 것—과 같은 것은 이론들의 초경험적인 덕목으로 채택되고 있다. Kukla 1996: 147을 참조) 그래서 전제 (i)의 진리에 대해 이러한 방식으로 의심을 하는 것은 실제로는 전제 (ii)를 의심하는 방식인 것처럼 보인다. 왜냐하면 만약 이론들이 참이라고 믿거나 아니면 경쟁 이론들보다 참이 될 가능성이 더 많다고 믿을 만한 비경험적인 기반들이 있다면, 이론들의 경험적 동등성은 증거적 동등성까지 함축하지는 않을 것이기 때문이다. 우리들은 이 문제에 대한 논의를 다음절에서 행할 것이다.

만약 T'와 T!가 T에 대한 순수한 대안적 이론이라 할지라도, 이것들이 정말로 관련성이 있는 적합한 대안들이 될 수 있는가? 과학자들은 확실히 그 이론들이 적합하지 않다고 여길 것 같다. 우리들이 실제로 필요한 것은 과학이론답게 대안이 될 수 있는 이론이다. 앞에서 사용한 철학자의 책략들 대신에 경험적으로 동등한 이론들을 구성하는 아주 흥미로운 방식들이 있다. 예를 들어보면 어떤 한 이론의 관찰할 수 없는 구조를 이 이론과 아주 똑같은 관찰적 예측들을 만들어내는 아주 특이한 '자기 교정self-correcting'의 구조들로 대체하여, 경험적으로 동등한 이론들을 구성하는 아주 흥미로운 방식들이 있다. 우리들이 앞에서 보았듯이, 이러한 방법은 푸앵카레가 그의 시공간 사례에서 사용한 것이다.[7] 이와 유사한 경우가 양자이론에 대해서 몇 개의 경쟁적인 설명 방식들versions이 존재하고 있는 현대 물리학에서 나타나고 있다. 그러나 이러한 많은 경우들에 있어서, 만들어진 이론들은 철학자들의 책략에 의해 만들어진 것과 마찬가지로 인위적이고 임시방편적인 것이며, 따라서 이것들도 또한 순수하고 우리의 논의와 관련성이 있는 적합한 경험적인 동등성으로 간주되지 않아야 한다.

그러나 우리들이 경험적인 동등성을 만들어내기 위해서 새로운 이론을 구성할 필요가 없는 경우가 있다. 왜냐하면 만약에 한 이론의 예측들이 어떤 매개변수parameter의 값과 독립적이라면 매개변수의 값을 변화시켜서 경험적으로 동등한 이론들을 만들어낼 수 있기 때문이다. 이러한 종류의 경험적 동등성에 대한 유명한 사례를 뉴턴역학이 제공하고 있다. 중력 법칙을 뉴턴의 운동 법칙에 부가한 것을 TN이라 하고, 이 이론에다가 태양계의 질량의 중심은 절대속도 v를 상수로 가진다고 하는 가설을 덧붙인 것을 TN(v)라고 하자. 절대운동은 TN(이 이론은 갈릴레이 불변식invariant이라고 말한다)에 따라 탐지될 수 없기 때문에, 그러면 TN(0)은 모든 v에 대해서 TN(v)와 똑같은 경험적 결과를 모두 가진다.

---

7) 푸앵카레는 에테르의 존재를 부정한 아인슈타인의 상대성이론보다는 에테르 이론에 근거한 로렌츠의 수축이론에 따라 시공간 해석을 받아들인 사람이다.

그러나 이러한 이론들은 분명하게 양립할 수 없는 이론들이라고 볼 수 있기 때문에, 따라서 우리들은 강한 경험적 동등성의 사례를 얻게 된다. 회퍼와 로젠버그는 이러한 사례들을 적절한 것으로 간주하지 않았는데, 그 이유는 TN이 일반상대성이론이 예측하고 있는 현상들을 설명할 수 없으므로 경험적으로 충족하지 않기 때문이다. 전반적으로 경험적으로 충족한 하나의 이론이 경험적으로 동등한 경쟁 이론들을 가지는가의 여부에 대해서, 거짓이면서 경험적으로 충족하지 않은 것으로 알려진 이론들의 사례로부터는 어떠한 판단이나 결론도 내릴 수 없다고 이들은 주장한다. 이와 같은 문제는 일반상대성이론과 양자역학 이론에도 적용될 수 있다. 왜냐하면 일반상대성이론은 중력 이외의 다른 힘들을 설명할 수 없으며, 양자역학 이론은 중력을 설명할 수 없기 때문이다.

결론적으로 말해 강한 경험적 동등성에 관한 흥미 있는 사례들은 사실상 경험적으로 거짓으로 추정되는 전반적putative global 이론들로부터 발견되는 것 같아 보인다. 그러나 경험적으로 충족하는 하나의 전반적 이론이 강하게 경험적으로 동등한 경쟁 이론들을 가질 것이라고 생각할 만한 근거들에 대해서, 우리는 아직까지 논리적이거나 의미론적이거나 수학적인 속임수로부터 나오는 것밖에 보지 못했다. 따라서 전반적 이론들의 경우에는 (i)이 적용될 수 없기 때문에 거짓이라는 점이 드러나지 않았지만, 그렇다고 참이라고 드러나지도 않았다. 미결정성 논증의 용납 가능성은 철학자들이 가공하여 만들어낸 인위적인 이론들을 우리들이 배제할 수 있는가의 여부와 보다 일반적으로는 전제 (ii)에 대해 치명타를 가할 수 있는가의 여부에 달려 있다.

(3) 경험적 동등성은 증거적 동등성을 함축하지 않는다((ii)는 거짓이다)
우리들이 지금까지 고찰하였던 반대 논증들 중의 어느 하나가 효과적으로 작용하든지 안 하든지 간에, 많은 실재론자들은 (ii)가 거짓이라고 주장한다. 이들은 두 개의 이론이 모든 예측을 똑같이 행할지라도 증거적 지지evidential support의 정도가 각기 다르다고 주장한다. 즉 이들은 단순성, 비추정성, 새로운 사실에 관한 예측 능력, 우아성, 설명력 등과 같이, 경험적으로 동등한 이론들 중에서 어느 하나의 이론을 선택할 수 있도록 만들어주는, 이론의 비경험적인 덕목들virtues(초경험적 덕목)이 있다고 주장한다.

과학이론들은 경험적 충족성과 경험적 강도와 같은 '경험적 덕목들'을 가진다고 말할 수 있다. 하나의 이론은 만약 그 이론이 현상들이나 관찰 가능한 사실들에 대해 말하는 내용이 참이라면 경험적으로 충족하다고 한다. 따라서 예를 들어 모든 구리는 열을 받으면 늘어난다라는 이론은 경험적으로 충족하다. 이론들은 다소간 경험적으로 충족할 것이다. 물론 계량적인 예측들을 하는 이론들은 점근성을 가지고 경험적으로 충족할 수도 있다. 예를 들어 일반상대성이론은 뉴턴 이론보다는 경험적으로 더 충족하다. 왜냐하면 일반상대성이론은 수성의 궤도와 같은 현상들을 아주 고도의 정밀성을 가지고 올바르게 설명하기 때문이다.[8] 그러나 어떤 범위 내에서는 두 개의 이론이 경험적으로 똑같이 충족된다 할지라도 경험적 강도strength의 정도를 서로 다르게 가질 수 있다. 예를 들어 모든 금속들은 열을 받으면 늘어나게 된다라는 이론이 모든 구리는 열을 받으면 늘어나게 된다라는 이론보다 경험적으로 강도가 높다고 할 수 있다. 왜냐하면 금속 일반에 관한 이론이 보다 많은 예측을 하며, 또는 보다 넓은 범위를

---

[8] 뉴턴 이론은 수성의 세차 운동을 다른 행성들의 중력에 의해서 생기는 일종의 섭동 현상으로 간주할 수밖에 없어, 정밀하게 설명하거나 예측할 수가 없었다. 일반상대성이론은 수성의 세차 운동이 태양 주변의 공간이 휘어 있기 때문에 발생한다고 설명하였으며, 이는 수성의 공전궤도의 어긋남에 대한 관측 수치와 보다 정밀하게 일치하였다.

함축하기 때문이다. 과학의 목적들 중의 하나는 경험적으로 충족되고 강한 이론들을 만들어내는 것이라는 점은 분명하다. 만약 우리들이 세계에 대해 알기 원한다면, 과학이론들은 사실과 부합해야만 하며, 개별 이론들이 우리들에게 보다 많은 사실들을 말하면 말할수록 더욱 좋은 일이다. 그러나 이러한 경험적 충족성과 경험적 강도처럼, 이론 선택에 적절하게 작용하게 되는 이와 다른 어떤 덕목들을 이론이 가질 수가 있는가?

실제로 과학자들이 순전히 경험적인 근거들에 의해서 이론을 선택하지 않는다는 것은 거의 확실한 사실인 것 같다. 저명한 과학자들이 이론의 단순성, 설명력, 과학의 다른 부분과의 논리적인 정합성, 혹은 유물론과 같은 형이상학적 배경과의 정합성을 들먹이면서 어느 특정 이론을 선택한 것을 정당화하는 사례들이 과학사에 많이 있다. 또한 과학자들이 아름다운 이론, 우아한 이론들에 대해 말하며, 그러한 특징들이 이론 선택에 많은 영향을 미친다고 제안하는 경우 또한 흔한 일이다. 이들은, 독립적인 지지 근거를 가지고 있는 보다 포괄적인 이론 T* 속에 T1이 포함되어 있는 반면에 T2는 그렇지 않기 때문에, T1에 대해 국소적으로locally 경험적인 동등성을 가지는 T2보다는 T1을 종종 선호한다. 예를 들어 기체의 동역학 이론은 기체의 열과 그 밖의 다른 열역학적 속성들이 그 기체를 구성하고 있는 분자들에 의해서 발생하고 있다고 설명하는 이론으로, 다른 경쟁 이론들보다 더 선호되고 있다. 왜냐하면 동역학 이론은 화학과 물리학의 다른 분야들로부터 도출되는 증거들에 의해서 지지를 받고 있는 원자이론에 포함될 수 있기 때문이다. 일반적으로 과학자들은 국소적인 미결정성 문제들을 풀기 위해서 초경험적인 덕목들을 사용하는 것처럼 보인다.

그러나 이러한 덕목들의 등급을 매길 수 있는 일치된 방식이나 기준들이 없으며, 이 덕목들이 각기 다른 방향들로 지지를 하게 될 경우에 어떻게 이론 선택을 해야 하는가에 대한 합의가 없다는 사실은 실재론자들이 풀어야 하는 하나의 문젯거리가 된다. 예를 들어 특수상대성이론은 전자기장에서 대전帶電charged된 입자들의 운동에 대해서 간단하고 통일적인 설명을 제공하였으나, 질량, 시간, 공간에 대한 뉴턴의 관념들을 근본적으로 개정하는 것을 함축하고 있었다. 따라서 이 이론은 초경험적인 덕목들을 가지고 있는 것처럼 보인다. 어떠한 과학이론도 다른 모든 이론들과 정합적으로 통합된 적이 없으며, 혹은 배경을 이루는 모든 형이상학적 견해들과 상충되지 않은 적이 없었다. 또한 간단한 이론이나 우아한 이론이 복잡하고 지저분한 이론보다 진리일 가능성이 더 많게 되는 이유를 설명하는 것도 어렵다. 물론 계산을 행하고 많은 복잡한 방정식들을 기억하는 데 소요되는 시간을 고려해야 하는 실천적인 측면이 있기 때문에, 간단한 이론들을 손안에 넣기 위해 노력하는 것에는 정당한 이유가 있다. 매초마다 모든 행성들의 모든 위치에 관한 거대한 목록을 가지는 것보다는 행성들의 모든 위치를 계산할 수 있는 방정식을 가지는 것이 더 간단하고 쉽다. 마찬가지로 반실재론자들도 우리들이 가지고 있는 매우 성공적인 이론들(이를테면 뉴턴역학, 맥스웰의 전기역학, 화학 결합이론 등과 같은 이론) 대부분이 적은 수의 기본 방정식들과 원리들을 이론의 핵심으로 가지고 있다는 점을 설명할 수 있다. 반실재론자는 이러한 점을 실천적인 필요성에 근거하여 설명할 수 있는데, 그 이유는 만약에 기본 이론 자체가 거대하고 복잡하다면 그러한 법칙들을 너저분하게 흐트러져 있는 실제 세계의 상황들에 그대로 적용하기가 매우 어려울 것이기 때문이다.

따라서 반 프라센은 초경험적 덕목들이 믿음에 대한 이유를 제공하지 않으며(이 덕목들은 인식적이지 않다), 단지 실천적인 목적으로 하나의 이론을 선택하게 되는 이유만을 제공한다(이 덕목들은 실용주의적pragmatic[9]이다)고 주장한다. 그는 '실용주의적 덕목들은 하나의 이론이 참이라고 생각할 수 있도록 하는 데 있어서 경험적인 증거를 초월한 어떠한 이유나 근거도 우리들에게 제공하지 않는다'라고 말한다.(van Fraassen 1980: 4) 바로 이러한 점이 앞 장의 마지막에서 과학적 실재론을 정의할 때 실용주의 진리론이 배제되어야 하는 것이 중요하다고 한 이유이다. 이에 관해 대강 설명한다면, 실용주의적 진리론을 취하는 사람들이 볼 때, 어떤 것을 믿는 것이 매우 유용하다는 것과 그것이 진리라고 하는 것 사이에는 어떠한 차이도 없기 때문에 실용주의적 덕목들과 인식적 덕목들 사이에는 어떠한 차이점도 존재하지 않는다.

그래서 초경험적 덕목들을 인식적인 것이 아닌 실용주의적인 기준으로 다룰 수 없다는 이유를 설명하지 않고, 과학의 실천에서의 초경험적 덕목들에만 의존해서는 실재론을 옹호하기 위한 미결정성 문제를 해소할 수 없다. 이러한 문제들 대부분의 경우와 마찬가지로, 그 문제를 완전하게 검토하기 위해서는 이론 변화에서 초경험적 덕목이 중요해 보이는 실제 사례들을 자세히 조사할 필요가 있다. 어떤 경우이든지 초경험적 덕목들의 인식적 자질에 대한 가장 설득력 있는 옹호는 그것들을 설명력이 가지는 전반적인 덕목들의 일부분으로 포함시키는 것이다. 이러한 설명에 따르면 단순성, 통합력, 우아성 등은 넓은 범위의 현상들을 설명할 수 있는 하나의 이론에 기여하는 한해서만 믿음의 근거가 될 수 있다. 이 문제는 다음 장의 주제이다.

---

9) 반 프라센은 'pragmatic virtue'를 설명하면서, 'pragmatic'을 언어학에서 사용하는 화용론話用論pragmatics적인 의미로 사용한다고 말하고 있다. 그러나 이 책에서는 문맥상 실용주의라고 번역하는 것이 이해하기 쉽기 때문에 'pragmatic'을 그냥 실용주의적이라고 번역하였다.

(4) 이론 선택은 미결정되어 있다((iii)은 참이다)
우리들이 미결정성 논증의 결론을 받아들이게 되면 다양한 선택이 가능해진다.

① 환원주의
불어로 쓰여진 이론과 영어로 쓰여진 이론은 각기 다른 이론으로 간주되어야 하는가? 우리들은 내용에서의 진짜 차이와 단순한 기호 표기로 인해 생기는 차이를 어떻게 구별할 수 있겠는가? 많은 경험론자들은 두 개의 이론이 관찰한 경험의 내용에서 동등한 경우에는 똑같은 하나의 이론에 대해서 서로 다르게 설명하는 방식이라고 간주되어야 한다고 주장하였다. 따라서 우리들이 제5장 3절 2항에서 보았듯이 실증주의자들은 이론들을 그것의 관찰적 기반basis을 이루는 내용들[10]로 환원시키려고 노력하였다.

② 규약주의
규약주의는 관찰상 동등한 이론들 중에서 어느 하나를 선택하는 것은 어떤 하나의 규약에 의해 가능하다라고 생각하는 입장이다. 우리들이 운전을 할 때, 모든 사람들이 똑같은 규약을 따르고 있는 한 우측통행을 하든지 좌측통행을 하든지 간에 문제가 되지 않는 것처럼, 규약주의자는 경험적으로 동등한 이론들 중에서 어느 하나를 선택하는 것은 규약에 기반하거나, 또는 시각이나 언어가 작용하는 방식과 같이 아마도 우리들의 인지능력의 특성이 반영된 결과로서 이루어진다고 주장한다. 이러한 선택은 분명히 실재론자들에게는 유효하지 않다.

10) 즉 관찰적 경험의 내용을 기술하는 관찰 언명들로 환원시키려고 노력하였다.

③ 반실재론

미결정성에 대한 또 하나의 반응은 과학적 지식에 관해서 어떤 형식의 사회 구성주의 입장을 취하는 것이다. 따라서 이론들의 미결정성은 초경험적인 덕목들에 의해서 사라지는 것이 아니라 사회적, 심리학적, 이데올로기적인 요소들에 의해 무너진다고 주장하는 사람들은 쿤과 과학사회학에 의해 영향을 받은 사람들이다.(제4장 7절 참조) 일부 과학자들은 신이 창조한 자연 속에 있는 질서의 존재를 믿으며, 다른 일군의 과학자들은 유물론을 옹호하기를 희망하고 있고, 또 다른 일군의 과학자들은 사회적으로 중요하거나 유익한 기술공학의 경우에 필요하기 때문에 이러한 부문에 작용하는 이론을 단순하게 원하기도 하며, 다른 과학자들은 자연의 내부에서 진행하고 있는 작용들을 이해하기를 원하기도 한다. 대부분의 실재론자들은 그러한 요소들이 과학의 실천에 영향을 미친다는 것을 부정하지는 않지만, 그러나 과학은 반복된 실험의 엄밀한 결과들, 과학자 동료들의 재검토, 모든 이론들에 대해 열린 마음으로 의심해보는 과학자들의 집념 등이 지배하고 있다고 주장한다.

사회 구성주의자들은 과학적 실재론의 형이상학적 구성 요소들을 부정한다. 미결정성 논증에 대한 또 하나의 반응은 인식적 구성 요소를 부정하는 것이다. 이러한 선택은 우리들의 최선의 이론들조차도 거짓이 될 가능성이 높다라고 주장하거나(무신론), 혹은 과학이론들의 진리와 관찰할 수 없는 세계의 본성에 대한 판단을 단순히 유보(불가지론의 입장)하는 형식을 취한다. 후자와 같은 유형의 반실재론은 이 장의 나머지 부분에서 다루어진다.

2. 구성적 경험론

반 프라센의 구성적 경험론은 과학적 실재론에 대한 새로운 논쟁을 불러일으켰다. 반 프라센은 내가 제5장에서 설명하였던 과학적 실재론의 의미론적인 구성 요소와 형이상학적 구성 요소를 기꺼이 수용하고 있지만, 인식적 구성 요소는 부정하고 있다. 그는 관찰할 수 없는 대상들에 대한 과학이론들이 기술하고 있는 것은 글자 그대로 받아들여져야 하며, 그 대상들이 정신-독립적으로 존재하는 세계의 부분인지 아닌지에 따라 결정되는 대응적 의미에서 그 이론들은 참이거나 거짓이어야 한다고 생각한다. 그러나 그는 현대 과학에서 가장 최선의 이론들에 대한 수용acceptance이 그 이론들이 요청하고 있는 대상들의 존재에 대한 믿음까지 요구하는 것은 아니며, 현대 과학의 본성과 성공은 과학의 목적에 따라 상대적으로 이해되기 때문에 그러한 대상들의 존재를 요청하지 않더라도 이해될 수 있다라고 주장한다.

반 프라센은 과학적 실재론을 다음과 같이 정의한다. "과학은 그 자신의 이론들 속에서 세계가 어떻게 생겼는가에 관한 이야기를 글자 그대로 참되게 우리들에게 제공하는 것을 목표로 하고 있다. 그리고 하나의 과학이론을 수용하는 것은 그 이론이 참이라는 믿음을 수반한다."(van Fraassen 1980: 8) 이와 달리 구성적 경험론은 다음과 같은 입장을 취하는 견해이다. "과학은 경험적으로 충족된adequate 이론들을 우리들에게 제공하는 것을 목표로 한다. 그리고 하나의 이론을 수용하는 것은 그 이론이 경험적으로 충족하다는 믿음만을 수반한다."(van Fraassen 1980: 12) 하나의 이론이 경험적으로 충족하다고 말하는 것은 다음과 같이 말하는 것이다. "하나의 이론이 세계 내에서 관찰할 수 있는 사물들과 사건들에 관해 말하는 내용이 참이다."(van Fraassen 1980: 12) 이를 달리 말하면 "하나의 과학이론을 수용하는 데 수반되는 믿음은 그 이론이 오직 '현상을 구제한다save the phenomena〔설명한다〕'는 믿음뿐이며, 그 믿음은 이론이 관찰할 수 있는 것을 올바로 기술한다는 것이다."(van Fraassen 1980: 4) 이러한 사실은 이론이 이제까지 관찰된 현상들만이 아니라 과거, 현재, 미래에 **현실적으로** 나타난 모든 현상들을 구제한다는 것을 의미한다는 점을 주목해야 한다. 그래서 하나의 이론이 경험적으로 충족하다고 수용하는 것은 자료들에 의해서 논리적으로 함축되는 것들보다 더 많은 것들을 믿는 것이다.(van Fraassen 1980: 12, 72) 더 나아가 반 프라센의 경우에 현상이라는 것은 그냥 단순하게 관찰할 수 있는 사건을 말하는 것이지, 반드시 필연적으로 관찰되어야만 하는 것을 의미하는 것은 아니다. 그래서 어떤 숲에서 나무 하나가 굴러 떨어지는 것은 누군가가 그 사건을 실제로 목격하였는가와는 상관없이 하나의 현상이다.

과학적 실재론자와 구성적 경험론자는 과학적 탐구 정신에 관해서 의견이 일치하지 않는다. 과학적 실재론자는 과학이 관찰할 수 있는 현상들을 **설명하면서도** 정작 자기 자신은 우리가 관찰할 수 없는 대상과 과정에 대한 참된 진리를 발견하는 것을 목표로 삼는다고 생각한다. 반면에 구성적 경험론자는 단지 관찰 가능한 것에 관해 참된 진리를 말하는 것이 과학의 목표라고 생각하면서, 우리들이 관찰하는 것 속에 있는 모든 규칙들까지 설명하도록 요구하는 것을 거부한다. 반 프라센은 과학이론의 '단단한 토대가 되는 덕목rock bottom virtue'은 설명력이 아니라 현상들 속에 깃들어 있는 일관성consistency이라고 말한다.(van Fraassen 1980: 94) 따라서 구성적 경험론자의 경우에는 경험적 충족성이 과학적 활동의 성공에 대해서 이론이 가지고 있는 내재적 기준이 된다.

1) 구성적 경험론에 대한 반대들

구성적 경험론에 대한 가장 많은 비판들은 다음과 같은 것들이다.

(i) 관찰할 수 있는 것과 관찰할 수 없는 것의 경계선은 모호하며 두 영역은 서로 연속되어 있다. 게다가 그 경계선은 인간의 생리학과 기술공학과 같은 우연적 사건들이 만들어내는 인위적인 결과로서, 시간이 흐르면 변화하게 되는 것이다. 따라서 구성적 경험론은 자의적인 구별[관찰/비관찰]에 불과한 것에 대해서 너무 지나치게 존재론적으로 중요한 의미를 부여하고 있다고 주장할 수 있다.

(ii) 반 프라센은 관찰할 수 있는 것을 지시하는 용어들을 관찰할 수 없는 것을 지시하는 용어들로부터 구획 지을 수 있는 **선천적인 경계선**을 그으려고 하는 실증주의자들의 시도를 거부한다. 그 대신에 다음과 같은 것을 수용한다. (a) 모든 언어는 어느 정도 이론 의존적이다. (b) 관찰할 수 있는 세계는 관찰할 수 없는 것을 추정적으로 지시하고 있는 용어들을 사용하여 기술하기도 한다. 그리고 (c) 하나의 이론을 수용하는 것은 그 이론의 용어들을 가지고 세계에 관해서 해석하고 말하는 내용에 개입하는 것을 수반한다. 비판자들은 이러한 점이 반 프라센의 입장을 정합적이지 않도록 만든다고 주장한다.

(iii) 증거에 의한 이론의 미결정성은 과학적 실재론 대신 구성적 경험론을 채택하도록 하는 데 긍정적으로 작용하는 유일한 논증이다. 그러나 우리들이 현재 가지고 있는 모든 자료들은 어떤 이론이 경험적으로 충족한지를 미결정하고 있는데(귀납의 문제), 이는 마치 그러한 자료들이 어떤 이론이 참인지를 미결정하고 있는 것과

같다. 그래서 구성적 경험론은 과학적 실재론과 마찬가지로 회의론에 취약하다. 이를 통해 볼 때 구성적 경험론에 대한 반 프라센의 옹호는 자신의 입맛에 맞게 자의적으로 선택한 회의론으로부터 나온 하나의 발상에 불과하다고 할 수 있다.

(1) 관찰할 수 있는 것과 관찰할 수 없는 것

실재론자들이 구성적 경험론에 대해 맨 처음, 그리고 가장 근본적으로 제기하는 반대 주장은 관찰할 수 있는 것과 관찰할 수 없는 것 사이에는 의미를 부여할 만한 중요한 어떠한 경계선도 그을 수 없다는 것이다. 두 번째로 제기하는 반대 내용은 설사 그러한 경계선을 긋는 것이 가능하더라도 그 경계선이 존재론적으로나 인식론적으로나 중요한 의미를 가지고 있다고 생각할 만한 아무 근거도 존재하지 않는다는 것이다. 관찰할 수 없는 이론적 대상들이 존재하지 못하도록(혹은 우리들이 그러한 대상이 존재하고 있음을 인식하지 못하도록) 방해하는 어떤 특수한 것이 그러한 대상들 속에 있지 않다는, 이러한 실재론자들의 직관은 그로버 맥스웰이 잘 설명하고 있다. 그로버 맥스웰은 육안을 통해 정상적으로 보는 것과, 창문을 통해 보는 것, 쌍안경으로 보는 것, 현미경으로 보는 것 등은 대상을 연속적으로 보는 것이며, 자의적인 방법이 아니고서는 관찰할 수 있는 것과 관찰할 수 없는 것의 경계선을 그을 수가 없다고 주장한다. 그래서 그는 다음과 같이 말한다.

> 어떤 지점에서 관찰적인 것과 이론적인 것의 경계선을 긋는 것은 하나의 우연적인 사건에 불과하며, 우리들의 생리학적인 구조, 현재의 지식 상태, 우리들이 지금 이용할 수 있게 된 도구들이 어떠하냐에 따라 그 경계선이 달라진다. 따라서 그 경계선은 어떠한 존재

론적인 위상도 가지고 있지 않다.(Maxwell 1962: 14~15)

다시 말해 존재하는 것과 존재하지 않는 것의 경계선이 관찰할 수 있는 것과 관찰할 수 없는 것이라고 우리들이 위치를 정해준 경계점에 그어져야만 하는 이유는 무엇인가?

반 프라센은 이러한 경계선을 실제로 설정할 필요가 없다는 점에 대해 동의하고, 그래서 관찰할 수 없는 대상들이 존재할지도 모른다고 시인하였다. 그러나 그는 우리들이 존재한다고 인식할 수 있는 것과 존재한다고 인식할 수 없는 것의 경계선은 관찰할 수 있는 것과 관찰할 수 없는 것의 경계선과 일치한다고 생각한다. "관찰 가능성이 비록 존재와는 아무런 관계가 없을지라도(또한 역시 존재에 대한 인간 중심적인 기준이지만), 그래도 관찰 가능성은 과학에 대한 적절한 인식적 태도와 많은 관련성을 가지고 있다."(van Fraassen 1980: 19) 그래서 반 프라센의 반실재론은 인식론적인 것이지 형이상학적이지 않다. 보조 도구를 가지고 행하는 지각 행위와 그렇지 않은 지각 행위 사이의 연속성이 관찰할 수 있는 것과 관찰할 수 없는 것을 구별할 수 있는 경계선을 그으려는 어떠한 행위도 못하도록 만든다는 [실재론자의] 주장에 대해 대응하면서, 반 프라센은 '······은 붉다', '······은 산이다' 등과 같은 술어들은 거의 모두가 그 경계선이 모호하다는 점을 지적하면서도, [그러한 경계선을 분명하게 그을 수 있는] 아주 분명한 사례들이 존재하는 한, 모호하다는 사실만으로는 그러한 용어들의 사용을 방해하지 않는다고 말하고 있다.

관찰이라고 해야 하는지 아니라고 해야 하는지를 모호하지 않고 분명하게 분류할 수 있는 명확한 사례들이 존재한다고 가정한다 해도, 그러한 관찰과 비관찰의 경계선을 그을 수 있다는 가능성만으로는 소위 관찰할 수 없는 대상들의 존재에 대한 회의론적 입장이 어떻게 지지를 받을 수 있는가는 명확하지 않다. 어떠한 지각 행위가 관찰적인 것이라고 할 수 있든지 아니든지 간에, 그러한 지각 행위가 지각의 대상들이 관찰적인 것으로 분류될 수 있는지 아닌지를 보여주는 것은 아니다. 사실 그로버 맥스웰은 어떤 대상을 원리적으로 관찰할 수 없다는 말의 내용이 그러한 대상에 관련되는 적합한 과학이론 속에 그 대상들이 어떠한 환경 속에서도 관찰할 수 없다는 사실을 함축하고 있다는 점을 의미하는 한, 사실상 어떠한 사물도 '원리적으로 관찰 불가능하다'고 주장하고 있다. 이것은 그러나 각기 다른 환경들이라는 것이 우리들이 각기 다른 감각들을 가지고 있다는 것을 수반하기 때문에 사실적으로 부합하는 내용이 될 수 없다. 예를 들어 우리들이 지금의 눈 대신에 외계인같이 전자 현미경의 눈을 가졌다고 가정해보자. 원자들은 관찰할 수 있는 대상이 될 수도 있을 것이다.(Churchland 1985 참조)

그러나 반 프라센은 '관찰 가능함observable'이라는 것은 [외계인이 아니라 현재와 같은 생리구조를 가진] '우리들에게 관찰 가능함observable-to-us'으로 이해해야 한다고 주장한다. "X는 만약 X가 어떤 환경 아래에서 우리들에게 나타날 때, 우리가 그 대상을 관찰하게 되는 그런 환경이 존재할 경우에 관찰 가능하다."(van Fraassen 1980: 16) 우리들은 이러한 설명과 적절하게 관련되는 '우리'가 어떤 사람인지에 대해서 물을 수 있으며, 그래서 그 우리라는 것이 약시이거나 장님인 사람까지 포함하는 것인지를 물을 수도 있다. 만약에 그렇게 물을 수 있다면, 사물들을 애매하지 않은 방식으로 명료하게 관찰할 수 있거나 관찰할 수 없는 것이 어떻게 가능한지를 물을 수 있다. 반 프라센은 이러한 물음에 대해, '우리'라는 것은 우리들의 인식적 공동체를 지시하는 것이며, 이러한 공동체는 약시인 사람도 포함하며 그리고 우리들 대부분이 볼 수 없는 희미한 별들까지 분간하여 볼 수 있는 독수리 눈처럼 예리한 눈을 가진 사람까지도 포함한다고 대답한다. 우리들이 관찰할 수 있는 것과 관찰할 수 없는 것은 다음과 같은 사실의 결과에 불과하다.

> 인간이라는 유기체는 물리학의 관점에서 볼 때는 일종의 측정 장치라고 할 수 있다. 그러한 측정 장치로서의 인간에게는 본래부터 존재하는 어떤 한계—그러한 한계는 궁극적으로 마지막 단계에서 나타나는 최종적인 물리학과 생물학에서 구체적으로 기술될 것이다. '관찰 가능한observable'이라는 말에서 '가능한able'이라는 말이 지시하는 것이 바로 그러한 한계들이다—가 있다. 그것은 인간으로서의 우리들의 한계이다. (van Fraassen 1980: 17)

만약 공동체가 어떤 하나의 방식으로나 혹은 다른 어떤 방식으로 변화하게 된다면 아마도 예를 들어 자신들의 눈이 우리들의 전자 현미경처럼 작동하고 있다고 주장하는 외계인을 우리들이 만나게 되었고, 우리들이 그러한 외계인과 더불어 서로 하나의 공동체에 합류하게 된다면 관찰 가능한 것과 관찰 불가능한 것의 구획 경계도 그러한 변화에 따라 적절하게 바뀔 것이다. 이러한 외계인들이 없을 경우에도 관찰할 수 없는 것과 인식할 수 없는 것은 대부분 우리들의 감각에 의해서 결정된다.

그래서 우리들은 가령 목성의 위성들이 관찰될 수 있다는 것을 안다. 왜냐하면 현재의 최선의 과학이론들은 만약 우주비행사가 목성에 가까이 다가가게 되면 그 목성의 위성들을 관찰할 것이라고 말하고 있기 때문이다. 그러나 다른 한편, 현재로서 최선인 입자물리학 이론은 안개상자에서 소립자들을 직접 관찰하고 있다고 말하지 않는다. 안개상자의 예와 비슷하게, 하늘에 있는 제트기가 남기고 있는 하얀 증기 자취를 관찰하는 것은 제트기 자체를 직접 관찰하는 것이 아니라 제트기를 탐지하는 것으로 간주된다. 만약 과학이론들이 말하는 것처럼 원자보다 작은 소립자들이 존재한다면, 예를 들어 우리는 안개상자 속에 남긴 자취를 관찰함으로써 그러한 소립자들을 탐지한다. 그러나 우리들은 이러한 소립자들의 존재를 (직접 경험할 수 있는 제트기의 경우와는 다르게) 직접 경험할 수 없기 때문에, 경험적으로 동등하지만 소립자가 존재한다는 것을 부정하는, 양립할 수 없는 다른 경쟁 이론들이 출현할 가능성은 항상 열려 있다. (이러한 사실을 통해서 반 프라쎈이 거시적 대상들의 경우에는 지각에 대해서 직접적 실재론의 입장을 취하고 있다는 점을 명심하자. "우리들은 다음과 같은 많은 사물들에 대해서는 진리를 볼 수 있고 또한 보고 있다. 우리 자신들, 다른 사람들, 나무들, 동물들, 구름과 강들—우리에게 즉각적으로 직접 주어지는 경험 속에 있는 대상들."(van Fraassen 1989: 178))

반 프라쎈을 비판하는 사람들이 제기하는 물음은 관찰할 수 있는 것을 결정할 때에는 우리들이 시공간적인 위치를 바꾸는 것을 상상할 수 있도록 허용하면서, 우리들의 크기나 감각장치들의 구성 배열들을 바꾸는 것을 상상할 수 있도록 하는 것은 왜 허용하지 않는가이다. 반 프라쎈이 말하고 있는 바와 같이 처치랜드와 그 밖의 다른 사람들의 논증은 다음과 같은 형식을 가지고 있다.

우리는 X일 수 있거나 혹은 X가 될 수 있었을 것이다. 만약에 우리들이 X였다면 Y를 관찰할 수 있었을 것이다. 사실상 우리들은 확실하게 현실화시킬 수 있는 조건들 아래에서, X와는, 관련되는 모든 점에서 비슷하게 생겼다. 그런데 우리들이 현실화시킬 수 있는 조건들 아래에서 관찰할 수 있는 것은 관찰 가능하다. 따라서 Y는 관찰 가능하다.(van Fraassen 1985: 257)

위의 세 번째 전제는 그 대상에 관해 적합한 이론이 참이라는 것을 수용하지 않는다면 믿을 필요가 없다. 이러한 점은 위에서의 두 가지 사례들을 구별할 수 있도록 만들어준다. 목성의 위성들의 경우에는, 우리들이 목성의 위성을 관찰할 정도로 가까이 있다는 사실 말고는, 관련되는 모든 점에서 어떠한 차이도 없는 존재자들[X에 해당하는 존재자로서, 목성에 가까이 여행하는 우주 비행사]과 우리들이 똑같은 존재자라고 우리들이 믿어야만 한다. 그러나 만약에 전자들이 존재한다는 것을 우리들이 미리 알고 있지 못하다면, 전자들을 볼 수 있는 존재자들과 우리들은 관련되는 모든 점에서 같은 존재자라고 믿을 필요가 없다. 실재론자는 여기서 어떤 순환성이 있음을 감지하게 될 것이다―만약 우리들이 목성의 위성들을 볼 수 있을 정도로 가까이 있게 될 때 그 위성들을 볼 수 있다는 것을 알기 위해서는 먼저 그러한 위성들이 존재한다는 것을 믿어야만 하는 것은 아닌가? 이러한 경우에 있어 목성의 위성들에 관한 우리들의 이론이 경험적으로 충족하다는 믿음만으로는, 만약에 그 위성들이 우리 눈앞에 나타날 경우에 우리들이 그것들을 보게 될 것이라는 사실까지 함축하는 것은 아니다. 이러한 점이 전자들의 경우와 똑같이 비교될 수는 없다―전자들의 경우에는, 전자에 관한 이론이 경험적으로 충족하다는 사실이, 우리들이 현재 상태와 다른 관찰자들로 재구성될 경우에 일어나게 되는 일들에 대해서는 어떠한 점도 말하지 않는다.

우리는 인식적 공동체를 고정된 것으로 취하면서도 이와 다른 시공간적 위치를 가지는 공동체를 상상할 수 있기 때문에, 공룡이나 목성의 위성들이 관찰될 수 있다고 말할 수 있다. 그러나 우리들은 원자들에 대해서는 그와 똑같이 말할 수 없다. 왜냐하면 과학이론에 따르면 원자들을 관찰하기 위해서 우리들은 현재와는 다른 물리적[생리 구조적] 구성 조직을 가져야만 하는데, 그러나 원자들이 존재하고 있다는 사실을 우리들이 먼저 믿고 있지 않는다면, 우리들이 그러한 물리적 구성 조직을 가질 경우에 원자들을 관찰하게 될 것이라는 사실을 우리들이 믿을 필요가 없기 때문이다. 물론 실재론자들은 이와는 반대의 직관을 가지고 있으며, 진화의 우연적 특성으로 나타난 우리들의 물리적 구성 조직이 어째서 철학적인 중요성을 가지게 되는가에 대한 물음을 인정하지 않는다. 이러한 물음에 대한 한 가지 대답은 다음과 같이 단지 반대의 직관만을 재서술하는 것뿐이다. 우리들의 (생물학적으로 결정된 현재의) 관찰 능력 이외의 어떤 것들이 우리들의 인식론에 관련성을 가진다고 생각할 수 있겠는가?

(2) 수용과 믿음

반 프라센이 과학 언어에서 관찰용어와 비관찰용어들의 경계선을 그을 수 없다고 하는 점에 있어서는 실재론자들의 의견에 동의하고 있다는 점이 중요하다. 사실 그는 관찰할 수 있는 것과 관찰할 수 없는 것의 경계선은 우리들의 최선의 과학이론들이 기술하고 있는 대상들에 대해서, 그리고 관찰자로서 우리들의 생리적 구성 조직에 대해서 말하는 것들을 고려하여 그어질 수 있다고 생각하고 있다. 하나의 이론을 수용하는 것은 그 이론의 경험적 충족성에 대한 믿음뿐만 아니라, 다음과 같은 점들까지도 수반하고 있다는 사실이 과학에 대한 반 프라센의 설명에서는 매우 중대하다. '그러한 이론의 구조 체계 내에서 앞으로 새로운 현상들을 직면하게 되는 것에 대한 언질, 연구 프로그램에 대한 언질, 관련되는 모든 현상들이 이 이론을 포기하지 않는다면 설명될 수 있다고 장담하는 보증.' (van Fraassen 1980: 88)

반 프라센은 우리들이 세계를 기술하기 위해서 과학의 언어를 종종 사용한다는 사실과 이 언어가 완전히 이론 의존적이라는 사실을 실재론자들에게 기꺼이 시인하고 있다. 예를 들어 우리들은 전자레인지와

초단파VHF 수신기들에 대해서 이야기하지 않고서는 세계를 기술할 수 없다.(van Fraassen 1980: 81) 더 나아가 그는 과학적 목적과 마찬가지로 많은 일상적인 목적을 위해서도 이론들이 기술하고 있는 세계에 깊이 의탁하여 그 속으로 빠져 있을 필요가 있음을 인정한다. 그래서 반 프라센은 과학적 실천이 가지고 있는 이러한 측면들을 나름대로 설명하고 있으나, 이러한 사례들이 단지 그 이론의 이론적 의탁에 대한 실용주의적 지지 근거만을 제공할 뿐이며, 이론적 언어와 기술어를 사용하는 것이 그 이론의 진리에 대한 믿음을 보류하는 것과 상충하는 것이 아니라고 주장하고 있다.

구성적 경험론을 반대하여 생길 수 있는 논증 중 하나는 과학이 제공하는 세계-그림에 의탁하여 그 세계 속으로 빠지는 것과 실재론의 입장이 별반 차이가 없다는 점을 논증하는 것이다. 실재론자들은 구성적 경험론이 [자신들의 주장처럼] 그렇게 간단하게 이용할 수 없는 수용과 믿음에 대한 본질적이고 확고한 구별에 의존하고 있다고 주장하였다. 호위치Paul Horwich(1991)는 과학이론의 진리에 대한 믿음과 아마도 반 프라센과 도구주의자들이 추천하고 있는 것으로서 보다 약화된 것이라고 간주될 수 있는 인식적 태도를 구별하는 것이 정합적이지 않다고 주장하였다. 호위치에 따르면 "하나의 이론을 믿는 것은 그 이론을 사용하도록 만드는 정신 상태와 다른 것이 아니다."(Horwich 1991: 2) 그는 다음과 같이 주장하고 있다.

만약 우리들이 믿음의 본성에 관한 심리학 이론을 형성하려고 한다면, 믿음을 어떤 특정한 종류의 인과적 역할을 가진 상태로 다루는 것이 이치에 부합하는 것처럼 보일 것이다. 이러한 인과적 역할은 다음과 같은 특성들에서 나타나곤 한다. 어떤 예측들을 만들어내거나, 어떤 말을 하도록 유발하거나, 어떤 관찰들에 의해 무엇을 하도록 인과적으로 자극받거나, 특유의 방식으로 추론적 관계들에 개입하는 것 등이다. 그러나 이러한 것들은 도구주의자들이 수용의 개념을 특정화하는 것과 똑같은 방식으로 믿음을 정의하고 있다.(Horwich 1991: 3)

이러한 호위치의 논증에 분명하게 반대하는 의견은 믿음이라는 것은 누구든지 "나는 이론 T가 참이라고 믿는다"라고 마음대로 주장할 수 있도록 하는 쓸데없는 인과적 역할을 지니고 있는 반면에, 수용이라는 것은 그런 주장을 마음대로 할 수 있도록 만들지 않을 것이라고 말한다. 그러나 호위치는 행동에서의 그러한 차이는 믿음과 수용의 차이에서 나오는 결과가 아니라 애매한 '철학적인 이중적 말투philosophical double-talk'의 산물에 불과한 것으로서, 그래서 "사람들이 자신의 심리적 상태를 올바른 방식으로 기술하는 데 있어서 오류를 범하도록" 혼동시키고 있다고 주장한다.(Horwich 1991: 4) 따라서 그의 견해에 따르면 "나는 T를 수용하지만 믿지는 않아"라고 말하는 사람들은 자신들이 믿고 있는 것에 대해 잘못을 범하고 있는 것이며, 우리들은 그렇게 주장하는 경향이 믿음과 수용에 대해서 혼동된 믿음들을 가지고 있기 때문이라는 것을 그 사람들에게 지적하면서 과학에 대한 적합한 태도를 설명해주어야만 한다.

그러나 이러한 주장은 뉴턴 이론을 사용하는 것이 곧 그 이론을 믿는다는 것을 함축하는 것처럼 보이는데, 이러한 점은 올바른 것 같지 않다. 왜냐하면 많은 과학자들은 뉴턴 이론이 참이라고 믿지 않으면서도(그리고 양자역학과 상대성이론이 현재의 가장 접근적으로 참된 이론이라고 믿으면서) 매일 뉴턴 이론을 사용하고 있기 때문이다. 호위치도 물론 이러한 내용의 반대 주장이 가능하다는 것을 고려하였다. 그러나 그는 과학자들이 하나의 이론을 수용하면서도 동시에 그 이론을 믿지 않는 다소 엄밀하게 제약된 어떤 국소적인 영역에서만 항상 그 이론을 수용하는 것이라고 주장하고 있다.(Horwich 1991: 4) 따라서 그는 반 프라센이 제시하는 수용 양식은 뉴턴 이론을 사용하면서도 이를 믿지 않는 과학자들의 통상적인 태도와 비교하여 이해될 수 있는 것이 아니라고 주장한다. 왜냐하면 반 프라센의 수용 양식은 '부적합한 일반적 수용'이지 '적합한 국소적' 수용이 아니기 때문이다.(Horwich 1991: 5)

그러나 이러한 주장은 대응책이 될 수 없다. 왜냐하면 우리들은 어쨌든 부분적으로 경험적인 충족한 이론들만을 다루어야 하지, 완전하게 경험적으로 충족한 이론을 직면할 가능성은 거의 없기 때문이다. 따라서 구성적 경험론은 하나의 이상화이다. 그러나 여기서 이상화시킨다는 것은 적법한 것처럼 보인다. 왜냐하면 실재론자는 만약 부분적인 믿음의 경우나 혹은 부분적이거나 접근적인 진리에 대한 믿음의 경우에 큰 문제가 없다면, 부분적인 경험적 충족성의 경우에 반 프라센이 가지게 되는 것과 같은 정도의 문제만을 가지기 때문이다. 과학자들은 어떤 영역에서는 한 이론을 믿지 않고서도 수용하고 있기 때문에, 이론들을 자신들이 사용하면서도 그 이론을 거짓이라고 믿는 과학자들의 태도는 이론의 수용이 믿음까지 도달하지 못한 내용을 분명하게 설명해주는 것 같다.

(3) 선택적 회의론?

구성적 경험론은 맹목적인 회의론과 똑같지는 않다. 그래도 반 프라센은 우리들이 미결정성의 문제에 직면해서도 어떻게 귀납적인 지식을 가질 수 있는가에 관해서 설명해야 할 의무가 있다. 결국 우리가 반 프라센에게 제기하게 되는 물음은 다음과 같다. 어떤 이론 T가 그냥 단순하게 다음주까지만 경험적으로 충족하다는 것이 아니라, 일반적으로 볼 때 경험적으로 충족하다는 것을 우리들이 왜 믿어야만 하는가? 혹은 우리들은 언제 그러한 방식으로 바라보게 되었는가? 구성적 경험론자들도 물론 미결정성의 문제에 직면하게 되지만, 그들은 이 문제를 해결하기 위해 설명력에 의존할 수가 없다. 설명과 최선의 설명으로의 추론에 의존하는 것이 구성적 경험론을 논박하고 과학적 실재론의 입장을 세워줄 수 있는가를 고찰하는 것은 다음 장의 주제이다.

∴

앨리스: 아마 많은 이론들이 똑같은 내용들을 예측할 수 있을 거야. 그렇다고 해서 그 이론들이 동등하게 좋은 이론이 되는 건 아닌 것 같아. 우선 한 예를 들어보면, 어떤 이론은 소수의 기본 원리들로 많은 다른 사물들을 설명하고 있잖아. 이 경우에 우리는 그 이론들이 참이라고 생각하게 되는 또 다른 몇 가지의 이유를 갖고 있는 거야.

토머스: 하지만 어째서 그렇지? 확실히 그런 단순하고 통일된 이론들을 가지는 것이 더 좋을지도 모르지만, 그런 사실은 그 이론이 참이라기보다는 그냥 단지 편리하다는 것만을 의미할 수도 있어.

앨리스: 너는 과학의 성공이 모두 우연히 얻은 행운에 불과하다고 생각할 준비가 되어 있는 것 같아. 하지만 그러한 생각을 받아들이기가 얼마나 어려운지 모르겠니? 만약 어떤 한 이론이 운 좋게도 단번에 많은 다른 사물들을 설명한다면, 그 사실만으로도 이 이론이 세계를 올바로 기술하고 있다고 생각할 좋은 이유가 될 수 있어.

토머스: 나는 설명이라는 것이 도대체 뭔지 확실히 모르겠어. 너는 어

린아이가 그냥 "왜?"라고 물을 때마다 그 아이에게 무언가를 설명해주는 것처럼, 설명이 어떻게 이루어진다는 것을 너는 알고 있잖아. 과학의 경우도 마찬가지가 아닐까? 실제로는 아무것도 설명되지 않았고, 그저 다음에 일어날, 그리고 다음, 또 그 다음에 일어날 사실들의 연관 관계만이 주어져 있을 뿐이잖아. 결국에 가서 네가 본 교과서가 빅뱅과 같은 대폭발이 왜 생겼는지 말해줄 수 있을까?

앨리스: 설명이라는 것은 사람들이 사물의 원인이나 사물을 지배하는 법칙들을 정확하게 확인하게 될 때 작동하는 거야. 그리고 만약에 과학이 법칙들이나 우리 주변에서 보게 되는 사물의 원인들을 포착하지 않더라도 성공할 수 있다고 생각하는 건 좀 잘못된 생각이야.

토머스: 나는 그 말에 동의하지 않아. 과학은 수많은 사람들이 생애를 바쳐 개발하였기 때문에 성공적인 것이고, 그들이 행한 활동들 중에서 많은 것들이 성공하는 건 아니야. 우리들은 그러한 활동들 중에서 오직 좋은 것들만 기억하기 때문에 과학은 그렇게 성공적인 거야.

➡ 더 읽어야 할 책들 ⬅

미결정성

Duhem, P. (1906, tr. 1962), *The Aim and Structure of Physical Theory*, New York: Athenum.

Harding, S (ed.) (1976), *Can Theories be Refuted? Essays on the Duhem-Quine*

Thesis, Dordrecht, The Netherlands: D. Reidel.

Hoefer, C. and A. Rosenberg (1994), "Empirical equivalence, underdetermination, and systems of the world", *Philosophy of Science*, 61, pp. 592~607.

Kukla, A. (1993), "Laudan, Leplin, empirical equivalence, and undedetermination", *Analysis*, 53, pp. 1~7.

Kukla, A. (1998), *Studies in Scientific Realism*, Oxford: Oxford University Press.

Laudan, L. and J. Leplin (1991), "Empirical equivalence and underdetermination", *Journal of Philosophy*, 88. pp. 269~285.

Laudan, L. and J. Leplin (1993), "Determination underdeterred", *Analysis*, 53, pp. 8~15.

Quine, W.v.O. (1953), "Two dogmas of empiricism", in *From a Logical Point of View*, Cambridge, MA: Harvard University Press.

Sklar, L. (1974), *Space, Time and Spacetime*, Berkeley: University of California Press.

Van Fraassen, B. C. (1980), *The Scientific Image*, chapter 2, Oxford: Oxford University Press.

베이지안과 다른 확증이론들이 이러한 문제에 대한 해결책을 제공해야만 하는가에 관한 문제들을 모두 다루고 있는 책들

Glymour, C. (1980), *Theory and Evidence*, Princeton, NJ: Princeton University Press.

Horwich, P. (1982), *Probability and Evidence*, Princeton, NJ: Princeton University Press.

Howson, C. and P. Urbach, (1993), *Scientific Reasoning: The Bayesian Approach*, La Salle, IL: Open Court.

구성적 경험론

Churchland, P. and C. Hooker (eds.) (1985), *Images of Science*, Chicago: University of Chicago Press.

Ladyman, J. (2000), "What's really wrong with constructive empiricism?: van Fraassen and the metaphysics of modality", *British Journal for the Philosophy of Science*, 51, pp. 837~856.

Van Fraassen, B. C. (1980), *The Scientific Image*, Oxford: Oxford University Press.

Van Fraassen, B. C. (1989), *Laws and Symmetry*, Oxford: Oxford University Press.

제7장 설명과 추리
Explanation and inference

실재론자들은 과학이론이 기술記述하고 있는 현상들을 설명할 수 있는 과학이론들의 능력에 많은 강조점을 두고 있다. 사실 많은 경우에 있어, 과학적 탐구 정신의 제일의 목표는 설명이라고 할 수 있다. 화학의 기본 원리는 서로 다른 원소의 원자들이 우리들이 자연 세계에서 확인할 수 있는 여러 가지의 화합물(예를 들어 이산화탄소, 물, 소금 같은 것)의 분자들을 형성하기 위해서 고정된 일정 비율로 어떻게 결합하는가를 설명해주는 것으로서, 천체물리학에서 세포 생물학에 이르기까지 과학의 모든 분야에서 응용되고 있다. 그래서 우리들이 자연현상을 두고 하는 대부분의 설명은 이론적이고 관찰할 수 없는 대상들에 대한 지시와 언급을 내포하고 있다. 실재론자들은 하나의 가설의 진리나 접근적 진리는 이 가설이 순수한 과학적 설명의 일부분이 되기 위한 필요조건이라고 주장한다. 다시 말하면 설명은 단순한 경험적 충족성adequacy 이상의 것을 요구한다. 따라서 실재론자들은 과학에서의 설명이 구성적 경험론의 관점에서 볼 때 이해될 수 없을 것이라고 주장한다.

단순성, 우아성, 다른 이론들이나 형이상학적 믿음들과의 정합성 등이 가지고 있는 초경험적 덕목들은 모두 좋은 설명이 되기 위해서 아주 필요한 사항들인 것처럼 보인다. 만약에 두 개의 이론이 모두 똑같은 현상을 예측한다 할지라도 그 설명력explanatory power이 서로 차이가 난다면, 그리고 설명력이 하나의 이론의 진리에 대한 증거가 된다면 이론의 경험적인 동등성empirical equivalence이 증거적인 동등성evidential equivalence까지 함축하지는 않을 것이다. 과학적 실재론에 관한 대부분의 문헌들은 **최선의 설명으로의 추론**inference to the best explanation(이제부터는 IBE로 약칭하여 사용한다)의 자질에 많은 관심을 가지고 있다. 그것은 우리들이 일군의 증거의 체계를 가지고 있고 모두가 다 현상들을 잘 설명하고 있는 몇 가지의 가설들을 고려하고 있을 경우, 우리들은 (다른 기준들에 대해서는 적어도 최소한도로 충족되고 있다면) 증거를 최대한 잘 설명할 수 있는 가설을 추리해내야 한다는 원리이다. 실재론자들은 IBE의 규칙이, 합리적 추론의 법칙들의 한 부분이 되고 세계에 대해 어떤 내용을 담고 있는 지식이 되기 위해서는 필수적인 것이라고 주장한다. 계속해서 실재론자들은 IBE의 신뢰성을 받아들이는 것만으로도 과학적 실재론을 왜 채택해야 하는가를 정당화하는 데 필요한 모든 것이 된다고 주장한다. 왜냐하면 IBE가 이론의 미결정성 문제를 단숨에 날려버릴 수 있기 때문이다.

 IBE를 옹호하는 많은 사람들은 또한 그것이 모든 귀납적 추론(제2장 2절 (6) 참조)의 기반이 될 수 있다고 주장한다. 그리고 또한 이들은 IBE를 거부하고 있는 구성적 경험론자들은 비연역적인 추론을 행할 만한 어떤 기반도 없으며, 이러한 추론상의 문제는 관찰 가능한 대상들을 고려할 경우에조차도 극복될 수 없다고 하면서, 따라서 구성적 경험론이야말로 자기들의 잣대로 멋대로 재단하는 선택적 회의론에 불과하다고 주장한다. 그러므로 구성적 경험론을 옹호하는 반 프라센의 논증은 실재론자들이 IBE에 부여하고 있는 자질을 비판하는 내용까지 포함하고, 논증의 범위를 확장시켜 경험론적으로 불가피하게 [IBE를] 받아들이지 않을 수도 있다는 내용으로까지 진행해야 했다. 그는 거짓 이론들이 좋은 설명들(예를 들어 뉴턴역학은 거짓이지만, 그럼에도 불구하고 밀물과 썰물 현상에 관해서 좋은 설명을 제공하고 있다)을 제공할 수 있다고 주장하면서, 이로부터 더 나아가 설명력이란 이론, 사실, 맥락 간의 실용적인pragmatic 관계에 불과한데, 이 관계는 탐구자의 배경 믿음들과 이해관계들에 의해 결정된다고 설명한다. 그는 보다 많은 설명력을 가진 이론이라고 해서 인식적으로 더 많은 지지를 보낼 여지가 생기는 것은 아니라고 주장한다. 그 이유는 경험적으로 동등한 두 개의 이론이 설명력에 관해서는 서로 다를 수 있고, 따라서 설명력을 고려하는 것이 미결정성의 문제를 무너뜨릴 수 있다는 점을 인정하더라도 과학적으로 적합한 요소들 중에서 설명적인 것이 어떤 것인가를 결정하는 것은 실용적인 맥락이고, 이것은 이해관계와 목표에 따라 상대적이기 때문이다. 설명적인 이론을 추구하는 것은 필연적으로 경험적으로 충족하고 강한 이론을 추구하는 것이 되며(왜냐하면 관찰할 수 있는 것을 올바르게 기술하지 않는 이론은 우리들이 관찰한 것을 설명하는 데 사용될 수 없기 때문이다), 그리고 설명력은 순전히 이론들의 실용적 덕목에 불과하다.

　이 제7장의 첫 부분에서 우리들은 과학적 설명의 성격에 관해서 고찰할 것이다. 그리고 두 번째 부분에서는 과학적 실재론을 옹호하기 위한 최선의 설명으로의 추론을 사용하는 것을 평가할 것이다.

1. 설명

설명은 사물이 실제로 우리 눈앞에 나타난 바와 같이 어째서 그렇게 발생하게 되었는가를 우리들에게 말해주는 것으로 간주된다. 많은 철학자들과 과학자들은 과학이론이 세계를 존재하는 그대로 기술하는 것만으로는 충분하지 않으며, 왜 그러한 방식으로 존재하는가에 관한 내용까지 말해주어야만 한다고 생각한다. 다음과 같은 설명들을 생각해보자.

(i) 창문이 돌멩이에 맞았기 때문에 깨졌다.
(ii) 기체의 압력은 부피가 고정되어 있고 온도가 상승하기 때문에 증가한다.
(iii) 그들은 어떤 작업이 끝나기를 원하기 때문에 전화를 받지 않았다.

첫 번째 설명은 직접적인 인과적 설명이다. 두 번째 설명은 온도, 압력, 부피에 관한 기체의 법칙에 근거하고 있다. 세 번째 설명은 심리학적인 설명이다. 인과적 설명은 하나의 현상을 설명하는 데 원인과 결과의 구조를 사건의 근본 속성으로 귀속시켜 행한다. 법칙들에 의해 행하는 설명이나 **법칙적**nomic 설명은 자연의 법칙들이 현재와 같이 주어졌을 때 사건이 필연적으로 그렇게 발생하게 된다는 것을 보여줌으로써 설명한다. 심리학적인 설명은 사람들의 행동이 자신들의 욕망과 믿음에 어떻게 관련되는가를 배경적 지식에 의존하여 설명하고 있다. 그 밖의 다른 특수한 종류의 설명들로서는 다음과 같은 것들이 있다.

(1) 그의 폭력은 억압된 오이디푸스콤플렉스의 결과이다.(정신분석학적 설명)

(2) 기린의 목은 길다. 왜냐하면 긴 목이 높은 나무의 꼭대기에 있는 잎사귀들을 취하여 먹이를 구할 수 있도록 해주기 때문이다. 즉 기린의 긴 목은 환경에 적응한 결과이다.(진화론적 설명)

(3) 나치즘의 발흥은 베르사유조약을 맺기 위한 협상을 하면서 유럽의 다른 강대국들이 독일을 조롱하였기 때문에 생겨났다.(역사적 설명)

(4) 숟가락의 손잡이는 손으로 편안하게 잡을 수 있도록 하기 위하여 구부러져 있다.(기능적 설명)

(5) 그 여자의 별자리는 물고기자리이며, 그 자리는 물의 궁宮sign[1]에 위치하고 있기 때문에 그 여자는 융통성이 많다.(점성술적 설명)

(6) 그는 젊어서 죽었는데, 그 이유는 하나님의 뜻이 그러했기 때문이다.(신학적 설명)

(7) 돌은 그 자연적 위치가 우주의 중심에 있기 때문에 지구를 향해 떨어진다.(신학적/아리스토텔레스적 설명)

(8) 자본주의의 발흥은 18세기 유럽의 생산조직에 나타난 불안정 instabilities으로 인한 불가피한 결과였다.(맑스의 설명)

철학자들과 과학자들은 어떠한 종류의 설명이 적법한가에 대해서 논의하면서 종종 여러 진영으로 분명하게 나누어지기도 한다. 우리들이 제1장에서 보았듯이, 과학혁명의 기간 동안에는 (7)에서 주어진 것과 같은 설명들은 자연철학자들에 의해서 광범위하게 거부되었다. 왜냐하면 그 설명들은 사물의 원인을 다른 물질에 의해 특정화하지 않고 사물의 자연적 위치나 아니면 고유한 기능에 의존하여 설명하고 있기 때문이다.

---

[1] 점성술에서 말하는 12궁의 한 자리이다.

기능적인 설명은 비록 개괄적으로 주어지더라도 이치에 부합하는 인과적 기제機制mechanism를 이용할 수 있을 경우에는 적법하다고 널리 간주되고 있다. 예를 들어 숟가락에 관한 설명인 (4)의 경우에, 그 이면에 있는 인과적 설명은 사람들이 그러한 방식으로 그것을 만들었다는 것이고, 이러한 설명은 심리학적인 설명과 인과적 설명이 결합된 것이다. 마찬가지로 진화론적 설명에서 어떤 환경에 적응하여 특성을 가지게 된 생물체에 관한 이야기는 그 이면에 인과적 설명이 존재하기 때문에 적법하다고 여겨진다. 즉 환경의 거센 압력이 주어졌을 때, 그리고 유기체가 자신의 물리적[생리적]인 대표적 특성들을 자신들의 유전자를 통해 전달한다는 사실로 인해서, 종적 개체들 가운데서 무작위적으로 발생한 형태적인 변이random variation[2]들은 서로 각기 다른 생존율과 성공적인 재생산 비율을 가지게 된다. 생존율을 증가시키는 기능을 행하는 유기체들의 경우, 그 유기체들이 획득한 특성은 다음 세대에서는 더 큰 비율로 또한 나타나게 될 것이다. 따라서 수백만 년이 지나면 다리, 이, 눈과 같은 생김새의 특성이 발달하고 변하게 된다. 또 한편 많은 사람들은 정신분석, 맑스주의, 점성술, 그 밖의 다른 그럴듯한 사이비 과학들이 제공하는 설명들이 순수한 설명이 아니라고 주장한다. 왜냐하면 그것들은 경험적으로 검사 가능한 인과적 기제들을 이해할 소지를 하나도 제공하지 않기 때문이다. 심리학적인 설명이 일종의 인과적 설명인가 아니면 다른 종류의 설명인가 하는 문제에 관해서도 또한 논쟁이 벌어지고 있다.

과학적 설명이라는 것은 항상 혹은 통상적으로 인과적 설명인 것처럼 보인다. 법칙들에 의존하고 있는 경우, 이러한 설명은 법칙들이 어떻게

---

[2] 변이variation는 돌연변이mutation와 달리 장기간에 걸쳐서 환경적 요인의 영향을 많이 받아 유전적으로 서서히 변화된 개체를 말한다.

유지되고 있는가에 관한 인과적 설명에 의해서 보완될 수 있다. 예를 들어 기체 법칙들은 압력과 온도의 현상을 인과적으로 야기하는 분자 운동에 의해서 설명될 수 있다. 이러한 견해를 견지하는 사람들도 있지만, 우리들이 제2장에서 보았듯이 많은 철학자들은 인과성의 개념 자체에 대해 우려를 표명하고 있다. 흄과 같은 실증주의자들은 현상들 속에서 관찰할 수 있는 규칙성들을 초월하여 그 이면에 어떤 인과적이거나 필연적인 연계성이 있다고 생각하는 어떠한 입장에 대해서도 반대한다. 인과적 연계성을 특별히 많이 강조하는 근대과학에서는, 예를 들어 뉴턴의 운동과 중력의 법칙, 혹은 위의 (ii)와 같은 기체 법칙과 같은 경우처럼, 설명은 종종 수학 법칙으로 진행되기도 한다. 많은 사람들은 태양이 지구를 끌어당기도록 인과적으로 작용하고 있는 만유인력을 통해서 힘force에 관한 뉴턴의 이야기가 과학적으로 바람직하다고 생각한다. 왜냐하면 뉴턴은 인과적으로 작용하여 검사될 수 있는 결과를 통제하는 하나의 엄밀한 법칙을 제시하기 때문이다. 카르납과 그 밖의 몇 사람들은 생물학에서 **생명력**vital forces에 근거하여 설명하는 생기론을 비판한다. 생기론은 생명력을 가진 사물들이 무생물 세계에서는 발견되지 않는 어떤 힘을 가지고 있으며 물리학 체계들이 진행하는 일반적인 경향들과는 반대로 무작위적으로 그리고 구조화되지 않은 상태를 향해서 나아가도록 행동한다고 설명한다. 카르납과 같은 사람들은 생기력과 같은 힘을 도입해보았자 그 현상들을 지배하는 법칙들로부터 어떠한 구체적인 예측도 도출할 수 없기 때문에 그 이론은 아무것도 설명하지 않는다고 주장한다.

따라서 우리들이 인과성causation이라고 부르는 것이 현상들 속에 있는 규칙성에 불과하다고 주장하는 흄의 입장에 동의하는 사람들은 인과적 설명이 법칙적 설명으로 환원될 수 있다고 생각한다. 이러한 견해에 따르면 원리적으로 위의 (i)의 설명은 역학 법칙―기체와 같은 물질들의 행동을 지배하는 물리학의 법칙—에 의해서 이루어지는 설명으로 대체될 수 있다. 이들은 그래서 법칙이란 사물이 어떻게 작용하는가에 관한 일반화에 불과하다고 주장한다. 이 생각은 인과성에 관한 흄의 규칙성 이론을 기체의 규칙성 이론과 결합시키면서, 사건들 간에 이루어진다고 하는 인과적이거나 법칙적인 필연적 연계에 관한 형이상학적인 관념들을 제거하게 된다.

1) 포괄 법칙 설명 모형

우리들이 관찰하는 현상들을 과학자들이 설명한다는 것은 이 현상들을 지배하는 자연의 법칙들을 발견하여 이 현상들이 그 법칙에 따른다는 것을 보여주는 것이라고 생각할 수 있다. 과학적 설명에 관한 이론들 중에서 가장 영향력이 있는, 헴펠이 제안한 설명 이론은 어떤 현상이나 사건 혹은 사실에 관해서 과학적 설명을 제공한다는 것은 설명하려는 현상이 특정한 초기 조건들과 더불어 하나의 법칙(혹은 법칙들의 체계)으로부터 어떻게 도출될 수 있는가를 보여주는 것이라고 말한다. 그래서 예를 들어 우리들은 일식日蝕이 진행되는 동안에 하늘이 어두워지는 현상을 설명하는 데 있어, 일식이 일어나는 동안 달의 궤도를 결정하는 태양과 지구 및 다른 행성들의 이 시간대의 위치, 질량, 속도와 함께 천문학의 법칙들을 사용하게 된다. 우리들의 배경 지식을 이루는 광학의 법칙들은 달이 지구와 태양의 사이를 지나가게 될 때, 지구 표면의 어떤 부분에 달이 그림자를 드리울 것이라는 내용을 함축한다. 물론 많은 과학적 설명들은 매우 복잡하며 그에 수반되는 초기 조건들과 모든 법칙의 내용을 완전하게 구체화시키는 일은 불가능까지는 아니더라도 매우 어려울 것이다. 그러나 모범적인 많은 과학적 설명들은 실제로는 설명의 개략적인 모습만이 뚜렷하게 드러났다 하더라도, 헴펠의 모델에 부합하는 것처럼 보인다. 헴펠은, 역사학이나 사회학이 겉으로는 언뜻 포괄 법칙 모형의 한 사례인 것처럼 보이지 않지만, 역사학이나 사회학에서도 진짜 설명이라고 할 수 있는 것들은 항상 법칙들에 대한 언급을 포함하고 있다고 주장하였다.

설명에 대해서 말할 때 철학자들은 설명되고 있는 것을 **피설명항**披設明項explanandum이라고 부른다. 이것은 예를 들어 일식과 같은 하나의 특정한 개별 사건이나 혹은 타원 궤도를 행성들이 공전하고 있는 것이나 프리즘이나 물방울에 의해 빛이 산란하는 것 등과 같은 일반적인 부류의 현상들이 될 수도 있다. 설명하는 기능을 수행하는 것은 **설명항**說明項explanans이다. 그래서 예를 들어 피설명항이 사리가 한 달에 한 번 일어난다는 내용이라면 설명항들은 만유인력의 법칙, 해양에서의 구체적인 물의 질량, 달의 질량과 위치 등이 될 것이다. 그래서 우리들은 만유인력의 법칙으로부터, 달이 만유인력에 의해 지표면에 있는 바닷물에 작용하면서 달의 상대적인 위치에 따라 다양한 장소에서 사리와 조금의 현상을 인과적으로 야기한다는 사실을 연역해낸다. 다음 절에서 나는 포괄 법칙 모형에 대해서 헴펠이 처음에 구체적으로 제시하였던 내용을 설명할 것이다.

(1) 연역 법칙적 모델

이러한 설명 모델(DN 모델)에 따르면 피설명항은 배경을 이루는 사실들과 초기 조건들과 함께 하나의 법칙이나 자연의 법칙으로부터 연역되어야만 한다. ('법칙적nomological'이라는 용어는 '자연의 법칙의 한 부분에 속함'을 의미한다.)

도식적으로 설명하면 다음과 같다.

법칙들	$L_1, L_2, \ldots, L_m$
초기 조건들	$C_1, C_2, \ldots, C_n$
함축	————————
피설명항	$O_1, O_2, \ldots, O_p$

여기서 m과 n, p는 자연수이고, m개의 법칙들, n개의 초기 조건들이 있고 피설명항은 일련의 p개의 관찰들이다.

DN 모델은 다음과 같은 **논리적 조건**들을 설명들에 부과하고 있다.

(i) 설명항들은 연역적으로 피설명항을 함축해야 한다.
(ii) 연역은 일반 법칙들을 본질적으로 사용해야 한다.
(iii) 설명항들은 경험적인 내용을 가져야 한다.

(i)은 설명들로 추정되는 것이 결과적으로는 연역적으로 타당한 논증이라는 것을 말한다. 즉 피설명항은 설명항들로부터 연역적으로 도출되어야만 한다. (ii)는 설명이 되기 위해서는 논증이 그 전제들 가운데 적어도 하나 이상의 법칙들을 포함하고 있어야만 하며, 만약 이 법칙들이 논증 속에 없다면 그 논증은 더 이상 타당할 수 없다고 말하고 있다. (ii)의 이러한 내용은 과학적 설명의 외양을 갖추고 있으면서도 법칙들을 비본질적 방식으로 포함하고 있는 사이비 과학적 설명이 DN 설명 모델을 만족시키지 못할 거라는 확신을 준다. (iii)은 초기 조건과 배경 조건에 관한 전제와 법칙으로 구성되어 있는 설명항들이 경험적으로 검사 가능해야 함을 말하고 있다. 마지막으로 우리들은 다음과 같은 경험적 조건을 덧붙여야 한다.

(iv) 설명항들 속에 나타난 문장들은 참이어야 한다.

(iv)는 거짓 명제에 의존하여 어떤 것을 설명하는 것은 만족스럽지 않다는 것을 확실하게 보여주기 때문에, 여기서 전개된 논증이 건전하다 sound는 점을 확신하게 한다. 예를 들어 우리들은 특정한 하나의 화합물이 물에 녹는다는 사실을, 모든 화합물은 물에 녹는다라고 언명하고 있는 법칙으로부터 논리적으로 도출하여 설명할 수가 없다. 왜냐하면 이 법칙은 거짓이기 때문이다. 물론 어떠한 자연의 법칙이 참이라고 할 수 있는가에 관한 지식은 틀릴 수도 있다. 만약에 우리들이 가지고 있는 법칙들 중의 하나가 거짓이라는 사실이 드러난다면 DN 모델에 따라서 과거에는 그것이 하나의 설명으로서 행세했지만 실제로는 설명이라고 할 수 없었다라고 우리들은 생각한다.

(2) 포괄 법칙에 의한 설명의 문제점들

포괄 법칙 설명 모델을 반대하는 의견의 대부분은 헴펠의 조건들이 **충분하지**sufficient 않다는 것을 보여주는 방향으로 이루어져 있다. 즉 헴펠의 조건들을 모두 만족하고 있는 어떤 논증이 과학적 설명으로 간주되지 않음을 보여주려고 한다. 어떤 사람들은 또한 그것이 **필요조건**조차 될 수 없음을, 다시 말하면 과학적 설명으로 적합하다고 할 수 있는 설명이 헴펠의 조건들을 모두 만족할 필요가 없다는 것을 주장한다. 다음에 나오는 반대 의견들은, 그 내용상으로는 서로 중첩되는 경우도 있지만, 분리하여 고찰하는 것이 유용하기 때문에 각각 나누어 고찰한다.

① 부적합성
이러한 반대의 경우는 포괄 법칙 설명 모델의 조건들을 만족하고 있는

하나의 논증에서 설명항들 중의 일부분이 적합한 설명적 요소가 아니라는 것을 우리들이 직관적으로 알 수 있는 경우에 일어난다. 예를 들면 다음과 같은 설명을 제시할 수 있다.

    모든 금속은 전기를 전달한다.
    전기를 전달하는 것은 무엇이나 중력의 영향을 받고 있다.
    그러므로 모든 금속은 중력의 영향을 받고 있다.

이 논증은 건전하다sound. 그리고 전제들은 일반 법칙들이지만, 금속이 전기를 전달한다는 사실은 금속이 중력의 영향을 받고 있다는 것과는 내용상으로 아무런 관련성이 없으므로 부적합하다. 이와 유사한 사례들을 만들어내는 것은 아주 쉽다.

    모든 소금은 성수聖水holy water에 녹는다.
    소금의 시편들이 어떤 성수에 담겨 있다.
    그러므로 그 소금의 시편은 녹았다.

다시 한번 보면 물이 성수라는 사실은 소금이 녹는 이유를 설명하지 않는다. 제대로 된 설명들 속에 나타난 전제들은 내용적으로 적절한 관련성이 있어야 하고 쓸데없이 불필요한 절이나 법칙을 포함하지 않아야 한다는 조건을 덧붙여서, 부적합성의 문제에 정면으로 대응할 수도 있을 것 같다. 그러나 여기서 필요로 하는 적합성의 개념에 관한 해명 작업은 그렇게 간단하게 처리될 수 있는 문제는 아니다.

② 선취 결정 문제

선취先取 결정이란 어떤 이유 때문에 발생하게 될 하나의 사건이 다른 이유로 인해서 본래 예측한 것보다 더 빨리 발생하는 경우를 말한다. 다음과 같은 경우를 생각해보자.

(a) 1파운드의 비소arsenic를 먹은 사람은 누구나 24시간 이내에 죽는다.
(b) 마거릿은 1파운드의 비소를 먹었다.
그러므로 마거릿은 24시간 이내에 죽는다.

(a)는 확실히 하나의 법칙처럼 보인다. 그러나 (b)가 참이니까 비소를 먹은 마거릿이 진짜로 24시간 이내에 죽을 것이라고 할지라도, 이 여자는 24시간이 되기도 전에 실제로는 버스에 치여 죽었다고 생각해볼 수도 있다. DN 모델의 조건들을 모두 만족한다 할지라도 이 법칙은 그 여자가 어떻게 죽었는가를 설명하지 못한다.

③ 과결정

하나의 사건이 과過결정되었다고 하는 것은 인과적 조건들의 체계가 하나 이상 있는데, 그 각각의 체계가 그 사건을 일으키는 데 충분할 경우를 말한다. 예를 들어 어떤 사람이 머리에 총을 맞으면서 동시에 전기에 감전되었을 경우를 생각해보자. 그러면 이 사람의 죽음은 과결정되었다. 다음과 같은 것을 고찰해보자.

성관계를 가지지 않는 사람은 누구나 임신을 하지 못한다.
닉(남자임)은 성관계를 가지지 않았다.
그러므로 닉은 임신하지 않았다.

확실히 어린아이가 아닌 닉이 임신을 하지 않았다는 사실은 성관계를 가지지 않았다는 사실과 남자라는 사실에 의해 과결정되었다. 그가 성관계를 가지지 않았다는 사실은 그가 임신하지 못한 것을 설명하는 내용이 아니다. 그러나 위의 논증은 DN 모델의 조건들을 만족하고 있다.

④ 대칭성

많은 과학적 법칙은 공존 상태에 있는 것들에 대한 법칙이다. 즉 과학적 법칙은 어떠한 가능성이 동시에 실현될 수 있는가를 제약하고 있다. 기체의 법칙들이 이러한 형식의 법칙이라고 할 수 있다. 왜냐하면 이 법칙들은 어떤 주어진 일정한 시간에 공존하고 있는 기체의 압력, 부피, 온도를 제약하기 때문이다. 그러나 우리들이 이러한 법칙을 가지고 있을 때, 그 법칙의 지배를 받는 두 개의 사건이 서로를 설명하는 것처럼 보이는 경우를 우리들이 만들어낼 수 있기 때문에 어떤 문제에 빠질 수 있다. 예를 들어 심장을 가진 모든 동물은 또한 간장이 있고 간장을 가진 모든 동물은 또한 심장이 있다는 것이 하나의 법칙이라고 생각해보자. 그러면 우리는 어떤 특정한 동물에게 심장이 있다는 것을 관찰한 것으로부터 이 동물이 왜 간장이 있는가를 설명할 수 있다. 그런데 우리들은 이 동물이 실제로 간장을 가지고 있다는 것을 똑같이 관찰할 수 있으며, 그리고 이러한 사실에서 위의 법칙을 사용하여 이 동물이 왜 심장이 있는가를 설명할 수 있다. 직관적으로 볼 때 이 가운데 어떤 것도 만족스러운 설명이 될 수 없다는 것을 알 수 있다. 다음과 같은 설명을 고찰해보자.

부피가 고정된 용기 안에 기체가 봉합되어 있고, 이 용기에 강하게 열을 가했다.
기체는 부피가 일정하다면 그 온도가 압력과 비례한다.

그러므로 기체의 압력은 높아진다.

위의 설명은 설명으로서 충분한 것처럼 보이지만, 우리들이 DN 설명 모델을 만족시키면서 아주 쉽게 이 설명의 순서를 반대로 바꿀 수 있다.

부피가 고정된 용기 안에 기체가 봉합되어 있고, 기체의 압력을 높인다.
기체는 부피가 일정하다면 그 온도가 압력과 비례한다.
그러므로 기체의 온도는 올라간다.

그러나 이 두 번째 설명은 직관적으로 볼 때 잘못되었다. 왜냐하면 실제로 온도의 상승만이 압력의 증가를 야기하는 것이지 거꾸로 압력의 증가가 온도의 상승을 야기하지는 않기 때문이다.[3]

⑤ 예측과 설명

헴펠은 '구조적 동일성의 논제'를 옹호하였다. 이 논제는 설명과 예측이 아주 똑같은 구조를 가졌다고 설명한다. 설명과 예측은 그 전제가 자연의 법칙들과 초기 조건들을 언명하고 있는 논증이다. 이 둘 사이의 유일한 차이는 설명의 경우에는 우리들이 그 논증의 결론을 사전에 참이라고 이미 알고 있는 반면에 예측의 경우는 그 결론을 아직까지 진리로 여기지 않는다는 점이다. 예를 들어 뉴턴물리학은 핼리혜성이 1758년 12월에 다시 돌아온다는 것을 예측하는 데 사용되었다. 그리고 이 혜성을 나중에 관찰하

---

[3] 이 용기가 봉합되어 있어 밀폐된 것이기 때문에, 이 용기 안의 기체의 압력을 증가시킬 수가 없다. 그러니까 이 경우에는 보일-샤를의 법칙의 온도와 압력의 상관관계에 따라 설명의 순서를 거꾸로 할 수가 없다.

게 되었을 때, 미리 앞서 이러한 예측에 사용되었던 논증은 이 혜성이 어떻게 해서 다시 돌아오게 되었는가에 대한 설명에도 사용될 수 있다.

  그러나 앞에 나타난 현상이 뒤에 관찰하게 될 현상을 설명하지 않아도, 우리들이 하나의 현상을 관찰하는 것만으로도 나중에 관찰하게 될 다른 현상을 예측할 수 있도록 해주는 경우들이 많이 있다. 예를 들어 기압계의 바늘이 밑으로 떨어지는 것은 폭풍이 곧 올 것이라는 것을 예측할 수 있도록 만들어주지만, 폭풍이 왜 오는가를 설명하지는 못한다. 이와 유사하게 그림자의 길이는 그 그림자를 드리우고 있는 건물의 높이를 예측할 수 있게 해주며, 우리들은 진자의 진동 주기를 알게 되면 진자의 길이를 계산할 수가 있다. 그러나 이 양자의 경우에, 후자의 현상[건물의 높이와 진자의 길이]들만이 전자[그림자의 길이, 진자의 주기]의 현상들을 [인과적으로] 설명하는 것이지, 반대 방향으로는 설명할 수 없다.[4] 선취 결정과 과결정의 경우들 또한 대칭성 논제와는 반대되는, 충분한 설명이 될 수는 없지만[5] 충분한 예측은 되는 것처럼 보이는 [그래서 설명과 예측의 구조적 동일성을 반대하는] 예이다. 이와는 달리 설명

---

[4] 예측과 설명의 구조적 동일성 논제에 따르면 그림자의 길이에 의해 건물의 높이를 예측할 수 있었으니까 당연히 그림자의 길이에 의해서 건물의 높이를 설명할 수 있어야만 한다. 그러나 그 인과 관계를 따져볼 때, 건물의 높이가 태양의 고도와 함께 그림자의 길이를 설명하는 것이지, 그림자의 길이가 건물의 높이를 설명하는 것은 아니다. 이 사례는 예측과 설명의 구조적 동일성에 대한 반대사례로 많이 등장하는 내용이다.

[5] 선취 결정과 과결정의 경우에, 실제로 작용한 원인들이 무엇인지를 정확하게 집어내서 설명할 수는 없지만, 어쨌든 결과는 동일하기 때문에 예측에는 성공한 것이다. 앞의 예를 들어 설명하면 선취 결정의 경우에 비소를 먹고 사망하였든지 교통사고로 사망하였든지 간에 어쨌든 결과는 사망에 이른 것이고, 과결정의 경우에는 임신하지 않은 원인이 무엇이든지 간에(성관계를 갖지 않거나 남자이거나) 어쨌든 그 결과는 임신하지 않는 것이기 때문에 발생한 결과를 미리 예측한 것이라고 볼 수 있지만, 설명으로서는 충분하지 못하다.

으로서는 충분한 것처럼 보이지만 예측으로서는 충분하지 못한 경우들이 있는 것 같다. 예를 들어 진화론은 설명을 할 수는 있으나 보통 어떤 특정한 종에 대한 예측은 할 수 없다. 왜냐하면 진화론적 변화는 환경적 조건들과 유기체의 형태학 속에서 무작위 변이로 일어나기 때문이다. 설명항들에 의해서 피설명항에 부여한 확률이 아주 낮을 경우에 해당하는 피설명항의 사건이 일어났다면, 사후에서야 우리들이 그 이유를 설명할 수 있겠지만 사전에 그 사건이 발생할 것인지를 미리 예측할 수 없기 때문에, 이와 같이 예측과 설명이 서로 분리된 것처럼 보이는 사례들을 확률적 설명들은 많이 제공한다.

(3) 귀납 통계적 모델

DN 설명 모델은 통계 법칙이나 확률 법칙을 사용하여 사물을 설명하려고 할 때에는 아무 소용이 없다. 사회과학에서 이용할 수 있는 법칙으로는 확률 법칙들밖에 없다. 예를 들어 1인당 소득이 낮은 것과 유아 사망률의 상관관계가 높다는 것은 인간 사회에서 하나의 법칙인 것처럼 보인다. 헴펠의 귀납적 통계(IS) 모델은 확률적인 설명이 주어졌을 경우에, 법칙이 보조 가설들과 함께 피설명항이 발생할 가능성을 만든다고 가정한다.

법칙　　　　(O/F)의 확률이 매우 높다.
조건들　　　F_m
발생 가능성　===========[6]
피설명항　　O_n

[6] '==='로 표시한 것은 추리가 연역적으로 이루어지지 않음을 표현하기 위해서이다.

그러나 어떤 현상의 확률적인 원인들이 이 현상의 발생에 대해서 아주 낮은 확률만을 제시하고 있는 경우들처럼, 이 모델에 대한 반대 사례들이 많이 발견되었다. 예를 들어 국부마비paresis라고 하는 질병이 있는데, 이 질병은 매독에 이미 걸려 있는 사람들만이 걸리는 병이면서도, 매독 환자들 가운데서 이 질병에 걸리는 확률은 매우 낮다. 그러므로 매독에 이미 걸려 있다는 사실은 어떤 사람이 국부마비에 걸리게 된 사실을 설명하고 있을지라도, 이 설명은 IS 모델을 만족하고 있지 않으며 그래서 IS 모델은 확률적 설명이 필수적으로 갖추어야만 하는 필요 제약 조건이 될 수가 없다. (설명에 관한 문헌에서, 가능한 한 병리학적이거나 의학적인 사례들을, 혹은 병리학적이면서 동시에 의학적인 사례들을 사용하는 전통이 있다는 것도 주목하자.) 사건들이 매우 높은 확률로 서로 상관관계를 가지고 있으면서도 이 사건들은 서로가 상대방을 설명하는 내용의 한 부분이 되지 않는 사례들이 있는데, 이들이 바로 IS 모델이 충분하지 않다는 것을 보여준다. 예를 들어 기압계 바늘이 갑자기 떨어지는 것은 폭풍우의 발생과 아주 높은 상관관계가 있지만 이 둘은 서로가 상대방을 설명하지 않는다. 오히려 이 둘은 (이들의 '공통 원인'인) 현존하는 낮은 기압 체계로만 설명될 수 있다.

2) 다른 설명 이론들

포괄 법칙 설명 모델이 직면하게 된 문제들을 피하기 위한 노력의 일환으로, 새몬Wesley Salmon과 루벤David Ruben과 같은 철학자들은 인과적 설명 이론을 채택한다. 이 이론에 따르면 어떤 것을 설명한다는 것은 그것의 원인들을 특정화하는 것이다. 이 견해는 설명은 논증이 아니며 따라서 법칙을 포함할 필요도 없다고 설명한다. 이러한 내용은 위에서 제기된 모든 문제는 아닐지라도 많은 문제점들을 피해갈 수 있는 것처럼 보인다. 예를 들어 어떤 물의 성스러움 자체는 이 물을 끓이는 데 아무 인과적인 기능도 행사하지 못한다. 따라서 모든 성수聖水는 섭씨 100도에 끓는다라고 하는 것이 하나의 참된 일반화가 될지라도, 그 일반화로부터 이 물이 왜 그렇게 끓게 되는가를 실제로 설명하지는 못한다. 왜냐하면 올바른 역할을 하고 있는 진짜 원인들이 특정화되지 못하였기 때문이다. 이와 반대로 만약에 원인들이 법칙으로 환원될 수 없으며 따라서 규칙성으로도 환원될 수 없다면, 그러한 법칙과 규칙성은 어떤 역할을 할 수 있겠는가?[7] 게다가 예를 들어 중력의 현상을 무엇이 인과적으로 일으키게 되는가에 관해서 전혀 말하지 않고도 뉴턴의 중력의 법칙이 케플러의 법칙을 설명하는 경우처럼, 하나의 법칙이 인과성에 관한 어떠한 언급도 하지 않고도 또 다른 법칙을 설명하는 데 사용될 수 있다.[8]

포괄 법칙 설명 모델을 옹호하는 사람들은 자연의 법칙에 관해서 어떤 형이상학적인 것을 제기하지 않고서도 이 법칙이 도대체 무엇인가[그 본성과 특성]를 엄밀하게 특성화해야 한다는 또 하나의 도전적인 문제에 직면하게 된다. 법칙들은 실제 우주에 적용되는 단순히 보편적인 일반화들에 불과한 것이라고 여겨지지만, 그러나 그러한 일반화라고 해서

---

[7] 헴펠의 설명 모형에서는 법칙이나 규칙으로 환원되지 못하면 아무런 역할을 하지 못한다.
[8] 이것은 인과적 설명이 아니라 연역추론에 의한 설명으로 간주될 수 있는데, 인과적 설명을 주장하는 사람들은 이를 설명으로 인정하기를 꺼릴 것이다. 그렇다면 이러한 형식으로 된 과학적 설명들이 많이 있는데 이 설명들을 설명이 아닌 다른 어떤 것으로 간주해야 하는지에 대한 비판이 인과적 설명 이론에 대해서 제기될 수 있다.

모두가 법칙들로 간주되는 것은 아니다. 문제는 하나의 법칙과 우연적인 참된 일반화 간의 차이점을 설명할 수 있는가이다. 예를 들어 다음과 같은 주장들을 생각해보자.

(1) 금으로 만들어진 공은 모두 그 지름이 100킬로미터보다 작다.
(2) 천연 우라늄으로 만들어진 공은 모두 그 지름이 100킬로미터보다 작다.

이 주장들 모두가 현실 세계에 대한 참된 일반화라고 생각하는 것은 이치에 맞는 것 같다. 그러나 (1)은 거짓이 될 가능성도 배제할 수 없지만, 그렇다고 지름이 100킬로미터나 되는 크기의 금으로 만들어진 공이 존재할 가능성이 없다고 생각해야만 할 특별한 이유가 있는 것도 아니다. 이러한 의미에서 (1)은 우연적으로 참이다. 그러나 한편 (2)는 반드시 참이다. 왜냐하면 천연 우라늄의 양이 커지면서 서로 뭉치게 되면 어떠한 농축 우라늄도 전체가 붕괴하게 되는 연쇄 핵분열 반응을 즉각적으로 일으키기 때문이다.[9]

반사실적反事實的 조건문counterfactual conditionals은 "만약에 네가 유리잔을 떨어뜨린다면 그 잔은 깨질 것이다"에서처럼 전건前件antecedent[네가 유리잔을 떨어뜨린다면]이 거짓인 언명이다. 자연의 법칙은 인과적 주장처럼 반사실적 사례를 지지하는 것처럼 보인다. 그러나 우연적인 보편적 일반화는 그렇지 않다. 예를 들어 기체 법칙은 "만약에 어떤 용기 안에 들어 있는 기체에 열을 가하고 있는데 그 용기의 부피가 고정되어

---

9) 천연 우라늄을 농축시켜 그 크기가 축구공 크기에 해당하는 지름 17cm 정도 되고 무게가 50Kg 정도가 되면, 자연적으로 핵분열 현상이 일어나 천연 우라늄은 스스로 붕괴하기 때문에 축구공보다 큰 형태를 자연적으로 유지할 수가 없게 된다.

있다면 그 기체의 압력은 올라갈 것이다"와 같은 반사실적 조건의 사례들을 지지한다. 그리고 깨지기 쉬운 물체를 때리는 것은 인과적으로 그 물체가 깨지도록 만드는 것이라고 주장하는 것은 "만약 공이 창문을 때린다면 그 공이 창문 유리를 깨뜨려버릴 것이다"라는 내용을 함축한다. 그러나 "내 주머니에 있는 동전들은 은색이다"와 같은 참된 일반화는 "만약에 이 구리 동전이 나의 주머니에 있게 된다면 그것은 은색이 될 것이다"와 같은 명제의 진리를 함축하지 않는다. 법칙들이 반사실적 조건의 사례들을 지지한다는 사실과 이것들이 설명에 사용되고 있다는 사실 간에는 어떤 연결점이 있다. 어쨌든 나의 주머니에 있는 특정한 동전에 대해서 한번 생각해보자. 우리들은 앞의 일반화로부터 그 동전이 은색이라는 것을 연역해낼 수 있다. 그러나 이러한 사실은 그 동전이 왜 그러한 색깔을 가지게 되었는가를 설명하지 않는다. 암스트롱과 같은 몇몇 철학자들(이에 대해서는 이 장의 '더 읽어야 할 책들' 참조)은 이러한 문제를 제기하면서 법칙의 규칙성 이론을 포기하고 법칙들은 어떤 필연적인 연계로 이해되어야 한다고 주장한다.

  인과의 형이상학이나 법칙과 같은 유사한 필연적인 연계들을 제기하는 설명 방식에 대해서, 반 프라센은 설명에 관한 하나의 대안적인 설명 방식을 제시하고 이를 옹호하고 있다. 그는 사람들의 이해관계에 따라서 설명들을 제시해야 하는 한에 있어서 설명에는 항상 화용론話用論pragmatic[10]적인 구성 요소들이 있다는 점을 지적한다. 예를 들어 어떤 사람

---

10) 여기서는 의문을 제기하는 맥락에 따라 설명의 내용이 달라지게 된다고 하는 반 프라센의 주장을 반영하기 위해서, 용어 'pragmatic'을 앞서와 같이 '실용적'으로 보다는 언어학에서 사용하는 '화용론적'으로 번역하였다. 화용론에 따르면 언어의 의미는 해당 언어가 사용되는 맥락에 따라 결정된다. 반 프라센도 이 용어를 언어학에서 사용하는 의미로 사용하고 있다고 말하고 있다.

이 "개는 왜 뼈를 땅에 묻는가?"라고 물었다고 생각해보자. 이러한 질문은 "개는 왜 뼈를 먹지 않고 땅에 묻는가?"라는 내용이나, 아니면 아마도 "개는 공은 땅에 묻지 않으면서 뼈는 왜 땅에 묻는가?"라는 내용을 의미할 수도 있다. 이러한 내용은 어떤 주어진 맥락에서 설명이라고 간주하는 것은 질문자가 마음속에 설명해주기를 바라고 있는 것과의 대조[11]에 따라 달라진다는 것을 말해준다. 그래서 반 프라센은 하나의 이론이나 가설이 가지는 설명력이라는 것은 왜라는 질문why-question이 제기되는 맥락에 따라 결정된다고 주장한다. 우리들이 앞으로 살펴보겠지만, 그가 설명과 추론 간의 연결을 거부하는 것은 설명이란 이론들의 화용론적 특성이라고 생각하기 때문이다.

2. 최선의 설명으로의 추론

IBE는 우리들이 몇 개의 경쟁적인 가설들을 가지고 있고 이 경쟁 이론들 모두가 어떤 영역의 현상들에 대해서 경험적으로 충족될 경우에 우리들은 그러한 현상들에 대해 최선의 설명을 제공하는 가설이 진리라고 추론해야 한다는 추론 규칙으로 간주되고 있다. '최선의 설명으로의 추론'이라는 용어는 하만Gilbert Harman이 1965년의 『철학논평Philosophical Review』에 이 용어와 똑같은 제목으로 게재한 자신의 논문에서 처음 도입하여 소개하였는데, 이 추론은 또한 종종 '귀추법abduction'[12]—퍼스

---

11) 뼈를 땅에 묻는 것과 뼈를 먹는 것을 대조하려는 것인지, 아니면 공을 땅에 묻는 것과 뼈를 땅에 묻는 것을 대조하려는 것인지에 따라 그 설명의 내용이 달라진다.
12) 'abduction'은 다양하게 번역되는데, 여기서는 소흥렬의 번역에 따라 귀추법歸推法으로 하였다. 왜냐하면 다른 것들에 비해 이 번역어가 abduction의 추론 과정을 잘

Charles Peirce(1839~1914)의 용법에 따라서―으로도 알려져 있다. 일상생활에서 어떤 현상을 설명하는 몇몇의 가설들에 직면하게 될 때, 우리들은 보통 그 현상을 가장 최선으로 설명하는 가설을 채택하게 된다. 예를 들어 여러분이 친구의 집에 가서 그 집의 현관에 있는 초인종을 눌렀는데, 아무런 응답이 없었다고 생각해보자. 다음과 같은 가설들 모두가 이것을 예측할 수 있다.

(1) 당신의 친구는 과대망상증에 걸렸고, 그래서 자신에게 적대감을 품은 사람들이 고용한 살인청부업자들이 초인종을 눌렀다고 생각하고 있다.
(2) 당신의 친구는 갑자기 귀가 멀어버렸다.
(3) 당신의 친구는 이곳에 살고 있는 것처럼 행세했지만, 사실은 딴 곳에 살고 있다.
(4) 당신의 친구는 외출중이다.

정상적으로 우리들은 (4)가 올바르다고 추론한다. 왜냐하면 이 추론은 우리들이 가지고 있는 다른 믿음들과 정합적으로 일치하면서 해당 자

반영하는 것 같아서이다. 귀납법의 추론 과정은 개별 사례들을 많이 수집하고 수집한 이러한 개별 사례들로부터 하나의 일반화나 법칙들을 이끌어내는 반면에, 귀추법의 추론 과정은 하나의 개별 사례로부터 어떤 법칙이나 일반화를 결론으로 추론한다. 귀추법은 하나의 개별 사례로부터 하나의 일반화나 법칙들을 이끌어낸다는 측면에서 귀납논리와 구별되며, 그래서 '발견의 논리'로 간주되기도 한다. 최선의 설명으로의 추론도 하나의 개별 사례를 최선으로 설명하는 가설을 참이라고 간주하는 추론 과정이기 때문에 귀추법에 근거하고 있다고 볼 수도 있다. 이러한 특성 때문에 귀추법적 사유 과정은 어떤 경우에는 귀납적 사유 과정이나 귀납논리의 일부분으로 간주되기도 한다.

료들에 관한 간단한 설명을 제공하기 때문이다. 최선의 설명으로의 추론을 옹호하는 사람들은 일상생활에서 귀납적인(즉 비연역적인) 추론의 대부분이 이러한 방식으로 진행된다고 주장한다.

여기 반 프라센이 만들어낸 예를 하나 들어보겠다. 내가 한밤중에 집에서 벽을 사각사각 긁는 소리와 조그만 짐승이 후닥닥 달리는 소리를 들었는데, 아침에 치즈가 없어졌다는 사실을 알게 되었다고 하자. 내가 쥐를 보지 못했다 할지라도 쥐 한 마리가 우리 집에 살고 있다는 것을 추론할 수 있지 않을까?(van Fraassen 1980: 19) 이러한 추론은 "만약 p라면 q이다. 그런데 q이다. 그러므로 p이다"라는 구조를 가지고 있다.[13] 다시 말하면 만약에 쥐가 있다면 배설물이라든지 후닥닥 뛰어다니는 소리라든지 다른 관찰할 수 있는 증거들이 있을 것이며, 우리가 실제로 그러한 증거들을 관찰하게 되었고 그래서 쥐가 있다라고 추리하게 되었음을 우리들은 안다. 그러나 다음과 같은 것을 생각해보자. 즉 만약에 어떤 것이 고양이라면 그것은 포유동물이고, 나비[14]는 포유동물이므로 나비는 고양이다 라고 추론하는 논증을 생각해보자. 이 논증은 연역적으로 타당하지 않다. 왜냐하면 전제들 중에서 예를 들어 처음 전제의 전건을 "만약에 나비가 강아지라면"의 내용으로 바꾸게 되면, 전제들이 모두 참인데도 불구하고 결론이 거짓이 될 수 있기 때문이다.[15] (이러한 논증은 후건 긍정

---

13) 이 논증 구조를 기호로 표시하면 다음과 같다. P→ Q, Q ├ (therfore) P
14) 우리나라에서 옛날부터 고양이를 나비라는 명칭으로 많이 불렀기 때문에 이렇게 이름을 붙였다.
15) 이 논증은 다음과 같기 때문에 후건 긍정의 오류를 범하는 논증이 된다. 만약에 나비가 강아지라면 이 동물은 포유동물이다. 나비는 포유동물이다. 그러므로 나비는 강아지이다. 기호 논리학의 규칙에 따르면 조건문(만약에 나비가 강아지라면 이 동물은 포유동물이다)에서 전건(나비가 강아지라면)이 거짓이면 후건의 진리값이

의 오류라고 한다.) 어떤 증거가 있음에도 불구하고 나의 집에 쥐가 없다라고 가정하는 데는 어떤 모순도 없다. 따라서 최선의 설명으로의 추론은 연역적으로도 타당하지 않다.

그럼에도 불구하고 이러한 추론들이 가능하지 않다고 한다면, 우리들이 어떻게 해서 그러한 결론에 도달할 수 있었는가를 아는 것이 아주 어려워진다. 그리고 과학에서도 여러 이론들 가운데서 어떤 하나의 이론을 선택하는 데 IBE가 사용되는 것처럼 보이는 사례가 많다. 위에 언급하였듯이, 실물을 직접 관찰하지는 못하지만 화석을 통해 관찰할 수 있는 공룡과 같은 대상에 관한 특수한 이론들의 경우처럼, 진화론은 예측보다는 설명에서 더 최선이다. 별의 기원이나 지구의 내부 구조에 관한 이론들을 보면, 이 이론들의 상대적인 설명력에 근거하지 않고 한 이론을 선택한다는 것이 어떻게 가능할 수 있겠는가? 만약 한 이론을 좋은 설명으로 만들어주는 것이 무엇인지와 그 이론의 많은 특성들이 어떻게 그 이론의 설명적 성공에 기여하게 되는지를 설명하지 않는다면 이러한 결정은 너무나 단순하게 이루어지는 것처럼 보일 것이다. 이러한 선택에 고려할 수 있는 특성들로는 다음과 같은 것을 들 수 있다.

(1) 만약 그 가설이 참이라고 하면 놀랄 만한 현상도 충분히 예기할 수 있게 된다.
(2) 경험적 추론 내용에 관한 예측은 가설로부터 추론되어야 하고, 그리고 검사되고 확증되어야만 한다.

무엇이든지 간에 조건문의 진리값은 참이 된다. 그래서 이 논증에서도 전제들은 모두 참이 된다. 그런데 조건문의 전건이 거짓이니까 이것과 똑같은 내용의 결론도 거짓이 된다(실제로도 나비가 강아지라는 것은 거짓이다). 따라서 전제가 모두 참일지라도 결론이 거짓이니까 이 논증은 연역적으로 타당하지 않은 논증이다.

(3) 단순하고 자연스러운 가설이 선호된다.
(4) 형이상학적 견해들과 정합적으로 일치하는 가설이 선호된다.
(5) 가설들의 광범위한 적용 범위와 다른 이론들을 통합할 수 있는 능력이 선호된다.
(6) 다른 과학이론들과 정합적으로 일치하는 가설이 선호된다.

그러면 최선의 설명으로의 추론이 과학적 실재론을 옹호하는 논증에서 사용될 수 있는 두 가지 방식이 나타나게 된다. 그리고 나는 이를 **국소적**local 옹호와 **전반적**global 옹호라고 부를 것이다.

1) 과학적 실재론에 대한 국소적 옹호

내가 앞 장에서 지적하였듯이, 실재론자들은 미결정성의 문제라는 것이 과학적 실천에서는 경험적 동등성이 증거적 동등성을 함축하지 않기 때문에 성립하지 않는다고 주장한다. 예를 들어 분자구조에 관한 이론을 생각해보자. 이 이론은 물과 황산과 같은 화합물은 원자들의 특정한 결합으로 만들어졌으며, 물은 두 개의 수소 원자와 하나의 산소 원자로, 황산은 두 개의 수소 원자와 하나의 황 및 네 개의 산소 원자들로 만들어졌다고 설명한다.[16] 이러한 이론들은 전자들이 궤도에 배치되어 있는 구체적인 방식과 원자들의 최외각 궤도에 있는 전자들의 수가 이 원자들이 다른 원자들과 결합하는 방식을 결정한다는 사실을 포함하고 있다. 이 이론은 화학 현상들에 관해서 방대하게 배열할 수 있는 실험으로 결정된

---

16) 화학기호로 표기하면 물은 H_2O, 황산은 H_2SO_4이다.

사실들, 예를 들어 특정한 화합물로 분해하는 데 어느 정도의 에너지가 소요되는가, 그리고 어떤 원소들은 왜 일정 비율로만 결합하는가 등을 통합적으로 설명한다. 어떤 실재론자들은 이 이론이 우리들이 관찰하는 현상들을 예측하는 것뿐만 아니라 그것들을 설명까지 해주기 때문에 이 이론을 받아들여야 한다고 주장한다. 실제로 원자핵과 그 핵의 주위를 돌고 있는 전자들을 가진 아주 조그만 원자들이 존재하고 이 원자들은 어떤 물리학의 법칙을 따르고 있다는 내용은 화학물질들이 왜 현재와 같은 방식으로 작용하는가를 설명한다. 그러나 실재론과는 달리 세계가 마치as if 그러한 원자들이 존재하는 것처럼 존재한다고만 말하는 이론은 현재의 화학이론이 예측하는 현상들을 똑같이 예측하지만 그 현상들을 설명하지는 못한다.

많은 과학자들은 하나의 이론을 설명적으로 가장 성공적이라고 간주하는 것이야말로 다른 경쟁 이론들보다 그 이론을 선택하게 만드는 좋은 이유가 된다고 생각하는 것 같다. 그래서 이러한 논증은 만약에 우리들이 과학적 실천의 합리성을 수용한다면 IBE의 합리성을 받아들여야만 한다는 식으로 전개된다. 만약에 해당 이론이 관찰할 수 없는 대상을 지시한다면, 그 이론의 진리를 받아들이는 것은 그 이론에 나타난 대상들의 존재를 받아들이는 것이며 그래서 과학에서 IBE의 실천은 우리들이 실재론에 의존하게 만든다. 다음과 같은 사례들에 나타난 내용을 명심하는 것이 어느 정도 도움이 될 것이다. 나는 각각의 경우에 설명되고 있는 현상을 먼저 기술하고 그 밑에 그것을 설명하는 가설들을 진술할 것이다.

(1) 하늘에 나타난 하얀 증기 자취, 제트엔진 소리, 레이더 스크린에 나타난 영상들.
   — 여기서 직접 볼 수는 없지만 고도가 아주 높은 하늘에 비행기가

지나가고 있다.
(2) 현재 생존하고 있는 동물에게는 나오지 않는 아주 큰 뼈의 화석, 현재 생존하고 있는 동물에서는 찾아볼 수 없는 아주 큰 발자국.
— 공룡이 지구 위를 걸어다녔다.
(3) 목성의 위성들의 존재를 일관되게 알려주는 천문학적인 자료와 관찰들.
— 목성에는 위성들이 있다.
(4) 안개상자 속의 자취들, 텔레비전 스크린에 있는 점들, 전기 현상들.
— 전자들이 존재한다.
(5) 외계인에 의한 납치 보도, UFO 관찰 등.
— 외계인이 존재한다.

(1)에서의 가설은 실천적으로 관찰 가능한 대상의 존재에 관한 내용이다—사람들은 또 다른 제트 비행기를 타고 그 제트 비행기의 뒤를 따라 날 수 있고 이때 그러한 증기 자취를 볼 수 있다. 혹은 레이더 스크린에서 그 비행기가 착륙할 때까지 추적할 수 있으며, 착륙할 때 그 비행기를 실제로 직접 볼 수 있다. 이러한 예는 집안에 사는 쥐들의 경우와 아주 유사하다. (2)에서의 가설은 우리들이 상대적으로 시간상의 거리 때문에 관찰할 수 없는 대상들에 관한 내용이다. 그러나 만약 우리가 시간을 거슬러 (과거로) 여행할 수 있다면 그 대상들을 관찰할 수 있다. (3)에서의 가설은 우리들이 상대적으로 공간상의 거리 때문에 관찰할 수 없는 대상들에 관한 내용이다. 그러나 만약에 우리들이 공간상으로 (아주 효과적으로) 멀리 여행을 할 수 있다면 그 대상들을 관찰할 수 있다. (4)에서의 가설은 우리들이 관찰할 수 있는 구조를 갖추지 못해 관찰하지 못하는 대상들에 관한 것이다. 즉 우리들의 지각의 해부학적 구조와 생

리적 기능 때문에 관찰할 수 없다. (5)의 가설은 매혹적인 주장이기는 해도, 만약 존재한다면 관찰할 수 있지만 현실적으로는 관찰되지 않는다고 많은 사람들이 주장하는 대상들에 관한 내용이다.

잠시 동안 (5)의 경우는 무시하자. 반 프라센과 과학적 실재론자 간의 차이점은 반 프라센은 (1)∼(3)에서 언급되는 대상들의 존재는 받아들이면서 (4)에 있는 대상들의 존재는 받아들이지 않으며, 반면에 실재론자들은 모든 대상들의 존재를 받아들이고 있다는 점이다. 우리들이 공룡이나 목성의 위성들을 본 경험이 없고 또 아주 못 보게 되는 것이 사실이라 할지라도, 반 프라센은 그 대상들이 모두 관찰 가능하기 때문에 그 대상들을 기술하는 이론들과 그 대상들의 경험적인 충족성에 대한 믿음에 의존하는 것은 그 대상들이 존재한다는 믿음을 함축하게 된다는 견해를 취하고 있다. 그러면 반 프라센을 비판하는 많은 사람들에게는 반 프라센이 (1)∼(3)에서는 설명항들의 진리를 추론할 수 있으면서도 (4)에서는 경험적인 충족성이 진리와 동일하지 않기 때문에 설명항들의 진리를 추론하지 말아야 한다고 생각하는 것처럼 여겨질 것이다. 왜냐하면 반 프라센은 원리적으로 우리들이 전자들을 관찰할 수 없으므로, 이 현상들에 관해서〔미결정성 논제에 의해서〕현실적으로 참이 되는 이와 다른 어떤 설명이 있을 수도 있다고 보고 있기 때문이다. 예를 들어 실로스(Psillos 1999: 9장)는 반 프라센이 IBE는 오직 관찰 가능한 대상에 대한 가설의 경우에는 인식적인 보장을 제공할 수 있지만, 관찰 불가능한 가설에 대해서는 인식적인 보장을 제공할 수 없다는 점을 보여주기 위해 노력하였다고 설명한다. 실로스는 반 프라센을 '최선의 설명의 경험적 충족성으로의 추론'의 규칙을 옹호하고 있는 것으로 이해한다. 위에서 논의한 사례들 중의 하나로 돌아가기 위해 우리들은 반 프라센이 '마치 하나의 비행기가 우리 머리에 있는 것처럼 모든 현상들이 존재한다고 믿는 것은 실제로 비행기가 머리 위에 존재한다고 믿는 것과 동등하지만, 그러나 전자들에 대해서는 전자들이 관찰되지 않기 때문에 전자의 존재와 그에 상응하는 믿음들 간에 큰 거리가 있다'라고 말하는 것으로 생각할 수도 있다. 이러한 내용은 결국 관찰 가능한 대상의 경우에는 한 가설에 대한 경험적 충족성으로의 추론이 그 가설의 진리로의 추론과 동등하기 때문에 IBE가 관찰 가능한 대상들의 맥락에서 훌륭하다고 말하는 것이다. 그러나 사실 IBE에 대한 반 프라센의 공격 내용은 관찰할 수 없는 대상들을 요청하는 설명들과 요청하지 않는 설명들을 구획 짓는 것이 아니라 IBE가 관찰할 수 있는 대상들의 경우에도 반드시 사용해야만 되는 것은 아니라고 하면서 IBE 사용의 불가피성을 부정하는 것이다. 우리는 이러한 점을 고찰하기 전에, 실재론자가, IBE에 의존하고 있는 과학적 실재론을 국소적 옹호와는 다른 어떠한 방식으로 옹호하고 탐구하였는가를 알아볼 필요가 있다.

2) 실재론에 대한 전반적 옹호

IBE는 과학적 실재론자들이 전반적global 차원에서 실재론을 옹호하기 위해서도 사용되고 있다. 이 옹호에서 피설명항으로 등장하는 것은 전체로서 과학의 성공이다. 이러한 옹호가 소위 과학적 실재론에 대한 궁극적 논증ultimate argument이다. 또한 이 논증은 퍼트넘이 다음과 같이 표현하여 아주 유명하게 된 '기적의 논증no-miracles argument'으로도 잘 알려져 있다. "실재론을 옹호하는 긍정적인 논증은 실재론이 과학의 성공을 기적으로 만들지 않는 유일한 철학이라는 내용이다."(Putnam 1975a: 73) 특히 실재론자가 주장하듯이, 만약에 일반적으로 이론들이 우리들이 관찰하는 것의 이면에 있는 관찰할 수 없는 대상과 과정들을 올바르게 확인시켜주지 않는다면, 과학이론들이 이전에 없었던 새롭고 놀랄 만한 현상들을 예측하거나 기술공학을 응용해서 거두고 있는 과학의 성공이 모두가 기적적인 사건으로 나타나게 된다.

그래서 이 논증이 함의하는 것은 과학이 가지고 있는 예측적이고 도구적인 성공 전체는 실재론자의 견해 이외의 그 어떤 것에 의해서도 해명될 수 없다는 것인데, 이를 엄밀히 말해보면 오직 설명만으로의 추론an inference to the only explanation이다. 이와 유사한 형식의 논증이 스마트Jack Smart의 책 『철학과 과학적 실재론Philosophy and Scientific Realism』에서도 다음과 같이 나타난다. "만일 이론적 대상들에 대한 현상주의자들[17]의 견해가 옳다면 우리들은 우주적 우연cosmic coincidence의 존재[*우주에는 우연만이 있다는 것]를 믿어야만 한다."(Smart 1963: 39) 여기에서의 우연이라는 것은 전자현미경과 전자레인지와 같은 도구나 장치들이 마치 원자들과 전자파들이 존재한다고 할 경우에[실제로 존재하는 것이 아니라 가설적인 존재인 양 존재한다면] 작동하는 것처럼 신비하게 작동하게 된다는 것이다. 그렇다면 우리의 이론들이 존재한다고 말하는 바대로, 관찰할 수 없는 대상들이 실제로 존재한다고 생각하는 것이 더 이치에 부합한다고 볼 수 없는가?

자연주의naturalism란 이러한 방식으로 과학적 실재론을 옹호하는 입장에서 나오는 특성이라는 점을 주목하자. 많은 과학적 실재론자들은 과학이론을 평가하는 것과 과학에 대한 철학적 이론을 평가하는 것 사이에는 어떠한 근본적인 차이도 없다고 주장한다. 즉 "철학은 그 자체가 일종의 경험과학이다."(Boyd 1984: 65) 반 프라센은 과학적 실재론에 대한 논쟁에

---

17) 여기서의 현상주의자들은 버클리와 같은 인식론적 입장을 견지하는 사람들을 말한다.

서 많은 실재론자들이 취하는 태도를 다음과 같이 요약하고 있다. "이러한 문제에 대해서 우리들이 과학 자체에서 행하는 것과 똑같은 형태의 추론을 따라가야 한다면, 우리들이 받아들인 과학이론들의 진리를 주장하지 않는다면 우리 자신이 비합리적이라는 것을 발견하게 된다."(van Fraassen 1980: 19) 그래서 과학적 실재론은 과학의 역사 자체에 대한 경험적인 사실들을 설명하는 것으로 간주될 수 있는 과학적 가설의 하나로 보인다.

실재론에 대한 전반적 옹호는 과학적 방법론과 과학적 실천이 가지고 있는 특별한 특성들을 인용하고, 바로 이 특성들이 특별히 설명을 필요로 한다는 것과 더 나아가 실재론이 최선의 설명이고 유일한 설명이라고 주장함으로써 보다 정교하게 만들어진다. 예를 들어 보이드Richard Boyd(1985)는 특별히 과학적 방법들이 전 과학의 역사를 통틀어서 전반적으로 거두고 있는 도구적 성공을 설명할 필요가 있다고 주장하였다. 실재론 논쟁에 참여하고 있는 모든 집단들은 다음과 같은 사실에 동의하고 있다.

(i) 증거자료들 속에 있는 일정한 형식적 모형들은, 과학적 지식으로 사용하게 될 때 관찰되어진 것으로부터 관찰되어지지 않은 것으로까지 투사될projectable 수 있다. 이 말은 과학이론들에 근거하여 이루어지는 귀납은 신뢰할 만하다는 것을 뜻한다.

(ii) 하나의 과학이론에 대한 확증의 정도는, 이용 가능한 증거들이 다른 이론들을 어느 정도로 지지하는가를 판단하는 배경 이론들이 정보를 제공하고 있다는 의미에서, 상당히 이론 의존적이다.

(iii) 과학적 방법은 도구적으로 신뢰할 만하다. 다시 말하면 과학적 방법은 예측과 기술공학적 장치의 구성과 같은 실천적인 목표들을 성취하도록 해주는 신뢰할 만한 방식이다.

보이드와 그 외 다른 실재론자들은 계속해서 만약에 수반된 이론들이 참이 아니고 접근적으로도 참이 아니라고 한다면 과학은 아주 신비한 것이 될 것이라고 주장한다. 예를 들어 인간의 세포는 중앙에 핵이 있고, 단백질과 영양물질의 통과를 허용하는 반투성의 막으로 된 세포벽을 가진 아주 복잡한 구조로 되어 있다고 설명하는 생물학 이론을 생각해보자. 이 이론은 광학현미경과 전자현미경을 포함하는 기술들에 의해 확증된다. 그런데 그 이론에 사용된 현미경들도 각기 광학의 법칙과 양자역학의 법칙에 따라 만들어졌다. 배경 이론으로서 사용된 현미경에 관한 이론들에 신뢰성을 부여할 수 있는 유일한 설명은 그 이론들이 빛과 전자가 작용하는 방식을 올바르게 기술하고 있다는 사실이다. (과학적 방법의 이론 의존성과 이론들의 확증을, 실재론을 채택하도록 만드는 근거로 만들었다는 점이 아이러니하다. 왜냐하면 제4장에서 보면 그러한 이론 의존성과 이론들의 확증은 보통 실재론을 반대하는 것으로 간주되고 있기 때문이다.)

반실재론자들에 의해서는 설명될 수 없다고 실재론자들이 오랫동안 주장했던 과학적 실천의 또 다른 특성은 다양한 현상들을 통합적으로 설명하는 이론들을 찾으려고 하는 시도인데, 이 시도는 과학자들이 지속적으로 행하고 있고 또 가끔은 성공하기도 한다. 반실재론자들을 논박하는 논증으로서 잘 알려진, 소위 '공접conjunction'의 논증은 다음과 같이 진행된다. 과학의 각기 다른 분야들, 즉 화학과 물리학으로부터 나온 두 개의 과학이론들 T와 T′를 생각해보자. T와 T′가 경험적으로 충족하다는 사실은 이들의 공접 T&T′가 경험적으로 충족하다는 것을 의미하지는 않는다. 그러나 만약에 T와 T′가 모두 참이라면, 이것은 T&T′가 참이 된다는 것을 함축한다. 그래서 이 논증은 수용된 기존의 이론들을 서로 공접시켜서 얻게 된 새로운 경험적 추론 결과에 대해서 오직 실재론자들만이 이 결과를 믿을 수 있는 동기와 근거를 가지게 된다고 하는 결론으로 진행된다. 그런데 과학사의 진행 과정에서 보면 이론들의 공접은 실제로 널리 일어나고 있으며, 신뢰할 만한 과학적 방법의 한 분야이기도 하다. 그러므로 만약에 과학자들이 비합리적이지 않다면 오직 실재론만이 과학적 실천의 이와 같은 특성을 설명할 수 있기 때문에 실재론만이 참이 되어야 한다.

이상과 같은 실재론자들의 논증에 대한 반 프라센(1980: 83~87)의 반응은, 과학자들이 그러한 방식으로 이론들을 공접하여 통합 발전시키지 않는다고 하면서 그 논증의 건전성을 부정하고 있다.[18] 이론들을 통합하는 과정은 '공접'보다는 '교정correction'의 내용으로 진행하는 것이 오히려 더 많다고 그는 주장한다. 더 나아가 그는 과학자들이 이론의 경험적 충족성을 추구하면서 실용적인 근거에 입각하여 기존에 수용한 이론들의 공접을 탐구하게 된다고 주장한다. 이론 공접에 관한 위와 같은 소박한 견해가 실제 이론들을 결합시키는 과학자들의 복잡한 작업을 올바르게 나타내지 못한다는 것은 사실이다. 어떤 경우들에서는, 예를 들어 일반 상대성이론과 양자역학의 경우에서처럼, 각 이론들이 서로 다른 접근 방식들을 채택하고 있기 때문에 두 이론들의 공접이 잘 만들어지지 않을 수도 있다. 또한 만약에 우리들이 T와 T'가 모두 점근적으로 참이라고 가정한다 해도 이러한 가정이 두 이론의 공접인 T&T'도 또한 점근적으로 참이라는 것을 함축하지는 않는다. 예를 들어 T는 케플러의 행성 운

---

18) 실재론자의 공접의 논증은 퍼트냄이 시도하고 있는 것으로서, 퍼트냄은 이 논증에 의해 고전적인 형식 논리학의 규칙을 과학이론에 적용하여 사용할 수 있도록 해주기 때문에 실재론자의 입장이 반실재론자의 입장보다 우월하다고 주장한다. 이러한 퍼트냄의 공접의 논증에 대해서는 파인(Fine 1984: 90)이 논리학의 관점에서 비판하고 있다.

동 법칙이라고 하고, T'는 뉴턴역학이라고 가정해보자. 그러면 케플러 법칙은 행성들이 완전한 타원 궤도를 공전하고 있다고 말하고 있고, 반면에 뉴턴역학은 그 운동이 더 복잡하다고 말하고 있기 때문에 T&T'는 엄밀히 말해 실제로 상충하는 것이므로 점근적으로 참이라고 할 수 없다.(점근적 진리에 대한 더 자세한 내용은 제8장 1절 참조)

실재론이 설명할 수 있는 과학적 실천의 어떠한 측면에 대해서도 구성적 경험론이 그 진가를 설명할 수 있다고 주장하는 일반적인 논증이 있다. 예를 들어 실재론자들이 주장하듯이, 사실적으로 과학이 도구적 성공을 하게 만든다는 과학적 실천의 어떤 특성을 생각해보자. 그리고 실재론자는 자신만이 그러한 특성을 설명하고 정당화시킬 수 있다고 주장한다. 반실재론자들은 과학적 실천의 그러한 특성에 있는 실용적 가치를 믿을 수 있도록 하기 위해 과학의 역사가 귀납적인 근거들을 제공한다고 그저 간단하게 지적할 뿐이다. 이와 유사하게 반 프라센은 배경 이론들이 경험적으로 충족하다는 사실을 가지고 위에서 나온 (i)과 (ii), (iii)에 관한 설명을 시도하는 과학의 화용론pragmatics을 제시한다.

더 나아가 반 프라센은 설명을 필요로 한다는 실재론자의 요구란 행운의 사건이나 우연적인 일치에는 설명이 있을 수 없다는 사실을 전제한 상태에서 제시하고 있다는 점을 들어 이에 반대하면서, 실재론자들과는 달리 우연적 일치에 대해서도 어떤 의미에서는 설명들이 가능할 수 있다고 생각하고 있다.(van Fraassen 1980: 25) 그의 예는 슈퍼마켓에서 친구를 만났을 때 일어나는 일이다.

내가 슈퍼마켓에서 친구를 만나게 되는 것은 우연의 일치이다—그러나 나는 내가 왜 이 슈퍼마켓에 있는지를 설명할 수가 있으며 나의 친구도 여기에 왜 왔는지를 설명할 수 있다. 따라서 이러한 설명들을 통해 우리들은 이러한 만남이 어떻게 해서 일어나게 되었는가를 설명할 수 있다. 우리들이 이를 우연의 일치라고 부르는 것은 그 사건이 해명될 수inexplicable 없기 때문이 아니라, 나의 친구와 나는 각각 누구를 만날 목적으로 슈퍼마켓에 온 것이 아니기 때문이다. 과학에 우연적 일치나 혹은 보다 일반적으로는 우연적인 상관관계를 이론적으로 제거하도록 요구할 수는 없다. 왜냐하면 그런 요구는 이치에 부합하지 않기 때문이다.(van Fraassen 1980: 25)

그러나 이러한 반 프라센의 설명은 기적의 논증의 초점을 놓친 것처럼 보인다. 실재론자가 주장하는 것은 과학이론들의 반복되는 예측적 성공을 우연의 일치나 기적적인 행운에 의해 설명하는 것이 받아들여질 수 없는 자의적인 설명에 불과함을 지적하는 것이다. 특별히 예측적 성공에 관한 실재론자의 설명을 이용할 경우에는 우연에 의한 설명이 가지는 자의적인 특성이 더욱 드러나게 된다. 이와 유사하게 만약에 내가 슈퍼마켓에서 예기치 않게 나의 친구를 계속해서 만나게 되고, 이 만남에 관해서 단순한 우연의 일치 이외의 다른 설명이 가능하다면, 나는 그러한 설명을 채택하게 될 것이다.

마지막으로 반 프라센은 과학이론들의 예측적인 성공의 존재를 다윈의 진화론적 방식으로 설명하고 있다.

현대 과학이론의 성공은 기적이 아니다. 그것은 과학적인 (다윈주의적) 지성을 소유한 사람들에게는 그렇게 놀랄 만한 일이 아니다. 왜냐하면 과학이론도 아주 치열한 경쟁의 삶, 모진 삶을 살아가야만 하는 약육강식의 정글 세계 속에서 태어났기 때문이다. 오직 성공한 이론들—사실상 자연의 실제적인 규칙에 부합하는 이론들—

만이 생존하게 된다.(van Fraassen 1980: 40)

이러한 주장 때문에 실재론자들의 주장은 유일하지는 않을지라도 실재론이 적어도 과학의 성공에 대한 최선의 설명이라고 할 수 있다는 내용으로 후퇴하게 되었다. 이들은 계속해서 반 프라센의 설명이 **표현 형질적**phenotypic[19]인 설명이라고 지적한다. 이 설명은 개별자의 표현 형질(경험적으로 성공적인 이론들)이 이론들의 집단 속에서 어떻게 해서 지배적인 것으로 되는가를 보여주는 선택 기제를 제공한다. 그러나 이러한 사실이 어떤 이론을 다른 이론보다 우선적으로 성공하도록 만들어주는 이면의 특성들을 언급하는 **유전자형**genotypic 설명까지 방해하는 것은 아니다. "하나의 선택 기제는 모든 선택된 이론들이 어떻게 해서 그런 특성을 가지게 되었는가를 설명하지 않고서도 어떤 하나의 특성을 가지고 있다는 사실을 설명해준다."(Lipton 1991: 170) 예를 들어 우리들은 어떤 특정한 기린 한 마리가 긴 목을 가지게 된 이유를 두 가지 방식으로 설명할 수 있다. 즉 우리들은 짧은 목을 가진 기린들이 긴 목을 가진 기린들만큼 생존할 수 없게 되었다는 점을 지적할 수 있으며, 혹은 이 기린들의 유전자들과 유전자 구성이 어떻게 해서 이 기린이 긴 목을 가지도록 만들어주었는가를 설명할 수 있다. 이러한 설명들은 양립 가능하다. 그래서 실재론자들은 반 프라센의 표현 형질적 설명〔도구적 설명〕을 수용할 뿐만 아니라 또한 이론들의 도구적 신뢰성을 점근적 진리를 가진 것으로 설명하는 유전자형 설명까지도 수용하고 있다. 따라서 립톤(Lipton 1991: 170ff)은 실재론자는 다음과 같은 양자를 다 설명할 수 있으나, 반 프라센의 설명은 그렇지 못하다고 주장한다. (a) 선택된 특정한 이론이 왜 참된

---

[19] 육안으로 볼 수 있는 생물의 형질을 말한다.

추론 결과들을 가지게 되는가. (b) 경험적인 근거들에 입각하여 선택된 이론들이 왜 계속해서 더 많은 예측적 성공을 하게 되는가.

　반실재론자들은 자신들도 이용할 수 있는 이러한 논증에 대해서 실재론자와는 다르게 반응한다. 즉 이론들의 예측적 성공이 그 이론들의 경험적 충족성에 의해 설명된다고 주장하는 것이다. 실재론자들은 이론들의 경험적 충족성은 그 자체가 그러한 이론들의 진리에 의해서 더 설명되어야 할 필요성이 있다고 주장한다. 그러면 [이러한 실재론자의 주장에 대해서] 계속 더 진행하여 이론들의 진리에 대해서는 아마도 신이 진리를 원하고 있기 때문이라고 하는 등의 설명이 더 이상 필요하지 않은가? 레플린은 이론의 진리는 그 자체가 설명을 필요로 하지 않는다고 주장한다. 왜냐하면 진리는 또 하나의 더 깊은 이면의 이론이나 '세계의 존재 방식'이라고 말하는 것만으로도 설명될 수 있기 때문이다.(Leplin 1997: 33) 그러나 이러한 가능성은 더 깊은 이면에 있는 이론의 경험적 충족성에 의해서 설명될지도 모를 어떤 하나의 이론의 경험적 충족성을 설명하는 데 이용할 수 있을 것이다. 이는 마치 뉴턴역학의 점근적인 경험적 충족성이 상대성이론의 경험적 충족성에 의해 설명되거나 아니면 그것이 바로 세계의 존재 방식이라고 하여 설명되는 것과 같다. 한편 반 프라센으로서는 특정한 이론들의 예측적 성공이 어떤 설명을 필요로 한다는 점을 그저 단순하게 부정하고, 우리들이 다음 절에서 고찰하게 될 IBE에 대한 자신의 반대 논증들에 의존하는 것이 더 나을 것 같다. 여하튼 전반적인 차원에서 IBE의 사용에 대한 보다 근본적인 비판은 라우든(Lauden 1981: 133~135)과 파인(Fine 1984: 85~86)이 행하고 있다. 이 두 사람은 실재론 논쟁에서 문제가 되는 것은 관찰할 수 없는 대상을 포함하고 있는 IBE이기 때문에, 과학의 전반적인 성공을 설명하기 위해 메타 차원에서 과학적 실재론의 설명력에 의존하는 것은 순환론적이라는 점을 지적한다. 왜냐하면 실재론 자체가 관찰할 수 없는 대상을 포함하고 있는 가설이기 때문이다. 그래서 실재론에 대한 전반적인 옹호는 선결문제 요구의 오류를 범한다고 이들은 주장한다.

우리들이 제2장 2절의 (8)에서 고찰하였던 귀납에 관한 귀납적인 옹호의 경우에도 이와 비슷한 점이 있다. 브레스웨이트(Braithwaite 1953: 274~278)와 카르납(Carnap 1952)은 귀납에 대한 귀납적 옹호—귀납이 지금까지 잘 작동하였으니까 미래에도 잘 작동할 것이라는 옹호—는 순환적이지만 전제의 내용을 그대로 반복하는 순환이 아니라 규칙을 반복하는 순환이기 때문에 악순환은 아니라는 견해를 피력하고 있다. IBE의 경우에도 이와 같은 견해들을 파피노(Papineau 1993: 5장)와 실로스(Psillos 1999: 4장)가 옹호하고 있다. 이들의 생각은 논증의 전제가 다시 반복되는 순환은 전제들 중의 하나를 결론으로 취하였기 때문에 악순환이라는 것이다. 반면에 규칙 순환성은 논증의 결론에서 개별 규칙이 신뢰할 만하다고 진술할 때 나타나는데, 그러나 이 결론은 바로 그러한 규칙이 사용될 경우에만 전제들로부터 도출된다. 그렇다면 이제 실재론에 관한 전반적 옹호는 규칙 순환적인 것이지, 전제를 반복하는 순환이 아니라는 점을 주목하자. 과학에서 IBE를 사용하는 것이 신뢰할 만하다는 결론은 이러한 실재론 옹호를 전제하는 것이 아니다. 그러나 IBE가 과학적 방법론의 일부이고 과학적 방법론은 도구적으로 신뢰할 만하다는 전제들로부터 이러한 결론에 도달하기 위해서는 IBE의 사용이 필요해진다.

악순환적이지 않다 할지라도 이러한 스타일의 논증은 IBE를 전적으로 거부하는 사람들에게는 설득력이 없다는 점을 인정해야 한다. 그러면서도 이러한 스타일의 논증이 보여주려고 의도한 것은 귀추법적 추론을 행하는 사람들이 자신들의 방법의 신뢰성을 보여줄 수 있다는 점이다. 그래서 IBE는 귀납적 추론과 동등해진다. 즉 이 논증은 비순환적 논증에 의해서는 옹호될 수 없다. 그러나 정당하다고 받아들이는 연역법조차도 비순환적 논증에 의해 옹호될 수 없다는 점을 상기해보는 것은 이러한 점을 이해하는 데 도움이 될 것이다.(제2장 2절 (8) 참조) 그래서 실재론자들은 비실재론자들에게까지 IBE를 수용하도록 강제할 수는 없지만, 그것의 사용이 논리적으로 일관되게 무모순적이라는 것을 보여줄 수 있으며, 따라서 그것이 포괄적이고 충분한 과학철학의 한 분야를 형성한다고 주장한다. 우리들이 아는 바대로, 반 프라센은 이러한 실재론의 주장까지 침식하도록 한층 진전된 논증을 다시 개진한다. 만약에 그의 논증들이 작용한다면, 실재론자들은 국소적 차원이든 전반적 차원이든 간에 실재론을 옹호하기 위해 IBE에 의존할 수가 없게 된다.

3) 최선의 설명으로의 추론에 대한 반 프라센의 비판

반 프라센은 IBE가 일종의 추론 규칙이라는 생각에 반대하는 몇 가지의 논증을 제공하고 있다. 다음의 두 개의 논증이다(이 논증의 명칭은 실로스가 지은 것이다).

(1) 무차별 논증

무차별 논증The argument from indifference을 대략적으로 설명하면, 존재론적으로 양립 불가능하면서도(각자의 이론적 맥락에서 참이면서도) 경험적으로는 동등한 이론들이 존재하기 때문에(이론들의 참은 가치의 측면에서 모두 무차별하므로), 우리들이 참된 이론들의 부류들에 대해 우열을 가릴 수 있을 가능성이 매우 희박하다. 따라서 하나의 최선의 설명이 참이 될 가능성도 거의 희박하다. 이러한 논증은 우리들이 가지고 있는 어떠한 이론에 대해서도 경험적 동등성을 가진 이론들이 존재한다는 사실에 근거하고 있다. 제6장의 미결정성 문제에 관한 논의에서, 나는 구성적 경험론자도 실재론자처럼 경험적 동등성의 존재에 의해서 위협받을 수 있다고 결론지었다. 이와 유사하게 실로스(Psillos 1996)는 무차별 논증이 실재론자에 대한 경우와 마찬가지로 구성적 경험론을 반대하는 논증으로 작용한다고 주장한다. 왜냐하면 우리들이 〔선택을〕 고려하는 어떠한 유한한 집합의 이론들도 경험적으로 충족된 이론을 포함할 것 같지 않기 때문이다.[20] 그러나 이러한 사실은 IBE를 옹호하는 데 도움을 주지 않는다.

(2) 무용지물 논증

무용지물 논증The argument from the best of a bad lot은, 만약에 우리들이 고려하고 있는 가설들의 집합체가 참된 이론을 포함하고 있다고 생각할 수 있다면 어떤 '특권의 원리principle of privilege'가 필요할 것이라고 하는 내용이다. 즉 우리들이 가지고 있는 최선의 설명 가설들은 모두가 거짓이어서 아마도 대부분이 쓸데없는 무용지물이 될 수 있다는 가능성을 지적하는 것이다. 그래서 이 논증은, 지금까지 고려하지 않았던 다른 가능한 설명들 중에서 그 어떤 것도 우리들이 현재 가지고 있는 최선의 설명만큼 좋은 설명이 될 수 없다는 것을 우리들이 어떻게든 알 수 있다는 것을 보여주려고 의도한 IBE의 지지자들을 공격하는 것이다. 최선의 설명이 참이라는 것이 설사 사실이라 하더라도, 우리들이 선택하려고 하는 경쟁 가설들 가운데 최선의 설명이 포함되어 있다는 것을 우리들이 알지 못한다면, IBE는 우리들이 받아들일 수 있는 추론 규칙이 되지 못한다.[21]

[20] 존재론적으로 양립 불가능하면서 경험적 충족성에서 동등한 이론들이 존재한다면, 우리들은 경험적으로 충족하는 이 이론들 중에서 어떤 하나의 이론을 선택하려고 하지 않고 다른 이론을 찾아볼 것이다.

실재론자들은 이러한 문제 지적을 감내하면서, 과학자들은 배경 지식으로부터 나오는 그러한 특권을 가지고 있다고 주장한다. 이론 선택은 배경 이론들에 의해 정보가 주어지며, 이로부터 선택을 위해 고려하는 가설들의 선택 범위가 좁혀지고, 그러고 나서 설명적인 고려 사항들은 최선의 가설들을 선택하는 데 도움을 주게 된다. 더 나아가 실재론자들은 실재론자와 구성적 경험론자 모두가 특권을 필요로 한다고 주장한다. 왜냐하면 구성적 경험론자는, 선택된 이론의 경험적 충족성에 대한 믿음을 보장하기 위해서라도, 고려하고 있는 경쟁적 이론들 중에 경험적으로 충족된 이론이 있다고 가정해야 할 필요성이 있기 때문이다. 따라서 이 논쟁은 그러한 특권의 정도에 대한 문제를 향해서만 전개될 뿐이다.

4) 선택적 회의론?

과학적 실재론에 관한 옹호에서 (반실재론에 대해) 제일 먼저 제기하는 문제는 선택적 회의론이다. 관찰할 수 없는 것에 대해 [*존재하지 않는다고] 인식적으로 차별 대우discrimi-nation를 하고 준수할 수 없는 정의에 대해 [*정의가 아니라고] 차별 대우를 하는 것과 같은 선택적 회의론이다. (Devitt 1991: 147)

IBE를 반대하는 반 프라센의 논증들이 유효하다고 우리들이 인정한다고 가정해보자. 실재론자들은 철저한 회의론자가 아닌 반실재론자들은 자신들이 선호하는 이론들과 경험적으로 동등한 다른 이론들을 구별할 수

---

21) 그러니까 실재론자는 특권의 원리에 따라 최선의 설명이 포함되어 있다고 전제하고 있는데, 이는 인식론적으로 부당하다고 위의 논증이 비판한다.

있는 어떤 기준들을 사용할 필요가 있을 것이라고 주장한다. 반 프라센의 경우에 문제가 되는 것은 하나의 이론이 경험적으로 충족하다고 믿는 경우에서조차도 그 믿음의 근거들을 하나도 남겨놓지 않은 것처럼 보인다는 것이다. 앞 장에서 나는 강한 미결정성과 약한 미결정성을 구별하였다. 만약에 우리들이 이론들의 경험적 특성들에 전적으로 제약되어 있다면, 우리들은 단지 약하게 경험적으로 동등한 이론들 중에서도 어떤 하나의 이론을 선택할 수 없을 것이다. 예를 들어 어떤 이론 T에 대해서, 어떤 임의의 기준이 되는 시점 이전에 관찰된 모든 것들이 T와 일치하였지만 그 시점이 지난 이후에는 일치하지 않는 다른 이론 T#을 정의할 수 있다.

문제는 이제까지 관찰되었던 것들과 일치하면서도 경험적으로 구별되는 이론들이 무한히 많다는 점이다. 반실재론자가 어떤 특정한 이론은 경험적으로 충족하다고 추론하도록 보장해주는 것은 무엇인가? 그렇게 허용해주는 어떠한 고려 사항들도 비경험적임에 틀림없다. 그래서 실재론자들은 다음의 내용들 중의 하나를 주장할 수 있다. (i) 반 프라센은 이용 가능한 자료들에 의해서 경험적으로 충족한 이론이 어떤 이론인가를 결정할 수 없게 되는 미결정성을 깨뜨릴 수 있는 방책도 가지고 있지 않고, 혹은 관찰할 수 있는 대상들에 대한 믿음이나 일상적인 귀납추론을 보장할 수 있는 방책도 가지고 있지 않다. 그래서 그는 철저하게 완전한 회의론자가 되어야만 한다.[22] 아니면 (ii) 그는 (관찰할 수 있는 대상들의 존재에 대한 믿음과 구성적 경험론의 방향과 일치하도록 경험적 충족성의 판단들에 대한 믿음을 보장하기 위해서) 관찰할 수 있는 대상들에 대한 이론들과, 관찰할 수 없는 대상들에 대한 이론들의 경험적 충족성으로의 추론에 대한 IBE를 지지하면서도 관찰할 수 없는 대상들에 대

---

22) 반 프라센은 관찰적 대상에 대해서는 회의론자가 아니다. 그리고 동시에 그는 상대주의 입장에 대해서도 반대한다.

한 IBE는 지지하지 않는 자의적인 회의론을 채택해야만 한다.

그래서 이상과 같은 논의를 통해서 나는 IBE에 대해서 귀납의 문제를 벗어난 그 이상의 어떤 다른 문제도 제기될 수 없다는 점이 명확해졌다고 생각한다. 관찰된 현상들을 넘어선 분야에 대해서도 우리들이 통상적으로 IBE를 사용하게 될 때, 어떤 존재론적 개입을 새로이 초래하지 않고서도 사용할 수 있다. 반 프라센의 예들에서 우리들은 쥐가 존재한다는 것을 이미 믿고 있다. 즉 우리들은 IBE를 사용하여 우리들의 존재론적 개입의 범위 속에 이미 포함되어 있는 유형들types의 개별 사례들tokens에 대해서 새로운 사실들을 결론짓는다. 문제의 그 개별적인 쥐는 우리들의 존재론적 개입의 범위 속에 이미 포함되어 있는 한 부분이 아니라고 누군가가 반대할지도 모르겠다. 그러나 새로운 유형의 실재entity에 관하여 그 존재를 허용하는가의 여부는 실재론에서 뜨거운 논란거리이며, 이에 관한 논의는 일상적인 IBE 사용의 논쟁 범위를 넘어선다. IBE에 의해서 새로운 존재론적 개입을 시도하는 것이 적법한가의 여부는 [그 존재가] 관찰할 수 있는 대상들일지라도 논의의 여지가 없는 것은 아니다. 앞의 2절 1항의 (5)를 상기해보자.[23] 지구에 도달한 외계인들이 있으며, 이들이 인간을 납치하여 강제로 인간들을 실험하였다는 등의 여러 가설들로부터 나온다고 할 수 있는 경험적으로 확인 가능한 다양한 현상들이 발생한다. 이러한 사실들은 우리로 하여금 외계인의 존재를 믿어야 한다고 만들 정도로 효력을 발휘하는가? 당연히 그렇지는 않다. 왜냐하면 그러한 것들 대신에 우리들이 받아들이려고 선택한 자료들을 설명할 수 있는 (경험적으로 약하게 동등한) 다른 가설들이 있기 때문이다. 그렇게 대안적인 설명을 우리들이 받아들이게 되는 이유는 그러한 대안적 설명들이

---

23) UFO의 경우이다.

우리들에게 어떤 새로운 유형의 실재의 존재를 믿으라고 요구하지 않기 때문일 것이다. 구성적 경험론자는 우리들 대부분에게 외계인의 존재를 실제로 확신시켜줄 수 있는 유일한 증거로서 우리들이 개인적으로 그것을 직접 보거나, 아니면 우리들이 신뢰하고 있는 사람들이 보는 것 등의 내용을 부가할지도 모르겠다. 그러나 관찰할 수 없는 대상들의 영역에서는 직접적인 관찰이 발생할 수 없으며, 그래서 강한 미결정성의 문제는 단지 증거 부족의 문제가 아니다. 만약에 우리들이 두 가지 종의 외계인의 존재를 이미 받아들였다면, 세 번째 종의 외계인의 존재를 추론하는 것에 대해서는 논쟁이 거의 일어나지 않을 것이다. 물론 외계인과 전자들을 비교하는 것은 외계인은 관찰할 수 있다고 전제하고 있기 때문에 부적절하다고 할 수도 있다. 따라서 관찰이 가능하기 때문에 그것을 우리 스스로 관찰해야만 한다고 요구한다. 그러나 그러한 예의 내용은 관찰할 수 있는 대상들의 경우에도 새로운 유형의 실재의 존재를 받아들이는 것에 대해서는 매우 신중해야 함을 말하고 있다.

어떠한 경우이든 실재론자들은 반 프라센이 어떤 한 이론의 경험적 충족성에 대한 믿음을 보장하기 위해서는 확장 추론[24]의 규칙을 사용할 필요성이 있다고 주장한다. 그렇지 않다면 어떤 근거에서 그는 자신이 사용하고 있는 특정한 추론 규칙들의 사용을 허용하면서 다른 추론들의 사용은 금지시키는가? 이제까지 진행된 나의 논의에서 완전하게 묻혀 있었던 문제가 하나 있었는데, 이제부터 이 문제를 제기하고자 한다. 우리들이 앞의 2절 1항에서 (1)부터 (5)까지 진행된 추론들을 평가할 때, 우리들은 (a) 해당되는 설명들과 대상들을 믿는 것이 합리적이라고 할 수 있는가, 아니면 (b) 해당되는 설명들과 대상들을 믿지 않는 것이 비

---

24) ampliative inference를 번역한 용어로서, 전제에 없는 내용을 결론이 함축하게 되는 추론으로서 통상적으로 귀납추론을 말한다.

합리적이라 할 수 있는가? 실재론자들은 종종 특정한 하나의 설명이 해당되는 현상에 관한 최선의 설명이라고 하는 점에서 일치하고, 이 이론의 충족성을 하나의 설명으로 전제하게 될 때 이 설명을 채택하지 않는 것이 비합리적이라고 생각하는 것 같다. 다른 한편 반 프라센은 구성적 경험론을 비합리성이라는 이름을 듣게 되는 조건을 감수하고서도 채택되어야 하는 이설doctrine로서가 아니라, 우리들이 과학에 대해 필요로 하는 모든 것을 설명하고 있으면서 채택되는 입장의 하나로 표현하고 있다.

반 프라센은 이에 관한 설명을 '새로운 인식론'이라는 이름으로 정교하게 다듬는다. 그의 책 『법칙과 대칭성Laws and Symmetry』에서 반 프라센은 합리성을 하나의 허용permission의 용어로 간주하는 것이며, 의무obligation의 용어로 간주하는 것이 아님을 분명히 하고 있다.(van Fraassen 1989: 171~172 참조) 그는 이를 위해 소위 독일[프로이센]의 법률과 영국의 법률의 차이점을 인용하고 있다. 분명히 독일의 법률은 법으로 명확하게 허용되지 않은 것을 금지하지만, 반면에 영국 법률은 법으로 명확하게 금지되지 않는 것이면 모두 허용하고 있다. 비유적으로 보면 두 가지의 합리성 개념이 있다. 독일식 모델은 다음과 같이 비유된다. "[……] 믿는 것이 합리적이라는 것은 정확히 사람들이 합리적으로 믿도록 [*법적으로] 만든다는 것을 의미한다." 영국식 모델은 다음과 같이 비유된다. "합리성은 오직 법적으로 속박되어 있는 비합리성만 피하면 되는 것이다. [……] 믿는 것이 합리적이라는 것은 사람들이 합리적으로 믿지 않도록 [*법적으로] 강제되지 않은 모든 것들을 포함한다."(van Fraassen 1989: 171~172). 반 프라센은 소위 자신의 의지로 선택하도록 하는 자유 지원제 vouluntarism라고 불리는 영국식 모델을 채택한다. 반 프라센에 따르면 사실 IBE는 이치에 부합하게 어떤 것을 예기할 경우에 불가피하며, 따라서 실용주의적[화용론적]으로도 불가피하다. 그러나 이치에 맞게 믿는다는 것이 무엇인가[추리 과정을 거친 믿음인가의 여부]는 화용론적[실용주의적]인 요소들에 의해서 결정되기 때문에, 이러한 것은 합리적으로 믿어야만 하는 믿음[즉 참된 믿음]을 만들어내는 추리의 규칙으로서의 위상을 지지하는 것과는 다르다. 그의 공격은 IBE가 '진리에로 인도한다'라고 주장하는 실재론자를 겨냥한 것이지(van Fraassen 1989: 142~143), 많은 실재론자들이 가정하고 있는 IBE 자체(혹은 IBE가 진리로 인도할지도 모른다는 가능성에 대한 믿음)를 겨냥한 것은 아니다. 그러므로 반 프라센의 논증은 추리의 규칙으로 이해되는 IBE를 겨냥하여 반대하는 것이지, 실제로 실천되고 있는 추리로서의 IBE를 공격하는 것은 아니다.

> 누군가가 어떤 믿음이 설명적이라는 것을 발견하고서 그 믿음을 견지하게 되었을 때, 그렇다고 해서 그 사람을 비합리적이라고 할 수 없다. 그러나 그가 만약에 그렇게 행하는 것을 규칙으로 채택하게 되면 그는 비합리적이다. 그리고 심지어 그 규칙을 우리들이 합리적으로 받아들여야만 한다고 그가 간주한다면 그는 더욱더 비합리적이다.(van Fraassen 1989: 132)

이 내용은 어느 지점에서 우리들로부터 떨어져나가는가? 논증을 위해서 반 프라센의 주장에 관해서 다음과 같이 인정해보자. (a) 구성적 경험론은 언뜻 보기에는 하나의 과학관으로서 정합적이라고 할 수 있으며 이론용어에 관한 글자 그대로의 해석을 수용함으로써 실증주의의 문제를 피한다. (b) 관찰할 수 있음/관찰할 수 없음의 구별의 모호성이 그러한 구별의 인식적 중요성까지 없애는 것은 아니다. (c) (현실적 기술 수준에 따른) 관찰되어짐/관찰되어지지 않음의 구별이 가지지 못한 인식적 중요성을 가능성의 차원인 관찰할 수 있음/관찰할 수 없음의 구별에까지 인정하는 것은 부정합적이지 않다. (d) 세계에 대한 우리들의 논의가 가지는 이론-의존적인 성격과, 관찰할 수 있는 것을 기술하기 위한 이론과학의 사용이 우리들로 하여금 과학적 실재론에만 의존하도록 만드는 것은 아니다. (e) IBE는 의무적으로 사용해야 하는 추리 규칙이 아니며, 따라서 과학적 실재론은 합리적인 추론의 법칙들에 의해 강제되지 않는다. 그리고 (f) 자유 지원제는 확장 추리가 비합리적이지 않다는 것을 의미하며, 따라서 구성적 경험론은 전체적인total 회의론〔절대적 회의론〕으로까지 전락할 필요가 없다.

  지금까지 우리들이 보여준 내용은 구성적 경험론이 과학에 대해 취할 수 있는 하나의 견해이고, IBE가 우리로 하여금 실재론자의 입장을 취하도록 강제하지 않는다는 것이다. 구성적 경험론은 과학적 실재론에 대해서 논리적으로 일관된 하나의 대안적인 입장이 될 수도 있으며, 심지어는 과학의 실천과 양립 가능할 수 있다. 그러나 단지 구성적 경험론을 이용할 수 있다는 사실만으로는, 많은 실재론자들로 하여금 그 입장을 수용하고 과학적 실재론을 포기하도록 설득하지는 못할 것이다. 특별히 반 프라센이 과학적 실재론이 비합리적이지 않다는 사실을 인정한다고 할지라도 그러하다. 결국에는 많은 철학자들에게 과학적 실재론이란 어떤 특정한 철학적 입장을 가지기 이전에 취하게 되는 자연스러운 입장이지, 과학적 실재론의 논증이 가지는 설득력을 선호하기 때문에 취하는 입장은 아니다. 반 프라센의 자유 지원제가 단지 금지된 믿음은 관찰할 수 없는 것들에 대한 것이라는 사실에만 근거하여, 사람들로 하여금 어떤 명제에 대해서는 믿는 것을 허용하고 다른 명제에 대해서는 금지한다고 가정해보자. 실재론자는 자료가 함축하는 것 이상의 내용을 믿는 데 수반되는 모험을 받아들이면서도 관찰할 수 없는 것으로의 귀추법을 수용하지 않는 것은 자의적이고 일관되지 못하다고 반대한다. 그래서 반 프라센이 전체적인 회의론을 옹호하지 않으면서, 이 문제에 관해서 [과학적 실재론을 옹호해야 하는데] 과학적 실재론을 옹호하지 않는 이유라는 것이 기껏해야 단지 어떤 편견에 불과하다고 주장한다.

그러나 반 프라센은 만약 우리가 과학의 실천과 그 성격을 설명하기 위해서 이론들의 경험적 충족성에 대한 믿음을 넘어서서 더 진행해야만 할 필요가 있다면, 그리고 실제로 더 진행해나간다면 우리들은 더 이상의 어떤 경험적인 소득도 없이 불필요한 인식적 모험을 감행하게 되는 것이라고 주장한다. 이로부터 그의 아주 유명한 슬로건이 생겼다. "기왕 내친 김에 끝까지 가는 것이 좋다라는 것은 인식론적 원리가 아니다." (van Fraassen 1980: 72) 한편 실재론자는 구성적 경험론이 가지지 못한 이점利點들을 실재론이 제공한다고 주장한다. 결국 실재론은 우리 주변에서 흔히 볼 수 있는 현상들에 대한 설명을 제공할 수 있으며, 그리고 이러한 설명에 근거하여 실로스(Psillos 1996: 42)가 주장하듯이, 과학이 '무지의 경계선을 뒤로 물러나게 만들었다'고 주장할 수 있다. 그러나 구성적 경험론은 그렇게 주장할 수 없다.

반 프라센은 이러한 점을 시인한다.

> 사람은 어떤 이론이 참이라고 믿을 수 있고 자신이 그렇게 믿고 있다는 것을 설명할 때, 예를 들어 사실들에 대해서 그가 할 수 있는 설명들 중에서 그것이 최선의 설명이기 때문이라고, 혹은 그 설명이 자신에게 가장 만족할 만한 세계를 제공해주기 때문이라고 말하기도 한다. 그러한 설명을 한다고 그가 비합리적인 사람이 되는 것은 아니다. 그러나 나는 그러한 이유들을 가치가 없다고 생각하는 것이 경험론의 한 부분이라고 생각한다.(van Fraassen 1985: 252)

따라서 반 프라쎈은 **경험론자들**이 과학적 실재론자여서는 안 되며, **경험론적** 관점에서 볼 때 특별히 실재론자의 입장만이 가진 이점이라는 것은 허상이기 때문에 그들은 구성적 경험론을 채택해야 한다고 주장하는 것으로 만족하고 있다. 우리들은 관찰할 수 없는 대상들을 다루고 있는 경우에, 어떤 설명의 진리를 위해서 이 설명의 경험적 충족성을 지지하는 내용을 넘어선 그 이상의 어떤 것을 말하는 것을 더 이상의 경험에 의해서 직면하게 되지는 않는다. IBE는 경험적 충족성에 대한 구성적 경험론의 믿음보다도 더 많이 앞으로 진행한다. 그리고 반 프라쎈은 실재론자가 구성적 경험론과 똑같이 가지고 있는 것은 경험적 충족성이며 이것이 현실적으로 과학을 계속할 수 있게 해준다고 설명한다. 반 프라쎈은 실재론이 비합리적이라고 생각하기 때문에 거부하는 것이 아니라 법칙, 인과관계, 종kinds 등에 관한 설명이라면 항상 따라다니게 된다고 생각하는 '[*존재론적으로] 부풀려진 인플레이션 형이상학'을 거부하기 때문에 실재론을 거부한다. 경험론자들은 우리들이 경험을 통해서 (가능적으로) 직면할 수 있는 내용들을 넘어서 있는 믿음들을 논박해야만 하고, 이러한 제약 사항이 경험론자들로 하여금 '형이상학에 대해 작별을 고하도록' 만든다.(van Fraassen 1989: 480) 그는 구성적 경험론이 그러한 사치스런 낭비가 없이 과학적 실천에 대해서 더 좋은 설명을 제공하는 대안적인 견해를 제시한다고 생각한다.(van Fraassen 1980: 73)

반 프라쎈은 경험론자가 된다는 것은 "경험이 세계에 대한 정보의 유일한 근원이다"라고 믿는 것이라고 제안한다.(van Fraassen 1985: 253) 하지만 이 이설은 그 자체가 경험에 의해 정당화될 수 있는 것처럼 보인다. 그러나 최근의 논문에서 그는 경험론이 그러한 슬로건을 수용하는 것으로 환원될 수 없고, 사실상 세계에 대해 취하는 방향이나 태도라는 의미에서 하나의 '입장stance'이라고 주장하였다.(van Fraassen 1994) 나는 정당화될 수 없는 입장이나 태도를 취하는 것이, 위의 슬로건처럼 명제 속에 있는 용어들 자체에 의해서 스스로 정당화될 수 없는 명제를 단순하게 수용하는 것보다 왜 더 훌륭한 일인지를 확신하지 못한다. 어쨌든 구성적 경험론은 비경험론자들에게는 규범적인 효력을 발휘하지 못하고, 그래서 이제 우리들은 막다른 골목에 도달한 것 같다.

3. 상식, 실재론 그리고 구성적 경험론

IBE에 대한 반 프라센의 비판에 직면한 실재론자는, 워럴John Worrall이 다음과 같이 표현하고 있는 견해 뒤로 한 발짝 물러서게 될 것이다.

> 과학에서는 그 어떤 것도 이론들에 대해서 실재론자의 태도를 취하도록 강요compel하려고 하지 않는다. 〔……〕 그러나 이러한 사실은, 어떤 형식의 과학적 실재론이 엄밀히 말해서는 꼭 필요하지는 않지만, 그럼에도 불구하고 선택할 수 있는 가장 이치에 부합한 입장이 된다라는 가능성을 남겨놓았다.(Worrall 1984: 67)

만약 과학적 실재론이 최소한의 합리성을 함축한다는 IBE와 같은 추론 규칙이 없다고 한다면, 어떻게 해서 과학적 실재론이 가장 이치에 부합하는 입장으로 선택될 수 있는가? 워럴은 우리들이 이 문제를 제5장에서 논의하였던 종류의 급진적 회의론에 대항하여 상식적인 형이상학적 실재론을 옹호하는 것과 직접 비교할 수 있다고 주장한다. 우리들의 지각 내용에 의미를 두기 위해서, 외부external 세계가 실제로 존재한다는 가정을 해야 하는 것은 아니다. 그럼에도 불구하고 이러한 존재를 가정하는 [상식적인 형이상학적 실재론의] 입장을 취하는 것이 가장 이치에 부합하는 것처럼 보인다. 그래서 실재론자는 관찰할 수 없는 대상의 영역에서는 과학적 실재론이 바로 그와 같은 상식적인 형이상학적 실재론에 해당하기 때문에 구성적 경험론은 인식론적으로 이치에 부합하지 않는다erratic고 주장한다.

반 프라센은 현상들 속의 '지속적인 유사성들persistent similarities'을 비관찰적인 것에 의해서 설명해야 한다는 사실을 부정한다.(van Fraassen 1985: 298) 그러나 실재론자는 내 눈앞에 있는 책상의 객관적인 존재를 받아들이는 유일한 이유는 그것이 현상들 속의 지속적인 유사성들을 설명하기 때문이라고 주장한다. 그러므로 책상들의 존재를 옹호하는 모든 건전한 논증들은 전자들의 존재에 관한 논증으로 이월된 것처럼 보이고, 그리고 이와 유사하게 전자에 대한 믿음을 유보하는 반 프라센의 논증은 책상에 대한 회의론으로 나아가도록 만드는 것처럼 보인다. 일상적인 대상들에 대한 믿음은 이러한 믿음이 없었다면 설명될 수 없었을 많은 관찰 가능한 현상들을 설명할 수 있게 해준다. 관찰할 수 없는 세계의 경우에는 그러한 설명이 어째서 배제되어야만 하는가? 그래서 많은 실재론자들은 반 프라센이 제3자의 정신이나 외재적 대상들에 대해서도 회의론적 입장을 실제로 취해야 한다고 주장한다. 왜냐하면 제3자의 정신이나 외재적 대상들은 모두가 우리들의 경험 속의 규칙성들을 설명하기 위해서 전제된 것이기 때문이다.

반 프라센은 상식적 실재론을 반대하는 주장을 펼치지는 않고 있으며, 그리고 실제로 자신이 '책상이나 나무'에 대해서 회의론적 입장을 취하지 않는다고 말한다.(van Fraassen 1980: 72) 그러나 그가 의도적으로 상식적 실재론을 반대하였든지 그렇지 않든지 간에, 만약에 그의 인식론이 상식적 실재론에 어떤 정당화가 부족하다고 여기는 입장이라면, 이것은 확실하게 중요한 내용이 될 것이다. 구성적 경험론은 이러한 상식적 실재론의 도전에 대응해야 하는 것처럼 보이지만 반 프라센은 그 논증을 우리에게 전가하고 있다. 그는 상식적 실재론은 어떤 형이상학을 가지고 있지 않으며, 감각자료들이 있다는 것을 부정함으로써 상식적 실재론은 입증될 수 있다고 가정한 것처럼 보인다.(van Fraassen 1980: 72) 그는 감각자료들이 존재하지 않는다고 확신하였다(결국 감각자료들은 이론적 대상들이라고 할 수 있으니까, 만약에 그가 감각자료들의 존재를 믿는다고 하면 이 입장은 논리적으로 일관된 입장을 취한다고 볼 수 없게 된다). 그러나 감각자료의 존재를 부정하는 것만으로는, 데빗, 워럴, 그 밖의 다른 과학적 실재론자들 같은 철학자들이 당연하게 간주하고 있는 상식의 세계에 대한 형이상학적 실재론을 충분히 입증할 수 없다. 만약에 구성적 경험론이 그러한 약한 인식론 위에 세워져 있어서 상식적인 세계의 존재를 인정하는 믿음의 합리성을 보호하지 못하거나 적어도 그 존재를 부정하는 믿음의 비합리성을 보여주지 못한다면, 이론과학이 전제하고 있는 관찰할 수 없는 세계에 대해서도 똑같은 처지에 놓인다는 것은 그리 놀랄 만한 일이 아니다. 그러나 반 프라센의 철학적 견지는 그의 반대자인 실재론자의 견지와 다르다는 것이 분명하게 되었다. 그는 생활세계lifeworld 속에서 인식론적인 탐구를 시작하기를 원하며, 생활세계의 존재에 대한 믿음을 안전하게 보호하는 것을 인식론적 탐구의 근본적인 임무라고 생각하지 않는다. 그의 인식론적인 전망은 공개적인 세계에 있는 자신들의 존재를 그 출발점으로 삼으려고 하는 현상학자들phenomenologists[25)]의 전망과 유사하다. 이러한 전망으로부터 볼 때, 일상적 대상들은 우리들의 감각적 경험에 스스로 그 존재가 분명하게

---

25) 후설의 현상학 이론을 따르는 사람들을 말한다.

드러나는 현시적manifest 대상이고, 따라서 사람들은 그 존재를 믿기 위하여 어떤 추리를 만들 필요가 없다.

과학적 실재론자들과 반 프라센 사이에 벌어지는 논쟁은 때때로 철학에 아주 나쁜 평판을 가져온 일상적 대상들의 존재에 관한 논쟁으로 되돌아가는 것 같다. 다음 장에서 나는 과학과 과학사에서 나타난 경험적인 사실들에 의해 동기를 부여받아 시작된 반실재론의 논증으로 돌아갈 것이다.

∴

앨리스: 만약 우리들이 모두 믿음에 대해서 너처럼 신중하게 생각한다면, 바로 자기 눈앞에 있는 것 외에는 그 어떤 것도 믿을 사람이 없을 거야. 너는 너에게 유리한 곳에서는 회의론자가 되면서 다른 곳에서는 그렇지 않은 것 같아. 만약 네가 원자들의 존재들을 믿지 않는다면, 그 밖의 다른 것의 존재는 어떻게 믿는다는 건지 알 수가 없어.

토머스: 이 문제에 대한 우리들의 논쟁은 끝났어. 원자들은 관찰할 수 없잖아. 그러니까 그것들은 과학자들이 사물을 설명하기 위해 발명했던 가설적인 대상들에 불과해.

앨리스: 그럼 달의 뒷면도 우리들이 관찰할 수 없으니까[26] 방금 원자에 대해서 한 말과 똑같이 말해도 되겠네.

토머스: 그래, 어쨌든지 간에 과학자들이 우리들에게 존재한다고 말

---

[26] 달의 공전주기와 자전주기가 일치하기 때문에, 지구상에 있는 우리들은 달의 뒷면을 영원히 볼 수가 없다.

해주는 사물들의 경우에는 특별히 더 생각해야 할 문제가 있는 것 같아. 그러면 우리들이 이젠 더 이상 사용하지 않는 과거의 모든 이론들에 대해서는 어떻게 생각하니? 만약에 네가 몇 백 년 전에 살았다면, 너는 원자들이 탄력성이 없고 회전운동을 하지 않는 것이라고 믿었을 거야. 왜냐하면 과학자들이 그렇게 말하고 있었기 때문이야.

앨리스: 너, 지금 우스갯소리 하는 거니?

토머스: 아니, 나는 진지하게 말하는 거야. 과거의 이론들의 설명에 나타난 모든 종류의 사물들은 그 당시에는 존재한다고 가정하고 있었어. 뉴턴은 빛이 입자들로 구성되어 있다고 생각했고, 아인슈타인은 양자역학을 믿지 않았어. 그런데 너는 현재의 과학자들이 미래에는 틀렸다고 판명되지 않을 거라고 어떻게 장담할 수 있니?

앨리스: 나는 근대과학의 이론들이 그 정도로까지 많이 변화했다고는 믿지 않아. 그리고 그 이론들이 설사 그렇게 많이 변화했다고 해도 [과거의 이론들이 거짓이니까] 우리들이 현재 가지고 있는 모든 이론의 모든 내용들을 믿어야 한다고 말하는 사람은 없고, 그저 단지 우리들의 이론들은 대부분 어느 정도 올바르다고 말할 뿐이야.

토머스: 빅뱅이 어느 정도 옳다는 것을 어떻게 알 수 있어? 그것은 우연히 일어났거나 아니면 일어나지 않았을 거야. 그리고 빛은 입자들이거나 아니면 파동이거나 하겠지 둘 다일 수는 없으니까.

앨리스: 사실 나는 둘 다라고 생각해.

토머스: 그건 말도 안 되는 소리야. 너는 하나의 이론을 동시에 두 가지 방식으로 가질 수는 없어. 현재의 과학은 원자, 빅뱅, 그

외에 대해서 맞거나 틀리거나 둘 중 하나일 거야. 나는 과거를 증거 삼아볼 때, 미래에는 지금의 이론들이 대부분 새로운 이론들로 대체될 거라고 가정하는 것이 보다 안전할 거라고 생각하고 있어.

➡ 더 읽어야 할 책들 ⬅

설명

Friedman, M. (1974), "Explanation and scientific understanding", *Journal of Philosophy*, LXXI, pp. 5~19.

Hempel, C. (1965), *Aspects of Scientific Explanation*, New York: Free Press.

Nagel, E. (1961), *The Structure of Science: Problems in the Logic of Scientific Explanation*, New York: Harcourt, Brace and World.〔『과학의 구조: 과학적 설명 논리의 문제들 1, 2』, 전영삼 옮김, 아카넷, 2001〕

Ruben, D. (1990), *Explaining Explanation*, London: Routledge.

Ruben, D. (ed.) (1993), *Explanation*, Oxford: Oxford University Press.

Salmon, W. (1984), *Scientific Explanation and the Causal Structure of the World*, Princeton, NJ: Princeton University Press.

Van Fraassen, B. C. (1980), *The Scientific Image*, Oxford: Oxford University Press.

자연의 법칙들

Armstrong, D. (1983), *What is a Law of Nature?*, Cambridge: Cambridge University Press.

Van Fraassen, B. C. (1989), *Laws and Symmetry*, Oxford: Oxford University Press.

최선의 설명으로의 추론

Ladyman, J., I. Douven, L. Horsten and B. C. van Fraassen (1997), "In defence of van Fraassen's critique of abductive reasoning: a reply to Psillos", *Philosophical Quarterly*, 47, pp. 305~321.

Lipton, P. (1991), *Inference to the Best Explanation*, London: Routledge.

Psillos, S. (1999), *Scientific Realism: How Science Tracks Truth*, London: Routledge.

Van Fraassen, B. C. (1989), *Laws and Symmetry*, Oxford: Oxford University Press.

제8장 무엇에 대한 실재론인가?
Realism about what?

 이론 미결정성에 대한 우려들을 순수한 철학적인 의심에 불과한 것으로 간주하여 간단히 처리해버리고 싶은 유혹이 있다. 물론 우리들은 전자들이 존재한다는 것을 절대적으로 확실하게 증명할 수는 없다. 그런데 우리들은 태양이 내일 다시 떠오를 것이라는 사실, 모든 금속은 열을 받으면 늘어난다는 사실, 책상과 같은 모든 일상적인 대상들은 우리들이 그 대상들을 지각하고 있지 않을 때에도 그 자리에 그대로 계속해서 존재하고 있다는 사실 등도 절대적으로 확실하게 증명할 수는 없다. 그래서 오류의 단순한 발생 가능성이 있다는 말만으로는 무엇을 안다고 하는 일상적인 주장들에 치명적인 타격을 주기에는 부족하다. 또한 그런 말이 과학적 실재론에 위협을 가하는 것도 아니다. 사실 우리들이 앞 장에서 보았듯이 반 프라센이 보여주었다고 주장할 수 있는 가장 비판적인 내용도 기껏해야, 우리들이 관찰할 수 없는 대상들에 대한 믿음을 견지하고 있는 것이 비합리적이지 않으니까 그러한 관찰할 수 없는 대상들의 존재를 믿는 것도 비합리적이지 않다는 식으로 전개한 것에 불과하며, 이 내용은 과학에 대한 전통적인 형식의 회의론보다도 많이 약화된 것이다. 이 장에서 우리들은 반실재론을 옹호하는 다양한 논증들을 고찰할 것이다. 이 반실재론 논증들은 인식론적인 불안감에 의해서가 아니라, 과학의 실천과 역사를 세심하게 깊이 조사하여 나온 주장들이다. 실제 과학에서 일어난 사실들은 "우리들이 무엇에 대해 실재론자가 되어야 하는가?"라는 물음을 다양한 방식으로 제기하고 있다.

1. 이론 변화

과학적 실재론을 반대하게 만드는 논증 가운데 가장 영향력이 크다고 할 수 있는 것은 아마도 악명 높은 '비관적 메타 귀납pessimistic meta-induction'의 논증일 것이다. 이 논증은 최근에 라우든(Laudan: 1981)이 강하게 옹호하고 있는 논증이다. 이 논증은 '이론 변화로부터 나온 논증'의 형식이며, 이론적인 가능성과 변칙적인 수학적 구성물들에 근거하기보다는 역사에 근거하여 제기하고 있다는 점에서 이론 미결정성의 논증과는 다르다. 다시 한번 제7장 2절 2항의 (전반적 IBE) 논증을 생각해보자. 대략적으로 과학이론들의 경험적 성공들과 이 이론들의 진리 간에는 설명적인 연계 고리가 있으며, 이러한 연계 고리에 의해서 과학적 실재론만이 과학의 진보에 관해서 유일한, 아니면 적어도 최선의 설명을 제공한다. 라우든은 이러한 논증을 비켜가면서 현재 우리들에게 있는 최선의 과학이론들이 기술하고 있는 이론적 대상들의 존재를 믿지 않아도 되는 실증적인 긍정적 이유를 귀납에 의해 제시할 수 있다고 주장한다. 실재론에 대한 전반적 옹호와 마찬가지로, 이 논증도 전체로서의 과학을 고려 대상으로 삼고 각 시기마다 진행된 과학의 진화론적인 발전을 전제로 하여 논의를 전개하기 때문에 '메타 차원'에서 진행된다. 라우든은 옛날에 한때는 예측적이고 설명적인 성공을 누렸었지만, 지금은 배척되어 사용되지 않고 있는 이론들의 목록을 만든다. 이러한 이론들 중의 많은 이론들이 가지고 있는 특성들은, 예를 들어 '플로기스톤', '에테르', '열소'와 같은 이론용어들을 포함하고 있다는 것이다. 이 용어들은 다양한 종류의 비관찰적 대상들을 지시한다고 그 당시에는 간주되었지만, 그러나 현대 과학은 이러한 이론용어들이 지시하는 대상들은 실제로 존재하지 않으며, 따라서 이 용어들은 ('일각수unicorn', '용', '도깨비', '요정' 등과 같은 용어들이 어떤 것도 지시하고 있지 않는 것처럼) 어떤 것도 지시하고 있지 않다고 설명한다. 만약에 사정이 이렇게 진행된다면, 현재 우리들의 최선의 이론들을 참이라고 믿을 수 있는 정당화의 근거보다는, 나중에 지금의 이론들이 거짓임을 보여주게 되는 미래의 나중 이론들에 의해서 현재의 이론들이 대체될 가능성이 있다는 비관적인 결론을 옹호하는 귀납적인 근거들만 얻게 된다. 이에 따르면 우리들은 '전자'와 같은 용어들은 결국 관찰할 수 없는 물질의 입자들을 지시하지 않는다는 사실을 믿을 수 있는 정당한 이유를 가질 것이다. 그래서 IBE의 이점이 무엇이든지 간에 그리고 구성적 경험론이 궁극적으로 옹호될 수 있는가의 여부는 차치하더라도, 과학적 실재론은 과학의 성공에 관한 최선의 설명이 될 수 없게 된다. 왜냐하면 과학적 실재론이 경험적으로 충족되지 않기 때문이다. 이러한 논증은 관찰할 수 없는 대상들에 대한 **무신론**atheism— 전자들과 그와 비슷한 것이 존재하지 않는다고 믿는 것—을 옹호하는 것이지 반 프라센 유형의 **불가지론**agnosticism을 옹호하는 것은 아니다.

1) 점근적 진리

18세기와 19세기에 잠시 동안, 뉴턴역학이 물질의 운동에 대해서 완전하게 참된 설명을 제공하는 것처럼 보였던 시절이 있었다. 빛은 입자로 구성되어 있고 따라서 뉴턴의 운동 법칙 또한 광학 현상의 이면에서 이를 통제하고 있어야 한다는 식으로 간주되고 있었다. 그런데 맥스웰의 전자기학이 널리 받아들여지게 되었을 때 많은 물리학자들은, 어떻게 하든 나중에 가면 맥스웰의 이론이 뉴턴 이론으로 환원될 것이라고 가정하였기 때문에 맥스웰 이론은 뉴턴 이론의 위상을 결코 논박하지 못한다고 생각하였다. 이러한 고전물리학에 대한 신뢰성은 지속되어, 19세기 말경에는 일부 물리학자들은 자신들의 연구 주제가 곧 바닥이 날 것이며, 단지 몇 가지 문제들만 해결되기를 기다리고 있을 뿐이라고 확신하였다. 심지어 현대 과학과 과학사에 대해서는 다른 사람과 비교할 수 없을 정도로 탁월한 지식을 가졌고, 이를 철학적으로 정교하게 설명한 푸앵카레조차도 유클리드기하학과 뉴턴역학이 계속해서 최고 권좌에 앉아 군림할 것이라고 확신하였다.[1] 그러나 곧이어 방사능의 발견은 전적으로 새로운 탐구 영역을 열어놓았고, 결과적으로 두 개의 새로운 기본 힘들(원자핵의 강력과 약력)을 전제하도록 만들었는데, 그 이전까지 고전물리학은 중력과 전자기만을 기본 힘으로 간주했었다. 물론 더 나아가 아인슈타인의 특수상대성이론과 일반상대성이론은 중력과 시간, 공간을 이해하는 데 [사고의] 대혁명을 만들었다. 이와 유사한 혁명들은 화학에서도 일어났었다. 예를 들어 현대의 원자 구조 이론의 채택이 그것이다. 그리고 생물학에서는 진화론의 수용과 곧 이은 DNA의 수용 등이 혁명적

---

1) 상대성이론을 믿지 않고 전자기학에 관한 로렌츠 수축 이론을 믿었다.

인 사건이었다. 따라서 오늘날에 와서는 과학에 대해 큰 신뢰를 가지고 있고 과학적 실재론에 대해 전혀 의문을 제기하지 않는 사람들조차도 현대의 최선의 과학이론들 모두는 결점이 없으며 전부 완전하다고 생각할 정도로 소박하지는 않다. 성공적인 과학이론들이 예기치 못한 방식으로 개정되거나, 예상하지 못한 새로운 현상들이 발견되는 등의 사례들이 많이 있어왔기 때문에, 가장 정교한 과학조차도 개정되거나 교정될 수 있다는 사실은 분명하게 되었다.

물론 이러한 점이 부분적으로는 포퍼로 하여금 모든 이론에 확신을 가지기보다는 그것들이 단지 추측에 불과하다고 생각하도록 만든 동기가 된다. 그러나 제3장에서 보았듯이, 그는 증거에 기반하여 이론들을 믿을 수 있는 어떤 실증적인 긍정적 이유를 가질 수 있으리라는 생각을 포기하였다. 한편 대부분의 과학적 실재론자들은 어떤 하나의 이론의 예측적이고 설명적인 성공은 그 이론을 참이라고 믿게 하는 귀납적인 근거 자료들을 제공한다는 사실을 함축하는, 증거적 지지의 개념을 가지고 있다. 이들은 이론들이 완전하게 [절대적으로] 참이 아니라 오직 '접근적으로만 참'일 뿐이라고 주장하면서 역사적 사례들로부터 나오는 교훈[2]에 부합하려고 노력하였다. 접근적 진리는 어떤 경우에는 박진성迫眞性 verisimilitude[진리에 가까움]이라고도 불리는데, 현대 과학적 실재론자들에게는 없어서는 안 될 개념이다. 그러나 많은 연구에도 불구하고 아직까지는 이 개념에 관해 만족할 만한 엄밀한 특정화가 나타나지 않은 것 같다. 포퍼는 그에 관한 형식적 정의를 시도하였으나 그 시도가 성공하지 못했다는 것은 널리 알려진 유명한 일이다.(Psillos 1999: 261~264) 이후에도 많은 사람들이 접근적 진리에 관해서 형식적으로 수학적이고 논리

---

[2] 과학이론은 절대적으로 참일 수 없으며, 항상 개정될 가능성이 있다는 교훈이다.

적인 이론들을 개발하여 과학이론에 적용하였다. 그러나 이러한 시도들 중의 그 어느 것도 풀기 어려운 문제점들을 가지지 않은 것이 없었으며, 박진성은 지금까지도 계속해서 철학자들이 풀어야 할 숙제로 남아 있다.

점근적 진리라는 관념과 상대방 이론에 비해서 자신의 이론이 다소 점근적으로 진리에 더 가깝다라고 생각하는 관념은 해명하기가 매우 어려울지라도, 과학의 이론적 명제들이 아닌 다른 유형의 명제들에 관한 만족스러운 의미론을 세우기 위해서는 그러한 관념들이 아마도 틀림없이 필요할 것이다. 예를 들어 만약에 내가 실제로는 12시 2분 전일 때 지금은 정오이다라고 말했다면 내 말은 엄밀히 말해 거짓이다. 그러나 이 말이 점근적으로 올바르다는 것은 부정할 수가 없다. 우리들이 수에 대해서 말할 경우 점근적 진리의 개념은 분명하게 나타난다. 왜냐하면 우리들은 하나의 수가 다른 수에 상대적으로 더 가깝다는 것이 무엇을 의미하는지를 잘 알고 있기 때문이다. 그런 경우 우리는 점근성의 정도를 수치로 표현할 수 있다. 그러나 아무런 수도 포함하고 있지 않을 경우에도 점근적 진리의 개념은 이해될 수 있다. 예를 들어 어떤 사람이 지금 바깥에 비가 오고 있다라고 큰 소리로 말했다고 생각해보자. 그런데 사실은 진눈깨비가 오거나 눈이 오고 있었다. 분명히 그런 말의 내용은 강수가 발생하는 형식[진눈깨비나 눈]이 말해진 내용[비]과는 다르기 때문에 거짓이라고 할 수 있을지라도, 그러나 강수량이 실제로 발생했다는 점으로만 보면 참이라고 할 수도 있다. 마찬가지로 바다가 통상적으로는 초록색으로 물들어 있을지라도 바다가 푸르다라고 말하는 것은 점근적으로 진리라고 할 수 있다.

과학에서 점근성과 박진성에 관한 예들은 많이 있다. 모든 초등학교 어린이는 지구가 평면이 아니라 공처럼 생겼다고 배운다. 그리고 우리들은 지구를 공 모양으로 그린다. 그러나 물론 지구의 표면은 산과 계곡으로 이루어졌으므로 평평하지 않으며, 오히려 극지방의 표면이 약간 평평하다. 엄밀히 말해서 지구는 구가 아니다. 그러나 우리들은 지구를 공 모양이라고 기술하는데, 왜냐하면 그렇게 하는 것이 지구의 특징을 드러내는 관점에서 볼 때 진리에 가깝기 때문이다. 마찬가지로 만약 현대 과학을 믿고 있다면 뉴턴역학과 맥스웰의 전기역학과 같은 이론들은 거짓이다. 그러나 과학적 실재론자들은 그러한 이론들이 현재의 이론들보다는 진리에서 멀리 떨어져 있다고 해도 과거에도 그리고 현재에도 점근적으로 진리라고 주장한다. 물론 어느 정도까지는 지구가 평평하다는 것은 점근적으로 참이 될 수도 있을 것이다. 왜냐하면 지구가 우리들과 상대적으로 비교하여 너무나 크기 때문에 여러 가지 다른 요인들로 인하여 굴곡의 정도가 안 보일 수도 있기 때문이다. 그런데 박진성에 관한 생각이 가지고 있는 위험성은, 이 생각이 유사성 일반을 허용하고 상대주의를 물려받을 수도 있다는 것이다. 어떤 두 개의 이론이 어떤 관점에서 유사하다고 하자. 예를 들면 태양과 나의 주전자를 보자. 이 두 개는 어떤 점에서 서로 유사하다고 할 수 있다. 왜냐하면 이 둘은 태평양 밑바닥보다는 지구의 중심으로부터 더 먼 거리에 있기 때문이다. 유사성에 관한 판단들은 화용적인[실용적인] 맥락에 따라 상대적으로만 평가될 수 있다. 예를 들어 유리로 된 큰 컵은 기능 면에서 볼 때 상대적으로 렌즈보다는 사기 찻잔과 더 유사하지만 구성 재질의 면에서 볼 때 상대적으로 사기 찻잔보다는 렌즈와 더 유사하다. 그래서 만약에 실재론자들이 주장하는 내용이 모두 현대의 최선의 과학이론들은 진리와 유사하다는 것이라면 이 말은 매우 약한 주장이 된다. (반실재론자들은 점근적 진리의 개념이 점근적인 경험적 충족성의 개념으로 함몰되어질 위험이 있다고 주장할 수도 있다. 우리들이 관찰할 수 있는 것에 관해서 이론들이 예측한 것들은 점근적으로 정확하다고 말하는 것은 실재론을 옹호하는 것이 아니다.)

그럼에도 불구하고 관찰할 수 있는 세계에 관한 논의들을 분석하는 데 있어서, 박진성에 관한 개념이 없다면 어떤 방식으로 우리들이 논의를 진행해야 할지 알기 어렵기 때문에, 특별히 단지 접근적 진리의 개념이 어느 정도 모호하다는 사실에만 근거하여 과학적 실재론을 거부하는 것은 이치에 맞지 않을 것이다. 이미 보았듯이, 어떤 경우이든 하나의 이론이 점근적으로 참이라고 주장하는 것에 대해 어떤 내용을 부여하려는 시도에서 많은 실재론자들은 성공적인 지시의 관념에 초점을 맞추었다. 하나의 용어는 만약에 그 용어로 지적함으로써 구별되는 어떤 대상이나 사물이 존재한다면 성공적으로 **지시한다**refer고 말한다. 그래서 예를 들어 '말horse'이라는 용어는 지시하지만, '현재의 프랑스 왕'이라는 용어는 지시하지 못한다. 라우든(Laudan 1981)은 실재론을 공격하면서 과학이론은 만약에 그 이론의 중심적인 이론용어들이 어떤 것도 지시하지 않는다면 점근적으로도 참이 아니라고 주장한다. 따라서 과학사에서 일어난 이론 변화가 관찰할 수 없는 대상에 대한 회의론을 어느 정도로 유발시키는가에 관한 논쟁에서 초점이 되는 것은, 지금은 배척된 이론용어들이 지시할 수 있는 자격을 가졌는가에 관한 것이다.

2) 뜻과 지시체

분석철학자들은 종종 용어의 **뜻**sense과 **지시체**reference를 구별하곤 한다. 뜻은 관념의 내용이고 용어와 연합된 기술어이다. 반면에 지시체는 용어를 사용하여 말할 때 지시하는 사물이나 사물들이다. 뜻과 지시체는 물론 상관관계가 있으나 동일한 것은 아니다. 만약에 이것들이 동일하다면, 어떤 사물의 속성들에 대한 우리들의 정신 내용이 변화했을 때 우리들이 계속해서 똑같은 사물에 대해 대화를 나눈다는 것이 불가능해진다. '고래'라는 용어의 뜻은 한때는 물고기의 개념을 포함하기도 하였지만, 지금은 이 용어는 포유동물의 개념으로 대체되었다. 그래도 '고래'라는 용어는 우리 조상들이 열심히 사냥하였던 동물을 지시한다. 관찰할 수 있는 대상들의 경우, 지시체는 해당 사물이나 사물들을 지적함으로써 확정될 수 있다. 이러한 방식으로 이루어지는 것을 철학자들은 '직시적 정의直示的 定義ostensive definition'라고 부른다. 이 방식은, 용어의 뜻이 그 용어가 지시하는 사물들의 속성들에 부합하지 않을 경우에도 작동할 것이다. 예를 들어 어떤 사람이 "오드리는 저기에서 안젤라에게 말을 건네고 있는 사람이다"라고 말할 수 있다. 그런데 오드리는 사실 안젤라가 아닌 다른 사람과 대화를 하고 있었는데, 오드리라고 지적하면서 지금 대화를 나누고 있는 두 사람[3]은 안젤라에게 말을 건네고 있는 사람이 오드리[사실은 앨리스인데]라고 잘못 믿고[4] 있다고 생각해보자. 이때 '오드리'라는 용어의 도입과 연합되는 기술어는 [앨리스를 오드리라고 잘못 알고 있으니까] 오드리를 올바르게 지적해내는 데 실패할 것이지만, 그러나 두 사람은 [잘못된 이름을 사용하고 있을지라도 그 잘못된 이름에 의해서] 여전히 그녀를 성공적으로 지시[지금 안젤라에게 말을 건네고 있는 사람]할 수가 있다.

문제는 실재론자들이 과학에서 관찰할 수 없는 대상들을 지시하는 것으로 전제하는 이론용어들에는 직시적 정의가 주어질 수 없다는 점이다. 이러한 정의 대신에 '전자'와 같은 용어의 지시체는 전자 이론에 의해 확정된다고 생각하는 것이 자연스럽다. 그러므로 이 용어는 전기적으로 음의

---

3) 이 두 사람들은 안젤라가 누구인지를 알고 있다고 가정하자.
4) 즉 이들은 '안젤라'라는 이름에 의해 지시하는 사람은 알고 있지만, '오드리'라는 이름에 의해 지시하는 사람은 잘 모르고 있는 것이다.

전하를 가지고 있으며, 원자핵의 주변 궤도를 돌고, 특별한 질량을 가지고 있는 아주 조그마한 대상들을 지시한다. 이러한 내용은 전자라는 용어의 뜻이 자신들의 지시체를 확정한다고 말하는 것과 같다. 그리고 제4장에서 우리들이 보았듯이 쿤은 '원자', '전자', '종', '질량' 등과 같은 많은 과학 용어들의 뜻은 과학혁명이 진행하는 동안에 아주 다르게 변화해왔다고 지적하였다. 만약에 이론용어의 지시체가 이 용어들의 특성을 설명하는 이론들 전체에 의해서 확정된다면, 이론들에서 일어나는 변화들은 어떤 것이든 지시체의 변화를 초래하게 된다. 이는 마치 이론들이 변화하면 세계 자체가 변화했다고 생각하든지 아니면 대부분의 이론용어들이 어떤 것도 지시하지 않게 되었다는 사실을 받아들여야 하는 것과 같다.

쿤의 주장에 대답하면서, 퍼트냄(Putnam 1975b)은 이론용어의 의미에 관해서 쿤과는 근본적으로 전혀 다른 설명을 제시하였다. 퍼트냄은 우리들은 대부분 많은 용어들이 그 지시체를 어떻게 가지게 되는가를 잘 알지 못하면서도 그럼에도 불구하고 그 용어들로 특정한 종류의 사물들을 성공적으로 지시하고 있다는 점을 지적한다. 예를 들어 '금', '느릅나무', '진돗개' 등과 같은 용어들에 의해서 세계 내의 어떠한 사물들을 지시하는가는 일부 전문가들에 의해 확정되며, 그 전문가들의 결정에 모든 사람들이 따른다. 그러나 그러한 용어들은 우리가 그 지시체를 잘 알지 못하는데도 모두가 사용하고 있는 공통언어의 한 부분이다. 그렇다고 해서 우리들 대부분이 명시적explicit 정의를 가지고 있지 않거나 사례들을 구별해내는 어떤 방식을 가지고 있지 않은 것은 아니다. 이와는 달리 전문가들은 때로는 분명하지 않은 경험적인 검사들을 필요로 하는 경우에 있어서도 구체적인 기준들을 가지고 있다. 예를 들어 금의 경우에 그 기준들로는 비중, 특정한 산성 용액에서의 반응, 전기저항, 용융점 등이 있다. 퍼트냄은 이러한 것들을 언어적 노동의 분업division of linguistic labour이라고 불렀다.

퍼트냄의 의미론에 따르면 종種kind 용어들에는 4가지의 구성 요소들이 있다. 예를 들어 '물'이라는 용어를 생각해보자. 먼저 이 용어의 **통사적 표지**syntactic maker가 있다. 이것은 ('말', '나무'와 같이 셀 수 있는 명사들과는 반대되는 '공기', '나무'와 같은) '물질 명사mass noun'라고 하는 표지를 말한다. 또 **의미론적 표지**semantic maker가 있다. 이것은 우리들이 보통 많이 보는 액체라는 생각을 말한다. 그리고 **스테레오타입**stereotype이 있다. 이것은 물에 대해서 대표적으로 떠올릴 수 있는 내용들로서, 물은 비가 되어 하늘에서 떨어지고, 마실 수 있으며, 투명하다는 등의 내용을 말한다. 마지막으로 **외연**extension이 있다. 이것은 실제로 존재하는 물질을 말하며 '물'이라는 용어가 지시하는 자연 종 H_2O를 말한다. 퍼트냄은 '물', '금', '전자'와 같은 자연 종 용어들에 대해서 '인과적 지시론'을 옹호하고 있다. 이 이론에 따르면 '물'은 물에 관한 대화를 만들어내는 경험들을 인과적으로 형성시켜주는 모든 것이다. 지시체는 용어와 연합된 기술어에 의해서가 아니라 그 용어의 사용의 이면에 놓여 있는 인과적 연결 고리들에 의해 확정된다. 이러한 인과적 연결 고리 이론은 이론 변화가 일어나더라도 이론들 간의 지시체의 연속성을 유지할 수 있도록 만들어 준다. 전자에 관한 이론들이 변화하였고 따라서 그 용어의 의미가 변화했더라도 '전자'와 같은 용어의 스테레오타입을 확정시키는 데 과학 이론들이 도움이 된다. 퍼트냄은 '전자'는 그 용어의 도입을 촉진시켰던 현상들, 예를 들어 금속을 통해 전기가 잘 통하는 것과 같은 현상들을 인과적으로 만들어내는 것들을 항상 지시한다고 주장한다. (19세기에 '전자'는 전하의 최소 단위를 지시하기 위해 도입되었다.[5] 그러나 지금에

---

5) 스토니Geoge Johnstone Stoney(1826~1911)가 원자론적 관점에서 전기적 성질을 띠고 있는 최소의 입자라는 의미로 전자의 개념을 도입하였다. 그는 1874년에 처음으로 수소의 전하를 최소 기본 단위로 할 것을 제안하였고, 1881년에 헬름홀츠가

와서는 몇 개의 쿼크들이 전자들의 전하량의 1/3이 되는 전하를 가지고 있다고 물리학자들이 믿고 있다.) 퍼트냄의 이론에 따르면 이론용어의 지시체는 매우 안정적일 수 있다. 앞으로 보겠지만, 우려되는 것은 이 이론이 성공적인 지시를 너무 쉽게 성취하도록 만든다는 점이다.

3) 비관적인 메타 귀납

메타 귀납은 다음과 같은 구조를 가지고 있다.

(i) 과학사에서 볼 때 한때는 경험적으로 성공적인 이론이었으나 이후에 배척당한 이론들이 많이 있으며, 이 이론들 속에 나타난 이론용어들은 우리들의 최선의 이론들에 따르면 〔실제로 존재하는 어떤 것도〕 지시하지 않는다.
(ii) 우리들의 최선의 이론들도 배척당한 과거의 이론들과 본질적으로 차이가 없으며, 그래서 우리들의 이론들 또한 궁극에 가서는 다른 이론들에 의해서 대체되지 않을 것이라고 생각할 만한 근거가 없다.
(iii) 귀납에 의해서 우리들의 최선의 이론들이 새로운 이론들로 대체될 것이라고 예기할 만한 실증적인 이유가 우리에게 있으며, 새로

이러한 스토니의 생각을 음의 전기를 가진 것이 최소 단위가 된다는 내용으로 발전시켰으며, 1891년에 스토니가 다시 그러한 단위에 대해 전자라는 명칭을 부여하였다. 1897년에 톰슨J. J. Thomson이 음극선 현상에 대한 실험을 통해서 그 입자를 실제로 발견하였고 이 입자를 스토니의 명칭을 따라 전자라고 지칭하게 되었다. 이러한 일련의 작업들을 통해서 원자 구조에 대한 탐구의 길이 열리게 되었다.

운 이론에 따르면 우리들의 현재의 최선의 이론들에 나타난 몇몇 주요한 이론용어들은 〔실제로 존재하는 어떤 것을〕 지시하지 않게 된다.

그러므로 우리들의 현재의 최선의 이론들에 있는 이론용어들의 성공적인 지시나 접근적 진리를 믿지 않아야 한다.

전제 (i)를 지지하면서, 라우든은 다음과 같은 이론들의 목록을 제시한다. 이 이론들 모두는 경험적으로 성공적이지만, 그러나 현재 우리들이 믿고 있는 최선의 이론들에 따르면 지시하지 않는 이론용어들을 포함하고 있다.

> 고대와 중세 천문학의 수정구
> 체액 의학 이론 humoral theory of medicine
> 정전기의 발산 이론 effluvial theory of static electricity
> 전 세계적인 (노아의) 대홍수에 근거하는, '대격변론자'의 지질학 'catastrophist' geology, with its commitment to a universal (Noachian) deluge
> 플로기스톤 화학이론
> 열소 이론 caloric theory of heat
> 열 진동 이론 vibratory theory of heat
> 생리학의 활력소 이론 vital force theory of physiology
> 전자기 에테르
> 광학 에테르
> 원 관성운동 이론 theory of circular inertia[6]

---

6) 행성의 운동처럼 일정한 주기를 가진 운동을 원운동과 결합시켜 갈릴레이가 주장

자연 발생론들theories of spontaneous generation[7](Laudan 1981: 29)

라우든은 위와 같은 목록의 내용을 '지겹도록' 길게 늘일 수 있을 정도로 채울 수 있다고 주장한다.(Laudan 1981: 29)

그러나 실재론자들이 메타 귀납의 문제를 다루는 첫 번째 전략은 귀납에 근거하여 현대 이론들과 관련된 내용의 결론을 이끌어내는 이론으로서, 적법하게 사용될 수 있는 이론들의 수를 제한하는 것이다. 우리들이 모든 이론에 대해서 실재론자가 되어야 한다고 주장하는 것은 이치에 맞지 않으며, 오직 올바른 특성을 가진 이론에 대해서만 그렇게 주장할 수 있는 권한을 가지고 있다. 위의 목록에 대한 가장 공통적인 반응들 중의 하나는 위에서 언급하고 있는 이론들의 상당수가 현대의 최선의 이론들과 유사한 점이 하나도 없다고 불만을 표하는 것이다. 따라서 위의 전제 (i)을 부인할 수 없다는 것이 분명하게 보일지라도 전제 (ii)의 경우에는 그렇지 않은 것 같다.

(1) 실재론자의 반응들
(a) 실재론을 **성숙한**mature 이론들에 대한 것으로 제한함

실재론자들은 라우든이 제시한 대부분의 사례들을 자신들의 입장을 위협하는 대상으로 심각하게 생각하지 않았다. 이들은 과거부터 '성숙한' 이론이란 지금의 현대 과학이론의 내용에 부합하면서 적절한 관련성을 가지고 있는 이론에만 해당되는 것으로 간주함으로써, 귀납적 근거를

한 것으로서, 관성운동이 원운동이라고 생각한 이론이다. 관성운동이 직선으로 이루어진다는 생각은 데카르트가 처음 제시하였다.
7) 생물체가 물질로부터 직접 우연하게 생겨났다고 하는 믿음이다. 이 믿음을 깬 사람은 파스퇴르이다.

가지는 이론들의 수를 축소시켜버린다. 과학은 다른 영역의 이론들의 기본 원리들과도 논리적으로 정합성을 이루어야 하고, 과학의 영역과 이 영역에서의 적합한 방법들을 정의하면서 제안될 수 있는 이론들의 종류를 제한하는 잘 확립된 기본원리의 체계를 가지고 있어야 한다는 것과 같은 필요조건들을 만족하게 될 때 성숙한 단계에 도달하게 된다. 현대 물리과학의 모든 분야는 자신들의 이론 체계 속에 수소, 산소, 탄소 등과 같은 원소들에 의해서 설명하는 물질의 구조에 관한 기본 이론과 함께 에너지 보존의 법칙을 통합시키고 있다. 이들은 미터, 킬로그램, 암페어, 볼트 등과 같은 공통적인 단위 체계를 채택하며, 힘, 속도, 질량, 전하 등과 같은 개념들을 모두 같이 사용하고 있다. 더 나아가 통상적으로 한 분야에 있는 이론이 다른 분야에서는 배경 이론으로 채택되고 있다. 그래서 현대 과학은 수학적인 정교함과 함께 어느 정도의 통일성과 정합성을 가지고 있다고 주장할 수 있다. 그러나 이러한 특성들은 라우든이 위에서 인용한 많은 이론들 속에서는 발견할 수 없는 것들이다.

(b) 실재론을 지금까지 인식하지 못했던 신기한novel 예측적 성공을 만족시키는 이론들에 대한 것으로 제한함

많은 실재론자들은 경험적 성공에 관한 라우든의 개념이 너무 지나치게 많은 것을 허용하고 있다고 주장하면서 어떤 하나의 이론에 대한 실재론을 정당화시키는 경험적 성공의 종류에 제약 조건을 부가함으로써 메타 귀납에 의한 공격으로부터 실재론을 옹호한다. 그런데 올바른 경험적 추론 결과는 거의 모든 이론에서 임시변통적인ad hoc 방식으로 간단하게 만들어낼 수 있을 것이다. 그러나 우리들은 그러한 이론의 경험적 성공을 그 이론의 진리에 대한 증거로 받아들이고 싶어하지 않는다. 특히 하나의 세계에 대해 서로 다른 인과적 구조를 부여하는 두 개의 이론

들이 모두 참이라고 믿는 것을 임시변통적으로 정당화할 수 있기 때문이다. 예를 들어 빛에 관한 파동이론과 입자이론은 이미 알려진 유형의 현상들에 관해서 한동안 모두 똑같은 정도로 예측적이고 설명적인 성공을 거두었다. 그런데 이 두 이론들은 존재론적으로 서로 양립할 수가 없다. 그래서 많은 실재론자들은 이론이 단지 경험적인 성공뿐만 아니라 확증될 수 있는 신기한novel 예측들을 만들어내야 한다고 결론지은 것 같다.

신기한 예측들에 관한 생각은 포퍼에 의해 세상에 널리 알려졌다.(제3장 1절 참조) 그는 물리학의 모험적인 예측들과 정신분석의 모호한 예측들을 대조시켰으며, 그러면서 또한 뉴턴 이론이 어떤 관찰 현상들과 양립할 수 없는 것으로 알려졌을 때조차도[8] 과학자들이 뉴턴 이론을 포기하지 않았던 것까지 정당화시키려 하였다. 우리들이 제3장 5절의 (5)에서 보았듯이, 어떤 수정이 없으면 기존의 확립된 이론들을 논박하는 관찰적 사실들에 대해서, 이러한 사실들과 조화하도록 배경을 이루는 가정들에 다양한 개정 작업이 시도된다. 포퍼와 포퍼를 따르는 라카토스와 그 밖의 사람들은 이러한 개정 행위의 과정은 개정을 하도록 만든 기존의 결과들과는 다른 또 하나의 조사될 수 있는 결과들을 잇따라 만들어 낼 경우에만 허용될 수 있다고 주장한다. 그래서 예를 들어 이미 잘 알고 있는 행성에 대해 관찰된 공전궤도와 이론으로 예측된 공전궤도가 부합

---

[8] 빛을 입자로 간주한 뉴턴은 빛이 물속을 지나갈 때가 공기 속을 지나갈 때보다 속도가 더 빠르다고 주장하였다. 물의 밀도는 공기의 밀도보다 높은데, 밀도가 높으면 입자들 간의 거리가 더 조밀하게 되어 있다. 그런데 만유인력의 법칙에 따르면 힘의 세기는 거리의 제곱에 반비례하여 작용한다. 그러면 빛의 입자는 공기보다는 물에서 더 많은 인력을 받으니까 빛의 속도는 물속에서 더 빨라진다. 그러나 이러한 뉴턴의 주장은 물속을 지나는 빛의 속도와 공기 속을 지나는 빛의 속도를 측정한 관찰 결과와 양립할 수가 없었다. 그래서 빛의 파동성이 더 우세하게 되었다.

하도록 새로운 행성의 도입을 요청하는 것은 적법하다고 본다. 왜냐하면 그 이론이 그러한 새로운 행성(혹은 적어도 다른 물체에 미치는 효과)의 관찰을 가능하게 했기 때문이다.

증거에 의한 이론들의 확증에 관한 일반적인 문제 제기가 있다. 하나의 가설을 적합하게 확증해줄 만큼 개별적인 증거들을 수집한다고 할 때 어느 정도로 언제까지 수집하여야 하는가? 예측주의자들은 오직 새로운 증거만이 이론들을 확증한다고 말하지만, 반면에 **설명주의자들**은 알려진 사실들을 설명하는 것만이 이론들을 확증한다고 말한다. 다른 철학자들은 오래된 증거와 새로운 증거 모두가 이론들을 확증할 수 있지만, 그러나 새로운 증거가 특히 더 효력을 가진다고 생각한다. 이와 유사하게 실재론을 거짓이라고 가정할 경우에 실재론자들이 특히 기적으로 여겨야 한다고 생각한 대상은 이전에 의심하지 않고 받아들인 결과들을 예측하는 이론들의 능력을 말하는 것이다. 왜 그런가를 알기 위해서는 다음과 같은 유명한 사례를 고려해보자.

19세기 초반에 빛에 관한 파동이론과 입자이론은 모두가 우리들이 친숙하게 접하는 광학 현상들에 관해서 서로 경쟁적인 설명을 제공하였다. 평면거울을 향하여 어떤 입사각으로 진행하는 광선은 그 입사각과 같은 각도로 반사될 것이다(반사의 법칙). 이러한 운동의 진행 방식은 마치 당구공이 당구대 위에서 한쪽 면에 부딪혔을 때 움직이는 방식과 유사하다. 따라서 기존의 역학 법칙들, 이 경우에 특히 운동량 보존의 법칙은 당구공과 같은 물질 대상들의 운동 방식을 설명하는 데 사용되고 있으며, 또한 빛의 입자론에 의해 설명되는 반사의 법칙을 설명하는 데까지도 사용될 수 있다. 한편 이와 다른 현상들은 파동이론에 의한 설명에 보다 자연스럽게 부합한다. 유명한 이중 슬릿 실험을 통해서 어떤 환경에서는 두 개의 슬릿을 통과하여 화면에 도달한 빛이 두 슬릿을 통과한 빛들이 만드는 두 개의 밝은 지점들과 나머지 이 지점들 사이에 점차 엷어지는 그림자로 되어 있는 반사 스크린을 만들기보다는, 어두움과 밝은 면이 똑같은 크기로 나타나는 회절무늬 띠를 만들게 됨을 알 수 있다. 이러한 현상은 공간상 서로 다른 지점에서 출발한 빛의 파동이 중첩되면서 나타나는 간섭현상으로서 파동이론에 의해서만 설명될 수 있다.

1818년에 프레넬은 빛이 특정한 종류의 파동, 즉 **횡적** 파동transverse wave으로 구성되어 있다고 설명하는 수학 이론을 개발하였다. 횡파는 자신의 운동 방향과 수직으로 진동하는 파동으로서, 예를 들어 물의 표면에서 일어나는 파동이 횡파이다. 프레넬의 이론은 알려진 결과[효과]들의 도출을 엄밀하면서도 우아하게 만든다. 그러나 이 이론은 하나의 새로운 추론 결과까지 가지고 있었다. 즉 특정 환경을 만들어 빛을 완전히 둥근 불투명한 원판에 수직으로 비추면 둥근 원판의 그림자의 중앙 지점에 아주 밝은 점이 나타나게 된다고 예측하였다. 이 현상은 **원뿔 굴절**conical refraction로 알려지게 되었으며, 지금은 많이 관찰하게 되는 현상이다. 그러나 프레넬은 그 이론을 개발했을 때에는 이 현상에 관해 아무것도 몰랐으며, 심지어는 스스로 그 결과를 도출하지도 못했다. 이러한 사실은 기존의 행성들 외에 다른 행성들이 더 존재한다고 예측하는 것보다 더 놀랄 만한 일이다. 왜냐하면 그것은 완전히 새롭고 예기치 않은 유형의 현상에 관한 예측이기 때문이다. (이에 관한 또 하나의 예는 제3장 1절과 제6장 1절 3항에서 간략하게 언급하였는데, 빛이 별들과 같이 매우 큰 물체들의 근처를 지나가게 되면 그 경로가 휘어진다는 일반상대성이론의 예측이다.)

(2) 신기함

만약에 귀납적 기반 위에서 형성할 수 있는 이론들을 신기한 예측적 성공을 만족하는 성숙한 이론들로만 국한시켜 제한함으로써 메타 귀납의 문제가 사라지게 된다면, 여기서 채택하고 있는 신기함의 개념이 보다 엄밀하게 설명되어야 할 필요성이 생기게 된다. 가장 직접적인 생각은 시간[시기]적으로 보는 신기함temporal novelty의 개념이다. 현재까지는 아직 관찰되지 않은 어떤 현상에 대해 하나의 예측이 만들어졌을 때 이 예측은 시간적으로 보는 신기함을 갖는 예측이다. 특정한 이론들에 대한 실재론을 채택하기 위한 기준으로서 이러한 종류의 신기한 예측적 성공을 사용하게 될 때 우려되는 문제는 이 이론들을 믿을 수 있도록 만드는 데 어떤 자의적인 요소가 작용하는 것처럼 보인다는 것이다. 어떤 하나의 이론이 함축하는 현상을 어떤 사람이 때에 맞춰 정확하게 처음으로 관찰한 시간은 그 이론이 어떻게 그리고 왜 개발되었는가 하는 문제와는 전혀 관련성이 없을 수 있다. 만약에 이론에 대해서 어느 누구에게도 말하지 않은 사람이 사실상 독자적으로 그 이론을 확증하였다면, 이 문제는 그 이론의 예측이 신기한가 아닌가 하는 문제와는 확실히 관련성이 없다고 할 수 있다. (나중에 드러났듯이, 원판 그림자의 중앙에 밝은 점이 나타나는 현상은 프레넬의 이론에 의한 예측이 있기 전에도 관찰되고 있었다.) 신기함에 관한 시간적인 설명은 하나의 결과가 하나의 이론에 대해서 신기한 것이 되는가의 여부를 판단하는 문제를 단순히 역사적으로 우연한 사건으로 만들어버리게 되며, 이것은 신기한 성공이 특정한 하나의 이론에 대해 가지고 있다고 간주되고 있는 인식적인 의미를 훼손하게 된다.

하나의 결과가 신기한가의 여부를 결정하는 데 문제가 되는 것은, 개별 과학자가 그 결과를 예측하는 이론을 구성하기 이전에 그 결과에 대해 이미 알고 있었는가의 여부라고 주장하는 것은 보다 이치에 맞는 일이다. 이를 인식적 신기함epistemic novelty이라고 부르자. 신기함에 관한 이러한 설명에 제기되는 문제는 하나의 결과에 대해서 과학자가 이미 알고 있다는 사실이 어떤 경우에는 그 이론에 관련되는 결과들의 신기함의 자질을 훼손하는 것처럼 보이지 않는다는 것이다. 왜냐하면 그 과학자는 이론을 구성하는 데 그러한 결과에 의존하지 않을 수도 있기 때문이다. 예를 들어 이전에 잘 알려져 있으면서도 기존의 이론에 의해 설명되지 않아 변칙 현상으로 간주되었던 수성의 공전궤도상의 근일점 이동을 설명하는 일반상대성이론의 성공을 많은 과학자들은 고도로 확증적인 이론으로 간주한다. 왜냐하면 그러한 이론으로 인도하는 추론이 행성들의 궤도들에 대한 경험적인 자료들과는 아무런 관련성이 없는 일반적인 원리들과 제약 조건들에 근거하고 있기 때문이다. 올바른 공전궤도를 도출해낸 것은 그 이론으로부터 직접 올바른 해답을 이끌어냄으로써 얻어진 것이 아니다.[9]

워럴은 실재론만이 적합하게 설명할 수 있는 것으로서 다음과 같은 경우를 제안한다. '마음속에서 하나의 자료 체계를 가지고 고안해 만든 이론들이 전혀 예기치 않게 나중에 나타난 더 일반적인 어떤 현상을 예측하는 것으로 판명나는 경우이다.' (Worrall 1994: 4) 그러나 최근의 분석에서 레플린은 이러한 워럴의 주장은 이론가에 따라 신기함을 상대화시키게 되고, 따라서 신기함에 대해서 심리학적이고 동시에 비인식적인 차원의 해석을 도입하게 만든다고 하면서 그 주장을 거부한다.(Leplin 1997) 프레넬의 경우를 생각해보자. 프레넬이 처음 자신의 이론을 구성할 때에는 밝은 점의 현상까지 설명하려고 의도하지 않았다 하더라도 만들어진 후에는 그 현상을 설명하기 때문에, 중앙에 밝은 점이 생기는 현상은 이 이론이 구성되기 전에도 이미 알려져 있다는 사실로 인하여 이 이론의

---

9) 일반상대성이론은 처음부터 수성의 공전궤도상 근일점 이동 현상을 설명하고 예측하기 위해서 만들어진 것이 아니다. 수성의 근일점 이동 현상에 관한 설명이 일반상대성이론으로부터 도출될 수 있다는 사실은 나중에 밝혀진 일로서 아인슈타인이 직접 밝힌 것은 아니다.

구성과 아무런 관련성이 없다라고 말할 수도 있을 것이다. 그렇게 말하면, 이 이론의 성공이 진리에 대한 증거로서 간주될 수 있는가의 여부가 이론을 구사하는 데 작용했던 이론가들의 의도에 의해서 부분적으로 결정된다고 우리들이 말하는 것처럼 보인다.[10] 레플린은 이러한 점이 실재론을 옹호하는 데 필요한 이론 확증의 객관적인 특성을 훼손한다고 주장한다.

이러한 사실은 **사용 신기함**use novelty에 관한 내용을 생각하도록 자극한다. 하나의 결과는 만약에 과학자가 그 결과를 이론 속에 명시적으로 집어넣지 않았거나 혹은 그 결과의 도출에 결정적인 역할을 하는 어떤 매개변수의 값을 설명하는 데 이 이론을 사용하지 않은 경우에 사용 신기함을 갖는다고 한다. 따라서 레플린은 하나의 관찰 결과 O가 이론 T에 대해서 신기함이 되기 위한 조건들로서 다음과 같은 두 가지를 제안한다.

독립성 조건: 최소한도로 충분하게 재구성하여 관찰 결과 O에 대한 어떠한 질적인 일반화도 설명하지 않는 이론 T로 인도하게 되는 추리가 있다.[11]

---

10) 이론의 성공은 신기함을 가져야 하고 이 신기함은 이론 구성자가 처음에 설명하고자 의도했던 내용에는 없어야 한다고 이야기하면, 신기함은 이론 구성자의 의도의 내용이 어떠하냐에 따라 부분적으로 결정된다. 따라서 과학의 성공이 진리에 대한 증거로 간주된다고 하면 과학의 성공은 신기함에 의해 결정되므로 이론 구성자의 의도가 중요한 변수로 작용하게 된다. 그러면 이론 구성자가 의도하였던 내용에 따라 과학의 성공을 판단하게 될 여지가 생기게 된다. 그래서 이론 구성자가 의도한 내용은, 이론의 성공이 이 이론의 진리에 대한 증거로서 간주될 수 있는가의 여부를 부분적으로 결정하게 된다.
11) O에 근거하지 않고 T를 도출하도록 해주는 추리가 있다. 그래서 O와 T는 독립적이다.

독자성 조건: 이론 T가 설명하고 예측하는 관찰 결과 O에 대한 어떤 질적인 일반화가 있으며, 이론 T가 처음으로 그렇게 일반화했을 시기에는 어떠한 대안적인 이론도 그러한 일반화에 대한 사례들을 예기할 수 있도록 해주는 실행 가능한viable 근거를 제공하지 않는다.[12](Leplin 1997: 77)

레플린은 하나의 이론으로 이어지도록 추리를 재구성하는 것은 그러한 이론을 만들어낸 이론가의 생각을 이상화시키는 것이고, 만약에 그러한 재구성이 그 이론을 제안하도록 동기 부여를 한다면 '충분한' 것이고, 그리고 만약에 진행되는 그러한 추리의 연결 단계들의 수가 가장 적을 경우에는 '최소한도로' 충분하다라는 말을 한다고 설명한다.(Leplin 1997: 68~71)

위의 두 가지의 조건들에 따르면, 신기함은 이론, 예측이나 설명, 이러한 예측이나 설명으로 인도하는 추리의 재구성〔개조〕, 그리고 그 관찰결과에 대한 설명들을 제공하지 않아야 한다는 그 당시의 다른 모든 이론들의 자질 등과 같은 것들의 관계를 모두 고려해야 하는 아주 복잡한 것이다. 이로부터 다음과 같은 결과가 나온다. (a) 만약에 우리들이 이미 고인이 된 과학자의 혁명적인 새로운 물리학 이론을 발견하였지만 이 과학자는 자신이 알고 있는 실험에 대한 내용이나 자신이 채택하였던 추리가 어떤 것인가에 관한 기록을 하나도 남겨놓지 않았다면, 이 과학자의 이론은 혁명적임에도 불구하고 신기한 성공은 아닌 것이다.[13] 이러한

---

[12] O에 대한 일반화를 설명하는 이론은 T밖에 없다. 그래서 T만이 독자적으로 O에 대한 일반화를 설명하는 조건이다.
[13] 왜냐하면 기록이 없어 예측과 설명으로 인도하는 추리를 재구성하지 못하기 때문이다.

경우에 이전에 전혀 생각하지 못했던 현상들에 관해 이루어지는 어떠한 예측적인 성공도 실재론자들로 하여금 이 이론에 관한 설명을 하도록 동기를 부여하지 않는다. (b) 어떤 영역에 있는 현상들을 이미 모두 알고 있다고 가정하자. 그러한 경우에 이 영역에서 구성한 이론들은 모두 설명적이고 단순하고 통일적인 덕목을 가지고 있다 하더라도, 우리들은 이 이론의 경험적 충족성과는 구별되는, 진리에 대한 증거를 가질 수가 없게 된다.[14] 이러한 결과들은 분명히 실재론자의 생각과는 반대되는 것이다. 확실히 과학적 방법은 이전에 신비하게 여겨졌던 현상들에 관한 설명들을 제공하는 것과 같이, 경험적인 성공에 대한 보다 광범위한 기준을 포함한다. 사실, 다윈의 진화론과 라이엘Lyell[15]의 제일론齊一論uniformitarianism[혹은 균일론이라고도 한다](이 이론은 지질학적 변화가 갑작스럽고 급격한 재앙보다는 매우 오랜 기간 동안에 일상적인 힘들이 작용하여 생긴 결과라고 설명한다)은 비록 신기한 예측적 성공을 결여하고 있을지라도 이 이론들의 체계화와 설명력 때문에 과학 공동체가 수용한 것이다. 또한 실재론자들은 신기한 예측적 성공을 가져올 수도 있지

---

14) 이 영역에 나타나는 현상들을 이미 다 알고 있다고 가정하였기 때문에 신기한 성공이 나타날 수 없다. 레플린은 실재론의 입장에서는 신기한 성공이 진리에 대한 증거라고 설명하고 있으니까, 진리에 대한 증거는 찾아볼 수 없고 경험적 충족성에 관한 증거만 보게 된다.

15) 라이엘Charles Lyell(1797~1875)은 영국의 지질학자로 지구의 생성 및 발달을 연구하는 지질 역사학의 개척자이다. 옥스퍼드 대학에서 법률을 공부하였으나, 뒤에 지질학을 배워 지질학의 역사에 큰 업적을 세웠다. 그는 제3기층과 화산에 관심을 가지고 프랑스 파리분지의 제3기층 패화석貝化石을 연구하여 거기에 있는 조개 화석의 멸종된 것과 지금 살고 있는 것과의 비율에 따라 제3기층의 시대구분을 정하는 방법을 주장하였다. 그의 책『지질학 원리』는 다윈이 쓴 '진화론'의 기초가 되었다. "현재는 과거를 푸는 열쇠이다"라는 유명한 말을 남겼으며 지질학의 아버지로 불린다.

만 그러나 반드시 그럴 필요까지는 없는 통일적인 설명을 제공하는 이론들의 능력이 이론들에 대한 실재론적 입장을 취해야 하는 이유가 될 수 있다고 간혹 주장하기도 한다.

더 나아가 레플린은 자신의 분석이 신기함을 시간적 지수에 따르는 temporally indexed 일시적인 것이 되도록 만든다는 것을 시인한다.(Leplin 1997: 97) 그러나 이러한 사실은 "어떤 사람의 인식론을 결과적으로 단순히 우연에 불과할 수도 있는 것에 의존하도록 만든다는 것은 확실히 직관적이지 않다"(Leplin 1997: 43)라고 하는 자신의 주장과 충돌하는 것처럼 보인다. 주요 문제는, 너무나 많은 성공들을 우연한 것으로 돌리는 듯한 독자성의 조건에 주로 있는 것 같다. 예를 들어 하나의 결과를 어떤 하나의 이론에 관련해서 보면 신기한 것인데, 곧이어 이 결과를 설명하는 또 다른 이론이 나오게 되었다고 가정해보자. 레플린의 견해에 따르면 앞의 이론의 성공에 대한 실재론자의 개입commitment은 보장되지만, 나중 이론의 성공에 대한 개입은 보장되지 않는다. 그러나 일의 순서는 거꾸로 될 가능성[16]이 있으며, 그래서 이론을 [신기하기 때문에] 참으로 믿는다는 것은 다소 역사적으로 우연하게 일어난다. 게다가 진리라는 것은 한 이론의 신기한 성공의 신비함을 설명하기 위한 근거로서 부여되고 있다. 그러나 만약에 그 당시에 다른 경쟁 이론들이 없었더라면, 신기한 성공으로 간주되었을 수도 있는 다른 이론의 성공은 여전히 설명되지 않은 채로 남아 있다.[17] 이러한 사실은 진리에 의한 성공의 설명이 과연 이 두 이론 각각에 대해서 실제로 필요한 이론이라고 할 수 있는가라는 의

---

16) 앞의 이론보다 나중 이론이 먼저 나타나게 되어, 신기한 예측적 성공에 대해서 나중 이론이 시기적으로 먼저 성취할 수 있는 가능성이다.
17) 레플린의 독자성 조건에 따르면, 이 이론의 성공은 이미 앞선 이론에 의해 설명이 되고 있기 때문에 신기한 성공이 아니며, 따라서 진리 개념에 의해 설명될 수가 없다.

구심을 우리들에게 던져놓는다.

　이러한 사실은 신기한 예측적 성공의 관심을 완전히 딴 데로 돌리게 한다는 것을 의미하지는 않는다. 그와는 반대로, 이론들이 때때로 질적으로 새로운 유형의 현상들에 관한 예측들을 만들어내고 나중에 이를 관찰하게 된다는 사실은 과학적 지식에 대해서 실재론의 입장을 취하게 하는 동기를 강하게 부여하는 것처럼 보인다. 그러나 신기한 예측적 성공이 가능하고 실제로 발생한다는 사실은 과학과 세계에 관한 일반적인 설명을 통해서 설명되어야 하는 필요성을 가진다. 한편 (Psillos 1999의 설명처럼) 레플린은 하나의 이론을 특별히 참으로 믿어야 하는가의 여부를 결정할 때 그 이론이 신기한 예측적 성공을 만족시키는가의 여부를 기준으로 한다. 이것은 이론들의 운명을 너무 지나치게 우연에 맡기게 되는 문제를 남겨놓는다.

4) 기적의 논증에 대한 반례

　라우든의 많은 예들이 비록 사이비 과학이긴 해도, 성숙한 동시에 신기한 예측적 성공의 조건을 만족시키는 이론들의 사례들이 있다. 반례들이 오직 두어 개에 불과하다 할지라도 실제로 존재한다면, 접근적 진리가 경험적 성공을 설명한다는 실재론자의 주장은 실재론을 입증하는 데 더 이상 기여하지 못하게 된다. 그 이유는 라우든의 예들은 하나의 이론이 경험적으로 성공하면서도 접근적으로 참이 아닌 경우를 말하고 있는데, 이 경우가 사실이라면 우리들에게 실재론과는 다른 설명이 필요하기 때문이다. 만약에 이렇게 실재론과는 다른 설명을 찾는 경우가 몇몇 이론들에 적용된다면 모든 이론들의 경우에도 적용되어야 할 것이며, 그러면 우리들은 실재론자들이 선호하는 이론들이 참이라고 하는 설명이 필요 없게 된다. 그래서 우리들은 실재론을 옹호하는 기적의 논증에 손상을 가하는 라우든의 목록에 근거해서 이제는 귀납적인 논증을 형성할 필요가 없게 된다. 그런데 라우든의 논문은 또한 이론용어들의 성공적인 지시가 이론의 신기한 예측적 성공에 대한 필요조건은 아니라는 것을 보여주려고 의도하고 있다.(Laudan 1981: 45) 즉 기적의 논증에 대한 반례가 있다는 것을 보여주려고 의도한 것이다.

(i) 성숙하고 신기한 예측적 성공을 거두면서도, 중심적인 역할을 하는 이론용어들이 현재의 우리들의 최선의 이론들에 따르면 지시하지 않는 것으로 드러난 이론들의 사례들이 있다.
(ii) 이론에 중심적인 역할을 하는 이론용어들의 성공적인 지시가 점근적 진리에 대한 필요조건이다(메타 귀납의 전제 (iv)).
(iii) 성숙하고 신기한 예측적 성공을 거두면서도 점근적으로 참이 아닌 이론들의 사례가 있다((i)과 (ii)로부터).
(iv) 점근적 진리와 중심 역할을 하는 이론용어들의 성공적인 지시는 과학이론들의 신기한 예측적 성공에 대한 필요조건이 아니다.
(v) 만약 점근적 진리와 성공적인 지시가 몇몇 이론들의 경우에 신기한 예측적 성공을 설명하는 한 부분으로서 이용될 수 없다면, 다른 이론들의 경우에도 신기한 예측적 성공이 실재론에 의해 설명되어야만 한다고 생각할 이유가 없기 때문에 기적의 논증은 손상을 입고 기반이 불안해진다.

대부분의 관심은 '빛에 관한 에테르 이론'과 '열에 관한 열소 이론'의 사례들에 초점이 맞추어지고 있다. 신기한 예측적 성공을 특성화하는 데 실재론자가 어떠한 방식을 선호하든지 간에 이러한 이론들은 신기한 예측적 성공을 이룬 것처럼 보이며, 그래서 실재론자들은 이러한 경우들까지 자신들의 설명 방식에 의해 설명할 필요가 있다.

(1) 반례들에 대한 실재론자의 반응들
반례들에 대해서 두 가지의 기본적인 반응들이 있다.

(I) 적절하게relevant 포기된 이론용어들이 어쨌든 무엇인가를 지시하게 된다는 것을 보여주는 지시에 관한 설명을 개발함.

이 장의 1절 2항에서 우리는 실재론자들이 인과적 지시론을 사용하는 것을 보았다. 인과적 지시론은 '원자', '전자'와 같은 용어들이 그에 관한 이론들에 중요한 변화가 일어났을 때에도 지시의 연속성을 유지할 수 있다고 설명한다. '에테르'와 '열소'와 같은 용어들과 비교하여 차이가 나는 것은 이 용어들이 현대 과학에서는 더 이상 사용되고 있지 않다는 점이다. 19세기에 에테르는 보통 고체이거나 액체이거나 공간의 모든 곳에 스며들어 꽉 채우고 있는 어떤 종류의 물질로 생각되었다. 빛의 파동은 어떤 매질 속에서 파동 운동을 해야만 한다고 생각하였으며, 에테르가 이러한 역할을 수행하는 것으로 전제되었다. 그러나 만약에 그러한 매질이 실제로 존재한다면, 지구가 에테르 속에서 공전과 자전 운동을 하니까 에테르가 지구에 미치는 효과를 우리들은 탐지할 수 있어야만 한다. 왜냐하면 광원의 운동 방향에 수직되게 에테르 속으로 퍼져나가는 빛의 파동은, 광원의 운동 방향과 같은 방향으로 에테르 속을 퍼져나가는 빛의 파동보다 더 먼 거리를 지나가기 때문이다. 다양한 실험들이 그러한 효과를 발견하려고 시도되었으나 실패하였다. 더 나아가 빛에 관한 프레넬의 에테르 이론이 아주 큰 성공을 거두게 된 후, 맥스웰은 즉시 전자기장 이론을 개발하였다. 빛은 이제 전자기장에서 운동하는 하나의 파동으로 간주되고 있으며, 전자기장은 어떤 실체를 갖는 물질로 간주되지 않는다. 이러한 결과, '에테르'라는 용어는 결국 완전히 배제되었다.

그러나 인과적 지시론은 '에테르'라는 용어가 어쨌든 물질적인 매질이 아니라 전자기장을 지시하였다는 주장을 옹호하기 위해서 사용될 수도 있다. 만약 이론용어의 지시체가 이 용어들의 도입에 결정적으로 작용하였던 현상들에 대해 인과적으로 작용하는 모든 것들을 말한다면, 광학 현상이란 전자기장에서의 발진發振oscillation[진동을 일으킴]에 의해서 인과적으로 발생된 것이라고 믿고 있기 때문에 전자기장에서의 발진이 '에테르'라는 용어에 의해서 지시되어진 것이라고 볼 수 있다. 마찬가지로 지금은 열이 분자 운동에 의해 인과적으로 발생한다고 믿고 있기 때문에, '열소'라는 용어는 물질을 가진 실체보다는 그러한 분자 운동들을 처음부터 지시하였던 것으로 간주될 수 있다. 이러한 설명에 대해 우려하는 것은, 어떤 현상들이 하나의 이론용어의 도입을 고취시키고 있는 한, 이 이론용어가 그 현상의 적절한 원인이 되는 것이 무엇이든지 이를 지시하는 데 자동적으로 성공할 것이기 때문에, 이론용어의 지시체 결정이란 간단하게 처리할 수 있는 사소한 문제에 불과하다는 내용을 함축할 수도 있다는 점이다. 더 나아가 이러한 이론은 한 이론가가 실제로 말하고 있는 대상과 이론가들이 말하고 있다고 생각하는 대상을 근본적으로 분리시켜놓게 된다. 예를 들어 아리스토텔레스와 뉴턴이 각기 물체의 자연운동과 중력의 영향을 받는 물체의 낙하운동에 대해서 이야기하고 있을 때, [그렇게 볼 수가 없는데도 불구하고] 이들은 똑같이 휘어진 시공간에서 최단거리geodesic 운동[상대론적 운동]을 지시하고 있다라고 말할 수 있다. 우리들은 이에 관한 문제를 다음에서 논의할 것이다.

(Ⅱ) 실재론을 신기한 예측을 도출하는 데 있어 **본질적인** 방식으로 기여하고 있는 관찰할 수 없는 대상들에 대한 이론적 주장들로 한정함.

이러한 전략의 본질은 우리들이 포기한 이론의 일부분은 신기한 예측적 성공을 만드는 이론 속에 실제로 포함되지 않는다고 주장하는 것이다. 키처는 다음과 같이 말한다. "지각이 있는 실재론자라면 어느 누구도, 과거 혹은 현재에서 이루어진 아무런 효력도 발휘하지 못하는 개별 실천의 부분들까지 전체 과학의 성공에 의해 정당화된다고 주장하기를 원하지 않는다."(Kitcher 1993: 142)

마찬가지로 실로스는 역사는 이론들의 각기 다른 부분들이 가지는 증거적 지지를 차별화하고, 신기한 예측적 성공을 만들어내는 데 본질적으로 수반된 부분들에 대한 믿음만을 옹호하는 용의주도한 과학적 실재론의 토대까지 침식하지 않는다고 주장한다. 어느 한쪽의 입장만을 고집하지 않고 이렇게 신중한 입장을 취하는 실재론은 라우든이 관심을 이끌어냈던 이론들의 부분들에 대한 믿음을 추천하지 않는다. 왜냐하면 만약에 우리들이 하나의 이론에 대해서 그 이론의 성공을 만들어내는generated 구성 요소를 그렇지 못한 구성 요소들로부터 분리해낸다면, 이전에 의탁하였다가 나중에 포기하게 된 이론의 부분이 아무런 **효력이 없다**idle는 것을 발견하기 때문이다. 한편 실로스는 다음과 같이 주장한다. "과거 이론들의 성공을 만들어냈던 이론적 법칙들과 기제들은 우리들이 현재 사용하고 있는 과학상scientific image 속에 유지되고 있다."(Psillos 1999: 108)

이러한 주장은 (a) 해당 이론의 성공에 본질적으로 기여한 것을 확인하고, 동시에 (b) 이러한 본질적인 것들이 그 이후의 발전에서도 그대로 유지되고 있다는 점을 보여주는, 개별 이론들에 대한 구체적인 분석까지 동반해야만 한다.

이론 변화로부터 제기하는 논증을 논파하려는 실로스의 전략은 (I)과 (II)를 결합하는 것이다. 라우든은 만약에 현재의 성공적인 이론들이 점근적으로 참이라면 열소 이론과 에테르 이론과 같은 것들은 그 이론의 중심적인 이론용어들이 (앞의 전제 (ii)에 의해서) 지시하지 않기 때문에 점근적으로 참이 될 수 없다고 주장한다. 전략 (I)은 전제 (ii)를 받아들이지만 실로스는 전부 점근적으로 참인 이론도 때때로 지시하는 데 실패할 수 있음을 인정한다. 그는 이때 다음과 같이 주장하면서 라우든의 주장을 차단한다.

- '열소'와 같이 더 이상 지시하지 않는, 배척된 이론용어들은 그 당시의 증거에 의해서 지지되지 않았던 이론들의 부분 내용들 속에 포함되어졌다. 왜냐하면 열소 이론들이 한때 가졌던 경험적 성공은 열소의 본성에 관한 어떠한 가설들과도 무관하기 때문이다.
- 그 당시에 증거에 의해 지지되었던 이론들의 부분 내용들 속에서 사용되다가 배척된 용어들은 어쨌든 지금도 무엇인가를 지시하고 있다. '에테르'는 전자기장을 지시한다.

아래에서 나는 실재론에 대한 이러한 유형[유형 II]의 옹호가 가지고 있는 몇몇 문제들과 '에테르'와 '열소'에 관해 만들어진 주장들을 확인해 볼 것이다. 나는 앞의 (a)에서 채택된 '본질적'이라는 개념이 너무 모호하기 때문에 이론들의 서로 다른 부분들에 대한 우리들의 인식적 태도를 원리적으로 구별하는 것에 대해서 이를 지지할 수 없다는 점을 가장 중요하게 주장할 것이다. 나의 견해로는 전략 (II)에 있는 문제는 궁극적으로 이것이 임시변통적인 것이 되고 사후 깨달음 hindsight에 의존하게 될 위험성을 가지고 있다는 점이다.

실로스는 다음과 같이 설명한다. 성공들에 본질적으로 기여한 이론적 구성 요소들은 그 이론들이 만들어지는 데 없어서는 안 되는 역할을 한 것들이다. 이것들은 '그러한 성공을 도출해내는 데 실제로 연료를 공급한' 것들이다.(Psillos 1999: 110) 이 말은 해당 가설이 이 이론과는 독립적인 계기에 의해서 만들어졌으며, 임시변통적이지 않고, 설명적인 대안이 될 수 있는 다른 이론에 의해 대체될 수 없다는 것을 의미한다. (여기서 언급되고 있는 성공의 종류는 신기한 예측적 성공이라는 점을 상기하자.) 실로스는 이론에서 효력을 발휘하지 못하는 구성 요소에 관한 하나의 사례로서, 우주의 질량의 중심은 절대적으로 정지해 있다라고 하는 뉴턴의 가설을 제시한다. 그러나 뉴턴의 체계 내에서 이 가설은 앞의 요구 조건들을 만족하는 대안적인 이론들에 의해 대체될 수 없다. 우주의 질량의 중심은 어떤 특정한 속도로 운동하고 있어야만 한다는 이론은 정지하고 있다는 이론보다 확실히 더 임시변통적이다. 또한 어떤 의미에서 보면, 우주가 정지하고 있다는 것이 우주가 특정한 속도로 운동하고 있다는 것보다는 더 단순하다고 할 수 있다. 왜냐하면 운동한다는 것은 어떠한 힘이 우주를 운동 상태로 있게 만드는가에 관한 또 하나의 의문을 제기하며, 이 운동을 설명하기 위해서 새로운 이론을 더 요구하기 때문이다. 받아들일 만한 어떠한 대안적인 가설들도 어떤 사물에 관해서 설명적이지 않으며, [이 절대 정지 가설과는] 독립적인 계기에 의해 만들어질 수 없다.[18] 따라서 이 절대 정지에 관한 가설은 실로스의 기준에 따르면 뉴턴 이론의 성공에 본질적으로 기여한 것으로 간주될 수 있는 것 같

---

[18] 절대 운동의 중심이 어떤 속도로 운동을 하고 있다고 하는 가설은 그 중심이 정지하고 있다는 정지 가설에 비해 더 설명하는 것이 없으며, 또한 정지 가설 때문에 운동하고 있다라는 가설이 나왔으니까 독립적인 계기에 의해 만들어졌다고 할 수도 없다.

고, 그래서 실로스는 그 가설에 대해서 우리들에게 실재론적 입장을 취하라고 하는 것 같다. 그러나 절대 공간과 절대 정지의 개념은 현대 물리학에서는 아무 의미가 없으며, 그래서 앞의 실로스의 기준은 의도한 것과는 다르게 역사적 사례들로부터 고취되는 회의론[19]을 지지하게 된다.

이러한 경우가 실재론자에게는 그렇게 심각하지 않다는 주장이 있을 수 있다. 왜냐하면 그 경우는 본질적으로 채택되었으면서도 나중 이론의 관점에서 보면 지시하는 것으로 간주될 수 없는 중심적인 이론용어를 포함하고 있지 않기 때문이다. [절대 정지의 개념은 과학의 성공에 본질적으로 기여하지 않기 때문에 본질적으로 채택된 것이 아니다.] 그럼에도 불구하고 실로스는 본질적인 이론적 구성 요소들과 비본질적인 구성 요소들 간의 이러한 구별을 사용하여 그러한 사례가 가하고 있는 위협적인 면을 다루려고 의도하고 있다. 그런데 이러한 예는 그러한 구별에 관한 실로스의 정의가 실재론자들이 만족스러워하는 이론적인 가설들만을 일반적으로 뽑아내지 못한다는 사실을 보여준다. 또 하나의 문제는 이론의 성공이 특정한 가설에 의존하고 있는가의 여부를 우리들이 물어보게 될 때, 문제가 되고 있는 의존성의 유형에 관하여 애매성이 있다는 점이다. 우리들은 의존성을 적어도 논리적/수학적인 의존성이나 인과적 의존성으로 이해할 수 있다. 그래서 어떤 한 이론의 특정한 신기한 경험적 성공을 보고, 이 성공이 의존하고 있는 그 이론의 부분들이 어떤 것인가를 결정하도록 우리들이 요구받았을 때, 의존성을 어떻게 이해하고 있느냐에 따라 우리들은 각기 다른 대답을 할 수 있다.

더 나아가 실재론자는 여기서는 조심스러워야 하는데, 그것은 실재론자가 열소나 에테르와 같이 전제된 대상들에 대한 형이상학적 가설들과

---

[19] 라우든의 메타 귀납적인 회의론을 말한다.

배경 전제를 어떤 예측들을 행하는 데 이론들의 실제적인 성공들이라고 설명되고 있는 내용으로부터 전체적으로 분리시키는 것은 위험하기 때문이다. 현대 실재론의 중심 주장들 중의 하나는 우리들이 과학적 방법론에서 이론적이고 형이상학적인 믿음들의 수반을 중대하게 간주해야만 한다는 것이다. 즉 우리들은 이론적으로 내용을 전달하고 있는 과학자들의 방법들로부터, 과학의 성공을 분리시킬 수 없다는 점이다. 이러한 사실은 실재론을 지지하게 되어 있다. 왜냐하면 보이드와 그 밖의 다른 실재론자들의 설명에 따르면, 오직 실재론만이 이러한 특별한 경험적인 믿음들이 왜 중요한가를 설명할 수 있기 때문이다. 그러나 실로스는 이론들의 성공은 그러한 가정들이 없이도 겉으로 부상하기 때문에 우리들이 결국에는 에테르나 열소의 구성에 대한 과학자들의 믿음을[20] 중대하게 취할 필요가 없다고 제안한다. 이제 우리들은 그가 논의하고 있는 사례들로 관심을 돌려보자.

에테르의 경우

에테르 이론들은 실재론자가 만들어내는 그럴듯한 어떠한 기준으로 보더라도 성공적이며 성숙한 이론이라고 할 수 있다. 그러나 그 당시에 에테르는 물질적인 실체라고 널리 믿어지고 있었으나, 맥스웰의 나중 이론은 공간에 널리 퍼져 있는 물질로서의 사물은 존재하지 않는다고 설명한다. 그래도 에테르의 본성이 물질이라고 하는 가설들은 빛의 파동이 에테르와 같은 매질 속에서 어떻게 퍼져나가는가를 탐구하는 데서 훅의 법칙과 같은 역학의 원리들을 사용하도록 동기부여하고 있기 때문에 가정이 없는 전제나 쓸데없는 전제라고 할 수가 없다. 이러한 사실은 빛이

---

20) 존재에 관한 형이상학적인 믿음들을 말한다.

횡파 운동을 하면서 퍼져나간다고 하는 프레넬의 가정을 통해 과거의 파동이론들과 근본적으로 결별하도록 만든다. 따라서 프레넬은 이러한 역학 원리들로부터 중요한 '발견적인 효과heuristic mileage'를 이끌어낼 수 있기 때문에, 워럴(Worrall 1995)이 주장한 대로, 대체하는 전자기장 이론이 옛날 이론의 제거 가능성을 적극적으로 보여주는 건설적인 증명을 제공한다 할지라도, 역학은 최소한도의 논리적 의미에서 [상충할 경우] 프레넬 이론의 성공으로부터 실제로 제거될 수 있을 뿐이다.[21]

우리들이 '성공을 도출해내는 데 실제로 연료를 공급하는' 것이 어떠한 가설들인가를 탐구하게 될 때, 우리들은 이론에 대해 우리들이 이해하고 있는 것을 이용하여, 거론하고 있는 예측을 어떻게 도출하였는가를 설명하는 방식 이외의 어떤 다른 방식으로도 이 문제를 다룰 수가 없다. 이러한 사실은 **우리들이** 그러한 도출이 가능하도록 재구성하는 데 사용하지 않았던 가설들이 이러한 가설들로부터 나오는 예측을 그 당시의 과학자들이 도출할 수 있게 만드는 데 아무런 역할도 하지 않았다는 것을 보여주는 것은 아니다. 현대 과학자들은 프레넬의 예측들을 재구성하는 데 에테르의 물질적 구성 요소에 대한 어떠한 내용에도 호소할 필요가 없을지 모르나 프레넬은 이러한 예측들을 도출하기 위해서 그 내용에 우선적으로 호소하였다. 실로스는 성공의 '본질적 구성 요소들'이라는 것은 거론되는 이론에 의해서 만들어진 신기한 예측들을 도출하는 데 '이용 가능한 어떠한 다른 가설'(Psillos 1999: 309)도 그 역할을 대신할 수 없어서 다른 것으로 대체되지 않는 것들이라고 말한다. 문제는 다음과 같다. 누구에 대해서 이용 가능하다는 말인가? 에테르의 본성에 대해서 프레넬

---

21) 역학은 에테르를 물질로 간주하여 입자 운동의 관점에서 운동을 기술하는 옛날 이론이며, 프레넬 이론은 파동 운동의 관점에서 에테르 운동을 기술한다.

의 경우에는 자신의 이론의 신기한 예측들을 도출할 수 있도록 만들어주는 이용 가능한 다른 가설들이 존재하지 않는다. 그런데 일반적으로 그 당시에는 이용 가능한 다른 가설이 종종 없을 수도 있지만, 그러나 그와 같은 도출을 지금 재구성하는 과정에서 우리들은 몇 가지의 대안을 가질 수 있다는 점은 사실이다.

실로스는 에테르의 속성들과 장의 속성들 간에는 인과적 역할의 측면에서 연속성이 있다고 주장한다. 예를 들어 에테르의 근본적인 인과적 역할은 광원光源에서 발산하여 물질에 의해 흡수되거나 굴절되기까지 빛 에너지를 저장하고 있는 것으로서 작용한다고 주장할 수 있다. 빛은 정해진 일정한 속도로 거리를 지나간다는 것은 알려져 있다. 그래서 빛은 빈 공간을 지나갈 때에도 어떤 매질 속에 있어야만 한다.[22] 그래서 지금은 전자기장이 그러한 매질이라고 간주된다. 그러나 어떠한 인과적 역할이 중요한가를 선택하는 것은 사후의 깨달음hindsight을 통해 이루어진다. 광학 현상을 기술하는 데 무엇이 중요한가에 관한 우리들의 판단은 관찰할 수 없는 것으로서 전제된 어떤 실재의 적절한 인과적 역할에 관한 모든 언명들에서처럼 우리들의 현재의 지식 상태에 따라 상대적으로 이루어진다. 그러나 우리들은 현재의 이론들 중에서 어떤 이론이 그대로 유지될 수 있는지를, 다른 말로 하면 진짜real 인과적 역할을 하는 것이 무엇인지를 알지 못한다.

빛에 관한 중요한 원리들(예를 들어 빛은 횡파 운동으로 전파된다는 것)이 맥스웰의 이론에 그대로 전수되었다는 것은 사실이며, 그리고 에테르 이론들과 전자기장 이론 간에는 많은 연속성이 있다. 그러나 전자

---

[22] 빛은 파동 운동을 하므로 매질을 반드시 필요로 하고, 빈 공간에서의 빛의 속도가 똑같으면 빈 공간에서의 거리 이동도 어떤 매질 속에서 행하는 운동과 같다.

기장 이론은 현재 양자장 이론으로 대체되었으며, 곧 초끈 이론이나 양자력에 관한 대통일 이론으로 대체될지도 모른다. '에테르'는 처음부터 계속해서 양자장을 지시하였다고 제안하는 것은 이치에 맞지 않다. 왜냐하면 양자장은 맥스웰의 전자기장과는 완전히 다른 구조를 가지고 있기 때문이다. 예를 들어 맥스웰의 전자기장은 모든 공간에 스며들어 전 공간에 퍼져 있고 장소가 달라져도 일정한 크기를 가지지만, 양자장은 다차원적이고 다양한 크기를 가질 확률들만을 체계화한다.

열소의 경우

이 경우 실로스는 "한 이론의 접근적 진리는 이 이론의 모든 용어들의 지시가 완벽하다는 것과는 구별된다"(Psillos 1994: 161)라고 주장한다. 실로스는 '열소'라는 용어는 **중심적인 이론용어**가 아니며 우리들은 중심적인 이론용어에 대해서만 걱정해야 한다고 주장한다. "여기서 중심적이라는 것은, 이론의 옹호자들이 이론의 성공을 이 이론에 나타난 용어들이 지시하는 자연 종들natural kinds이 존재한다는 주장을 보장하는 것으로 간주하고 있다는 의미에서 그렇다는 것이다."(Psillos 1994: 312)

그러나 실재론 논쟁에서 확실하게 우리들은 과학자들이 실제로 믿어야만 하는 것에만 관심을 가지는 것이지, 과학자들이 사실적으로 믿고 있는 것에까지 관심을 두는 것은 아니다. 만약에 일군의 반실재론자들이 신기하게 예측적으로 성공한 이론을 제시하였다면, 그 이론에 관련되는 과학자들 중에서 아무도 그 이론이 지시하는 자연 종의 존재를 믿지 않기 때문에 그 이론은 중심적인 용어들을 가지지 않게 된다는 사실을 실재론자들은 인정하지 않을 것이다. 우리들이 과학에 대한 철학적 논쟁에 관련되어 있을 때, 어떤 개별 과학자가 하나의 이론에 대해 이러저러한 태도를 가지고 있다는 사실은 이 논의와는 관련성이 없다. 만약에 모든 열 이론가들이 도구주의자들이라는 사실이 나타난다 할지라도, 우리는 이로부터 우리들이 도구주의자가 되어야만 한다는 사실을 도출하지는 못한다.

어쨌든 실로스는 열소의 경우에 이 이론의 모든 중요한 예측적 성공은 열이 물질로 된 실체이다라고 하는 가정과는 전혀 무관하다고 주장한다. 그는 열소 이론 속의 잘 확증된 모든 내용―실험적인 열량 측정calorimetry의 법칙―은 어쨌든 열역학 속에 유지된다고 주장한다. 내 생각에 실로스가 여기서 행하고 있는 것은 과학자들이 종종 그렇듯이 미결정성 문제의 긍정적인 측면을 탐구하고 있는 것이다. 우리들이 어떤 영역에 있는 현상들을 이론화하거나 모델화할 때, 우리들은 불가피하게 어느 정도 실수를 하게 된다. 만약에 그 현상을 기술하는 이론이 오직 하나의 (참된) 이론밖에 없다면, 그러면 우리들이 단번에 그러한 이론을 머리에 떠올린다는 것은 거의 불가능하며, 그리고 우리들은 새로운 증거에 직면하게 되면 통상적으로 이론들을 수정해야만 한다. 보다 중요하게는, 이론이 근본적으로 변화한 후에 우리들은 옛날 이론의 구닥다리 존재론에 발을 들여놓지 않고서도 이 이론의 경험적인 성공이 회복되기를 원한다. 그러니까 현재로서는 대안적이고 경험적으로 동등한 이론들이 나타날 가능성이 항상 존재하고 있다는 것은 본질적이다.

이제 문제는 '열소'가 어떤 것(우리들이 열이나 열 에너지라고 부르는 것)을 지시한다라고 우리들이 말하지 않는 유일한 이유가, 열소가 어떤 물질을 가진 실체이다라는 사실이 이 용어에서는 본질적인 것으로 간주되고 있기 때문이라는 데 있다. 그러나 실로스는 그 시대의 과학자들은 이러한 문제에 스스로 개입하지 않았으며 열소의 본성에 대해서 판단을 유보하고 있었다고 말한다. '에테르'가 지시하고 있다라고 말하는 이유는 과학자들이 그것이 어떤 특정한 본성을 가졌다고 본 것이 아니라, 사실상 맥스웰의 이론으로 전수된 어떤 속성들을 그것이 가지고 있다라고 보았기 때문이라고 말할 수 있으므로 우리들은 '열소'도('에테르'와 마찬가지로) 지시한다라고 말할 수 있다. 한편 과학자들이 에테르의 물질적 구성 요소에 대한 믿음에 의존하고 있기 때문에 그것의 물질적 성격을 부인하는 것은 열소가 (허구적인) 물질적 실체라는 것을 부인하는 것과 마찬가지로 불합리한 것처럼 보인다고 생각해보자. 이때 열소의 경우와 똑같은 논증에 의해서 우리들은 '에테르'는 어떤 것도 지시하지 않는다고 말할 것이다. 왜냐하면 에테르 이론의 중요한 예측들을 도출하는 것은 그 이론의 구성 요소들에 대한 가정들과는 전적으로 무관하기 때문이다(라고 실로스가 말하였다). 그리고 이것이, 앞서 언급하였듯이, '열소'가 지시하지 않는다고 말하게 되는 이유이다. 그래서 현재 수용된 특정한 이론용어와 똑같은 대상들을 여러 이론용어들 중에서 어떤 것이 지시하는지를 말하는 것에 종지부를 찍을 수 있는가의 여부는 자의적인 것이며, 그리고 우리들은 '에테르'와 '열소'가 모두 지시하지 않는다고 말하게 되는 입장에 있을 수도 있다.

실로스의 옹호가 작동될 수 있다 하더라도 실재론을 약간의 곤경 속으로 빠뜨릴 것처럼 보인다. 실재론자들은 세계라는 것이 우리들의 최선의 이론들이 현재와 같이 존재하고 있다고 말하는 바와 매우 유사하게 존재한다는 것을 더 이상 말할 수 없고, 그러한 이론들의 이론용어들은 어떤 존재하는 대상을 순수하게 지시한다라고 믿어야만 한다고 더 이상 말할 수가 없다. 그 대신에 이러한 용어들 중의 어떤 것들은 지시할 것이지만 다른 어떤 것들은 그렇지 않을 것이며 그리고 그 외의 다른 것들은 오직 점근적으로만 지시할 뿐이다라고 말할 수 있다. 더 나아가 실재론자들이 어떤 가설이나 대상에 의탁하기 전에, 이것들이 단순한 성공이 아니라 신기한 예측적 성공을 만들어내는 데 본질적인가를 알아보기 위해서 자세하게 조사해야만 할 것이다. 이러한 일이 사실이 아닌 경우(본질적이지 않은 경우]에는, 이들은 자신들의 인식적 입장에 의존하도록 충고하지 않을 것이다. 그래서 예를 들어 전자들이 1/2의 회전을 하는 근본 입자들이라는 것을 믿어야만 하는가의 여부를 알아보기 전에, 우리들은 이것들이 1/2의 회전을 하는 것(그리고 이들이 근본적인 존재자이고 입자들이라는 것)이 신기한 예측을 도출하는 데 어떤 점에서 본질적인 역할을 맡고 있는지를 조사하는 것이 좋을 것이다. 그리고 이러한 일을 다 하기 전까지, 우리들은 불가지론agnostic의 입장을 취하는 것이 좋다. 이러한 [실로스의] 설명에 따르면 어떤 하나의 이론은 이 이론에 의해 요청된 대상들과 같은 것이 세계 안에 실제로 존재하지 않을지라도 위대한 경험적인 성공을 가질 수가 있게 된다.

2. 다수의 모델들

존스Roger Jones(1991)는 "무엇에 대한 실재론인가?"라는 문제를 제기하였다. 그는 과학에서 공존하고 있는 물리 이론들에 대해서 선택적으로 가능한 여러 가지의 형성 방식이 존재함을 지적하였다. 그리고 그는 우리들이 믿어야만 하는 세계에 대해서, 그렇게 믿는 것에 대한 인식적인 보장을 우리들이 확신한다 할지라도, 반드시 필연적으로 하나의 단일한 세계상만이 존재하지 않는다고 주장한다. 예를 들어 고전역학은 성숙한 과학이론의 패러다임이며, 핼리혜성이 다시 돌아오는 것으로부터 시작하여 최근의 성공적인 우주왕복선의 비행(고전역학은 그러한 우주선 발사 계획에서는 아직까지도 사용되고 있다)에 이르기까지 예측적 성공의 인상적인 목록을 가지고 있다. 처음에 이 이론은 입자들의 행동을 기술하는 것으로 이해되는 뉴턴의 세 가지 운동 법칙에 의해서 표현되었다. 속도와 가속도는 서로 다른 시간에 자리 잡은 직접 측정할 수 있는 입자의 위치들 간에 이루어진 이동에 관한 함수적인 관계로서 도입되었다. 질량과 힘과 같은 이론적 개념들은 실험과 측정에 의해 조작적으로 정의되었다. 두 입자들의 질량 비율은 이 두 입자들이 상호 작용한 후에 일어나는 두 입자들의 상대적인 속도를 이들의 관성 속도와 가속도를 가지고 결정하게 되는 상수 비율이다. 힘은 질량과 가속도의 곱으로 간단하게 정의된다. (이러한 사실은 우리에게 하나의 문제를 던져줄 수도 있다. 왜냐하면 어떤 다른 사물과도 상호 작용하지 않는 입자는 그 질량으로 어떤 값이든지 가질 수가 있기 때문이다. 그러나 실제로 존재하는 입자는 항상 어떤 사물이나 다른 사물과 상호 작용하고 있지만, 이 문제는 무시한다.)

고전역학은 중력의 법칙과 운동의 세 가지 법칙을 결합시켜 행성의 운동 현상에 적용한다. 이러한 접근 방식은 질량의 중심점을 제외하고는 어느 곳이든지 0이라고 편리하게 생각할 수 있는 질량을 가지고 있는, 구형에 가깝게 대칭을 이루는 큰 물체를 다룰 때 많은 성공을 거두었다. 그러나 이보다 더 확장된 물체들의 경우에는 일반적으로 고전역학이 계산적으로 이를 다룰 수 없다는 것이 드러났고, 고전역학에 대한 장 이론적 설명 방식에 의해 대체된다. 이러한 접근 방식에서 근본 대상은 중력 위치potential이며, 이것은 공간의 모든 점들에 대해 정의되어 있고, 어느 하나의 점에서의 위치 변화의 크기와 방향이 그 점에서 물질이 경험하게 되는 위치의 방향과 크기를 (질량을 가지고) 결정하게 되는 내용이다.

이제까지 우리들은 고전역학을 형성하는 두 가지의 다른 방식을 가지게 되었다. 하나는 점 입자들 간에 원거리에서[원격적으로] 작용하는 acting at a distance 힘의 이론으로 형성하는 방식이고, 다른 하나는 공간의 모든 점들을 점유하고 있고 국소적으로locally 작용하는 중력장을 기술하고 있는 이론으로 형성하는 방식이다. 고려해볼 만한 세 번째의 형성 방식도 있다. 이 방식에서는 힘의 법칙과 운동의 법칙이 소위 최소한의 원리들minimum principles이라고 하는 것으로부터 도출될 수 있다. 이것은 종종 '해석 역학analytic mechanics'으로 알려져 있고 오일러Euler와 라그랑주Lagrange에 의해 처음으로 개발된 후 19세기에 해밀턴Hamilton이 완전하게 다루는 법을 제시하였다. 해석 역학은 '최소 작용의 원리principle of least action'에 호소하면서 도출된다. 이 최소 작용의 원리는 두 개의 점들 간을 이동하는 입자가 따라가게 되는 경로는 운동에너지와 위치에너지로 된 체계의 전체 에너지를 표현하는 소위 '작용 적분action integral'을 최소화하는 방식으로 만들어진다고 언명하고 있다. 존스가 관심을 이끌어낸 고전역학을 형성하는 마지막 방식은 일반상대성이론의 형성 방식과 유사하게 휘어진 시공간에 의해서 형성되는 방식이다. 중력장은 시공간의 구조에 흡수되고 주어진 점에서 휘어짐curvatur〔곡률〕의 정도에 의해 표현된다.

   이러한 접근 방식들 각각은 다른 물리학의 이론들과 유사성을 가지고 있다. 원격작용의 접근 방식은 18세기 후반에 나타난, 전하된 입자들 간에 작용하는 쿨롱 힘Coulomb force에 관한 이론의 형성 방식에 사용된다. 장 이론적 접근 방식은 고전적인 전자기장 이론에 직접 비유될 수 있다. 변분變分 역학variational mechanics은 일반상대성과 현대 (게이지gauge) 장 이론들에 (적어도 수학적으로) 관련되며, 해밀턴 역학은 (비상대론적인) 양자역학에 밀접하게 관련된다. 세계에 관한 우리들의 최선의 이론이 고전역학이며, 인식론의 문제들이 우리들로 하여금 실재론자가 되기를 원하도록 설득하고 있다고 가정해보자. 이러한 모든 것이 무엇에 대해 실재론자가 되는가에 관한 문제를 제기하게 한다. 요점은 이러한 접근 방식들 각각이 서로 다른 존재론과 형이상학을 제시하고 있다는 점이다.

첫 번째 (뉴턴적) 접근 방식은 점 입자와 원거리 작용 힘의 존재론을 제안한다. 장 접근 방식은 이와 달리 국소적 인과성의 원리들에 따라 이루어지는 접촉에 의한 작용의 존재를 제시하지만 새로운 유형의 실재인 장field을 필요로 한다. 휘어진 시공간적 접근 방식은 이와 다른 상을 제시하는데, 여기서 시공간 자체는 그 이론의 기본 존재론의 한 부분이 되며 자신의 인과적 효력을 가지고 있다. 해석 역학의 경우에서처럼 이것은 인과적 사유와는 별개인 것처럼 보이나, 그 대신에 입자의 행동에 대해서 일종의 목적론teleology을 요구하고 있다. 이 목적론은 공간의 점들 간의 완비된 경로들이 갖는 속성들만이 물체의 운동을 결정한다고 설명한다. 이로부터 존스가 이끌어낸 결론은 물리학자가 '뉴턴적인 우주의 기본적인(이론적인) 부품furniture'을 명확히 해달라고 하는 요청을 받을 때 그것을 받아줄 수 없을 것이라는 내용이다.(Jones 1991: 190) 존스에 따르면 고전역학은 매우 다른 설명적인 기준 체계들과 존재론적인 의존 근거들을 가지고 현상들을 설명하고 있는, '개념들이 광범위하고 너무 지나치게 많이 연결되어 있는 구조'이다.(Jones 1991: 190)

존스의 문제에 대한 간단한 대답은 고전역학은 거짓으로 알려져 있고, 하나의 거짓 이론에 대해서 4개의 선택적인 대안적 형성 방식이 존재한다는 것은 실재론자의 경우에는 아무런 문제가 되지 않는다고 지적하는 것이다. 그러나 이러한 지적 내용은 궁극에 가서는 실재론자의 입장에 대해서 손해를 가하는 대답이 될 수 있다. 왜냐하면 그 내용은 그들이 세계에 대한 하나의 올바른 이론이 있다고 하는 실재론자의 견해에 의존해야 한다는 사실을 함축하기 때문이다. 19세기 후반부의 상황을 생각해 보자. 그때는 뉴턴의 역학이 성취한 예측적이고 설명적인 위대한 성공에 기반하여, 뉴턴역학은 참이라고 널리 간주되었던 시기였다. 만약에 실재론이 어떤 내용을 가지고 있다면, 고전역학에 대해서는 사람들이 어느 정도로 실재론자들이 되기 때문에 정당화된다는 점은 인정되어야만 한다. 그런데 존스가 제기하는 의문은 '어떠한 설명에 대해서인가?'이다. 물론 휘어진 시공간의 설명 방식은 20세기 초까지는 이용 가능하지 않았지만 원리적으로 그 문제는 그대로 남아 있는 것이다.

머스그레이브가 존스의 논증에 대답하고 있는데, 그 핵심 내용은 많은 실재론자들이 지지하고 있다. 존스는 앞에서 '똑같은 이론에 대한 설명 version'으로서 네 가지의 이론들을 표현하였다. 그러나 머스그레이브는 다음과 같이 이를 부정하고 있다.

> 이러한 경험적으로 동등한 [4개의] 뉴턴 이론들이 단지 하나의 똑같은 이론에 대한 서로 다른 '설명'이나 '형성 방식'에 불과한 것인가? 만약 경험적으로 동등한 이론들이 실제로 똑같은 이론이라고 하는 실증주의자의 입장이나 반실재론자의 입장이나 검증주의 원리를 수용한다면 우리들은 그렇다고 생각할 수 있다.(Musgrave 1992: 693)

그러므로 이 제안의 내용은 그 이론들이 사실상 실증주의 노선을 따라 반실재론자의 설명에 근거하게 될 경우에만 똑같은 이론에 대한 설명이 된다고 하는 것이다. 심지어 반 프라센조차도 서로 다른 대상들을 지시하고 서로 다른 설명적 기준 체계를 전제하는(그렇게 하고 있다고 존스가 말했듯이) 이론들은 글자 그대로 엄밀하게 간주되어야 하며 따라서 그 이론들은 실제로는 서로 다른 이론이라는 점을 시인하고 있다.

그러나 고전역학에 대한 네 가지의 다른 설명들을 똑같은 이론에 대한 서로 다른 형성 방식이라고 부른 이유는 학생들이 이 이론들 모두를 고전역학의 한 부분들로서 배우고 있기 때문이다. 머스그레이브가 인정하듯이, 존스의 사례들은 강한 경험적 동등성을 가지고 있으며, 보통의 미결정성의 사례보다 훨씬 흥미롭다. 왜냐하면 이것들은 철학자들이 인위적인 사례들을 만들어내는 방식으로서가 아니라 '실제 과학자들의 실천 속에서 구체적으로 나타난' 사례들이기 때문이다.(Musgrave 1992: 693) 어쨌든 대부분의 실재론자와 같이 머스그레이브는 설명력이 증거적으로 중요하기 때문에, 경험적 동등성이 증거적인 동등성까지 함축하지는 않는다고 주장한다. 물론 존스가 예로 든 네 개의 이론들 각각은 설명력을 가지고 있다. 그래서 그러한 예들은 "세계는 T인 것인 양as if 존재한다"(이것은 T를 초현실론자surrealist의 설명 방식으로 변환시킨 것이다)를 무시하는 것처럼 그렇게 쉽게 무시할 수 있는 것이 아니다. 그러나 머스그레이브의 요점은 경험적인 동등성이 증거적 동등성을 함축한다는 것을 우리들이 부정하게 되면, 우리들이 네 개의 이론들 가운데서 어느 하나를 선택할 수 있는 합리적인 근거들이 없을 것이다라고 즉각적으로 가정하지는 않을 것이라는 점이다.

> 인과적인 설명을 목적론적 설명보다 더 선호하는 사람들은 뉴턴역학에 관한 최소 원리에 근거한 '설명'을 배제할 것이다. 과학의 역사는 목적론적 설명보다 인과적 설명을 더 선호하게 되는 이유를 우리들에게 제공하지 않는가? 국소적 인과성을 선호하는 사람은 뉴턴역학에 관한 원거리 작용에 근거한 '설명'을 배제할 것이다. 성공적인 전자기장 이론으로 무장한 과학자들은 중력장 이론을 더 선호하게 될 것이다. 왜냐하면 그 이론이 두 개의 이론을 통일할 수 있는 전망을 제공해주기 때문이다.(Musgrave 1992: 696)

반실재론자들은 형이상학이 물리학으로 이렇게 침투해 들어오는 것은 보장될 수 없다고 볼지라도, 머스그레이브 같은 실재론자들은 물리학과 형이상학이 연속적이라고 믿고 있다. 그들은 서로에게 유익한 정보를 제공하고 있다.

> 뉴턴과 그 밖의 다른 사람들은 원격[*원거리]작용action-at-a-distance을 우려할 만큼 어리석었는가? 아인슈타인과 몇몇 다른 사람들은 양자역학에 관한 정통 해석에서 묵시적으로 나타났던 관념론에 대해 우려할 만큼 어리석었는가? 우리들의 어린아이들에게 다음과 같이 말하는 창조론자의 초현실론적인 가르침을 반대하는 것은 어리석은가? "하나님은 마치as if 자연과학의 가르침들이 참이 되는 것처럼 BC 4004년에〔또는 어떤 때에〕우주를 창조하였다."23)(Musgrave 1992: 696)

머스그레이브는 창조 과학의 광신적 믿음과 버클리의 관념론 등을 배제하는(우리들이 동의하게 되는 내용인데) 유일한 길은 존스의 복합적인 물음 또한 배제하는 형이상학적 고려 사항들을 사용함으로써 가능하다는 점을 우리들에게 납득시키려 한다. 그러나 버클리적인 관념론은 많은 이유들로 인해서 신뢰하기가 매우 어려운 관념들의 존재론을 요청하기 때문에 받아들여지지 않는데, 고전역학의 경우에는 버클리의 관념들이 아무런 도움을 주지 못한다. 더 나아가 이미 지적된 대로, 어느 누구도 초현실론자의 형식24)으로 변환된 이론들을 **사용**하고 있지 않으며, 바로 이러한 사실이 우리들이 존스의 복합적인 물음에 대응하는 데 도움을

---

23) 마치 자연과학이 말하는 내용들이 참이 될 수 있는 것처럼 이 세상이 존재하도록 하나님이 창조하였다라는 말이다.
24) '마치 ~인 것처럼as if' 형식으로 설명하는 것을 말한다.

받을 수가 없는 관념론이나 창조 과학을 배제하는 또 다른 이유가 된다. 창조 과학은 잠정적인 가설에 불과하며 어떤 새로운 경험적 성공을 생물학이나 고생물학에 부여하지도 않았다. 그래서 그것은 진화생물학이 가지고 있는 신뢰성을 하나도 가지고 있지 않다. 머스그레이브는 자신의 증거적 지지 이론을 '부분적으로는 역사적'인 것으로서 특정화하고 있으며(Musgrave 1992: 695), 그리고 '신기한 사실들'에 관한 예측이 증거적으로 중요하다고 주장한다. 그러나 그가 인용하고 있는 좋지 않은 이론들 중의 어느 것도 신기한 예측적 성공을 가지고 있지 않지만, 고전역학에 대한 모든 형성 방식들은 조금씩 그러한 성공을 주장하고 있다고 그는 설명한다. 고전역학에 관한 형성 방식들 모두가 똑같은 신기한 사실들을 예측할 수 있었을 때, 처음에 나타난 설명 방식에 어떤 특권을 부여하는 것은 보장되지 않는 것 같다.

설명력과 형이상학적 고려 사항들이 증거적이라는 것을 우리들이 수용한다 할지라도, 우리에게는 존스의 문제를 쉽게 해결할 수 있는 방책이 없다. 왜냐하면 서로 다른 형이상학적 기준은 서로 다른 방향을 지지할 것이기 때문이다. 신기한 예측적 성공이 우리들이 가장 높이 평가하는 이론적 덕목이라고 가정해보자. 이러한 기준은 고전역학에 관한 원거리 작용 설명 방식을 지지한다. 이와 달리 만약 우리들이 국소적 인과성을 좋아하는 형이상학적 취향을 가지고 있다면 우리들은 그 이론에 대한 장 이론적 설명 방식을 선호할 것이다. 그 이유는 이 이론이 전자기장 이론과 양립할 수 있기 때문이다. 또한 이와 달리 고전역학에 대한 변분 역학적인 접근 방식은 양자역학에 잘 부합할 것이며, 시공간적인 접근 방식은 일반상대성이론과 아주 잘 정합을 이룰 것이다.

머스그레이브는 마침내 다음과 같이 주장한다. 우리들은 형이상학적 고려 사항들이 규정하는 것에 대해서 실재론자가 되어야 하며, 여기서 최선의 형이상학적 고려 사항들은 최선의 물리학을 만들어냈던 것들이다.(Musgrave 1992: 691) 그러나 최선의 물리학을 만들어냈던 하나의 고유한 체계로 된 형이상학적 고려 사항들은 존재하지 않는다. 오히려 이와는 반대로, 과학의 역사의 여러 국면들에서 지배적이었던 형이상학적인 고려 사항들 자체가 다양하고 일시적이었다. 자연이 진공을 싫어한다는 사실[25]이나, 모든 작용은 불가입성impenetrable 입자들 간의 접촉이 있어야만 일어난다는 사실이나, 새로운 이론은 역학적인 환원을 허용하지 않는다면 채택될 수 없다는 사실 등을 지금 시대에 어느 누가 주장할 수 있겠는가? 아인슈타인이 상대성이론을 개발하면서 실증주의적인 경향에 영향을 받았다는 논의가 많으나, 그렇다고 이러한 사실이 실재론자가 실증주의를 채택해야만 한다는 것을 의미하지는 않는다. 또한 우리들이 채택해야 할 형이상학이 어떤 것인가를 말해주는 현재의 최선의 물리학 이론을 발견하기 위해서 다시 형이상학적 고려 사항들을 사용하는 것에는 분명히 순환적인 요소가 있다.

3. 이상화

법칙과 설명 등에 관한 철학적 논쟁에서 사용된 과학법칙과 과학이론의 사례들은, 이론의 개발과 전달에 관한 복합적인 역사적 과정에 있는 혼동과 복잡성까지 덧붙여진다면, 너무 단순화되어 있어서 아마 잘못 인

---

[25] 아리스토텔레스가 지상계에서 영원한 운동이 불가능하다는 사실(공기의 방해 때문)과 투사체가 강제적 운동을 어떻게 하고 있는가(앞으로 나아간 투사체의 뒷면이 진공이 되는 것을 막기 위해서 공기가 몰려오게 되는데 투사체는 이러한 공기의 힘으로 앞으로 운동한다)를 설명하면서 말한 내용이다.

도하기도 할 것이다. 더 나아가 철학자들은 논의하려는 이론들이 자신들의 논의에 앞서 기존의 과학적 지식의 한 부분을 형성하도록 되어 있지 않으면 그 이론들을 논의하지 않기 때문에, 철학자들이 논의하는 이론들은 일반적으로 과학자들에 의해서 합리적으로 재구성된 산물이 되기 쉽다. 이러한 사실은 철학적 분석의 대상으로서의 과학과 생활세계의 한 부분으로서의 과학 사이에 벌어져 있는 간극을 알아차리게 된 사람들로 하여금 과학철학자들의 방법과 결과들에 대해서 비판하도록 인도한다. 카트라이트Nancy Cartwright는 과학철학에 있어서 실천적 작업에 대립되는 것으로서의 이론적 작업이 가지는 중요성을 낮게 평가하였던 사람들과 동맹관계를 맺고, 새로운 종류의 도구주의를 옹호한다.

> 우리들의 과학적 이해와 그에 상응하는 세계상은 과학이론에서와 마찬가지로 우리들의 사용 도구들, 우리들의 수학적인 전문 기술들techniques, 우리들의 실험실의 형태, 산업 개발의 형태 속에도 암호처럼 숨어 있다. 〔……〕 그렇게 암호화되어 있는 것을 이해하고 있는 이러한 부분들은 실재reality의 성격과 구조에 관해서, 참이거나 거짓의 후보가 되는 고유한 명제적 표현을 가져야만 하는 주장들로 간주되지 않아야 한다. 오히려 이것들은 공통의 과학적 도구 상자 속에 있는 채택 가능한 도구들로서 간주되어야만 한다.(Cartwright *et al.* 1995: 138)

과학에는 이론들 외에도 더 많은 것들이 있다는 사실을 우리들이 받아들인다고 하자. 그럼에도 불구하고, 과학적 지식을 암호화하는 데 이론들이 어떤 역할을 수행했다고 하더라도 우리들은 여전히 그 역할이 정확히 무엇인지를 탐구하게 될 것이다. 카트라이트는 자신의 견해를 분명하게 제시하고 있다. "물리학은 세계를 표현하는represent 것을 목표로 하지만, 그것을 자신의 이론 속에서가 아니라 자신의 모델들 속에서 표현한다."(Cartwright et al. 1995: 139)

카트라이트의 중심 주장들 중의 하나는 이론들과 모델들에 관한 전통적인 견해들이 이론들을 응용하고 있는 현실적인 과학적 실천을 반영하고 있지 않다는 것이다. 논쟁이 되는 해당 전통적 견해는 '포괄 법칙'에 의한 설명이다. 이 전통적 견해는 이론들이 개별 맥락에 따라 실천적으로 적용될 경우에 결합해야 할 적절한 보조 가설들이 반드시 있어야만 하며, 이러한 보조 가설들과 결합해야만 이론들이 구체적인 자료들/현상들을 함축하게 될 것이라는 사실을 제시하고 있다. 과학에서 이론들을 실제 사용하고 또한 사용 모델들을 구성하는 것은, 추상적인 이론적 구조들을 구체적인 상황들에 적용하는 것을 수반하고 있다. 카트라이트는 과학에 관한 자신의 독특한 형이상학 개념을 이론 응용[적용]에 관한 자신의 분석으로부터 찾게 되었다. 자신의 책 『물리학의 법칙은 어떤 상태로 있는가How the Laws of Physics Lie』에서 카트라이트는 현상적Phenomenological 법칙들과 근본적fundamental 법칙들을 구별하였으며, 현상적 법칙들은 구체적이고 개별적인 것을 지시하고 근본적 법칙들은 추상적이고 일반적인 것을 지시한다고 주장하고 있다. 이로부터 더 나아가 그는 다음과 같이 주장한다. "현상적 법칙들은 실재 속에 있는 대상들에 대해 정말로 참되게 적용된다—혹은 아마도 적용될 것이다. 그러나 근본적 법칙들은 모델에 있는 대상들에 대해서만 참되게 적용된다."(Cartwright 1983: 4)

카트라이트의 책에 따르면 근본적 법칙들은 자신의 추상적인 성격 때문에 설명적일 수는 있어도 구체적으로 어떠한 현상들이 발생하는지를 기술하지는 않는다. 이러한 근본적 법칙들이 구체적인 현상들과 연결되는 것은 비설명적이면서 기술적記述的descriptive인 현상적 법칙들에 의해서 가능하다. 그런데 이론적 차원에서 과학자들은 실제 사물들이 잘 들어맞지 않는 엉성한 모델들을 구성한다. 이러한 엉성한 모델들을 구체적인 현상들과 연관 짓기 위해서, 과학자들은 '이론 등재theory entry'의 과정을 시행해야만 한다.(Cartwright 1983: 132~134) 이 과정에서 현상들은 겉으로 드러나기에는 올바르지 못한 '준비된 기술prepared description'을 통하여 이론적 모델들에 연결된다. 이러한 과정이 우리들이 '이상화'라고 말할 때 대강 의미하고 있는 내용이다.

물리학에서 가장 흔히 볼 수 있는 이상화의 형식은 수학을 물리적 세계에 적용하는 경우이다. 듀앙의 경우에는 이러한 이상화의 과정이 일상생활에서 구체적으로 참이거나 거짓인 내용을 말하는 통상적인 주장들로부터 물리학의 이론적 주장들을 분명하게 구별할 수 있게 해준다. 왜냐하면 이론적 주장들은 인위적으로 엄밀하게 만들어진 수학의 도움을 받아야만 개념들에 적용하여 표현되기 때문이다. 그래서 듀앙은 물리적 개념들은 추상적이고 오직 상상적인 구성물만을 기술한다고 주장한다. 이것들은 단지 기호적인 정식定式에 불과하며, 실재에 어떻게 적용하는가는 많은 이론들에 의해서 결정된다. 우리들은 '수학적인 이상화'가 아니라, 점 입자, 마찰이 없는 평면, 엄격하게 정밀한 자 등과 같은 물리적 이상화에 관해서 관심을 가지고 있다.

카트라이트는 구체적인 대상/상황에 대해 이상화가 행해지는 경우들과, 종종 이상화라고 부르지만 가정들을 단순화하고 추상화 작업까지 수반하게 되면서 우리들이 구체적인 것을 더 이상 다루지 않고 오히려 추상적인(그리고 허구적인) 대상들을 다루게 되는 경우들을 구별한다. 그녀에게 있어서 이상화란 어떤 특성들을 최소화하거나 제거하기 위해서 구체적인 상황들을 이론적이거나 실험적으로 조작하는 것을 말한다. 예를 들어 우리들은 실제의 표면을 이상화시켜서 마찰이 없는 평면을 얻을 수 있으며, 그럼으로써 편리한 수학적 형식을 가진 마찰계수를 재도입한다. 여기서 그러한 논리적 조작을 통해 얻게 된 법칙들은 점근적으로 참이며, 그리고 실험실에서는 매우 부드러운 표면과 같은 대상에 대해서 이 법칙들을 직접 적용할 수 있게 된다. 그래서 이상화에 의해서 얻게 된 법칙들은 바로 **경험적**이거나 **현상적**이며, 그래서 이 법칙들은 **구체적인 상황들**에 대한 것이다.

추상화의 경우에, 우리들은 아마 대상들의 물질적인 구성에 관한 구체적인 내용까지도 포함시켜서 대상들에 관한 구체적인 사실들을 사상捨象subtract시켜버린다. 그리고 특히 중요한 것은 우리들은 쓸데없이 방해하는 원인들까지도 제거한다는 점이다. 그래서 카트라이트는 이렇게 얻게 된 법칙들이 점근적으로도 참이 될 수 없다고 말한다. 왜냐하면 관련되는 인과적 요소들이 사상되었고, 이 법칙들은 따라서 구체적인 상황들에 관한 것이 아니기 때문이다. 전통적인 견해에서는 이러한 추상적이거나 근본적인 법칙들은 실재에 대한 어떤 내용을 진짜로 주장하고 있다고 본다. 카트라이트는 만약에 우리들이 이 법칙들을 구체적인 상황들 속에 있는 규칙들에 관하여 말하고 있는 것으로 해석한다면 이 법칙들은 거짓을 말하게 된다고 주장하고, 이 법칙들은 사실상 그 밖의 다른 사정이 같다면ceteris paribus 그렇다라고 하는 잠정적인 법칙에 불과한 것으로서, 현실적이거나 혹은 어떤 가능한 구체적 상황에서도 적용될 수 없다고 주장하였다. 예를 들어 중력의 법칙은 그 밖의 다른 힘들이 작용하지 않은 물체들에 대해서 일어나게 되는 내용을 언명하고 있다. 그러나 현실적으로 실제의 우주에는 그러한 물체들은 존재하지 않으며, 그래서 엄밀히 말하면 이 중력의 법칙은 어떤 사물에도 적용될 수가 없다.

4. 구조적 실재론

이러한 물리적 세계의 구조는 감각의 세계로부터 일관되게 더욱더 멀리 이동하고 있고, 이전에 가졌던 세계의 의인적인 특성들을 상실하게 된다. 〔……〕 그래서 물리적 세계는 점차적으로 더욱더 추상적으로 되어버린다. 순수한 형식적인 수학적 연산들operations이 점점 더 많은 역할을 하게 된다.(Planck 1996: 41)

우리들이 과학적 실재론에 관한 논쟁에서 보았듯이, 두드러질 정도로 가장 강력한 두 개의 논증은 '기적의 논증'과 '비관적 메타 귀납'이다. 이 난국을 타개하고 '일거양득the best of both worlds'의 장점을 가지는 하나의 시도를 감행하면서, 워럴은 **구조적 실재론**structural realism이란 개념을 도입한다(그는 이 용어의 기원을 푸앵카레에게서 발견할 수 있다고 말한다).(Worral 1989) 19세기의 광학이 프레넬의 탄력성을 가진 에테르 이론으로부터 맥스웰의 전자기장 이론으로 전이하게 되는 경우를 이용하여, 워럴은 다음과 같이 주장한다.

프레넬로부터 맥스웰로의 전환에서 아주 중요한 연속성의 요소가 있다―그리고 이 문제는 새로운 이론에 대해서 성공적인 경험적 내용을 전수하게 되는가를 묻는 단순한 물음보다도 더 중요하다. 동시에 그러한 전환은 풍부한 이론적 내용이나 기제를 전수하지 않을 수도 있다(심지어 '점근적인' 형식으로도). 〔……〕 그래도 그러한 전환에 연속성이나 누적성의 요소들이 있는데, 그러나 그 연속성은 형식이나 구조의 연속성을 말하는 것이지 내용의 연속성을 말하는 것은 아니다.(Wrrall 1989: 117)

워럴에 따르면 우리들은 사물들의 **본성**nature이 우리들의 최선의 이론들의 형이상학적이고 물리적인 내용에 의해 올바르게 기술된다고 주장하는, 완전히 부풀려진 과학적 실재론을 수용하지 말아야 한다. 오히려 우리들의 이론들의 수학적이거나 **구조적인** 내용을 강조하는 구조주의적 실재론자의 주장을 채택해야 한다. 이론 변화에도 불구하고 구조가 유지되고 있기 때문에, 구조적 실재론은 (a) (세계의 부품에 관한 이론의 기술記述을 그대로 믿도록 우리들에게 허용하지 않음으로써) 비관적 메타귀납의 영향을 차단할 수 있고, (b) 과학의 성공(특히 성숙한 물리 이론들의 신기한 예측들)을 (이론의 **구조가** 이론의 경험적인 내용 위에서 세계를 기술하고 있다는 사실을 주장하도록 허용함으로써) 기적으로 만들지 않는다.

구조적 실재론이 많은 관심을 불러일으켰을지라도, 만약에 전통적인 과학적 실재론에 대해서 보다 풍부한 대안적인 내용들을 제공할 수 있으려면, 워럴의 제안은 더 개발될 필요가 있다. 특별히 구조적 실재론이 대답해야만 하는 구조적 실재론의 성격에 관한 근본적인 물음이 있다. 그 실재론은 형이상학인가 아니면 인식론인가? 워럴의 논문은 이 점에 대해서 애매한 태도를 취하고 있다. 때때로 그의 논문은 우리 자신이 이론의 구조적 내용을 믿도록 하려면 우리들이 실재론에 대해 인식적인 제약을 가해야 한다고 주장하는 것처럼 보일 때도 있다. 이러한 주장은 푸앵카레가 제안하였는데, 그는 '자연이 우리들의 눈으로부터 영원히 감추어버릴 실제 대상들' 간의 '참된 관계들'을 포착하고 있는 과거의 과다한 redundant 이론들[26]에 대해 말하고 있다.(Poincaré 1905: 161)

26) 과거의 쓸모없는 잉여적인 형이상학적인 이론들에 의해서 제기된 형이상학적인 인플레이션을 인식적으로 제한할 필요가 있음을 말하는 것이다. 그래서 참된 관계에 대해서 따옴표(' ')를 한 것이다.

한편 워럴의 입장은 명시적으로 인식적인 것이 아니다. 그리고 그의 다른 논평들은 표준적인 과학적 실재론의 형이상학으로부터의 결별을 제안하고 있다. 예를 들어 워럴은 다음과 같이 말한다. "구조적 실재론자의 견해에서 보면, 뉴턴이 실제로 발견한 것은 그의 이론의 수학적 방정식들 속에서 표현되어진 현상들 간의 관계들이다."(Worrall 1989: 122) 만약에 과학적 변화에서 유지되는 연속성이 '형식이나 구조'에 관한 것이라면, 아마도 우리들은 이론들의 지시체를 대상들이나 속성들에 개입시키는 것을 포기하고 과학의 성공을 다른 말로 설명해야만 할 것이다. 레드헤드Redhead는 다음과 같이 말한다. "무엇에 대한 실재론인가? 그것은 대상들인가, 추상적인 구조적 관계들인가, 기본 법칙들인가, 아니면 무엇이란 말인가? 나는 물리 이론에 대한 '참된' 내용이 되는 최선의 후보자는 추상적인 구조적 측면이라는 견해를 가지고 있다."(Redhead 1996: 2) 이러한 점은 스타인Howard Stein이 표현한 구조적 실재론자의 감정들과 일치하는 것처럼 보인다. "우리들의 과학은 '실체들'이나 그와 유사한 것에 관한 설명에서가 아니라 현상들이 '모방'하는 '형상들Forms'에 관한 설명에서(여기서 '모방'은 '무엇에 의해 표상된 혹은 표현된'의 의미로 해석되고, '형상들'은 '이론적 구조들'로 해석된다), 가장 가까이 다가가서 '실재적인 것the real'을 포착하게 된다."(Stein 1989: 57)

구조적 실재론은 물리철학에서도 또한 논쟁이 벌어지고 있는 최근의 논의 주제이다. 그러나 나는 이 주제를 여기서 더 이상 논의할 수가 없다. 나는 과학적 실재론의 문제가 처음 언뜻 볼 때보다는 훨씬 복잡하다는 사실을 지금쯤 독자들이 알게 되었을 것이라고 기대한다. 더 이상의 논의를 전개하기 위해서는 우리들이 과학사, 우리들의 최선의 현대 이론들의 성격, 이상화의 함축과 과학의 실천 등을 구체적으로 고찰해야 한다.

➡ 더 읽어야 할 책들 ⬅

메타 귀납에 대하여

Hardin, C. L. and A. Rosenberg (1982), "In defence of convergent realism", in *Philosophy of Science*, 49, pp. 604~615

Kitcher, P. (1993), *The Advancement of Science: Science without Legend, Objectivity without Illusions*, Oxford: Oxford University Press.

Laudan, L. (1981), "A confrontation of convergent realism", *Philosophy of science*, 48, pp. 19~48, reprinted in D. Papineau (ed.) (1996), *Philosophy of Science*, Oxford: Oxford University Press.

Psillos, S. (1999), *Scientific Realism: How Science Tracks Truth*, London: Routledge.

Worrall, J. (1989), "Structural realism: the best of both worlds?", *Dialectica*, 43, pp. 99~124, reprinted in D. Papineau (ed.) (1996), *Philosophy of Science*, Oxford: Oxford University Press.

지시에 대하여

Field, H. (1995), "Theory change and the indeterminacy of reference", in P. Lipton (ed.), *Theory, Evidence and Explanation*, Aldershot: Dartmouth.

McCulloch, G. (1989), *The Game of the Name: Introducing Logic, language and the Mind*, chapters 2 and 3, Oxford: Oxford University Press.

Papineau, D. (1979), *Theory and Meaning, section 5.6*, Oxford: Oxford University Press.

Putnam, H. (1975), "The meaning of 'meaning'", in his *Mind, Language and Reality: Philosophical Papers*, Volume 2, Cambridge: Cambridge University Press.

이론들과 모델들

Cartwright, M. (1983), *How the Laws of Physics Lie*, Oxford: Oxford University Press.

Dupré, J. (1993), *The Disorder of Things: Metaphysical Foundations of the Disunity of Science*, Cambridge, MA: Harvard University Press.

Jones, R. (1991), "Realism about what?", *Philosophy of Science*, 58, pp. 185~202.

Musgrave, A. (1992), "Discussion: realism about what?", *Philosophy of Science*, 59, pp. 691~697.

구조적 실재론

Gower, B. (2000), "Cassirer, Schlick and 'structural' realism: the philosophy of the exact sciences in the background to early logical empiricism", *British Journal for the History of Science*, 8, pp. 71~106.

Ladyman, J. (1998), "What is structural realism?", *Studies in History and Philosophy of Science*.

주요 용어 풀이

가설-연역주의hypothetico-deductivism: 이 입장은 가설을 만들어내고 이 가설들로부터 실험에 의해 검사될 수 있는 예측들이 연역되는 방식으로 과학적 탐구가 진행한다고 보는 과학적 방법론이다. 이 이론은 실증적으로 이루어진 긍정적인 검사 결과들이 이론들을 확증하게 되는가의 여부에 따라 각각 [확증한다고 보면] 귀납주의자의 입장으로, 아니면 [반증한다고 보면] 반증주의자 입장으로 결말지을 수 있다.

경험론empiricism: 경험론이라는 용어는 서로 관련되면서도 구별되는 두 가지의 이설들doctrines을 의미하면서 사용된다. 그 첫 번째 의미는 우리의 모든 개념들이 어떤 방식으로든 감각 경험으로부터 도출된다고 보는 입장이다(개념 경험론). 바꿔 말하면 본유本有 관념들innate ideas이 존재하지 않는다는 입장이다. 두 번째 의미는 실재에 관한 모든 지식은 감각적 경험으로부터 그 정당성이 도출된다고 보는 입장이다. 즉 실체론적인[실재에 관한 질료적 내용을 가진] 어떠한 선천적인 지식도 존재하지 않는다고 보는 입장이다.

관념론idealism: 관념론은 존재하는 모든 것은 궁극적으로는 그 본성상 정신적이거나 심령적인 것이라고 보는 입장이다. 그래서 관념론자들은 정신 독립적으로 존재하는 물질 대상들의 존재를 부정하고 있다.

관념주의ideaism: 이 입장은 감각적 경험의 즉각적이거나 직접적인 대상들이 외부 세계에 있는 대상들이 아니라 우리 자신의 관념들(혹은 표상들이거나 감각자료들)이라고 보는 견해이다.

구획 문제demarcation problem: 과학을 비과학으로부터 구별하는, 특별히 과학이라고 주장하고 있으나 실제로는 과학이라고 할 수 없는 활동들이나 이론들을 순수한 과학으로부터 구별하는, 일반적인 규칙이나 기준을 제공할 수 있는가에 관한 문제를 말한다. 철학자들과 과학자들이 제시하고 있는 사이비 과학pseudo-science에 관한 예들로는 정신분석과 점성술이 있다.

귀납주의inductivism: 일반화, 법칙들, 과학적 가설들이 경험적인 증거로부터 긍정적으로 실증적인 지지를 얻을 수 있다고 보는 모든 과학적 방법론을 말한다. 이 이론은 확증이 어떻게 작용하는가에 관한 특정한 설명 내용에 따라 여러 가지로 다른 형식들을 가지고 나타난다.

귀납induction: 이 용어를 넓은 의미에서 사용하면, 연역적으로 타당하지 않은 어떠한 추리도 모두 귀납이라고 할 수 있다. 좁은 의미에서 사용하면 사물들의 과거의 행동들로부터 미래의 행동으로 진행하는, 즉 관찰되어진 것으로부터 관찰되어지지 않은 것으로 진행하는 모든 추리를 지시한다.

기초론foundationalism: 인식론에서 우리들의 정당화된 믿음들이 두 개의 범주로 나누어진다고 보는 입장이다. 그 하나는 자신 이외의 다른 모든 믿음들에 의존하지 않고서도 정당화되는 기본 믿음이고, 또 하나의 범주는 이 기본 믿음들과 추론 관계를 가짐으로써 정당화되는 기초적이지 않은 [파생적인] 믿음이다. 기초론은 이 기본 믿음들이 확실한가 아니면 개정 가능한가에 따라 여러 가지로 다른 내용을 가진 주장으로 나타난다.

도구주의instrumentalism: 과학이론들, 특히 관찰할 수 없는 대상을 지시하는 것처럼 보이는 이론의 부분들은 실재의 근본 구조를 기술하기보다는 관찰할 수 있는 것, 즉 실험의 결과물들을 성공적으로 예측할 수 있도록 해주는 능력을 가짐으로써 그 존재 가치가 있는 단순한 도구들에 불과하다고 보는 이설이다. 따라서 도구주의는 반실재론의 형식이다.

명제proposition: 명제는 특정한 개별 사태들이 사실이라고 말하면서, 참이거나 혹은 거짓이 될 수 있다. 똑같은 명제는 하나 이상의 문장으로 표현될 수도 있다. 예를 들어 "snow is white"와 "Schnee ist weiss"와 "눈은 하얗다"와 같은 문장들은 똑같은 명제를 표현하고 있다. 그리고 똑같은 문장은 하나 이상의 명제를 표현하고 있다. 예를 들어 "제임스가 배를 보았다"라는 언명은 제임스가 바다에서 배를 보고 있는 사태나 아니면 살이 쪄서 배가 나온 어떤 사람의 배를 쳐다보는 사태를 표현하고 있다. 고전 논리학에서는 아리스토텔레스의 세 가지 법칙들을 전제하고 있다. 세 가지 법칙들로는 모든 것은 자기 자신과 동일하다고 하는 **동일률**, 모든 명제는 참이거나 거짓 중에서 반드시 하나가 되어야 한다는 **배중률**, 어떠한 명제도 동시에 참이면서 거짓일 수 없다라고 하는 **모순율**이 있다. 이 법칙들 중의 하나나 두 개 이상을 부정하는 전제를 가진 논리적 체계들도 있다. 그러나 일상 추리 과정에서 대부분의 사람들은 이러한 법칙을 전제하고 있다고 말하는 것이 좋은 것 같다.

목적론teleology: 궁극적 목적인final cause을 탐구하는 것이다. 아리스토텔레스는 작용인, 질료인, 형상인, 목적인, 이 네 가지 유형의 원인들을 구별하였다. 예를 들어 소크라테스의 동상을 생각해보자. 작용인은 조각칼을 가지고 작업하는 조각가의 행위이며, 질료인은 이 동상을 만드는 재료인 대리석이며, 형상인은 조각가가 만들어내려고 노력하는 소크라테스의 상이며, 목적인은 그 동상을 만들려고 하는 조각가의 목적이나 목표이다. 이 경우는 아마도 이 동상을 만들어놓아, 철학과의 구성원들에게 철학 정신을 고취시키려는 것이 될 것이다. 따라서 목적인은 목적이나 목표들이다. 과학혁명 이래로 [목적인을 생각하는] 많은 철학자들은 [인과관계를 중시하는] 자연과학에서 자신들의 설자리를 잃어야만 했다고 주장하였다.

반실재론antirealism: 과학철학에서 반실재론은 우리들의 최선의 과학이론들까지도 정신-독립적으로 존재하는, 관찰할 수 없는 대상들을 지시한다는 사실을 부정하는 모든 입장을 말한다.

반증주의falsificationism: 포퍼가 처음으로 시작하였고 라카토스가 발전시킨 과학적 방법론이다. 이 이론에 따르면, 근본적으로 과학은 이론들을 지지하는 증거들을 발견하려고 노력하는 것이 아니라 이론들을 반증하려고 노력하는 활동이다.

방법론methodology: 방법론은 방법에 관한 이론을 의미한다. 그리고 과학철학에서 방법론이란 실험을 행하고, 자료를 해석하고, 이론을 개발하고 검사하는 전문기술들과 과정들을 탐구하는 것을 말한다. 그래서 우리는 약품 시험과 같은 특정한 실험에 관한 방법론을 말할 수도 있고 혹은 과학적 방법 일반에 관한 탐구를 지시하는 경우처럼 과학의 방법론을 말할 수도 있다.

부정문negation: 하나의 명제 p에 대한 부정문은 "p라는 것은 사실이 아니다it is not the case that p" 혹은 "p가 아니다not p"라고 표현되는 명제이다. 보통 어떤 하나의 명제의 부정문이 무엇인지는 분명하다. 예를 들어 "소크라테스는 BC 399년에 죽었다"라는 명제의 부정문은 "소크라테스는 BC 399년에 죽지 않았다"라는 명제이다. 다른 경우에는 하나의 명제의 부정문을 표현하는 올바른 방식이 무엇인지 명확하지 않을 수도 있다. 예를 들어 "모든 백조는 하얗다"와 같은 명제의 부정은 "모든 백조는 하얗지 않다"가 아니라 "모든 백조가 하얗다라는 것은 사실이 아니다"와 같은 명제나 "하얗지 않은 백조가 적어도 한 마리 이상 있다"와 같은 명제이다.

분석적analytic: 분석적 진리는 언명을 구성하고 있는 용어들의 의미들만으로 진리와 거짓이 결정되는 언명을 말한다. 예를 들어 "모든 할머니는 자신의 손자들의 아버지의 모친이다", "모든 총각은 결혼하지 않은 남자다"와 같은 언명이 가지는 진리값을 말한다. 그래서 이 진리는 때때로 관념들 간의 관계가 되는 것을 표현한다. 이것과 상대적인 의미를 가지는 종합 언명은 예를 들어 "지구상의 모든 생명은 탄소에 근거하고 있다"와 같이 분석적이지 않은 언명을 말한다.

사회 구성주의social constructivism: 어떤 영역에 있는 대상들이 존재하지만, 그것은 우리들이 그 대상을 구성하고 있다는 사실을 초월하여 존재하고 있지 않다는 의미에서 정신에 의존하여 존재한다고 주장하는 입장이다.

선천적a priori: 선천적 지식은 어떠한 감각적 경험에도 의존하지 않고 독자적으로 정당화되는 지식이다. 전통적으로 일부 철학자들은 수학과 논리학이 선천적 지식을 가질 수 있는 주제 분야라고 주장해왔다. 경험론 철학자들은 사실에 관한 **선천적** 지식이 가능하다고 주장하면서 수학적 진리들은 모두 분석적(그리고 단순히 우리들의 관념들 간의 관계만을 표현하고 있는 것)이라고 말하거나 혹은 수학적 지식은 경험에 근거하고 있다고 주장하면서 수학에 관한 지식을 설명하려고 노력한다. 이것과 상대적인 의미를 가지는 **후천적a posteriori** 지식은 **선천적**이지 않은 지식이며, 따라서 감각적 경험에 기초하여 정당화된다.

실재론realism: 과학철학에서 이 견해는 우리들의 최선의 과학이론들이 우리의 정신과 독립적으로 존재하는 관찰할 수 없는 대상들을 실제로 지시하고 있다는 것을 우리들이 알 수 있다고 보는 입장이다. 일반적인 철학 용어로, 어떤 것에 관한 실재론자는 그 사물이 정신과 독립적으로 존재한다는 것을 우리들이 알 수 있다고 생각하는 사람이다. 그러나 이 용어에 대해서는 보다 엄밀하게 사용하는 다른 용법도 있으며, 그래서 이 용어가 주어진 맥락에서 어떻게 사용되고 있는가를 주의 깊게 살펴보는 것이 중요하다.

연역deduction : 연역은 논리학의 법칙에 따라 진행하는 추론이다. 연역적으로 타당한 논증이나 추론은 전제들이 모두 참일 경우에 결론이 거짓이 되는 경우가 불가능한 것을 말한다. 이에 반해 건전한sound 논증은 타당하면서 동시에 모든 전제들이 (사실적으로) 참인 경우를 말한다.

의미론적 도구주의semantic instrumentalism : 이 입장은 과학에 대해 반실재론의 형식을 취하는 견해이다. 이 입장은 과학이론들의 이론용어들이 현상들 간의 관계들을 체계화하기 위한 도구로서 사용되고 있는 논리적 구성물에 불과하기 때문에, 관찰할 수 없는 대상들을 글자 그대로 지시하는 것으로 간주되지 않아야 한다고 설명한다.

의미론semantics : 철학에서 언어의 문법적, 형식적 구조가 아닌, 의미, 진리, 이 밖의 다른 언어의 특성들을 연구하는 분야이다.

인과적 실재론causal realism : 이 입장은 정신-독립적이거나 정신에 외재하는 대상들이 존재하지만 우리들이 그 대상들과는 [인과적 관계에 의해서] 간접적으로만 상호 작용하게 된다고 보는 견해이다.

인식론epistemology : 지식론theory of knowledge 혹은 인식론은 지식의 성격, 근원, 정당화에 관해 논의하는 철학의 분야이다. 그래서 철학자들은 '인식론적epistemological' 문제들과 이론들에 관해 언급하고 있다. (이 용어를 '인식적epistemic'이라는 용어와 혼동하지 말아야 한다. '인식적'이라는 용어는 지식의 정당성을 논하는 인식론보다는 지식의 성격에 관한 문제를 의미한다.)

인식적 상대주의epistemic relativism : 인식적 상대주의는 단순히 참이라고만 여기는 믿음〔정당화되지 못한 믿음〕과는 반대되는, 지식〔정당화된 참된 믿음〕이라고 간주될 수 있는 것은 어떤 사회적 집단의 표준적 기준들에 따라 상대적으로 나타나게 된다고 보는 견해이다. 그래서 이러한 입장에 따르면, 지식이란 어떤 사회 내에 있는 특정한 제도들과 권위들에 의해서 적법한 것으로 간주되고 있는 단지 그러한 믿음들에 불과하다.

직접 실재론direct realism : 우리들의 정신들과 독립적으로 존재하면서 우리들이 감각을 가지고 직접 지각하는 외재적 대상들이 존재한다고 보는 견해이다. 따라서 이 입장은 관념론을 부정하는 형이상학적 실재론의 형식이다.

충분조건sufficient condition : 어떤 하나의 명제의 진리에 대한 충분조건은 만약에 충분조건이 되는 명제가 참이 된다면 이 명제가 참이 된다는 것을 말한다. 예를 들어 공휴일이 된다는 것은 휴일이 된다는 것의 충분조건이다.[1] 따라서 A가 B의 충분조건이라면, 우리들은 만약에 A라면if A B이다, 혹은 B일 경우에만only if B A이다라고 말한다.(만약에if 공휴일이 된다면 휴일이다. 그리고 휴일이 될 경우에만only if 공휴일이다.) 만약에 A가 B에 대한 충분조건이라면, B는 A에 대한 필요조건necessary condition이 된다.

필연적necessary : 하나의 명제는 만약에 그 명제가 거짓이 될 가능성이 전혀 없다면(이 명제의 부정이 모순이 된다면), 논리적으로 필연적 진리(항진명제tautology)라고 한다. 라이프니츠를 따라 근세 철학자의 대부분은 모든 가능 세계들에서도 참이 되는 것을 필연적 진리로 간주한다. 우리들은 또한 물리적으로 필연적인 명제나 사태들을 말할 수 있다. 물리적인 필연성은 물리학의 법칙에 따라 그렇게 되어야만 한다는 것을 의미한다.

---

1) 휴일에는 제헌절, 크리스마스와 같은 공휴일 외에도 주말이나 일요일이 있기 때문이다.

필연적으로 참이지도 않고 필연적으로 거짓이지도 않은 명제들은 우연적 contingent이라고 말한다.

필요조건necessary condition: 하나의 명제의 진리에 대한 필요조건이 참이 되기 위해서는 반드시 만족해야만 하는 조건을 말한다. 예를 들어 사각형이라는 기하학적 형태에 대한 필요조건은 그 형태가 네 개의 변을 가져야만 한다는 것이다. 그래서 P가 Q에 대해 필요조건인 경우에 우리들은 P일 경우에만only if P Q이다, 또는 Q라면if Q P이다[2]라고 말한다. (어떤 것이 네 변을 가질 경우에만only if 사각형이 되며, 그리고 어떤 것이 사각형이라면if 그것은 네 변을 가진다.) 만약에 P가 Q에 대해서 필요조건이라면 그러면 Q는 P에 대해 충분조건sufficient condition이 된다.

현상주의phenomenalism: 우리들이 관찰하는 현상들 외에는 더 이상의 어떤 사물도 존재하지 않는다고 주장하는 형이상학적 논제이다. 우리들이 정신-독립적인 대상들로서 생각하는 것은 사실은 현실적이고 가능한 감각들로부터 논리적으로 구성된 것이다.

형상form(형식): 플라톤과 아리스토텔레스 철학에서 사용되고 있는 전문적인 용어인데, 질료나 실체와는 반대되는 것으로서, 사물의 본질이나 구조를 의미하고 있다. 예를 들어 어떤 하나의 동상의 형상은 그 동상의 모형이다. 반면에 그 동상의 질료는 그 동상이 만들어질 때 사용된 재료인 대리석 덩어리이다. '형상'이라는 용어는 때때로 과학사에서 어떤 사물의 실제 본성이나 원인을 지시하기 위해 사용되기도 한다.

형이상학적 실재론metaphysical realism: 우리들의 일상 언어가 세계의 참된 것들을 지시하고 있는 것으로, 그리고 때로는 말하고 있는 것으로 보는 입장이다. 그리고 그 참된 것들은 우리의 정신이나 인식들과는 독립적으

---

2) 기호 논리학의 기호로 표시하면, Q → P가 된다.

로 존재한다고 보는 입장이다.

형이상학metaphysics: 형이상학은 실재의 근본 성격에 대한 문제들을 연구하는 철학의 분야이다. 형이상학의 문제로는 시간과 공간의 본성은 무엇인가, 우연적으로 나타나는 규칙들과는 반대되는 자연의 법칙이란 무엇인가, 존재하는 사물들의 기본 범주들은 무엇인가 등등의 문제들이 있다. 과학적 실재론자들은 과학, 특히 물리학이 형이상학적 물음들에 대답할 수 있다고 생각하고 있다.

환원적 경험론reductive empiricism: 이 입장은 과학에 대해서 반실재론의 형식을 취한다. 이 입장은 이론용어들이 관찰 개념들에 의해서 정의될 수 있다고 설명한다. 따라서 이론용어들을 포함하는 언명들도 참이거나 거짓이라고 주장하는 언명이라고 설명한다. 그러나 환원적 경험론은 과학적 실재론의 의미론적 구성 요소를 부정하면서, 과학이론이 관찰할 수 없는 대상들을 글자 그대로 지시하는 것으로 간주되지 않아야 한다고 설명한다.

환원주의reductionism: 환원주의는 화학과 생물학에서 고차원적인 이론들의 법칙들과 설명들이 물리학에서의 보다 근본적인 이론들에 의해서 모두 재구성될 수 있다고 보는 입장이다.

참고 문헌

Achinstein, p. (1991), *Particles and Waves*, Oxford: Oxford University Press.

Armstrong, D. (1983), *What is a Law of Nature?*, Cambridge: Cambridge University Press.

Ayer, A. (1940), *The Foundations of Empirical Knowledge*, London: Macmillan.

Ayer, A. J. (1952), *Language Truth and Logic*, Cambridge: Cambridge University Press.

Ayer, A. J. (1956), *The Problem of knowledge*, Harmondsworth, Middlesex: Penguin.

Barnes, B., D. Bloor and J. Henry (1996), *Scientific Knowledge: A Sociological Analysis*, London: Athlone.

Berkeley, G. (1975a), *The Principles of Human Knowledge*, in M. R. Ayers (ed.), *Berkeley Philosophical Works*, London: Everyman.

Berkeley, G. (1975b), *Berkeley Philosophical Works*, London: Everyman.

Boyd, R. (1984), "The current status of scientific realism", in J. Leplin (ed.),

Scientific Realism, Berkeley: University of California Press, pp. 41~82.

Boyd, R. (1985), "Lex Orandi est Lex Credendi", in P. M. Churchland and C. A. Hooker (eds.), *Images of Science*, Chicago: University of Chicago Press, pp.3~34.

Braithwaite, R. (1953), *Scientific Explanation*, Cambridge: Cambridge University Press.

Carnap, R. (1952), *The Continuum of Inductive Methods*, Chicago: University of Chicago Press.

Carnap, R. (1959), "The elimination of metaphysics through logical analysis of language", in A. J. Ayer (ed.), *Logical Positivism*, New York: Free Press.

Carroll, L. (1895), "What the tortoise said to Achilles", *Mind*, 4, pp. 278~280.

Cartwright, N. (1983), *How the Laws of Physics Lie*, Oxford: Oxford University Press.

Cartwright, N., T. Shomar and M. Suárez (1995), "The tool box of science: tools for building of models with a superconductivity example", in W. E. Herfel, W. Krajewski, W. I. Niiniluoto and R. Wójcicki (eds.), *Theories and Models in Science*, Amsterdam: Rodolfi.

Churchland, P. (1979), *Scientific Realism and the Plasticity of Mind*, Cambridge: Cambridge University Press.

Churchland, P. (1985), "The ontological status of observables: in praise of the superempirical virtues", in P. Churchland, and C. Hooker (eds.), *Images of Science*, Chicago: University of Chicago Press.

Couvalis, G. (1997), *The Philosophy of Science: Science and Objectivity*, chapter 1, London: Sage.

Descartes, R. (1941, tr. 1954), *Meditations on First Philosophy*, in E. Anscombe and P. Geach (eds.), *Descartes Philosophical Writings*, London: Nelson.

Devitt, M. (1991), *Realism and Truth*, Oxford: Blackwell.

Duhem, P. (1906, tr. 1962), *The Aim and Structure of Physical Theory*, New York: Athenum.

Dupré, J. (1993), *The Disorder of Things: Metaphysical Foundations of the Disunity of Science*, Cambridge, MA: Harvard University Press.

Eddington, A. (1928), *The Nature of the Physical World*, Cambridge: Cambridge University Press.

Feyerabend, P. (1977), *Against Method*, London: New Left Books.[『방법에의 도전: 새로운 과학관과 인식론적 아나키즘』, 정병훈 옮김, 도서출판 한겨레, 1987]

Field, H. (1995), "Theory change and the indeterminacy of reference", in P. Lipton (ed.), *Theory, Evidence and Explanation*, Aldershot: Dartmouth.

Fine, A. (1984), "The natural ontological attitude", in J. Leplin (ed.), *Scientific Realism*, Berkeley: University of California Press, pp. 83~107.

Fodor, J. (1984), "Observation reconsidered", *Philosophy of Science*, 51, pp. 23~43.

Friedman, M. (1974), "Explanation and scientific understanding", *Journal of Philosophy*, LXXI, pp. 5~19.

Friedman, M. (1999), *Logical Positivism Reconsidered*, Cambridge: Cambridge University Press.

Glymour, C. (1980), *Theory and Evidence*, Princeton, NJ: Princeton University Press.

Goodman, N. (1973), *Fact, Fiction and Forecast*, Indianapolis: Bobbs-Merrill.

Gower, B. (2000), "Cassirer, Schlick and 'structural' realism: the philosophy of the exact sciences in the background to early logical empiricism", *British journal for the History of Science*, 8, pp. 71~106.

Hacking, I. (ed.) (1981), *Scientific Revolution*, Oxford: Oxford University Press.

Hacking, I. (1983), *Representing and Intervening*, Cambridge: Cambridge University Press.

Hanfling, O. (ed.) (1981), *Essential Readings in Logical Positivism*, Oxford: Blackwell.

Hanson, N. R. (1958), *Patterns of Discovery*, Cambridge: Cambridge University Press.[『과학적 발견의 패턴』, 송진웅·조숙경 옮김, 민음사, 1995]

Hardin, C. L. and A. Rosenberg (1982), "In defence of convergent realism", *Philosophy of Science*, 49, pp. 604~615.

Harding, S. (ed.) (1976), *Can Theories be Refuted? Essays on the Duhem-Quine Thesis*, Dordrecht, The Netherlands: D. Reidel.

Harman, G. (1965), "Inference to the best explanation", *Philosophical Review*, 74, pp. 88~95.

Hempel, C. (1965), *Aspects Scientific Explanation*, New York: Free Press.

Hoefer, C. and A. Rosenberg (1994), "Empirical equivalence, underdetermination, and systems of the world", *Philosophy of Science*, 61, pp. 592~607.

Horwich, P. (1982), *Probability and Evidence*, Cambridge: Cambridge University Press.

Horwich, P. (1991), "On the nature and norms of theoretical commitment", *Philosophy of Science*, 58, pp. 1~14.

Howson, C. and P. Urbach (1993), *Scientific Reasoning: The Bayesian Approach*, La Salle, IL: Open Court.

Hoyningen-Huene, p. (1993), *Reconstructing Scientific Revolutions: Thomas Kuhn's Philosophy of Science*, Chicago: University of Chicago Press.

Hume, D. (1963), *An Enquiry Concerning Human Understanding*, La Salle, IL:

Open Court.

Hume, D. (1978), *A Treatise of Human Nature*, Oxford: Oxford University Press.[『인간 본성에 관한 논고 1, 2, 3』, 이준호 옮김, 서광사, 1994~1998]

Jones, R. (1991), "Realism about what?", *Philosophy of Science*, 58, pp. 185~202.

Kitcher, P. (1993), *The Advancement of Science: Science without Legend, Objectivity without Illusions*, Oxford: Oxford University Press.

Kuhn, T. S. (1957), *The Copernican Revolution: Planetary Astronomy in the Development of Western Thought*, Cambridge, MA: Harvard University Press.

Kuhn, T. S. (1962, 2nd edn 1970), *The Structure of Scientific Revolutions*, Chicago: University of Chicago Press.[『과학혁명의 구조』, 김명자 옮김, 동아출판사, 1992]

Kuhn, T. S. (1977), *The Essential Tension*, Chicago: University of Chicago Press.

Kukla, A. (1993), "Laudan, Leplin, empirical equivalence and underdetermination", *Analysis*, 53, pp. 1~7

Kukla, A. (1996), "Does every theory have empirically equivalent rivals?", *Erkenntnis*, 44, pp. 137~166.

Kukla, A. (1998), *Studies in Scientific Realism*, Oxford: Oxford University Press.

Kukla, A. (2000), *Social Constructivism and the Philosophy of Science*, London: Routledge.

Ladyman, J. (1998), "What is structural realism?", *Studies in History and Philosophy of Science*.

Ladyman, J. (2000) "What's really wrong with constructive empiricism?: van Fraassen and the metaphysics of modality", *British Journal for the Philosophy of Science*, 51, pp. 837~856.

Ladyman, J., I. Douven, L. Horsten and B. C. van Fraassen (1997), "In defence of van Fraassen's critique of abductive reasoning: a reply to Psillos", *Philosophical*

Quarterly, 47, pp. 305~321.

Lakatos, I. (1968), "Criticism and the methodology of scientific research programmes", *Proceedings of the Aristotelian Society*, 69, pp. 149~186.

Lakatos, I. and A. Musgrave (eds.) (1970), *Criticism and the Growth of Knowledge*, Cambridge: Cambridge University Press.[『현대과학철학논쟁』, 조승옥·김동식 옮김, 민음사, 1987]

Laudan, L. (1977), *Progress and its Problems*, Berkeley: University of California Press.

Laudan, L. (1981), "A confrontation of convergent realism", *Philosophy of Science*, 48, pp. 19~48.

Laudan, L. (1984), *Science and Values*, Berkeley: University of California Press.[『과학과 가치: 과학의 목적과 과학 논쟁에서의 그 역할』, 이유선 옮김, 민음사, 1994]

Laudan, L. and J. Leplin (1991), "Empirical equivalence and underdetermination", *Journal of Philosophy*, 88, pp. 269~285.

Laudan, L. and J. Leplin (1993), "Determination underdeterred", *Analysis*, 53, pp. 8~15.

Leplin, J. (1997), *A Novel Defense of Scientific Realism*, Oxford: Oxford University Press.

Lipton, P. (1991), *Inference to the Best Explanation*, London: Routledge.

Locke, J. (1964), *An Essay Concerning Human Understanding*, Glasgow: Collins.

Maxwell, G. (1962), "The ontological status of theoretical entities", in H. Feigl and G. Maxwell (eds) *Minnesota Studies in the Philosophy of Science*, Volume 3, Minneapolis: University of Minnesota Press, pp. 3~14.

McCulloch, G. (1989), *The Game of the Name: Introducing Logic, Language and the Mind*, chapters 2 and 3, Oxford: Oxford University Press.

Merton, R. K. (1973), *The Sociology of Science*, Chicago: University of Chicago Press.〔『과학사회학』, 석현호 옮김, 민음사, 1998〕

Musgrave, A. (1992), "Discussion: realism about what?", *Philosophy of Science*, 59, pp. 691~697.

Musgrave, A. (1993), *Common Sense, Science and Scepticism: A Historical Introduction to the Theory of Knowledge*, Cambridge: Cambridge University Press.

Nagel, E. (1961), *The Structure of Science: Problems in the Logic Scientific Explanation*, New York: Harcourt, Brace and World.〔『과학의 구조: 과학적 설명 논리의 문제들 1, 2』, 전영삼 옮김, 아카넷, 2001〕

Newton-Smith, W. (1981), *The Rationality of Science*, London: Routledge.〔『과학의 합리성』, 양형진·조기숙 옮김, 민음사, 1998〕

Papineau, D. (1979), *Theory and Meaning*, Oxford: Oxford University Press.

Papineau, D. (1993), *Philosophical Naturalism*, Oxford: Blackwell.

Papineau, D. (ed.) (1996), *Philosophy of science*, Oxford: Oxford University Press.

Planck, M. (1996), "The universe in the light of modern physics", in W. Schirmacher (ed.), *German Essays on Science in the 20th Century*, New York: Continuum, pp. 38~57.

Poincaré, H. ([1905] 1952), *Science and Hypothesis*, New York: Dover.

Popper, K. ([1934] 1959), *The Logic of Scientific Discovery*, London: Hutchinson.〔『과학적 발견의 논리』, 박우석 옮김, 고려원, 1994〕

Popper, K. (1969), *Conjectures and Refutations*, London: Routledge and Kegan Paul.〔『추측과 논박 1, 2』, 이한구 옮김, 민음사, 2001〕

Psillos, S. (1994), "A philosophical study of the transition from the caloric theory of heat to thermodynamics: resisting the pessimistic meta-induction", *Studies* in the History and Philosophy of Science, 25, pp. 159~190.

Psillos, S. (1996), "On van Fraassen's critique of abductive reasoning", *Philosophical Quarterly*, 46, pp. 31~47.

Psillos, S. (1999), *Scientific Realism: How Science Tracks Truth*, London: Routledge.

Putnam, H. (1975a), *Mathematics, Matter and Method: Philosophical Papers*, Volume 1, Cambridge: Cambridge University Press.

Putnam, H. (1975b), *Mind, Language and Reality: Philosophical Papers*, Volume 2, Cambridge: Cambridge University Press.

Quine, W.v.O. (1953), "Two dogmas of empiricism", in *From a Logical Point of View*, Cambridge, MA: Harvard University Press.[『논리적 관점에서』, 허라금 옮김, 서광사, 1993]

Redhead, M. (1996), "Quantum field theory and the philosopher", offprint.

Rosen, G. (1994), "What is constructive empiricism?", *Philosophical Studies*, 74, pp. 143~178.

Ruben, D. (1990), *Explaining Explanation*, London: Routledge.

Ruben, D. (ed.) (1993), *Explanation*, Oxford: Oxford University Press.

Russell, B. (1912), *The Problems of Philosophy*, chapter 6, Oxford: Oxford University Press.[『철학의 문제들』, 박영태 옮김, 이학사, 2000]

Salmon, W. (1984), *Scientifc Explanation and the Casual Structure of the World*, Princeton, NJ: Princeton University Press.

Shapere, D. (1981), "Meaning and scientific change", in I. Hacking (ed.) *Scientific Revolutions*, Oxford: Oxford University Press.

Shapiro, S. (2000), *Thinking about Mathematics*, chapter 5, Oxford: Oxford University Press.

Sklar, L. (1974), *Space, Time and Spacetime*, Berkeley: University of California Press.

Smart, J. (1963), *Philosophy and Scientific Realism*, London: Routledge.

Stein, H. (1989), "Yes, but ...... some skeptical remarks on realism and antirealism", *Dialectica*, 43, pp. 47~65.

Swinburne, R. (ed.) (1974), *Justification of Induction*, Oxford: Oxford University Press.

Van Fraassen, B. C. (1980), *The Scientific Image*, Oxford: Oxford University Press.

Van Fraassen, B. C. (1985), "Empiricism in the philosophy of science", in P. Churchland and C. Hooker (eds.), *Images of Science*, Chicago: University of Chicago Press.

Van Fraassen, B. C. (1989), *Laws and Symmetry*, Oxford: Oxford University Press.

Van Fraassen, B. C. (1994), "Against transcendental empiricism", in T. J. Stapleton (ed.), *The Question of Hermeneutics*, Amsterdam: Kluwer, pp. 309~335.

Woolhouse, R. S. (1988) *The Empiricists*, chapter 8, Oxford: Oxford University Press.

Worrall, J. (1984), "An unreal image", review article of van Fraassen(1980), *British Journal for the Philosophy of Science*, 35, pp. 65~79.

Worrall, J. (1989), "Structural realism: the best of both worlds?", *Dialectica*, 43, pp. 99~124.

Worrall, J. (1994), "How to remain (reasonably) optimistic: scientific realism and the 'luminiferous ether'", in D. Hull, M. Forbes and R. M. Burian (eds.), P. S. A. 1994, Vol.1., *Philosophy of Science Association*, pp. 334~342.

찾아보기

[ㄱ]

가상디Pierre Gassendi 250
가설-연역주의 156, 178, 463
가장 적합한 이론 147
갈릴레이Galileo Galilei 43, 46, 50, 115, 187, 202, 205, 207~209, 216, 222, 224, 246, 264, 324, 419
감각자료 259, 268, 279, 280, 282, 287, 295, 401, 464
감각적 경험 57, 68, 77, 79, 248, 250, 252~253, 261, 263, 275, 282, 401, 463~464, 467
강한 경험적 동등성 315~316, 320~321, 325, 448
개념 경험론 263, 275, 463

개념적인 역설 195
개연적인 견해 251, 262
객관성 62, 74, 155, 183~184, 215
건전한 논증 55, 359~360, 400, 468
검증원리 278, 287, 289
결정적 실험 67~68, 72, 156, 158
경쟁 이론 155, 159, 177~178, 300, 313, 315, 319~323, 325, 327, 339, 370, 375, 429
경쟁 패러다임 208, 221~222, 225
경험 가설 279~280, 283
경험론 57, 77, 84~85, 89, 181, 211, 256, 259~260, 262~263, 267, 269~271, 274~275, 278, 282~283, 330, 397~398, 463, 467

경험론자의 의미 기준 275, 282
경험적 강도 326~327
경험적 내용 26, 151, 171, 175, 178, 200, 319, 457
경험적 동등성 316, 318, 320, 323~325, 374, 388, 449
경험적 성공 162, 175, 407, 420, 430, 435, 437, 451
경험적 조건 358
경험적 지식 112, 135, 242, 283
경험적 추론 내용 171, 373
경험적 충족성 326~327, 333, 341, 349, 377~378, 382, 386, 390~391, 393, 397~398, 428
경험적인 결정 가능성 287
계몽과 이성의 시대 138
계몽주의 138
계획된 실험 155
곡선 적합 문제 298, 300
공리 55, 62, 311~314
공시적인 경험적 동등성 318
공접 77, 160, 171, 381~382
과결정 361~362, 364
과학사 13~14, 25, 75, 110~111, 115, 117, 124, 129, 148, 152~154, 156, 167, 174, 177~178, 187~189, 196, 200, 215, 220, 229, 286, 311, 327, 382, 402, 409, 413, 417, 459, 470
과학사회학 25, 237, 331
과학심리학 25
과학적 실재론 7~8, 34, 103, 165, 187, 201, 233, 242~243, 255, 270, 287, 289~291, 296~297, 300, 307, 314~315, 319~321, 329, 331~335, 345, 350~351, 374, 377~380, 386, 390, 396~402, 406~408, 410, 412~413, 434, 457~459, 471
과학적 실천 115, 169, 342, 374~375, 380~383, 398, 454
과학적 책상 245, 254, 282
과학적 탐구 24, 68, 120, 135, 162, 193, 200~211, 227~228, 242, 247, 271, 333, 349, 466
과학혁명 43~46, 61~62, 65, 73, 188, 196, 199, 228, 235, 254, 261, 272, 353, 415, 466
관념들의 관계 76~78, 277
관념론 259, 262, 266~268, 270, 272, 293, 450~451, 464, 469
관념주의 256, 259~260, 262~263, 266~268, 282, 293
관찰 가능성 34, 336
관찰 언명 68, 70, 151, 157, 162, 219
관찰용어 186, 212, 217, 220, 287, 317,

341

관찰할 수 없는 대상 32~34, 130, 165, 233, 242~243, 255, 285, 287, 291, 302, 332~333, 336, 375~379, 386~387, 391, 393, 398, 400, 406, 408, 413~414, 434, 465~466, 468, 471

구성적 경험론 291, 296, 332~335, 342, 344~345, 348~351, 383, 389~391, 393~401, 408

구조적 동일성의 논제 363

구조적 실재론 457~ 459, 461

구획 문제 26

굿먼Nelson Goodman 121, 123

귀납 통계적 모델 365

귀납논리 57, 90, 95, 152, 179

귀납논증 86, 88, 94~96, 104, 107, 281

귀납적 옹호 387

귀납주의 74~75, 109~112, 115, 118, 120, 125, 129, 135~136, 139, 183, 188, 301, 463

귀추법 102, 370, 387, 396

규약주의 316, 330

극장의 우상 60, 68

근본적 법칙 454, 456

기계론적 철학자 247, 250

기능적 설명 353~354

기독교 45, 131

기술공학 22, 43, 65, 230, 245, 318, 331, 333, 379~380

기적의 논증 378, 384, 430~431, 457

기초론 278, 282, 287, 464

기하학 55~56, 254, 269, 312~314, 470

[ㄴ]

나치즘 353

네이글Ernest Nagel 212

논리-의미론적 계략 322

논리경험론 183~185, 274, 287

논리실증주의 78~79, 149, 161, 183~ 185, 200, 211, 270~271, 273~279, 281~283, 287, 294, 306

뉴턴Isaac Newton 33, 43, 46, 48~69, 98~99, 113, 115~119, 130, 136~137, 142, 145, 148, 152~159, 167, 169, 171, 175, 177, 192, 198, 203, 224~225, 246~247, 250, 254, 269, 298, 311~312, 314, 324, 326, 328, 343~344, 351, 355, 363, 367, 383, 386, 403, 409, 412, 421, 433, 436, 444, 447~450, 459

[ㄷ]

다른 설명 이론 366

다수의 모델 444

다윈Charles Darwin 138, 273, 384, 428

달력의 개혁 204

대담한 추측 146, 149~150, 173, 178

대응 규칙 286

대칭성 144, 163, 362, 364, 394

더 깊은 이면에 있는 이론 386

데빗M. Devitt 401

데카르트 물리학 298

데카르트Rene Descartes 156, 169, 205, 209, 246, 254, 267~268, 298, 303~305, 311

데카르트의 꿈 논증 303

데카르트의 사악한 악마 267, 304~305

도구적 성공 380, 383

도구주의 49, 201, 283, 295, 342~343, 442, 453, 465

도덕적인 관점 115

돌턴의 화학 193

동굴의 우상 59

동일률 465

듀앙Pierre Duhem 117, 156~160, 169, 171, 181, 189, 198, 308, 310, 455

듀앙 문제 156, 171, 181, 198, 307~308, 310

듀앙-콰인 논제 307

디랙Paul Dirac 215~216

[ㄹ]

라그랑주Joseph Louis Lagrange 446

라부아지에Antoine Lavoisier 198

라우든Larry Laudan 318, 322, 386, 407~408, 413, 418~420, 430~431, 434~435

라이엘Charles Lyell 428

라이프니츠Gottfried Wilhelm Leibniz 468

라이헨바하Hans Reichenbach 95, 179, 184, 274

라카토스Imre Lakatos 149, 178, 181, 202, 421, 466

라플라스Pierre Laplace 223

러셀Bertrand Russell 86, 268, 274, 275

레드헤드M. Readhead 459

레플린Jarrett Leplin 318, 322, 386, 425~427, 429~430

로젠버그A. Rosenberg 319~320, 322~323, 325

로크John Locke 77, 247~248, 250~252, 259, 261~263, 265, 267

루벤David Ruben 366

르네상스 43, 64, 223

리만 기하학 312

립톤Peter Lipton 385

[ㅁ]

마음의 우상 55

마하Ernst Mach 250, 272~274, 283

맑스Karl Friedrich Marx 138~140, 143, 145, 147, 149~150, 354

맑스의 설명 353

맑시즘 27, 136~138, 140, 145

맥스웰Grover Maxwell 335, 337

맥스웰James C. Maxwell 113, 152, 286, 328, 409, 412, 433, 438, 440~442, 457

맹목적 실험 155

머스그레이브Alan Musgrave 259, 448~451

멘델레에프Dmitry Ivanovich Mendeleyev 142

명목상의 본질 251

모순율 465

목적론 57, 65~66, 246, 447, 449

목적인 56, 65, 246, 465~466

무신론 182, 227, 268, 331, 408

물리학 25, 27~28, 32, 43, 51~52, 99, 137, 150, 157, 160~161, 164~165, 169, 177, 186, 192~193, 201, 206, 209, 211, 215, 216, 222~223, 226, 241, 244~245, 247, 269, 272, 298, 309~312, 324, 327, 338, 345, 355~356, 363, 375, 381, 409, 417, 421, 427, 437, 446~447, 449, 452, 454~455, 470~471

뮐러-라이어 허상 219

미결정성 7, 296~303, 307~309, 311, 314~315, 318~322, 325, 327, 329~331, 334, 344~346, 350~351, 374, 377, 391, 393, 406~407, 442, 449

밀John Stuart Mill 179

[ㅂ]

박진성 410~413

반 프라센Bas van Fraassen 11, 328, 332~337, 339, 341~342, 344, 351, 369~370, 372, 377~379, 382~386, 388, 390~402, 406, 408, 448

비대칭성 144, 163

반사의 법칙 69, 145, 422

반성적 평형 114, 169

반실재론 34, 112, 242, 270~271, 284, 287~288, 291, 295~296, 316, 328, 331, 336, 381~383, 386, 390~391, 402, 407, 412, 441, 448, 465~466, 468, 471

반증주의 136~137, 144, 146, 150, 152, 156, 160, 163, 165, 169~170, 178, 180, 182~183, 188, 194, 463

발견의 맥락 152, 154, 178, 183, 186, 211

밝은 점 현상 423~425

방법론 26, 27, 50, 57, 74, 110, 144, 146, 150, 155~156, 167~168, 188, 302, 308, 380, 387, 438, 463~464, 466

방사능 66, 409

배경 가설 196, 309~310

배경 이론 155, 171, 214, 222, 309~310, 319, 321, 380~381, 383, 390, 420

배경 지식 119~120, 124, 174, 356, 389

배중률 465

버클리George Berkeley 77, 249, 259, 262~268, 270, 280, 450

법칙적 설명 355

베이지안이즘 107, 109

베이컨Francis Bacon 50~52, 57~69, 72~73, 120, 152, 155~156, 179, 182, 210

벨리코프스키Immanuel Velikovsky 176

변칙 사례 194~197, 203~205, 229

보어Niels Bohr 177

보이드Richard Boyd 380~381, 438

보일Robert Boyle 250

보일의 법칙 69

보조 가설 160, 308, 319~320, 365, 454

보편적 일반화 68~70, 96, 108, 144, 165, 171, 368

본체론적 세계 269

볼리아이-로바체프스키 기하학 312

볼테르Voltaire 65

부분적인 경험적 충족성 344

부적합성 359~360

부정문 76, 465

분석적 진리 78, 97, 161, 280~281, 467

분자구조 374

불가지론 291, 331, 408, 444

브라헤Tycho Brahe 118, 206

브레스웨이트Richard Braithwaite 387

브로드Charlie Dunbar Broad 109

비관적 메타 귀납 407, 417, 457~458

비유물론 263

비트겐슈타인Ludwig Wittgenstein 275

[ㅅ]

사실의 문제 76~81, 97, 277

사이비 개념 276

사이비 과학 27, 132~133, 137~138, 140, 145, 149~150, 162, 275~276, 354, 358, 430, 464

사회 구성주의 226, 288, 291, 331

사회과학 27~28, 137~138, 365

사회학 26~27, 137~138, 201, 221, 229, 232~233, 271, 357

상대성이론 101, 142, 148, 152, 169,

224, 245, 269, 312~313, 325~326, 328, 343, 382, 386, 409, 423, 425, 446, 451~452
상대주의 193, 222, 226, 230, 242, 412
상시적 연접 82, 84, 89
상식적 실재론 400~401
상식적인 형이상학적 실재론 270, 399~400
새로운 인식론 394
새몬Wesley Salmon 366
생기론 276, 355
생명력 355
생물학 27, 222, 338, 341, 349, 355, 381, 409, 457, 471
생물학의 법칙 186
생화학 32
선입견 59, 68, 71~72, 120~121, 136, 155, 210~ 211, 215
선천적 지식(인식) 246, 312, 463, 467
선천적인 종합적 인식 99
선취 결정(선취 결정 문제) 361, 364
선택적 회의론 344, 350, 390
설명 가설 389
설명력 102, 140, 326~327, 329, 333, 345, 350~351, 370, 373, 386, 428, 449, 451
설명적 성공 373, 408, 410, 421

설명주의 422
설명항 357~360, 365, 377
성공할 수 없는 반증 146
세련된 귀납주의 136, 178, 183
셀라즈Wilfred Sellars 290
소박한 귀납주의 70~71, 74, 135~136, 152, 169, 182~183
소체 250~254, 262
소체론 250, 261, 265
수사학적인 거짓 221
수학 7, 46~47, 49, 56, 69, 76, 79, 95, 107, 109, 116, 118, 169, 179, 183, 192, 208~209, 220, 245~247, 254, 269, 273, 277, 282, 288~289, 308~309, 311~314, 325, 355, 407, 410, 420, 423, 437, 446, 453, 455~459, 467
순환성 98, 112, 340, 387
슐리크Moritz Schlick 274
스마트Jack Smart 379
스콜라철학 45
스타인Howard Stein 459
스테레오타입 416
시장의 우상 60
신기한 예측 142, 147, 151, 173, 178, 420~421, 423~424, 428, 430~432, 434, 436, 439~440, 443~444, 451, 458

신뢰성 43, 80, 107, 130, 139, 157, 216, 315, 350, 381, 385, 387, 409, 451
신학적 단계 271
신학적 설명 353
신학적인 가설 276
신화 39~41, 189, 227
실로스Stathis Psillos 377, 387~389, 397, 434~444
실용주의 289~290, 328~329, 342, 394~395
실재론 49, 78, 103, 109, 112, 165, 183, 187, 201, 225, 229, 242, 251, 261, 268, 270, 287, 289, 313, 320, 326, 328~331, 335, 349~351, 374~375, 377, 400, 402, 407, 412~414, 419~422, 425~426, 428~432, 434~435, 437~438, 441, 443~444, 446~449, 451, 458~459, 468
실재론적 본질 251
실증주의 219, 271~272, 281, 283, 306, 330, 334, 355, 395, 448, 452
심리학 26~27, 89, 109, 137~138, 201~202, 219, 230, 232, 331, 342, 425
심리학적인 설명 221, 352, 354

[ㅇ]

아리스토텔레스Aristotle 44-46, 49~50, 52, 55~57, 59~60, 62, 65, 121, 187, 203, 206, 209, 211, 216, 223~224, 246, 266, 272, 353, 433, 465, 470
아인슈타인Albert Einstein 142, 154, 169, 171, 177, 201, 224~225, 403, 409, 450, 452
악순환 88, 387
알고리듬 321~322
암스트롱David Armstrong 365
애들러Alfred Adler 141
약한 경험적 동등성 298, 300, 391~392
양립할 수 없는 315, 321~322, 325, 339, 421
양자역학 7, 148, 193, 201, 245, 269, 298, 325, 343, 381~382, 403, 446, 450~451
에너지 보존 166, 174, 420
에딩턴Arthur Eddington 244~245, 254~255, 282
에이어Ayer Alfred 259, 268, 274, 279, 283
에이즈 133
에테르 408, 418, 431~433, 435, 437~443
엥겔스Friedrich Engels 138
여성 해방주의 61

역사적 설명 353

연금술 62, 154

연소 95~96, 112, 193, 196~198

연속성 217, 336, 416, 432, 440, 457, 459

연역 법칙적 모델 357

연역논리(연역논리학) 55, 59

연역논증 55~56, 104, 281

연역추론 55, 105~106

열거적 귀납 69

열동역학 64

열소 이론 223, 418, 431, 435, 442

영국 경험론 77, 260

예측주의자 442

오류 가능주의 149

오시안더Andreas Osiander 48~49

오일러Leonhard Euler 446

오캄의 면도날 85, 169

외부 세계 255~256, 259, 261, 267~270, 281, 283, 304, 464

우연적인 일치 383~384

워럴John Worrall 399, 401, 425, 439, 457~459

원뿔 굴절 423

원인과 결과 80~83, 85, 89, 167, 304, 306, 352

원자론 177, 249~250, 298

유물론 247, 263, 327, 331

유사성 170, 400, 412, 446

유전자형 설명 385

유클리드기하학 55, 311, 314, 409

유태인 물리학 201

윤리학 114~115, 227, 283~284, 289

의미론 185, 224, 269, 283~284, 289~291, 297, 322, 325, 332, 411, 416, 471

의미론적 도구주의 283~284

의미론적인 실재론 289

의사소통 228

의학 치료 69

이론 공접 282

이론 변화 184, 188, 232, 329, 407, 413, 416, 435, 458

이론 선택 315~316, 319, 327~328, 330, 390

이론 의존 171, 212, 217~218, 220, 222, 236, 258, 334, 341, 380~381

이론성 323

이론용어 186, 212, 217, 220, 276, 282~288, 295, 297, 395, 408, 413~415, 417~418, 431~433, 435, 437, 441, 443, 468, 471

이론적 체계 189, 307, 308, 313

이상화 120, 344, 427, 452, 455~456, 459

인과성 33, 75, 82~85, 306, 355~356,

367, 447, 449, 451
인과적 관계 81~85, 89, 103, 468
인과적 실재론 261~ 262, 266~267
인과적 역할 342~343, 440
인과적 지시론 416, 432~ 433
인식론 28~32, 34, 57, 75, 103, 107, 149, 161, 186, 278, 283, 291, 316, 335~336, 341, 394, 397, 400~401, 407, 429, 446, 458, 464, 468~469
인식론적 물음 29
인식적 모험 397
인식적 상대주의 222, 469
인식적 중요성 395
일관성 177, 333
일반화 63, 68~72, 74, 80, 86~88, 96, 103, 107~108, 110, 112~113, 119, 122, 144~145, 152, 163, 165, 171~173, 183, 220, 233, 280, 356, 367~369, 426~427, 464
일상적 책상 254~255, 282

[ㅈ]

자연과학 27~28, 66, 137, 186, 241, 450, 466
자연도태 170
자연선택 301

자연의 법칙 33, 66, 75, 87, 103~104, 352, 356~357, 359, 363, 367~368, 404, 471
자연주의 26, 90~91, 379
작용인 465
전건 긍정식 106
전문적인 증거 자료 23
전자기 113, 152, 167, 193, 242, 286, 317, 328, 409, 418, 433, 435, 439~441, 446, 449, 451, 457
전체 이론 224, 319~320
전체론 224, 307~308, 310~311
점근적 진리 315, 349, 383, 385, 409~413, 418, 430~431, 441
점근적인 경험적 충족성 386, 412
점성술 26, 134, 139~140, 353~354, 464
점성술적 설명 353
정당화 29~31, 41, 45, 57, 71, 75, 78, 82, 86~90, 92~95, 97~98, 101~104, 106~115, 122, 125~126, 130, 135, 139, 143, 147, 152, 154, 172~173, 178~179, 183, 186, 188, 190, 195, 202, 209, 211, 232, 242, 270, 278, 303, 308, 327, 360, 383, 398~400, 408, 420~421, 434, 448, 464, 467~469
정당화된 믿음 57, 464

정당화의 맥락　152, 154, 178, 183, 186, 211, 232

정서적 윤리설　283

정신-독립적　255, 262, 265~266, 269~270, 281, 288, 291, 332, 466, 468, 470

정신분석　27, 136, 138~141, 143, 145, 147, 150, 276, 352, 354, 421, 464

정신분석학적 설명　352

정합성　114, 208, 268, 305, 327, 350, 420

제1성질　248~255, 260~266

제2성질　248~250, 252~254, 261~ 262, 264~266

제너Edward Jenner　115

제일론(균일론)　428

조작적 정의　285, 286

존스Roger Jones　444, 446~451

존재론　165, 169, 224, 226, 287, 334~335, 338~389, 392, 398, 421~442, 446~ 447, 450

존재론적 언명　165

종족의 우상　59

종합 언명　277, 467

종합적 진리　78, 98, 161

주장적 언명　283

증거가 되는 다른 믿음　81

증거적 동등성　316, 323, 325, 350, 374, 449

지구물리학　32

지구중심설　44, 208

지시체　413~417, 433, 459

지시체 통약 불가능성　225

지식사회학　221

직시적 정의　41

직접 실재론　257~258, 260, 266, 339, 468

진리 대응론　288, 290

진리 정합(정합론)　289~290

진리 조건　276, 288, 290, 322

진화론적 설명　170, 353~354

진화생물학　32, 66, 451

질료인　246, 465

질적인 기술　246

집산주의　51

[ㅊ]

창조 과학　132~134, 450~451

처치랜드Paul Churchland　218, 339

천문학　27, 32, 43, 49, 187, 193, 204, 209, 298, 300, 356, 376, 418

천체물리학　349

철학자의 책략　324

최선의 설명 102~103, 296, 370, 377, 380, 385, 388~389, 394, 397, 405, 407~408

최선의 설명으로의 추리(추론)/IBE 102~104, 109, 310, 345, 350~351, 370, 372~375, 377~378, 386~396, 398~399, 407~408

최선의 이론 113, 115, 147, 172, 234, 291, 300, 331~332, 408, 417~419, 431, 443, 446, 458

추정된 거짓 321

추정된 부정합성 316

추측과 논박 146

충분조건 469~470

297~298, 300

코페르니쿠스 혁명 43, 187, 196, 202, 208~210, 215, 222, 224, 235

콩트Auguste Comte 271, 273~274, 283

콰인Willard van Orman 161, 211, 308~311

쿤Thomas Kuhn 44, 184, 187~190, 193~200, 202, 208~209, 212, 214, 218, 220~222, 224, 226, 228~232, 291, 331, 415

쿨롱 힘 446

키처Philip Kitcher 434

[ㅋ]

카르납Rudolf Carnap 95, 179, 183~184, 268, 273~274, 276, 279, 286, 355, 387

카트라이트Nancy Cartwright 453~456

칸트Immanuel Kant 78, 98~99, 161, 268~269, 277, 311

커클러Andre Kukla 322~323

케플러Johannes Kepler 48, 116~118, 152, 205~206, 209, 367, 382~383

코페르니쿠스Nicolaus Copernicus 46~50, 138, 188, 203, 205~209, 226,

[ㅌ]

타당하지 않은 논증 54, 58, 373

타당한 논증 55, 57, 358, 468

태양계 32, 44, 86, 157~158, 176, 209, 297, 324

태양중심설 203, 206, 208~209

통시적인 경험적 동등성 318

통약 불가능성 220, 224~225, 236

통합적인 설명 168

투사 가능성 261

특권적 사례 67~68, 72

[ㅍ]

파라켈수스Paracelsus 223

[파생적인] 믿음 278, 464

파이어아벤트Paul Feyerabend 181, 220

파인Arthur Fine 382, 386

파피노David Pipineau 387

패러다임 44, 188, 190~196, 198~206, 208~209, 221~222, 224~225, 228, 231~232, 242, 261, 444

패러다임 전환 196, 199, 232

퍼스Charles Peirce 370

퍼트넘Hilary Putnam 290, 378, 382, 415~417

평화주의 155

포괄 법칙적 설명 357, 359, 366~367

포도Jerry Fodor 218

포퍼Karl Popper 108, 125, 132, 136~155, 161~163, 165~166, 168~175, 177~178, 182~185, 194, 200, 211, 301, 410, 421, 466

표본 사례 27, 190~192

표현 형질적 설명 385

푸앵카레Henri Poincaré 314, 324, 409, 457~458

프레게Gottlob Frege 274

프레넬Jean Augustin Fresnel 423~425, 433, 439, 457

프로이트Sigmund Freud 138, 140~141

프로토콜 언명 279~281

프톨레마이오스Ptolemy of Alexandria 46~47, 193, 198, 203~206, 208~209, 226, 297~298, 300

플라톤Plato 76, 149, 470

플랑크M. Planck 457

플로기스톤 193, 196~198, 408, 418

피설명항 357~358, 365, 378

피타고라스Pythagoras 55, 118

필연적 진리 246, 281, 469

필연적인 연계성 84~85, 103~104, 304, 306, 355, 369

필요조건 29~31, 167~168, 349, 359, 420, 431, 469~470

[ㅎ]

하만Gilbert Harman 370

하비William Harvey 247

학문의 표본 모형 190~191

합리성 93, 112~113, 138, 174, 183~184, 227, 230~232, 236, 242, 375, 394, 399, 401

항진 277~278, 469

해밀턴William Rowan Hamilton 446

핸슨N. R. Hanson 212~213, 215

헴펠Carl Hempel 274, 356~357, 359, 363, 365
현상론적 세계 369
현상적 법칙 455
현상주의 281~282
형상인 465~466
형이상학 33~34, 48~49, 78, 85, 124, 150, 153, 167, 169, 183, 192, 241, 255, 260, 266, 271~272, 274, 276, 282~283, 289, 291, 306, 327~328, 331~332, 336, 350, 356, 367, 369, 374, 398, 401, 437~438, 446, 449~452, 454, 458~459, 470~471
형이상학적 실재론 255~256, 260, 262, 266~267, 269~270, 399~401, 469
형태 전환 214, 224
호위치P. Horwich 342, 434
호이겐스Christiaan Huygens 158
호킹Stephen Hawking 37
화학 22~23, 27, 32, 137, 186, 191, 193, 194, 198~199, 247~248, 327~328, 349, 374~375, 381, 409, 418, 471
화학의 법칙 186
확률론 95
확장 추론 393
확증적 전체론 307, 310~311
환원적 경험론 285, 471

환원주의 186, 227, 316, 330, 471
회의론 89~91, 94, 172, 225, 249, 267~268, 270, 272, 278, 280~282, 296, 304, 315, 335~336, 344, 350, 390~391, 396~397, 399, 400, 407, 413, 437
회퍼C. Hoefer 319~320, 322~323, 325
후천적 지식(인식) 467
후행적 인과성 83
훅Robert Hooke 67, 438
휘웰William Whewell 179
흄David Hume 75~78, 80~91, 93~94, 97~101, 103~104, 107~109, 128, 161, 172, 183~184, 259~260, 268, 270~272, 274, 277, 304, 306, 355~356
흄의 이분법Hume's fork 78
히틀러Adolf Hitler 154